全国高职高专院校规划教材·精品与示范系列

UG 典型案例造型设计

姜永武　　编著

徐雨清　　主审

電子工業出版社
Publishing House of Electronics Industry
北京·BEIJING

内 容 简 介

UG 是世界先进的计算机辅助设计、分析和制造软件之一，广泛应用于航空、航天、汽车、造船、通用机械和电子等行业。其功能强大，可以轻松地完成绝大多数机械类零部件的设计、分析和制造任务。

本书以 14 个典型零部件加工设计和 1 个综合产品设计为主线，详细介绍了 UG NX 的功能特点、基础应用、曲线与草图、实体建模、装配和工程图等常用功能模块。本书浅显易懂、内容详细、步骤完整，使读者在学习过程中可轻松地根据书中的步骤进行操作，以达到熟练运用的目的。本书配有“职业导航、教学导航、知识分布网络、知识梳理与总结”，便于读者高效率地学习操作技能。

本书通过大量的操作实例，运用不同的解题方法进行操作设计，使初学者能够尽快掌握使用 UG 的设计方法，同时也适用于中、高级用户提高操作应用技巧。

本书既适合作为大专院校及职业院校计算机辅助设计专业、机械制造专业、模具专业和数控专业的教材，也可作为造型设计培训班的教材和企事业单位工程技术人员的参考工具书。

本书配有电子教学课件与操作视频录像光盘，详见前言。

图书在版编目（CIP）数据

UG 典型案例造型设计 / 姜永武编著. —北京：电子工业出版社，2009.1
全国高职高专院校规划教材 • 精品与示范系列
ISBN 978-7-121-07601-5

I. U… II.姜… III. 机械元件—计算机辅助设计—应用软件，UG NX—高等学校：技术学校—教材

IV.TH13-39

中国版本图书馆 CIP 数据核字（2008）第 166655 号

责任编辑：陈健德　　特约编辑：田小平
印　　刷：北京市海淀区四季青印刷厂
装　　订：涿州市桃园装订有限公司
出版发行：电子工业出版社
北京市海淀区万寿路 173 信箱　邮编 100036
开　　本：787×1 092　1/16　印张：20.25　字数：518 千字
印　　次：2009 年 1 月第 1 次印刷
印　　数：4 000 册　定价：33.00 元（含光盘 1 张）

凡所购买电子工业出版社图书有缺损问题，请向购买书店调换。若书店售缺，请与本社发行部联系，联系及邮购电话：（010）88254888。

质量投诉请发邮件至 zlts@phei.com.cn，盗版侵权举报请发邮件至 dbqq@phei.com.cn。

服务热线：（010）88258888。

职业教育　继往开来（序）

自我国实行对内搞活、对外开放的经济政策以来，各行各业都获得了前所未有的发展。随着我国工业生产规模的扩大和经济发展水平的提高，教育行业受到了各方面的重视。尤其对高等职业教育来说，近几年在教育部和财政部实施的国家示范性院校建设政策鼓舞下，高职院校以服务为宗旨、以就业为导向，开展工学结合与校企合作，进行了较大范围的专业建设和课程改革，涌现出一批示范专业和精品课程。高职教育在为区域经济建设服务的前提下，逐步加大校内生产性实训比例，引入企业参与教学过程和质量评价。在这种开放式人才培养模式下，教学以育人为目标，以掌握知识和技能为根本，克服了以学科体系进行教学的缺点和不足，为学生的顶岗实习和顺利就业创造了条件。

在高职教育新的教学模式下，各院校不断对专业建设和课程设置进行改革，教学改革的成果最终要反映在教学过程中，其中主要的体现形式为教材创新。电子工业出版社作为职业教育教材出版大社，具有优秀的编辑人才队伍和丰富的职业教育教材出版经验，有能力、有义务与广大的高职院校密切合作，参与创新职业教育的新方法，共同出版反映最新教学改革成果的新教材，为培养符合当今社会需要的、合格的职业技能人才而努力。

近期由我们组织策划和编辑出版的“全国高职高专院校规划教材·精品与示范系列”，主要具有以下几个特点。

（1）本系列教材的课程研究专家和作者主要来自教育部和各省评审通过的多所示范院校。他们对教育部倡导的职业教育教学改革精神理解得透彻准确，并且具有多年的职业教育教学经验及工学结合、校企合作经验，能够准确地对职业教育相关专业的知识点和技能点进行横向与纵向设计，能够把握创新型教材的出版方向。

（2）本系列教材的编写以多所示范院校的课程改革成果为基础，体现重点突出、实用为主、够用为度的原则，采用项目驱动的教学方式。学习任务主要以本行业工作岗位群中的典型实例提炼后进行设置，项目实例较多，应用范围较广，图片数量较大，还引入了一些经验性的公式、表格等，文字叙述浅显易懂。增强了教学过程的互动性与趣味性，对全国许多职业教育院校具有较大的适用性，同时对企业技术人员具有可参考性。

（3）根据职业教育的特点，本系列教材在全国独创性地提出“职业导航”、“教学导航”、“知识分布网络”、“知识梳理与总结”及“封面重点知识”等内容，有利于老师选择合适的教材并有重点地开展教学过程，也有利于学生了解该教材相关的职业特点和对教材内容进行高效率的学习与总结。

（4）根据每门课程的内容特点，为方便教学过程我们为教材配备相应的电子教学课件、习题答案与指导、教学素材资源、程序源代码、教学网站支持等立体化教学资源，各位老师在华信教育资源网（www.huaxin.edu.cn 或 www.hxedu.com.cn）免费注册后可直接下载。

这套新型教材得到了许多高职院校老师的支持和欢迎，为了使职业教育能够更好地为区域经济和企业服务，我们热忱欢迎各位职教专家和老师提出建议或新教材编写思路（联系邮箱：chenjd@phei.com.cm），共同为我国的职业教育发展尽自己的责任与义务！

电子工业出版社高等职业教育分社

全国高职高专院校机械类专业课程研究专家组

主任委员：

李　辉　　石家庄铁路职业技术学院机电工程系主任

副主任委员：

孙燕华　　无锡职业技术学院机械技术学院院长

滕宏春　　南京工业职业技术学院机械工程系主任

常务委员（排名不分先后）：

柴增田　　承德石油高等专科学校机械工程系主任

钟振龙　　湖南铁道职业技术学院机电工程系主任

彭晓兰　　九江职业技术学院机械工程系主任

李望云　　武汉职业技术学院机电工程学院院长

杨翠明　　湖南机电职业技术学院副院长

周玉蓉　　重庆工业职业技术学院机械工程学院院长

武友德　　四川工程职业技术学院机电工程系主任

任建伟　　江苏信息职业技术学院机电工程系主任

许朝山　　常州机电职业技术学院机械系主任

王德发　　辽宁机电职业技术学院汽车学院院长

陈少艾　　武汉船舶职业技术学院机械工程系主任

窦　凯　　番禺职业技术学院机械与电子系主任

杜兰萍　　安徽职业技术学院机械工程系主任

林若森　　柳州职业技术学院机电工程系主任

李荣兵　　徐州工业职业技术学院机电工程系主任

丁学恭　　杭州职业技术学院机电工程系主任

郭和伟　　湖北职业技术学院机电工程系主任

宋文学　　西安航空技术高等专科学校机械工程系主任

皮智谋　　湖南工业职业技术学院机械工程系主任

刘茂福　　湖南机电职业技术学院机械工程系主任

赵　波　　辽宁省交通高等专科学校机械电子工程系主任

孙自力　　渤海船舶职业学院机电工程系主任

张群生　　广西机电职业技术学院高等职业教育研究室主任

秘书长：

陈健德　　电子工业出版社高等职业教育分社高级策划编辑

前　　言

Unigraphics（简称 UG）是美国 UGS 公司的主导产品，是当今世界上最先进、最流行、应用最普遍的计算机辅助设计和辅助制造系统软件之一。它集合了概念设计、工程设计、分析与加工制造的功能，实现了优化设计与产品生产过程的组合，现在广泛应用于机械、汽车、模具、航空航天、医疗仪器等各个行业。

UG NX 由多个应用模块组成，使用这些模块可以实现工业设计、绘图、装配、辅助制造、加工和分析的一体化生产过程。

本教程是根据作者多年使用 UG 软件进行产品设计和实践教学的经验编写的。以基础、全面、系统及突出技能培养为主要原则，详细地介绍了 UG NX 的各种基本操作、技巧、常用功能及应用实例。全书共分为 9 章。各章的具体内容如下：

第 1 章主要介绍 UG NX 软件的技术特性和一些常用功能模块的基本概念和使用方法，UG 的常用建模工具。

第 2 章详细讲解基本曲线的各种生成命令及使用，以及草图应用的技巧和方法。

第 3 章到第 6 章主要介绍基于特征的实体建模，包括各种建模方法、特征操作的概念及创建方法。

第 7 章介绍了基本装配功能。主要包括装配的基本概念，从底向上装配和自顶向下装配的设计方法、配对定位组件、WAVE 几何链接器和装配爆炸图等。

第 8 章主要介绍工程图模块的基本概念、工程图参数的预设置、各种视图的生成标注等。

第 9 章通过对齿轮油泵的所有部件进行建模操作，详细介绍了实体建模的操作过程，使读者能够系统掌握完整的零部件设计所需的知识。

与同类书比较，本书的主要特色如下。

(1) 知识覆盖面广。全书内容包含 UG 曲线、草图、三维建模、装配建模、工程图等知识。

(2) 内容从零开始，讲解由浅入深、循序渐进，适合初、中级读者学习。每章都安排大量有针对性的应用实例分析，有利于读者举一反三，巩固所学知识。

(3) 实例丰富、典型、实用。本书选用工程中常用的齿轮油泵为综合实例，全面具体地讲述了机械设计从零件到装配的全过程，具有很强的工程实用性。

(4) 所选择的实例有简单零件，也有复杂零件，采用由浅入深的操作顺序来完成建模操作。同一种操作方法（如螺母和螺栓头的倒角）在不同的例题或同一例题的不同操作步骤中用不同的操作方法来完成，使读者能够掌握多种方法来建模。

(5) 每一个实例前都配有完整的二维平面图，有利于读者使用所学知识独立完成实体建模。

(6) 所附光盘内容超值丰富，不但提供了书中的范例零部件素材文件，而且提供了全程操作的多媒体视频教学录像，方便读者学习时使用。

(7) 本书配有“职业导航”，说明本课程能力适合的职业岗位；在各章正文前配有“教学导航”，为本章内容的教与学提供指导；正文中的“知识分布网络”，便于读者掌握本节内容的重点；每章结尾有“知识梳理与总结”，便于读者高效率地学习、提炼与归纳。

本书面向 UG 的初、中级用户，既可作为大专院校及职业院校计算机辅助设计专业、机械制造专业、模具专业和数控专业的教材，也可作为造型设计培训班的理想教材和企事业单位工程技术人员的参考工具书。

为了方便教师教学，本书还配有电子教学课件，请有此需要的教师登录华信教育资源网（www.huaxin.edu.cn或 www.hxedu.com.cn）免费注册后进行下载，有问题时请在网站留言板留言或与电子工业出版社联系（E-mail:hxedu@phei.com.cn）。

本书由长春理工大学姜永武编著，由上海市申信信息技术专修学院常务副院长徐雨清主审，张文涛、王景奕、谢建、刘哲、邓春霞参加了视频部分的整理等工作。

由于时间仓促，加之编著者水平有限，难免有不足之处，恳请各位同仁和广大读者批评指正。邮箱地址：jiangyongwu@cust.edu.cn。

编著者

2008 年 8 月

职业导航

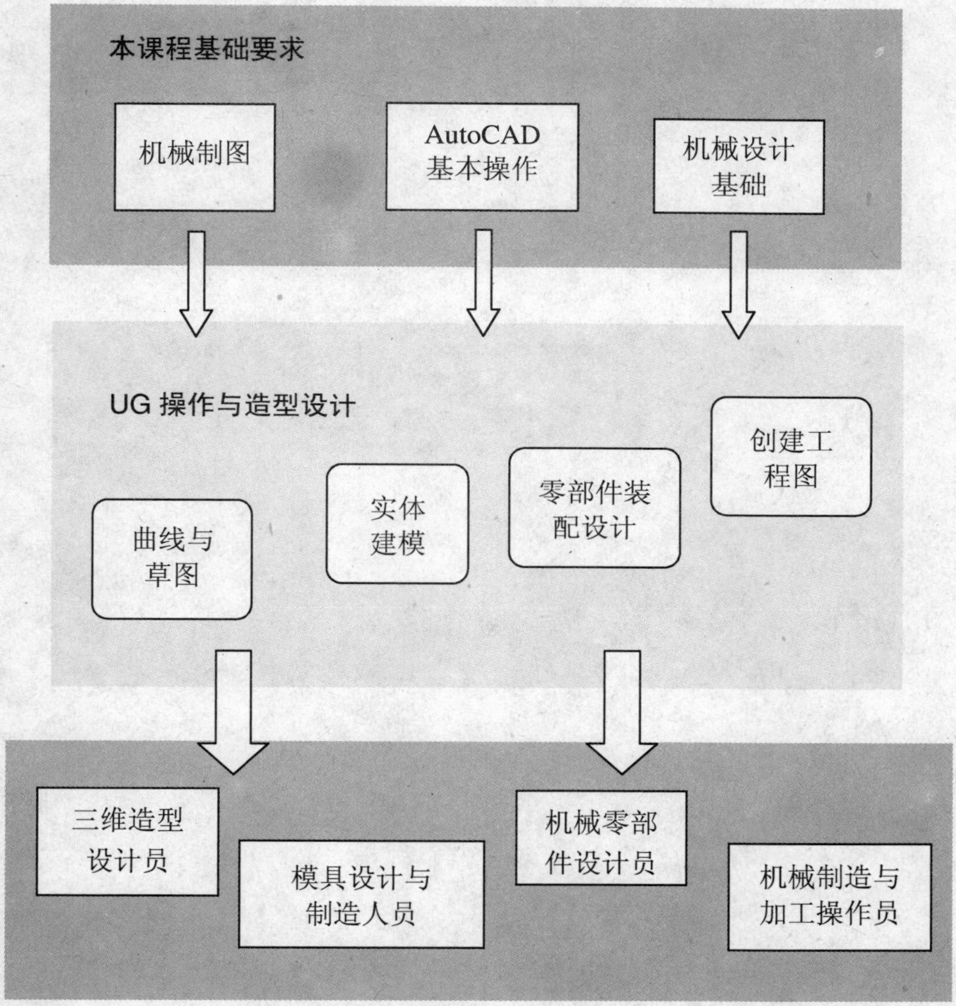
本课程基础要求
机械制图
AutoCAD
基本操作
机械设计
基础
UG 操作与造型设计
曲线与
草图
实体
建模
零部件装
配设计
创建工
程图
三维造型
设计员
模具设计与
制造人员
机械零部
件设计员
机械制造与
加工操作员

目　　录

第 1 章　UG NX 的基本功能与操作 ······ 1
教学导航 ······ 1
1.1　UG NX 软件基础 ······ 2
1.1.1　UG NX 操作环境 ······ 2
1.1.2　文件管理 ······ 6
1.1.3　工具栏 ······ 9
1.1.4　UG NX 基本操作方法 ······ 10
1.2　UG NX 建模工具 ······ 12
1.2.1　常用建模工具 ······ 12
1.2.2　坐标系 ······ 18
1.2.3　图层操作 ······ 20
1.2.4　视图布局 ······ 24
1.2.5　对象的变换 ······ 26
1.2.6　对象定位操作 ······ 30
1.2.7　质量计算特性与物理分析 ······ 32
1.2.8　对象布尔操作 ······ 32
知识梳理与总结 ······ 34
第 2 章　曲线与草图 ······ 35
教学导航 ······ 35
2.1　曲线 ······ 36
2.1.1　创建基本曲线 ······ 36
2.1.2　创建二次曲线 ······ 45
2.1.3　创建复杂曲线 ······ 46
2.1.4　编辑曲线 ······ 49
案例 1　创建熊猫头曲线 ······ 54
2.2　草图 ······ 59
2.2.1　草图应用与参数预设置 ······ 59
2.2.2　草图对象的创建 ······ 61
2.2.3　草图约束 ······ 67
2.2.4　草图操作 ······ 72
案例 2　绘制零件曲线 1 ······ 74
案例 3　绘制零件曲线 2 ······ 77

案例 4　绘制零件曲线 3 …… 79
知识梳理与总结 …… 83

第 3 章　扫描特征 …… 84

教学导航 …… 84
3.1　拉伸特征 …… 85
3.1.1　拉伸特征的操作步骤 …… 85
3.1.2　拉伸参数设置 …… 85
3.2　回转特征 …… 87
3.2.1　回转特征的操作步骤 …… 87
3.2.2　回转特征参数设置 …… 88
3.3　沿引导线扫掠特征 …… 89
案例 5　轴承压盖设计 …… 89
案例 6　深沟球轴承设计 …… 94
案例 7　弹簧设计 …… 100
知识梳理与总结 …… 105

第 4 章　体素特征 …… 106

教学导航 …… 106
4.1　创建体素特征 …… 107
4.1.1　长方体 …… 107
4.1.2　圆柱体 …… 107
4.1.3　圆锥体 …… 108
4.1.4　球体 …… 109
4.2　编辑体素特征的参数和空间位置 …… 110
4.2.1　编辑体素特征的参数 …… 110
4.2.2　编辑体素特征的空间位置 …… 111
案例 8　深沟球轴承保持架设计 …… 113
知识梳理与总结 …… 117

第 5 章　成型特征 …… 118

教学导航 …… 118
5.1　基准特征 …… 119
5.1.1　创建基准平面 …… 119
5.1.2　创建基准轴 …… 120
5.2　从属特征 …… 121
5.2.1　孔 …… 122
5.2.2　凸台 …… 125
5.2.3　腔体 …… 125
5.2.4　凸垫 …… 127
5.2.5　键槽 …… 127

5.2.6 沟槽 …… 128
案例 9 三通零件设计 …… 129
案例 10 二级齿轮减速器低速轴设计 …… 136
知识梳理与总结 …… 143
第 6 章 特征操作 …… 144
教学导航 …… 144
6.1 细节特征 …… 145
6.1.1 拔模 …… 145
6.1.2 边倒圆 …… 146
6.1.3 倒斜角 …… 148
6.1.4 抽壳 …… 148
6.1.5 螺纹 …… 149
6.2 关联复制 …… 151
6.2.1 实例特征 …… 151
6.2.2 镜像特征 …… 154
6.2.3 镜像体 …… 154
案例 11 齿轮油泵后盖设计 …… 155
知识梳理与总结 …… 167
第 7 章 装配功能 …… 168
教学导航 …… 168
7.1 装配概述 …… 169
7.1.1 装配的基本概念 …… 169
7.1.2 装配的功能特点 …… 170
7.2 装配导航器 …… 170
7.2.1 装配导航器介绍 …… 171
7.2.2 装配导航器的快捷菜单 …… 172
7.3 装配引用集 …… 173
7.4 组件操作 …… 175
7.4.1 添加组件 …… 175
7.4.2 组件配对 …… 177
7.4.3 组件替换 …… 179
7.4.4 组件重定位 …… 179
7.4.5 组件阵列 …… 180
7.5 装配爆炸图 …… 182
7.5.1 建立装配爆炸图 …… 182
7.5.2 编辑装配爆炸图 …… 183
7.5.3 装配爆炸图操作 …… 183
7.6 装配的其他操作功能 …… 184

7.6.1 克隆装配 …… 184
7.6.2 WAVE 链接操作 …… 185
案例 12 创建零件装配爆炸图 …… 186
知识梳理与总结 …… 191
第 8 章 创建工程图 …… 192
教学导航 …… 192
8.1 工程图参数设置 …… 193
8.2 创建工程图纸 …… 195
8.2.1 创建图纸 …… 195
8.2.2 编辑图纸 …… 196
8.2.3 删除图纸 …… 196
8.2.4 工程图样的应用 …… 197
8.3 视图操作 …… 199
8.3.1 创建基本视图 …… 200
8.3.2 创建投影视图 …… 201
8.3.3 创建局部放大图 …… 201
8.3.4 创建剖视图 …… 202
8.3.5 创建半剖视图 …… 203
8.3.6 创建旋转剖视图 …… 203
8.3.7 创建局部剖视图 …… 204
8.3.8 创建展开剖视图 …… 206
8.3.9 创建断开视图 …… 206
8.4 工程图标注 …… 207
8.4.1 尺寸标注概述 …… 208
8.4.2 创建尺寸标注 …… 210
8.4.3 符号标注 …… 211
8.4.4 文本注释标注 …… 214
8.4.5 形位公差标注 …… 215
8.4.6 表格标注 …… 216
8.5 工程图编辑操作 …… 216
8.5.1 移动/复制视图 …… 217
8.5.2 对齐视图 …… 217
8.5.3 编辑原点 …… 218
8.5.4 编辑剖切线 …… 218
8.5.5 编辑视图边界 …… 219
8.5.6 编辑指引线 …… 219
案例 13 创建传动轴工程图 …… 219
案例 14 创建轴承压盖工程图 …… 226
知识梳理与总结 …… 231

第 9 章　综合实例——齿轮油泵设计 …… 232

教学导航 …… 232

9.1　创建标准件 …… 233

9.1.1　圆柱销 ϕ 6×20 …… 233

9.1.2　螺柱 *M*8×32 …… 235

9.1.3　螺柱 *M*8×40 …… 237

9.1.4　垫圈 8 …… 238

9.1.5　键 8×5 …… 239

9.1.6　螺母 *M*8 …… 241

9.1.7　螺栓 *M*8×20 …… 247

9.2　零部件设计 …… 253

9.2.1　从动轴 …… 253

9.2.2　密封环 …… 255

9.2.3　填料压盖 …… 257

9.2.4　从动齿轮 …… 260

9.2.5　主动齿轮轴 …… 268

9.2.6　泵盖 …… 275

9.2.7　泵体 …… 288

9.3　齿轮油泵装配 …… 299

9.3.1　创建装配文件 …… 300

9.3.2　添加组件 …… 301

9.3.3　创建装配爆炸图 …… 306

知识梳理与总结 …… 308

第1章 UG NX 的基本功能与操作

教学导航

知识重点	1. UG NX 软件基础； 2. UG NX 建模工具
知识难点	1. 工具栏的调用； 2. 坐标系； 3. 图层操作； 4. 对象变换
教学方式	在多媒体机房，教与练相结合
建议学时	6 课时

UGS 公司的 UG NX 系列软件是新一代的数字化产品开发系统，融入了行业内最广泛的集成应用程序，涵盖了产品设计、工程设计和产品制造中的全套开发流程。它使得用户可以在一个完全数字化的环境中构思、设计、生产和验证其产品模型，并获得产品的数字化定义信息。它的发展过程代表了产品设计软件的开发，从探索走向成熟的过程，显示了 CAD/CAE/CAM 技术应用的不断深入。它是当今世界最先进的计算机辅助设计、分析和制造软件之一，广泛应用于航空、航天、汽车、造船、通用机械和电子等行业。

目前 UG NX 的最新版本——UG NX 5.0 继承了原有 UG 软件各模块的用户操作功能，并且增强了用户操作的交互性。其设计、绘图、装配和加工等功能仍是该软件的核心，UG NX 5.0 在继承这些操作功能的基础上，做出了一些扩充、改进和细化。

1.1 UG NX 软件基础

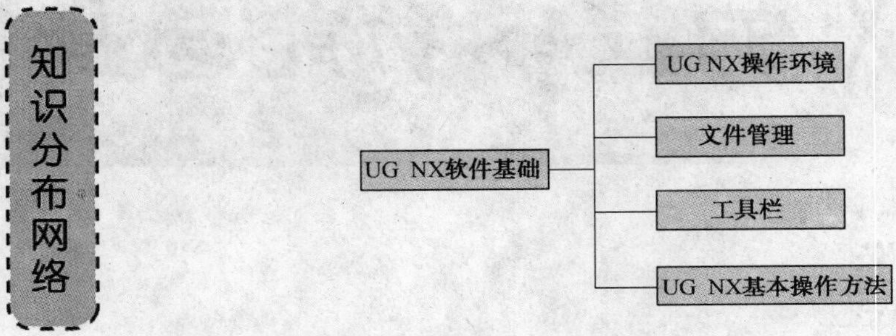

1.1.1 UG NX 操作环境

UG NX 操作环境是一种 Windows 风格的 GU（图形用户界面）环境。下面主要介绍基本的系统操作界面、用户操作界面设置和系统环境参数设置等内容。

1. 系统操作界面

UG NX 沿用了其一贯的图形用户界面，界面操作简单易懂。只要了解各部分的位置与用途，就可以充分运用系统的操作功能给自己的设计工作带来方便。

在 Windows 平台上使用 UG，选择【开始】/【程序】/【UGS NX 5.0】/【NX 5.0】命令，或双击桌面上的快捷方式图标，就进入 UG NX 的主界面，在没有打开部件文件前，UG NX 5.0 的主窗口，如图 1.1.1 所示，此时还不能进行实际操作。

当新建一个文件后，系统进入建模模块，以打开一个已存在的文件为例，窗口如图 1.1.2 所示。

在系统操作界面中主要包括标题栏、菜单栏、提示栏、工具栏、绘图工作区和资源导航条等，这些部分分担着各不相同的功能。

1）标题栏

标题栏位于窗口的顶部，主要用于显示软件的名称及版本号、当前所在的功能模块和当前正在操作的文件名称。如果对部件已经做了修改，但还没进行保存，其后面还会显示“（修改的）”提示信息，如图 1.1.3 所示。

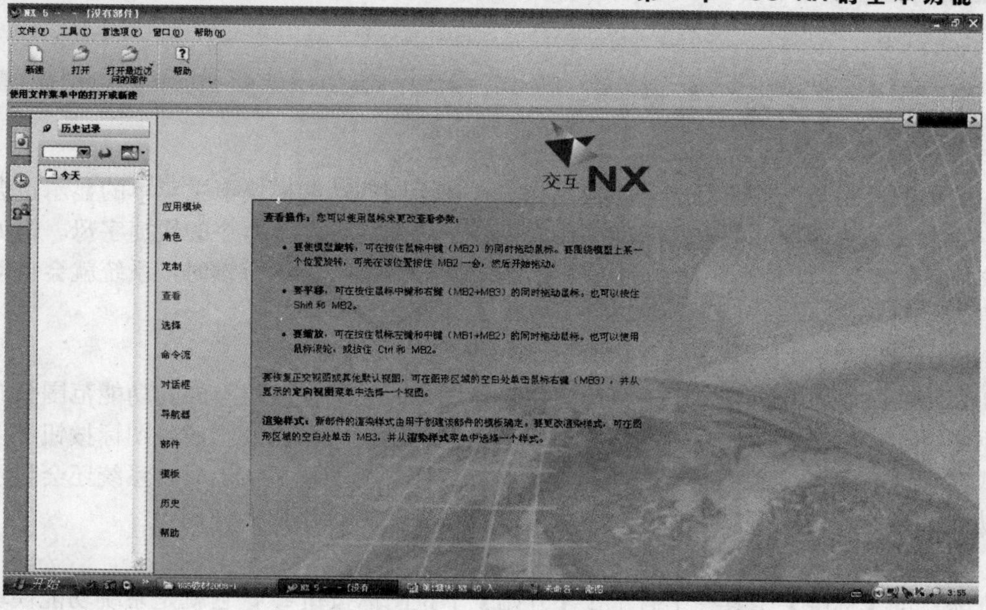

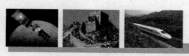

图 1.1.1　UG NX 5.0 的主窗口

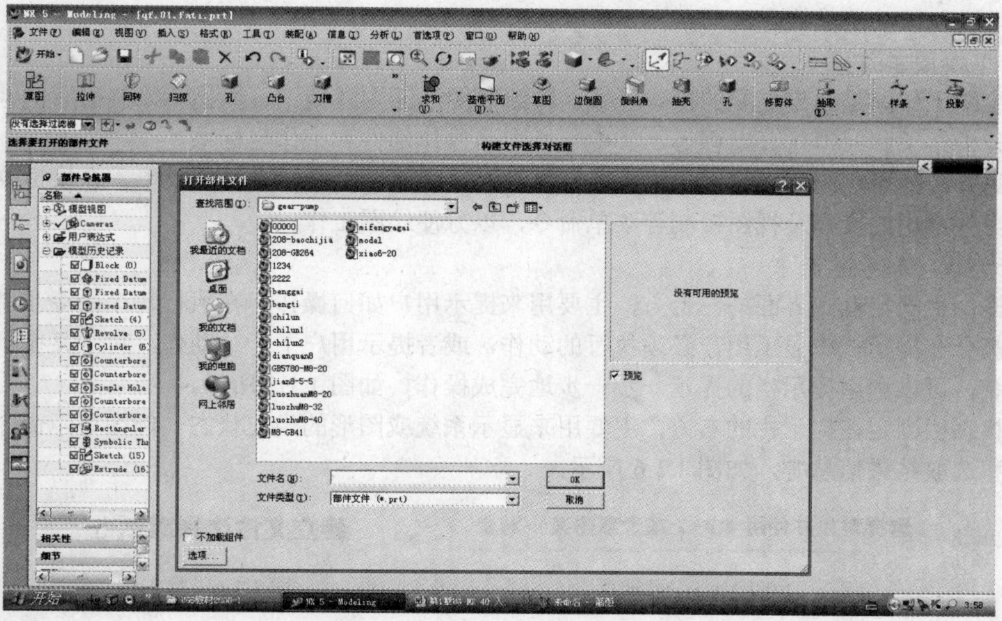

图 1.1.2　UG 建模界面

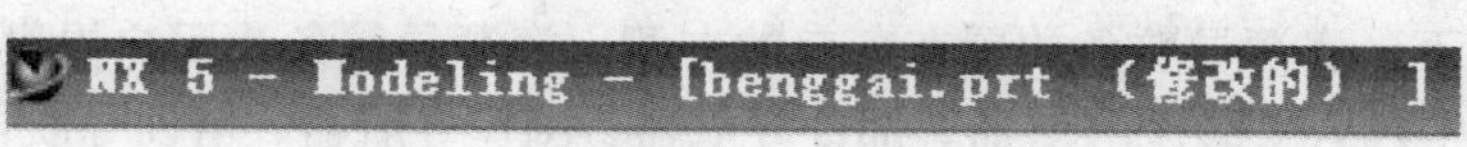

图 1.1.3　标题栏

2）菜单栏

菜单栏位于标题栏下方，它包含了 UG NX 所有的功能操作命令菜单。系统将所有的菜单命令予以分类，分别放置在不同的主菜单的下拉列表中，以方便用户的查询及使用，如图 1.1.4 所示。

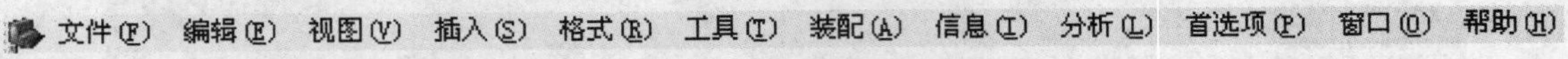

图 1.1.4　菜单栏

主菜单的显示与当前所处的功能模块相关，在不同的功能模块下主菜单的显示也会有所不同。如果在菜单命令后面有对应的字母，则该字母即为该菜单命令的快捷字母。例如【视图】菜单后的“V”即是系统默认的快捷字母，按下“Alt+V”组合键时，系统就会自动选取该菜单。

3）工具栏

UG NX 操作环境中包含了丰富的操作功能图标，它们被按照不同的功能范围分布在不同的工具栏中。每个工具栏中的图标都对应着不同的功能菜单命令，而且图标按钮都以图形的方式直观地表现了该命令的操作功能。当光标放在某个图标按钮上时，系统还会显示出该操作功能的名称。这样可以避免在菜单中查找命令，更方便用户的使用。

4）应用程序

在系统的【标准】工具栏中有一个【开始】下拉图标按钮，它就是系统功能模块的入口，其下拉列表对应系统当前可以进入的各个功能模块，用户可以单击所需的功能模块图标按钮，进入该功能模块。

5）绘图工作区

绘图工作区是用户主要的操作区域，即绘制图形的主区域。可以显示绘制前后的零件图形、分析结果和模拟仿真过程等，其中包括当前操作部件和工作坐标系。

另外，如果在绘图工作区中单击鼠标右键，系统就能打开一个快捷菜单，在快捷菜单中含有一些常用的操作及视图控制等菜单命令，以方便绘图工作。

6）提示栏和状态栏

提示栏固定在主界面的左上方，主要用来提示用户如何操作。在执行每个命令步骤时，系统都会在提示栏中显示用户必须执行的动作，或者提示用户下一个动作。对于某些不熟悉的命令，可以利用提示栏的提示一步一步地完成操作，如图 1.1.5 所示。

状态栏固定在提示栏的右方，主要用来显示系统或图形的当前状态。例如显示命令结束信息和选取结果信息等，如图 1.1.6 所示。

图 1.1.5　提示栏

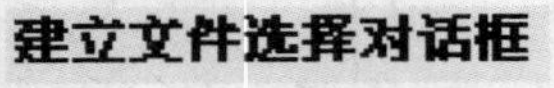

图 1.1.6　状态栏

7）资源导航条

在默认状态下，资源导航条放置在窗口的左侧。资源导航条为用户提供了一种快捷的操作导航工具，其中包含了装配导航器、部件导航器、浏览导航器、培训导航器、帮助导航器、历史操作文件导航器、系统材料导航器、制造导航工具和角色导航工具。这些导航器对应于导航资源条左侧从上自下的各个图标，通过该资源导航条，可以方便地进行一些功能操作。

2．用户操作界面设置

当进入 UG NX 时，系统会显示默认的操作界面，但该环境下的界面各功能部分的显示及相关工具栏的显示并不一定能很好地满足个性化的操作要求。系统提供了两种操作界面的自定义功能，可帮助用户部署自己的 UG 操作界面。

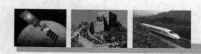

选择菜单命令【工具】/【定制】或在工具栏区域上单击鼠标右键，从弹出的快捷菜单中选择【定制】命令，系统会弹出【定制】对话框，如图 1.1.7 所示。利用该对话框可以在当前操作界面中显示或隐藏工具栏或工具栏中的图标按钮、菜单命令的位置、提示栏和状态栏的位置，以及用户角色等操作界面对象。

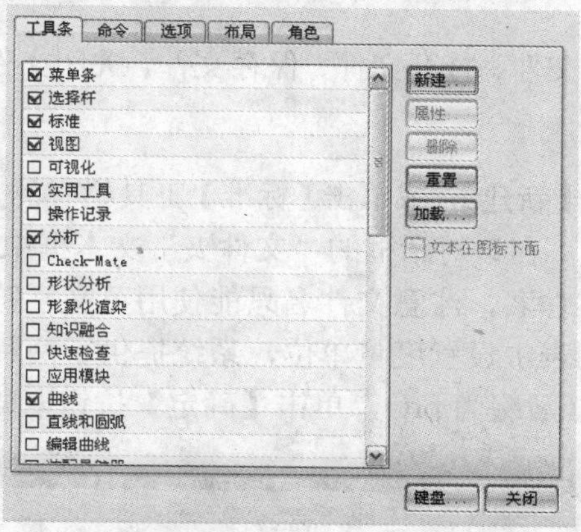

图 1.1.7 【定制】对话框

该对话框有以下五个界面对象设置功能选项卡。

（1）工具条：通过该选项卡可以设置在当前操作界面中显示的工具栏，也可以创建自己的新工具栏，加载已保存的工具栏文件及删除或编辑自己创建的工具栏。还可以设置工具栏是否显示带有文字提示的效果。

（2）命令：通过该选项卡可以设置哪些命令功能显示在工具栏图标中，也可以编辑菜单命令的位置和编辑菜单命令的快捷键。

（3）选项：通过该选项卡可以设置菜单命令的显示效果和工具栏中图标按钮的显示效果。

（4）布局：通过该选项卡可以设置提示栏和状态栏的显示位置，以及保存当前界面布局。

（5）角色：通过该选项卡可以创建或加载新的角色文件。

3. 系统环境参数设置

当 UG NX 安装完成后，它的许多环境参数设置都是系统默认的方式，但这也许并不能满足普通用户的需要，所以还需要对 UG 系统的操作环境进行重新设置。

UG NX 系统的路径是由注册表和环境变量来设置的。在软件安装以后，会自动建立一些系统环境变量，如“UGII-LICENSE-FILE”、“UGII-ROOT-DIR”、“UGII-LANG”等。如果要添加环境变量，可以打开【控制面板】，双击【系统】选项，在打开的【系统】对话框中选择【高级】选项卡，单击【环境变量】按钮，系统弹出【环境变量】对话框，在其中可以对环境变量的参数进行重新设置。

另外，UG NX 本身带有环境变量设置文件“ugii-env.dat”。该文件位于软件安装主目录的“UGII”子目录下。该目录也可以用来设置运行 UG 系统的相关参数，如软件语言、用户工具菜单、文件的路径、“Pattern”文件的目录、机床数据文件存放的路径、默认参数设置文件、系统使用的默认字体等。设置这些参数的方法是用“记事本”程序打开“ugii-env.dat”文件，找到所要修改参数的位置进行修改。

如果要在工程图功能中的【插入】/【符号】下拉菜单中显示【表面粗糙度符号】菜单命令，应在“ugii-env.dat”文件中找到“UGII-SURFACE-FINISH”，将其设置为“UGII-SURFACE-FINISH=ON”。

1.1.2 文件管理

文件管理具体包括新建文件、打开文件、保存文件、关闭文件、导入和导出文件等工作。

1. 新建文件

选择菜单命令【文件】/【新建】，或单击【标准】工具栏中的按钮，系统弹出如图 1.1.8 所示的【文件新建】对话框。在该对话框的“文件夹”文本框中输入新文件要保存的路径，在“名称”文本框中输入文件名，注意文件名只能使用英文字符或数字，最长不能超过 26 个字符。在“单位”下拉列表中设置度量单位，系统提供了两种度量单位：“英寸”和“毫米”。接受默认的文件类型（后缀为.prt），单击【确定】按钮，即可创建新文件。

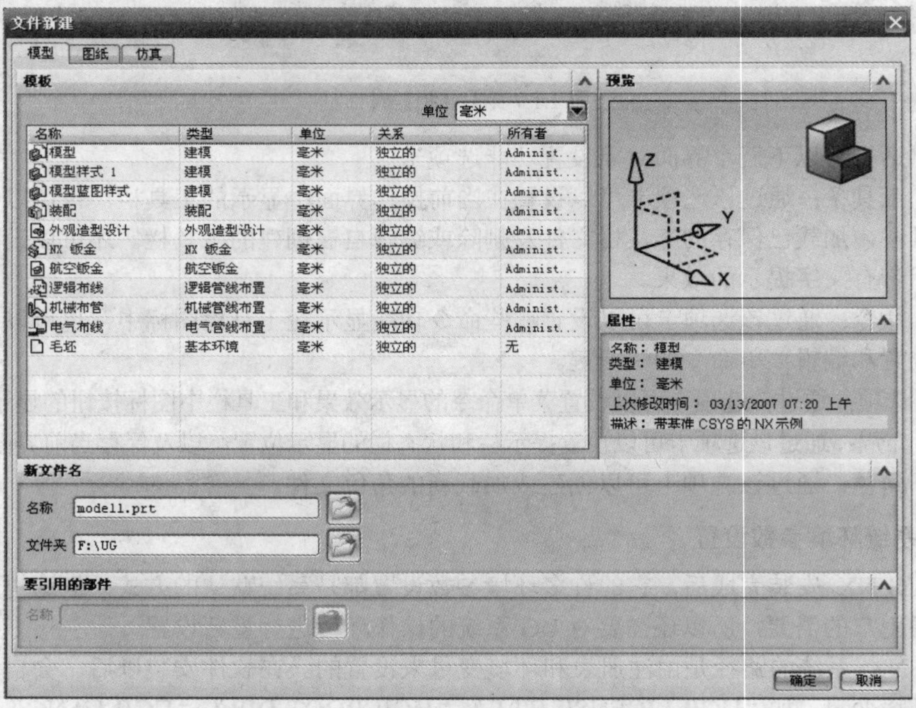

图 1.1.8 【文件新建】对话框

2. 打开文件

选择菜单命令【文件】/【打开】，或单击【标准】工具栏中的按钮，系统弹出如图 1.1.9 所示的【打开部件文件】对话框。在该对话框的文件列表框中列出了当前工作目录下的所有文件，可以直接选择要打开的文件，或者在【查找范围】下拉列表中指定文件所在的路径，然后再选择文件，单击【OK】按钮，即可打开所选文件。

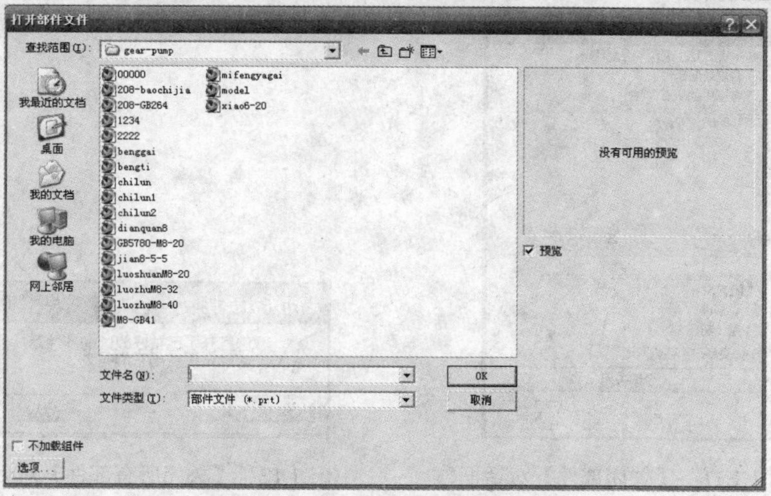

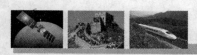

图 1.1.9 【打开部件文件】对话框

3. 关闭文件

关闭文件可以通过选择【文件】/【关闭】子菜单下的命令来完成，如图 1.1.10 所示。

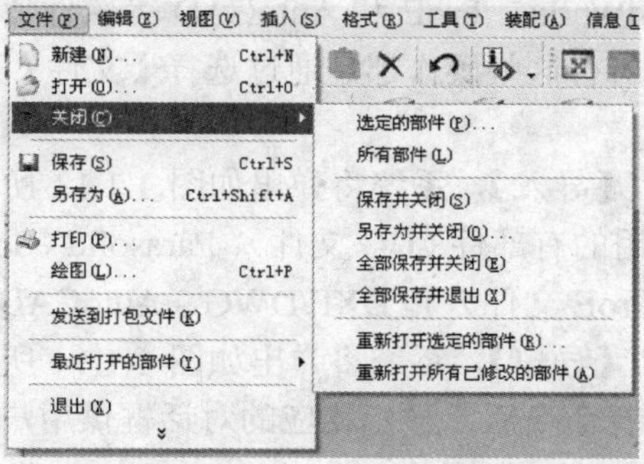

图 1.1.10 【关闭】子菜单

选择【选定的部件】命令，系统弹出如图 1.1.11 所示的【关闭部件】对话框，选定要关闭的文件，单击【确定】按钮，即可关闭所选文件。

【关闭部件】对话框中选项的含义如下。

（1）顶层装配部件：选择该单选项后，文件列表中只列出顶层装配文件，而不列出装配中包含的组件。

（2）会话中的所有部件：选择该单选项后，文件列表中列出当前进程中的所有文件。

（3）仅部件：选择该单选项后，仅关闭所选择的文件。

（4）整个树：选择该单选项后，如果所选择的文件为装配文件，则关闭属于该装配文件的所有文件。

（5）如果修改则强制关闭：选择该复选项后，如果文件在关闭之前没有保存，则强行关闭。

单击【全部关闭】按钮，或单击右上角的✕按钮将关闭所有文件。在命令执行之前，显示如图 1.1.12 所示的【关闭所有部件】对话框，提示用户文件已被修改，是否确定关闭。如

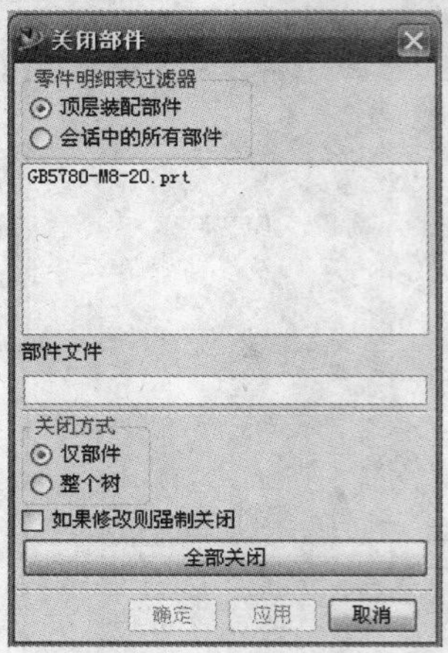

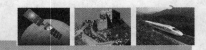

图 1.1.11　【关闭部件】对话框

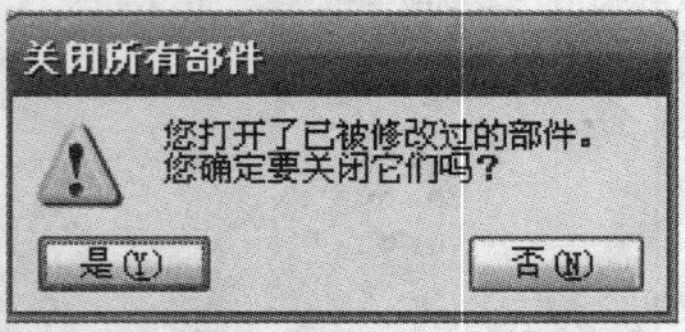

图 1.1.12　【关闭所有部件】对话框

果用户不想保存，单击 是(Y) 按钮；如果需要保存，则单击 否(N) 按钮，保存文件。

4．导入、导出文件

当前，知名的 CAD/CAE/CAM 软件都具有与其他软件交换数据的功能。UG 既可以把建立的模型数据输出，供 SolidWorks、ProE 和 AutoCAD 等软件使用，又可以输入这些软件制作的模型数据供自己使用。所有这些操作都是通过选择【文件】菜单中的【导入】和【导出】命令来实现的。

选择菜单命令【文件】/【导入】，系统将弹出如图 1.1.13 所示的子菜单。其中列出了可以输入的各种文件格式，常用的有部件（UG 文件）、Parasolid（SolidWorks 文件）、VRML（网络虚拟现实文件）、IGES（ProE 文件）和 DXF/DWG（AutoCAD 文件）。

选择菜单命令【文件】/【导出】，系统将弹出如图 1.1.14 所示的子菜单。其中列出了可以输出的各种文件格式，选择命令后，显示相应的对话框供用户操作。

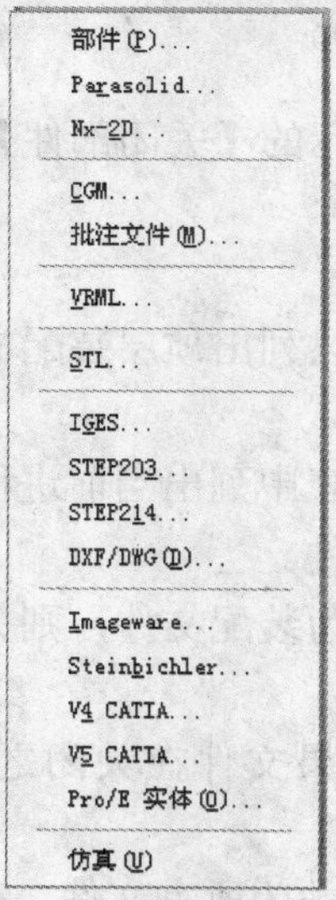

图 1.1.13　【导入】子菜单

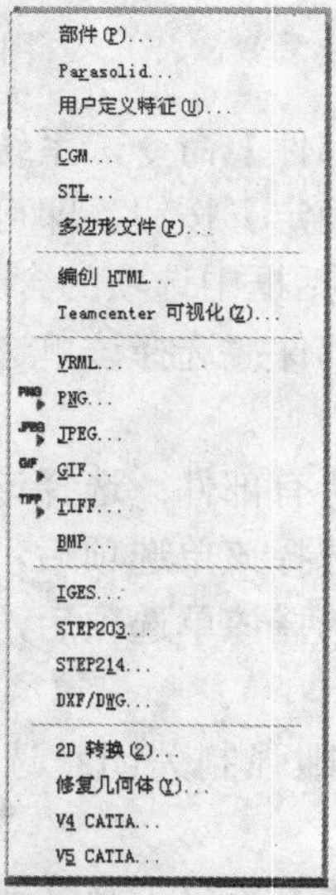

图 1.1.14　【导出】子菜单

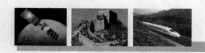

1.1.3　工具栏

工具栏是为快速访问常用操作而设计的特殊对话框。工具栏是一行图标，每个图标代表一个功能。当进入某模块应用时，为使用户能拥有较大的图形窗口，在默认状态下系统只显示一些常用的工具栏及其常用的图标按钮，而不是显示所有工具栏和它们的全部图标。

1．使用工具提示

工具提示是一个小的文本框，在这个文本框中会告诉用户该工具的作用。无论该工具在当前模块下是否可用，都会显示工具提示。

将光标放在某工具图标上，光标附近就会出现一个小的文本框，说明该图标的功能。如图 1.1.15 所示，图标的功能是表示可“放大/缩小”视图的工具。

图 1.1.15　工具提示

2．显示和消隐工具栏

为观看可以利用的工具栏，将光标放在工具栏的入坞区右击，弹出的工具栏设置快捷菜单会列出所有当前装载的一系列工具栏名称。其中包含系统工具栏和用户定制的工具栏。工具栏前面的标记说明该工具栏当前被显示。

如果要显示某工具栏，只需要在相应功能的工具栏选项上单击，使其前面出现☑标记即可；如果要消隐某工具栏，不想让某个工具栏出现在界面上时，只需要再次单击该选项，去掉前面的☑标记即可。

3．工具栏的入坞和出坞

工具栏有入坞和出坞状态。入坞的工具栏可以被放在沿主窗口边界的入坞区域内，而出坞的工具栏可以被放在界面的任何地方。

出坞工具栏：将光标放在工具栏前端的把柄上，按住左键拖动工具栏到想放置的地方并释放。工具栏成为一个自由浮动的图标面板，可以放置在界面上的任何地方。

入坞工具栏：将光标放在工具栏的标题区，按住左键拖动工具栏到主窗口顶部的空白区并释放，工具栏即入坞到空白区域内。

移动出坞的工具栏：移动一个出坞的工具栏到任何地方且保持状态，可以按住键盘上的 C 键，再进行拖动。

关闭出坞的工具栏：单击工具栏右上角的【关闭】按钮☒，即可关闭该工具栏。

4．存储工具栏布局

在每次退出 UG NX 时，系统将自动存储对菜单条、工具栏布局以及内容所做的任何调整。如果不希望 UG NX 存储有任何改变，可以选择【首选项】/【用户界面】命令，则弹出【用户界面首选项】对话框，单击【退出时保存布局】复选框，去掉前面的☑即可，如图 1.1.16 所示。

5. 工具栏图标的可见性

系统工具栏按功能分成许多种，比如菜单栏、【标准】工具栏、【成型特征】工具栏等，每一类工具栏里又有很多小的图标，每个小图标代表一种功能。但在系统默认的状态下，不是每个工具栏的所有图标都显示出来的，只显示其中的几个。在任何时候想要选择需要的命令，可以单击工具栏右侧的【工具栏选项】（指向下方的三角箭头），选择【添加或移除按钮】命令，将光标放在工具栏名称上，则看到该工具栏上可用的工具清单。选中工具清单图标前的复选框，该图标会显示在工具栏上；也可以取消选中，则工具栏上该图标消隐，如图 1.1.17 所示。

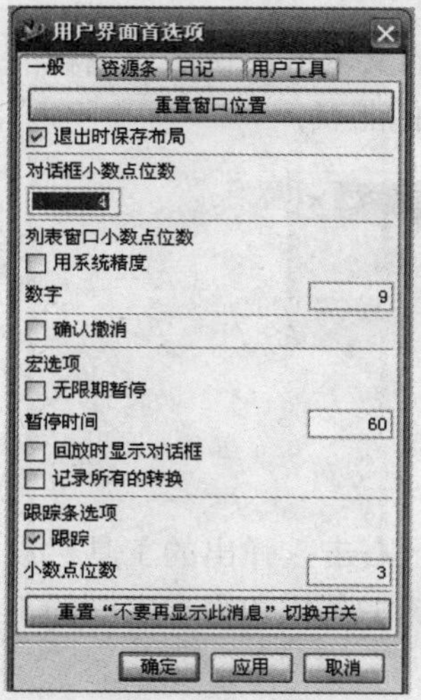

图 1.1.16 【用户界面首选项】对话框

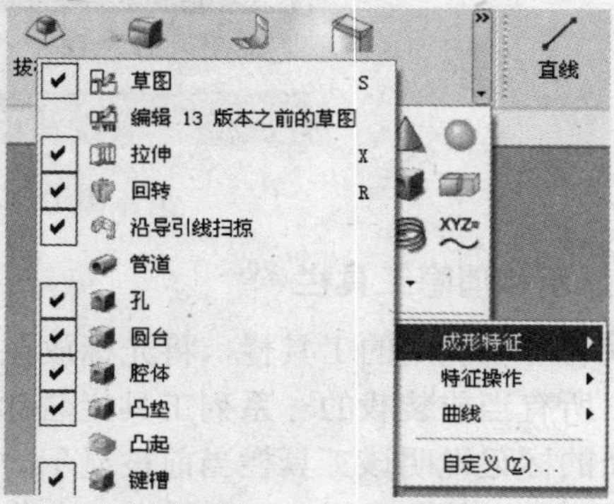

图 1.1.17 添加或移除按钮

6. 定制工具栏

为方便使用，用户可根据自己的操作需要定制工具栏。以下三种方法均可弹出【定制】对话框。

（1）选择【工具】/【定制】命令。

（2）右击工具栏区，在弹出的快捷菜单中选择【定制】命令。

（3）执行操作接口任意一个工具栏自带的【工具栏选项】（向下的三角箭头）/【添加或移除按钮】/【定制】命令。

使用【定制】对话框，用户可以根据操作需要定制工具栏。

1.1.4 UG NX 基本操作方法

虽然 UG NX 系统包含有不同的功能模块，但在使用过程中有一些基本的操作方法是相同的，如基本操作流程、鼠标及快捷键和帮助系统的使用方法等。

1. 基本操作流程

UG NX 的功能操作都是在零部件文件的基础上进行的，UG 文件是以“.pat”格式存储的（当然也可以存为一些通用格式的设计文件）。

UG NX 的基本操作流程如下。

（1）启动 UG NX 系统软件。

（2）如果是零件的初次设计，应该先建立一个新的文件；如果是修改一个已有的零件，可以打开已经存在的文件。

（3）根据设计需要，进入相应的设计功能模块，如建模、制图、装配或加工等模块。

（4）进行相关的准备工作，如坐标系、图层和参数的预设置，为具体的设计指定相应的参数（例如造型精度、模型颜色和线型等），它们会在后续工作中起作用。

（5）开始具体的设计、装配或绘图等操作。

（6）检查零部件模型的正确性，如果有必要，对模型进行相应的修改。

（7）保存相应的文件后，退出系统。

2. 鼠标的使用

在 UG NX 系统中，默认支持的是三键鼠标。当然，很多用户可能并没有这种鼠标，用的通常是两键鼠标，这时键盘中的 Enter 键就相当于三键鼠标的中键。在设计过程中鼠标键与 Ctrl、Shift 和 Alt 等功能键配合使用，可以快速地执行某类功能，大大提高设计效率。

下面以标准三键鼠标为例，说明一下它常用的一些使用方式。MB1 表示鼠标左键，MB2 表示鼠标中键，MB3 表示鼠标右键，"+"表示同时按住两个键，以下与此相同。

（1）MB1：通常用于在系统中选择菜单命令。

（2）MB2：确定操作。

（3）MB3：通常用于显示快捷菜单。

（4）Alt+MB2：取消操作。

（5）Shift+MB1：在绘图工作区中为取消已选取的一个对象，在列表框中为选取一个连续区域的所有选项。

（6）Ctrl+MB1：在列表框中重复选取其中的选项。

（7）Shift+MB3：打开针对一项功能应用的快捷菜单。

（8）Alt+Shift+MB1：选取链接对象。

3. 快捷键的使用

在 UG NX 系统中，除了可以利用鼠标进行操作以外，还可以使用键盘上的按键来进行系统的设置与操作。使用最多的就是利用 UG NX 各种菜单命令的快捷键来加速操作。

（1）Tab：光标位置切换的功能键。每按 Tab 键一次，系统就会自动以对话框中的分隔线为界，将光标切换到下一个对象。

（2）Shift+Tab：与 Tab 键的切换顺序相反，它以对话框中的分隔线为界，每按"Shift+Tab"组合键一次，系统就会自动以分隔线为界，将光标切换到对话框中的上一个对象。

（3）方向箭头：在单个选项内，切换该选项的显示内容。例如，切换选取的下拉菜单命令，或切换下拉列表选项的参数值。

（4）Enter：在对话框中代表"确定"按钮。

4. 帮助系统的使用

在操作系统平台上，UG 采用了超文本格式的在线帮助，这是在视窗平台上的标准帮助系统，使用起来非常方便，通过它可以快速获得软件的使用帮助。

如果用户在自己的机器上安装了UG的帮助系统（帮助系统需要单独安装，并不集成在软件的安装中），则可以通过以下方式来启动UG帮助系统。

（1）在UG系统中，选择菜单命令【帮助】/【文档】，系统就会弹出系统帮助窗口，也可以在使用某项功能遇到疑问时，单击F1快捷键，系统会自动查找UG的用户帮助手册，并定位在当前操作功能的使用说明部分，显示在系统界面右边的【帮助】导航器中。

（2）通过Windows系统的【开始】/【程序】/【UGS NX 5.0】/【NX 5.0 文档】命令来启动UG的用户帮助手册，根据欲查找内容所处的模块来获得相应的帮助。

1.2 UG NX建模工具

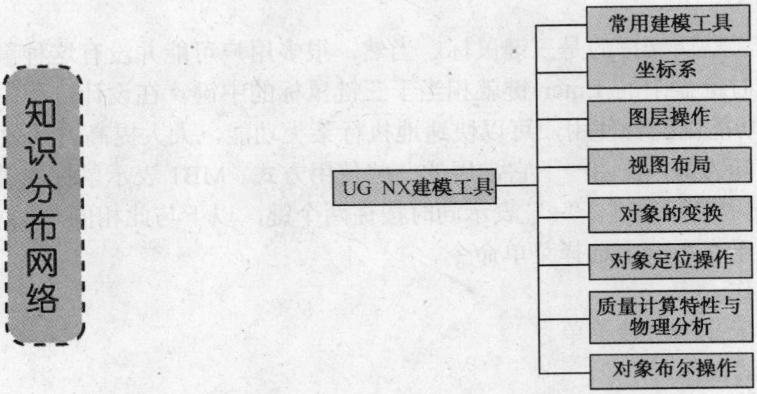

在应用UG系统进行建模操作时，许多建模过程都将用到一些基本的系统操作功能，如常用工具对象的创建、对象的选取、图层与视图操作、对象操作、对象定位操作和对象布尔操作等。

1.2.1 常用建模工具

在造型设计过程中，许多操作功能都将用到UG中一些常用系统工具，如点构造器、矢量构造器、类选择器和坐标系构造器等。这些系统常用工具将对建模操作起到辅助作用，帮助用户方便地创建参考点、参考方向，变换工作坐标系。

1. 点构造器

在三维建模过程中，经常会遇到需要指定一个点的情况，此时系统通常会自动弹出如图1.2.1所示的【点】对话框。该对话框可以利用点的智能捕捉方式或坐标输入的方式进行基点位置的定义，也可以进行点的偏置，适用于工作坐标系和绝对坐标系。该对话框中各选项的含义说明如下。

图1.2.1 【点】对话框

1）自动判断的点

该选项利用点的智能捕捉功能，自动捕捉各类对象上的关键点（端点、交点、圆心等）作为要构造的点。系统提供了 12 种捕捉方式。

（1）自动判断的点：根据光标所处的位置不同，自动判断出所要选取的点，所采用的点捕捉方式可以为光标位置、存在点、端点、控制点、圆弧中心等选项之一。它涵盖了所有点的选择方式。

（2）光标位置：通过定位光标的当前位置来构造一点，该点的 ZC 轴坐标值为“0”，也就是利用这种方式将定义一个 XY 平面上的点。

（3）十存在点：指通过选择某个存在点来确定一个点的位置。

（4）端点：在存在的直线、圆弧、二次曲线及其他各类曲线以及各种边缘曲线的端点上，构造一个点或指定新点的位置。

（5）控制点：在曲线的控制点上构造一个点或确定新点的位置。控制点与几何对象的类型有关，它可以是“直线的中点或端点”、“开口圆弧的端点、中点或中心点”、“二次曲线的端点”和“样条曲线的定义点”等。

（6）交点：指线与线的交点或线与面的交点。如果两条曲线实际上未相交，系统将延伸求出它们的交点。

（7）圆弧/椭圆/球的中心：在选取的圆弧、椭圆或球的中心处构造一个点或确定一个新点的位置。

（8）圆弧或椭圆上的角度点：在与 XC 轴正向成一定角度的圆弧或椭圆弧上构造一个点或指定一个新点的位置。

（9）象限点：在圆弧或椭圆弧的四分之一处构造一个点或确定一个新点的位置。

（10）点在曲线/边上：在离光标最近的曲线或边缘上构造一个点或确定一个新点的位置。

（11）点在曲面上：在离光标最近的曲面上构造一个点或确定一个新点的位置。

（12）两点之间：在直线的两个端点之间构造一个点或确定新点的位置。

单击图标按钮激活相应的点捕捉方式，然后选择要点捕捉的对象，系统会自动按相应方式生成点或确定一个新点的位置。

2）坐标

该选项包含“XC”、“YC”、和“ZC”三个文本框，具有以下两项功能。

（1）显示点捕捉的坐标：当选择了一个点捕捉后，在基点的三个文本框中将显示点捕捉的坐标值，这样便于用户判定所选的点是否正确。

（2）输入坐标值：用户可以直接在文本框中输入点的坐标值，然后单击【确定】按钮，系统将按输入的坐标值来构造点。

3）坐标系

选择【相对于 WCS】单选按钮时，坐标标志为“XC、YC、ZC”，在文本框中输入的坐标值是相对于工作坐标系的。

选择【绝对】单选按钮时，坐标标志相应的变为“X、Y、Z”，输入的坐标值是相对于绝对坐标系的。

2．矢量构造器

在建模操作时，很多地方都要用到矢量来确定特征或对象的方位。如圆柱体或圆锥体的轴线方向、拉伸特征的拉伸方向、旋转扫描特征的旋转轴线、曲线投影的投影方向以及拔模斜度方向线等。确定这些矢量都离不开矢量构造器。

矢量构造器用于构造一个单位矢量，矢量的各坐标分量只用于确定矢量的方向，不保留其幅值大小和矢量原点。

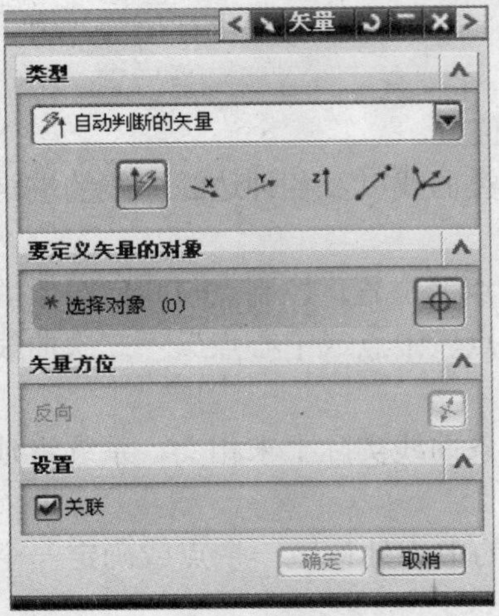

图 1.2.2 【矢量】对话框

一旦构造了一个矢量，在图形窗口中将显示一个临时的矢量符号。通常操作结束后该矢量符号立即消失，也可利用视图刷新功能消除其显示。

矢量构造器的所有功能都集中体现在如图 1.2.2 所示的【矢量】对话框中。

构造矢量的方法有以下 11 种方式。

（1）自动判断的矢量：根据选择的几何对象不同，自动推测一种方式来定义矢量，推测的方式可能是表面法线、曲线切线、平面法线或基准轴等。

（2）两点：用于选择空间两点来定义一个矢量，其方向由第一点指向第二点。

（3）与 XC 成一角度：用于在 XC-YC 平面上构造与 XC 轴成一定角度的矢量。

（4）边界/曲线矢量：用于沿边界/曲线起始点处的切线构造一个矢量。

（5）在曲线矢量上：用于以曲线某一点位置上的切向矢量作为要构造的矢量。

（6）面的法向：用于构造一个与平面法线或圆柱面轴线平行的矢量。

（7）平面法向：用于构造一个与基准平面法线平行的矢量。

（8）基准轴：用于构造一个与基准轴平行的矢量。

（9）XC 轴：用于构造一个与 XC 轴平行或与已存坐标系的 X 轴平行的矢量。

（10）YC 轴：用于构造一个与 YC 轴平行或与已存坐标系的 Y 轴平行的矢量。

（11）ZC 轴：用于构造一个与 ZC 轴平行或与已存坐标系的 Z 轴平行的矢量。

3．类选择器

在 UG NX 许多功能模块的操作过程中，经常需要选取操作对象，系统提供了一种通过限制选取对象类型和设置过滤器的方法，来实现快速选取对象的目的。

在选取操作对象时，既可以直接在绘图工作区中选取某个对象，也可以利用如图 1.2.3 所示的【类选择】对话框中所提供的一些对象类型过滤功能来限制选取对象的范围，从而快速选取某类操作对象。所选中的对象在绘图工作区中会以高亮度方式显示。

【类选择】对话框中的选项如下。

（1）类型过滤器：通过指定对象的类型来限制选取对象的范围。单击该按钮后，系统会弹出如图 1.2.4 所示的【根据类型选择】对话框。可以在列表框中选取需要选择或排除的对象类型。单击对话框下端的【细节过滤】按钮，还可做进一步的类型限制。

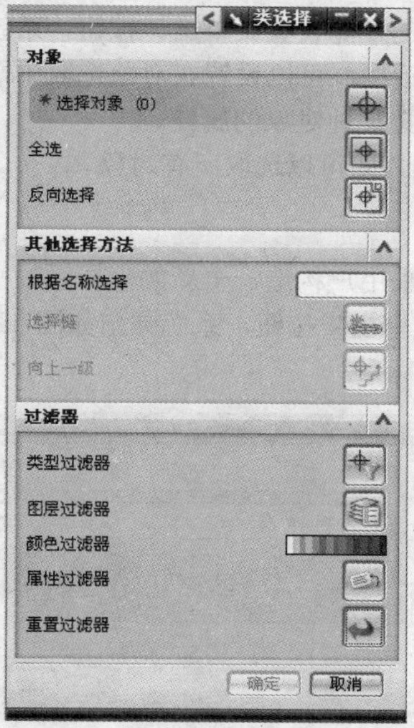

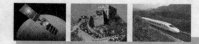

图 1.2.3 【类选择】对话框

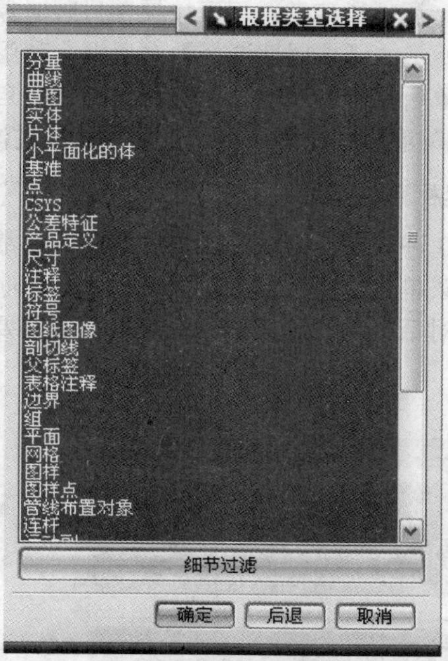

图 1.2.4 【根据类型选择】对话框

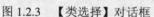

（2）图层过滤器：通过指定层来限制选取对象的范围。单击该按钮，系统会弹出如图 1.2.5 所示的【根据图层选择】对话框。利用该对话框，可以设置在对象选取中需要选择或排除的对象所在层。

（3）颜色过滤器：通过指定对象的颜色来限制选取对象的范围。单击该按钮，系统会弹出如图 1.2.6 所示的【颜色】对话框。利用该对话框，可以通过指定颜色来选取对象。

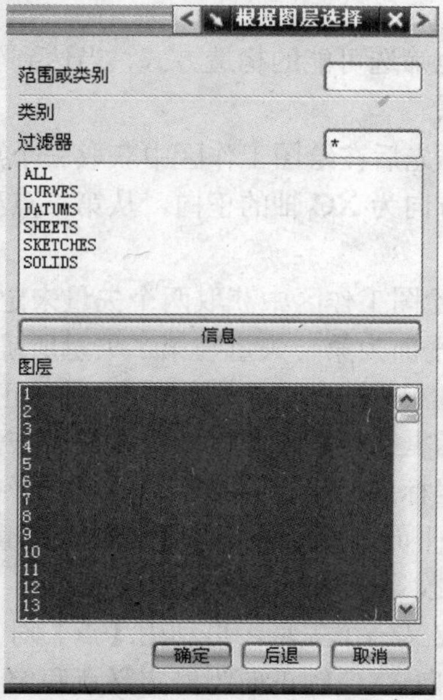

图 1.2.5 【根据图层选择】对话框

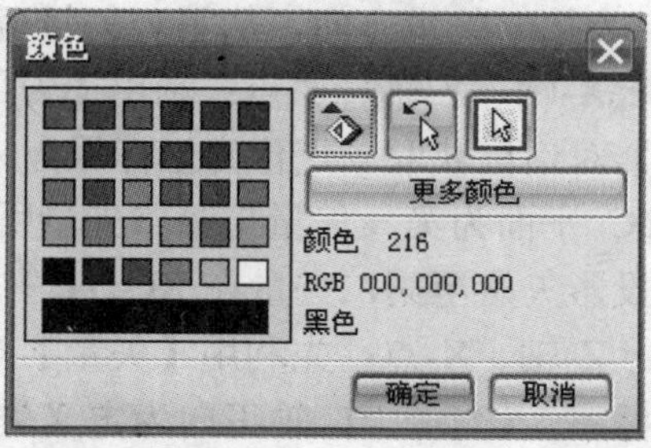

图 1.2.6 【颜色】对话框

（4）属性过滤器：用于按属性进行对象选取的过滤设置。单击该按钮，系统会弹出如图 1.2.7 所示的【按属性选择】对话框。利用该对话框，可以设置在对象选取中需要选择或排除的对象所具有的属性，而且也允许用户自己定义某种对象的属性。

（5）重置过滤器：用于恢复默认的过滤方式，即可以选取所有对象。

4．坐标系构造器

在 UG 许多功能模块的操作过程中，常常会要求用户构造一个新的坐标系。

选择菜单命令【格式】/【WCS】/【定向】，或单击按钮，系统弹出如图 1.2.8 所示的【CSYS】对话框，利用该对话框可以构造需要的坐标系。

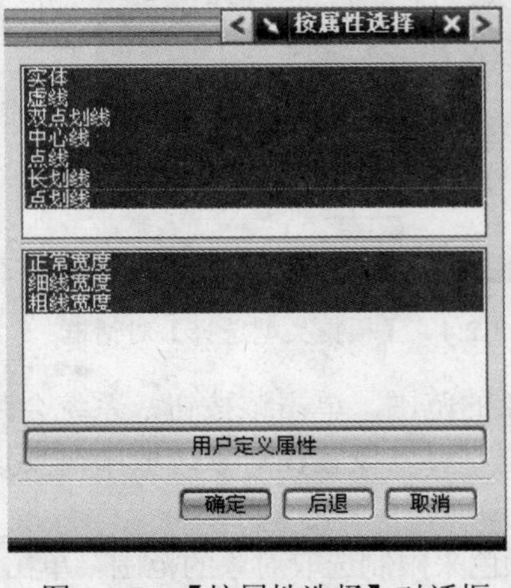

图 1.2.7 【按属性选择】对话框

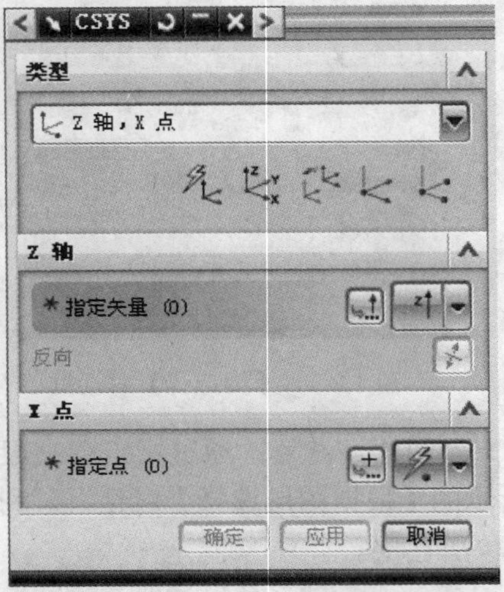

图 1.2.8 【CSYS】对话框

系统提供了 12 种构造坐标系的方法。

（1）自动判断的：根据选择的对象，智能地筛选可能的构造方式，当达到坐标系构造的唯一性要求时，系统将自动产生一个新的坐标系。

（2）原点、X-点、Y-点：利用【点】对话框先后在绘图工作区中获取三个点来定义一个坐标系。第一点为原点，第一点指向第二点的方向为 XC 轴的正向，从第二点至第三点按右手定则来确定 ZC 轴正向。

（3）X-轴、Y-轴：利用【矢量】对话框在绘图工作区中获取两个矢量来定义坐标系。坐标原点为第一矢量与第二矢量的交点，XC-YC 平面为第一矢量与第二矢量所确定的平面，XC 轴正向为第一矢量方向，从第一矢量至第二矢量按右手定则来确定 ZC 轴的正向。

（4）X-轴、Y-轴、原点：利用【矢量】对话框在绘图工作区中获取两个矢量方向，再利用【点】对话框获取一点作为坐标原点来定义坐标系。坐标系 XC 轴的正向平行于第一矢量，XC-YC 平面为第一矢量与第二矢量所确定的平面，ZC 轴正向由从第一矢量在 XC-YC 平面上的投影矢量至第二矢量在 XC-YC 平面上的投影矢量按右手定则确定。

（5）Z-轴、X-点：先利用【矢量】对话框定义一个矢量，再利用【点】对话框获取一点定义坐标系。坐标系 ZC 轴正向为定义矢量的方向，XC 轴正向为沿定义点和定义矢量的垂线指向定义点的方向，坐标原点为垂足点，YC 轴正向由从 ZC 轴至 XC 轴按右手定则确定。

（6）某对象的坐标系：通过在绘图工作区中选择一个对象（曲线、实体、草图等几何对象），将该对象自身的坐标系定义为当前的工作坐标系。这种定义坐标系的方式在进行复杂形体建模的过程中很实用，它可以保证快速准确地构造坐标系。

（7）点、垂直于线：通过先选择一条曲线，再选择一个点来定义一个坐标系。过定义点与定义曲线相垂直的假想线为新坐标系的 YC 轴，垂足为坐标系的原点，曲线在该垂足处的切线为新坐标系的 ZC 轴，XC 轴根据右手定则确定。

（8）平面和矢量：通过先后选择一个平面、设置一个与该平面相交的矢量来定义一个坐标系。XC 轴为平面的法向，YC 轴为定义矢量在平面上的投影，原点为定义矢量与平面的交点。

（9）三平面：通过先后选择三个平面来定义一个坐标系。三个平面的交点为坐标系的原点，第一个平面的法向为 XC 轴，第一个平面与第二个平面的交线方向为 ZC 轴，YC 轴根据右手定则确定

（10）从坐标系统偏置：通过输入沿 XC、YC 和 ZC 坐标轴方向相对于选择坐标系的偏置距离来定义一个新的坐标系。这种方法与坐标系原点的平移变换类似，区别是它可以选择任何一个工作坐标系，而平移变换只能应用于当前工作坐标系为绝对坐标系时。

（11）绝对坐标系：在绝对坐标值为（0，0，0）处定义一个新的工作坐标系。

（12）当前视图的坐标系：用当前视图方位定义一个新的坐标系。XC-YC 平面为当前视图的所在平面，XC 轴为水平方向向右，YC 轴为竖直方向向上，ZC 轴为水平方向向前（指向用户方向）。

5．编辑对象显示方式

当建立对象后，可用编辑对象显示的方法对其进行修改，比如对象的图层、颜色、线型、宽度、栅格数、透明度和着色状态等。

选择菜单命令【编辑】/【对象显示】，并按系统提示选择要操作的对象后，系统会弹出如图 1.2.9 所示的【编辑对象显示】对话框。通过该对话框可以改变所选对象的显示方式。

例如改变对象的颜色，在【编辑对象显示】对话框中单击【颜色】按钮，弹出【颜色】对话框，再选择某种颜色或单击【更多颜色】按钮，在系统弹出的对话框中选择一种颜色，单击【确定】按钮即可。

【编辑对象显示】对话框中的【继承】按钮用于继承其他选择对象的显示设置，并应用到所选对象上。单击【继承】按钮，按系统提示选择要继承其显示设置的对象。另外，若要编辑多个对象的显示设置，不必退出【编辑对象显示】对话框，只要单击【选择新对象】按钮，选择新的编辑对象即可。

6．显示和再现对象

当图形窗口中显示的对象太多时，为了方便操作，有时需要暂时隐藏某些对象，需要时再将这些对象显现出来。

选择菜单命令【编辑】/【隐藏】，弹出隐藏/再现对象的级联菜单，如图 1.2.10 所示。其中的六个选项可以用来隐藏和再现对象。

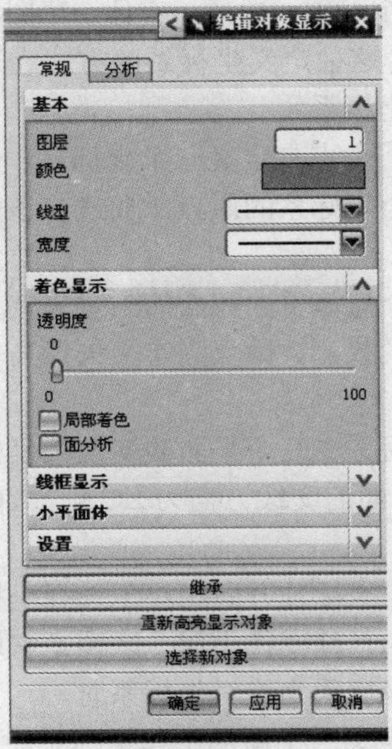

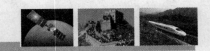

图 1.2.9 【编辑对象显示】对话框

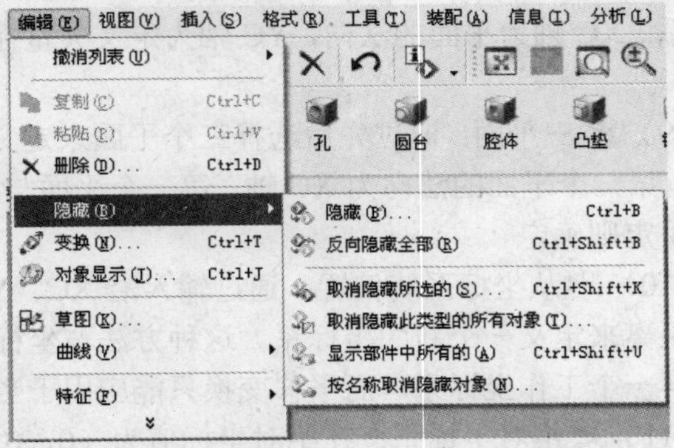

图 1.2.10 隐藏/再现对象级联菜单

7. 删除对象和撤销已完成的操作

删除对象可以选择菜单命令【编辑】/【删除】，或单击×按钮。

撤销已完成的操作可以选择菜单命令【编辑】/【撤销列表】，或单击按钮。也可以在绘图工作区中单击右键，在弹出的快捷菜单中选择【撤销】。

1.2.2 坐标系

坐标系是用来确定特征或对象的方位，UG 系统中用到的坐系有两种形式，分别为绝对坐标系（ACS）和工作坐标系（WCS）。

绝对坐标系是模型空间坐标系，其原点和方位固定不变，而工作坐标系是用户当前使用的坐标系，其原点和方位可以随时改变。在一个部件文件中，可以有多个坐标系，但只有一个工作坐标系。

所有坐标系均为右手笛卡尔坐标系。

选择菜单命令【格式】/【WCS】，系统会弹出如图 1.2.11 所示的级联菜单。利用该级联菜单，可对当前的工作坐标系进行原点平移或绕某个坐标轴旋转操作。

1. 变换工作坐标系原点

选择菜单命令【格式】/【WCS】/【原点】，或单击按钮，系统弹出【点】对话框，利用该对话框来确定一个工作坐标系下或绝对坐标系下点的坐标，它可以通过点捕捉功能或输入具体坐标值的方式来确定。点的坐标确定后，坐标系的原点将移动到该点，但坐标轴的方位不变。

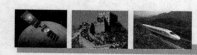

2. 动态移动或旋转坐标系

选择菜单命令【格式】/【WCS】/【动态】，或单击按钮，在绘图工作区将出现如图 1.2.12 所示的动态移动或旋转坐标系。

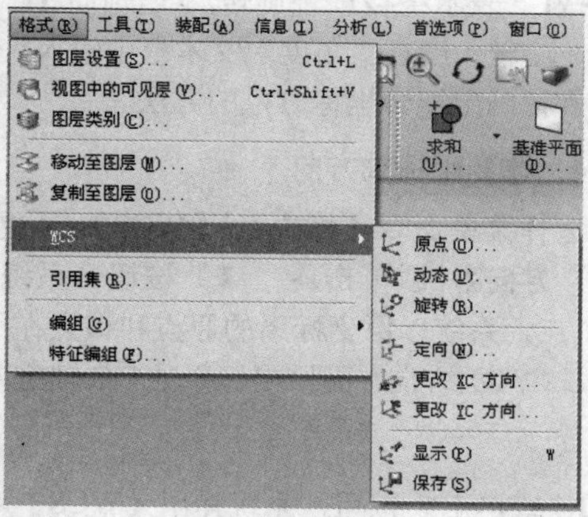

图 1.2.11　【WCS】级联菜单

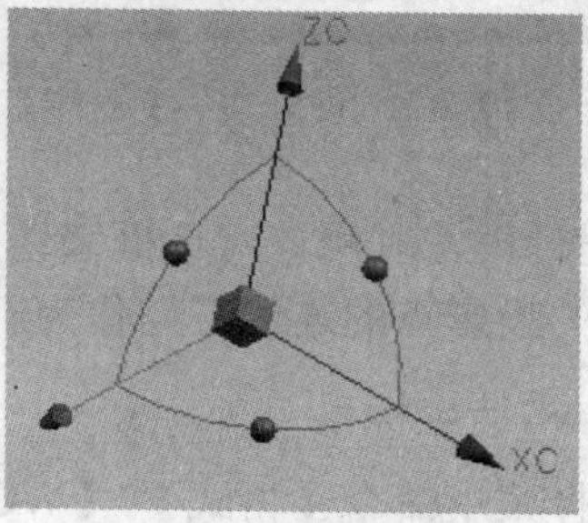

图 1.2.12　动态移动或旋转坐标系

1）坐标原点拖动

选择坐标原点把手，拖动至满意的位置，按鼠标中键完成拖动。

2）距离拖动

（1）选择沿 XC、YC、ZC 轴的移动把手，拖动至满意的位置，按鼠标中键完成拖动。

（2）在如图 1.2.13 所示的“距离”文本框中输入移动距离，按鼠标中键完成拖动。

（3）在图 1.2.13 所示的“捕捉”文本框中输入距离增量，按 Enter 键，选择沿 XC、YC 或 ZC 轴的移动把手，则按步距增量一步一步地拖动。

3）角度拖动

（1）选择绕 XC、YC、ZC 轴的旋转把手，旋转至满意的位置，按鼠标中键完成旋转。

（2）在如图 1.2.14 所示的“角度”文本框中输入旋转角度，按鼠标中键完成旋转。

（3）在图 1.2.14 所示的“捕捉”文本框中输入角度增量，按 Enter 键，选择绕 XC、YC 或 ZC 轴的旋转把手，则按步距增量一步一步地旋转。

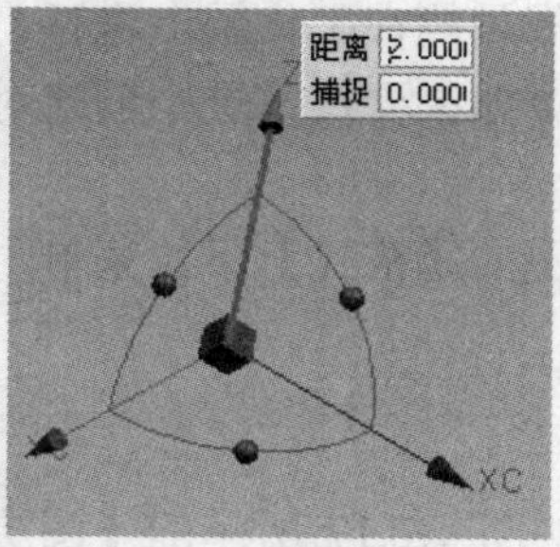

图 1.2.13　动态移动坐标系

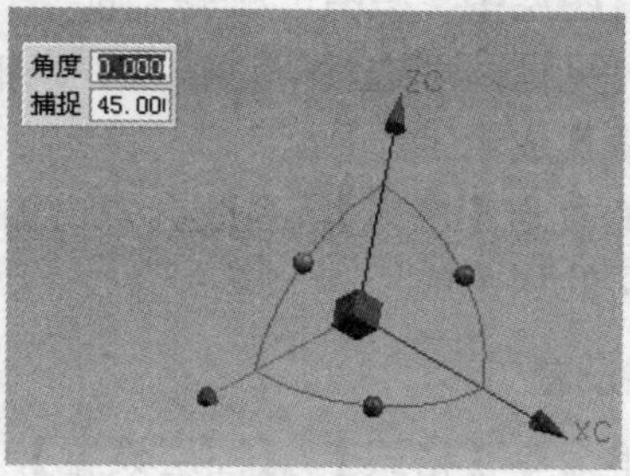

图 1.2.14　动态旋转坐标系

3. 旋转坐标系

选择菜单命令【格式】/【WCS】/【旋转】，或单击按钮，系统将弹出如图 1.2.15 所示

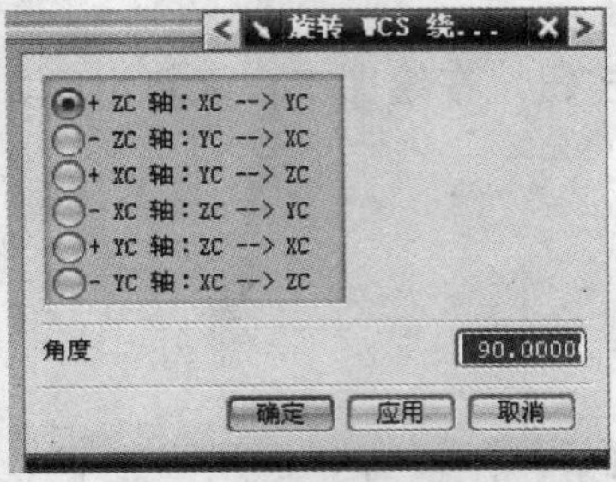

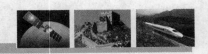

图 1.2.15 【旋转 WCS 绕…】对话框

的【旋转 WCS 绕…】对话框。

通过该对话框可将当前坐标系绕某一轴旋转指定角度，从而定义新的工作坐标系。其中“+ZC 轴：XC→YC”表示绕+ZC 轴旋转，XC 轴向 YC 轴方向旋转，旋转角度在“角度”文本框中输入。系统提供了六种确定旋转坐标方位的方法。

4．改变坐标轴方向

选择菜单命令【格式】/【WCS】/【更改 XC（YC）方向】，或单击（）按钮，系统将弹出【点】对话框，利用该对话框来选择或创建一个点，系统以原坐标系的原点和该点在 XC-YC 平面上的投影点的连线方向作为新坐标系的 XC（YC）方向，而原坐标系的 ZC 轴方向不变。

5．构造坐标系

选择菜单命令【格式】/【WCS】/【定向】，或单击按钮，系统弹出【WCS】对话框，利用该对话框可以构造需要的坐标系。

6．坐标系的显示、隐藏和保存

选择菜单命令【格式】/【WCS】/【显示】，或单击按钮，则可使坐标系显示和隐藏。

选择菜单命令【格式】/【WCS】/【保存】，或单击按钮，可以将当前坐标系保存，使其成为已存坐标系。

1.2.3 图层操作

在零部件设计过程中，合理地利用图层以及坐标系的操作，将大大提高设计效率，并且使设计对象易于控制和操作。

图层类似于设计师在透明覆盖层上建立模型的方法，一个图层就类似于一个覆盖层。不同的是在一个图层上对象可以是三维的。

在一个 UG 部件文件中最多可以含有 256 个图层，每层上可含任意数量的对象。因此，一个图层上可以含有部件中所有对象，而部件中的对象也可以分布在任意一个图层中。在一个部件的所有图层中，只有一个是当前工作层，所有工作只能在工作层上进行。而其他层则可对它们的可见性、可选性等进行设置来辅助设计工作。如果要在某层中创建对象，则应在创建对象前使其成为工作层。

选择菜单命令【格式】，系统会弹出如图 1.2.16 所示的【格式】下拉菜单，其中的前五个命令为图层的相关应用。

1．图层设置

选择菜单命令【格式】/【图层设置】，系统会弹出如图 1.2.17 所示的【图层设置】对话框，利用该对话框可以编辑某个图层。可设置该图层是否显示和可选、是否变为工作层等。可对部件中所有图层或任意一个图层进行工作层、可选性与可见性等进行设置，并可进行层的信息查询。同时，也可对层所属的种类进行编辑。

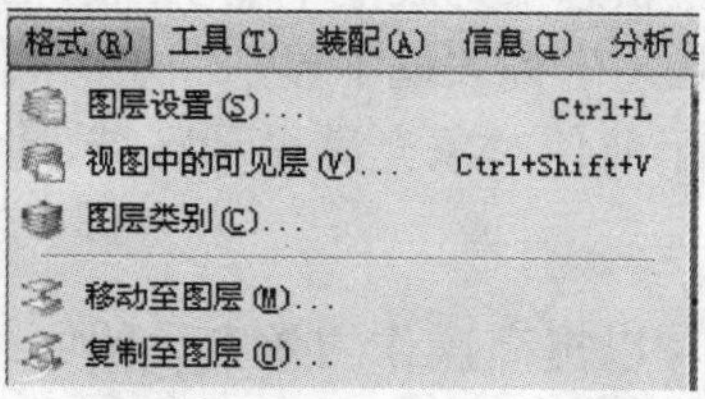

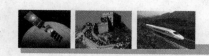

图 1.2.16　【格式】下拉菜单

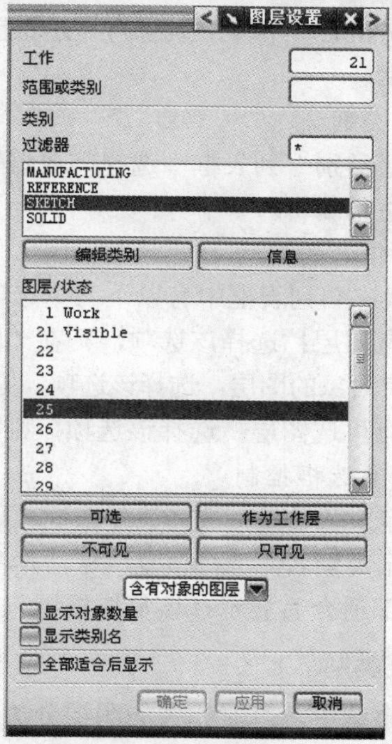

图 1.2.17　【图层设置】对话框

1）图层的选择方法

（1）在“图层/状态”列表框中直接选择需要设置的图层。

（2）在“范围或类别”文本框中输入图层的范围或类别，按 Enter 键，则在“图层/状态”列表框中列出相应的图层名称及其状态，且这些图层均被选中。

（3）在“类别过滤器”文本框中输入需要过滤的类别名称，按 Enter 键，则其下的“图层类别”列表框中显示与其相应的类别，然后从“图层类别”列表框中选择需要在“图层/状态”列表框中列出的图层类别，如果选择所有图层，则 1～256 层全部列出。

2）图层的状态设置

图层状态有四种：作为工作层、可选、不可见、只可见。选择需要设置的一个或多个图层后，即可设置相应的工作状态，然后单击【确定】按钮。需要注意的是工作层只有一个，不仅可见而且可选。工作层不能直接设置为其他状态，只有在设置其他图层作为工作层后，原来的工作层将自动转换为“可选”层。而“可选”、“不可见”、“只可见”层则可有多个。

（1）作为工作层：该按钮用来将指定的图层设置为当前工作层。当图层处于该状态时，层号的右方将出现“Work”字样，用户进行的所有操作都将在该图层中进行。当前的工作层还可以在“工作”文本框中直接输入图层号并按 Enter 键进行选择。

（2）可选：该按钮用来将指定的图层设置为可选状态。当图层处于该状态时，层号的右方将出现“Selectable”字样，用户可选取该图层中的任一对象。

（3）不可见：该按钮用来将指定的图层设置为不可见。当图层处于该状态时，层号的右方无任何显示，系统将隐藏该图层中的所有对象。

（4）只可见：该按钮用来将指定的图层设置为只可见。当图层处于该状态时，层号的右方将出现“Visible”字样，系统将显示该图层中的所有对象，但这些对象仅为可见，不能进行选取和编辑。

3）编辑类别

在“图层类别”列表框中选择需要编辑的图层类别后，单击【编辑类别】按钮，即可对图层的类别进行编辑。

4）显示信息的控制

“图层/状态”列表框中有以下三个选项。

（1）所有图层：选择该选项，则在“图层/状态”列表框中列出所有图层。

（2）含有对象的图层：选择该选项，则在“图层/状态”列表框中列出所有含有对象图层。

（3）所有可选图层：选择该选项，则在“图层/状态”列表框中列出所有可选择的图层。

5）利用复选框控制

（1）显示对象数量：选择该复选框，则在“图层/状态”列表框中显示图层上对象的数量。

（2）显示类别名：选择该复选框，则在“图层/状态”列表框中显示图层所属类别的名称。

（3）全部适合后显示：该复选框用来在更新显示前使对象充满显示区域。

2．图层类别

在 UG 系统中，可对相关的图层分类进行管理，以提高操作的效率。例如：一个部件中可以设置“Solid geometry（实体）”、“Sketch geometry（草图）”、“Curve geometry（空间曲线）”、“Reference geometry（参考）”、“Sheet bodies（钣金）”、“Drafting objects（工程制图）”、“Manufacturing（加工）”等图层的种类。当然也可以根据自己的习惯来对图层种类进行设置。当需要对某一图层组中的对象进行操作时，可很方便地通过层组来实现对其中各层对象的选取。

选择菜单命令【格式】/【图层类别】，系统会弹出如图 1.2.18 所示的【图层类别】对话框，利用该对话框可以创建、编辑和更名某个图层。

1）建立一个新的图层种类

（1）在【图层类别】对话框中的“类别”文本框中输入新种类名称。对于类别名称，无论输入大写还是小写字母，系统自动将其转换为大写字母。

（2）在“描述”文本框中输入相应的描述信息，以方便将来的操作。描述信息为可选项，即可以设置也可以不设置。

（3）单击【创建/编辑】按钮，系统将弹出如图 1.2.19 所示的【图层类别】对话框，在其中的“图层”列表框中选取该种类欲包括的层，单击【添加】按钮，再单击【确定】按钮，即可完成新类别的创建。

2）编辑一个存在的图层类别

在如图 1.2.18 所示【图层类别】对话框的“类别”文本框中输入需要编辑的种类名称，或直接在“图层类别”列表框中选取欲编辑的种类，便可对其进行编辑操作了。对现有图层组的编辑操作主要有以下两种。

（1）修改所选种类的描述信息：在“描述”文本框中输入相应的描述信息，再单击【加入描述】按钮，系统便可修改相应种类的描述信息。

（2）向所选种类中增加某些层或从所选类别中删除某些层：选取好相应的图层种类后，单击【创建/编辑】按钮，在弹出的如图 1.2.19 所示的【图层类别】对话框的“图层”列表框中选取需要向该图层种类中增加或删除的层，然后单击【添加】或【删除】按钮，最后单击【确定】按钮，即可完成操作。

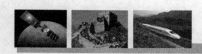

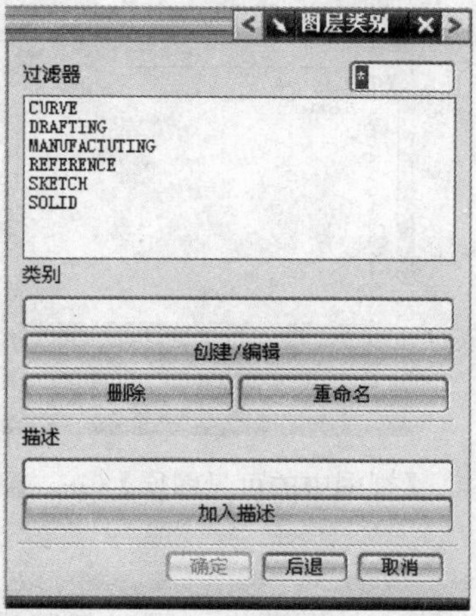

图 1.2.18　【图层类别】对话框

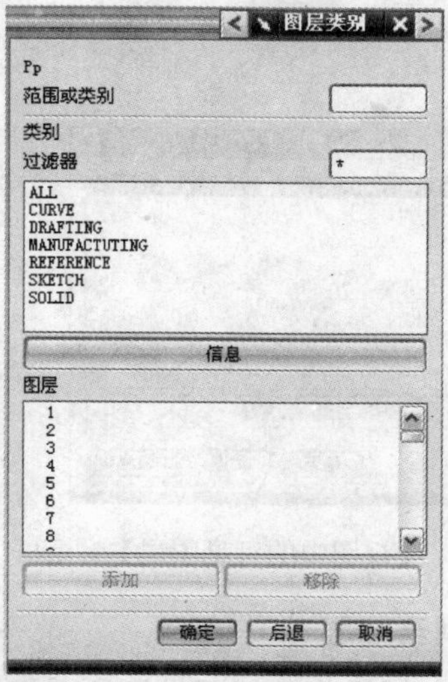

图 1.2.19　【图层类别】对话框

3）删除图层种类

在如图 1.2.18 所示【图层类别】对话框的“类别”文本框中输入种类名称，或直接在“图层类别”列表框中选取需要删除的图层种类，再单击【删除】按钮，即可完成操作。

4）重新命名图层种类

在图 1.2.18 所示的【图层类别】对话框的“类别”文本框中输入图层种类名称，或直接在“图层类别”列表框中选取需要更名的图层种类，然后在“类别”文本框中输入新的图层种类名称，最后单击【重命名】按钮，即可完成操作。

3. 视图中的可见图层

选择菜单命令【格式】/【视图中的可见图层】，系统会弹出如图 1.2.20 所示的【视图中的可见图层】对话框。在视图列表框中选取需要操作的视图，单击【确定】按钮，则弹出如图 1.2.21 所示的【视图中的可见图层】(正二测视图）对话框。

在“图层”列表框中选取图层后，单击【可见】按钮，则使指定的图层可见；单击【不可见】按钮，则使指定的图层不可见。

4. 移动至图层

移动至图层操作功能可以将对象从一个图层中移出并放置到另一个图层中。

选择菜单命令【格式】/【移动至图层】，系统先弹出【类选择】对话框。利用该对话框选择需要移动的对象后，系统会弹出如图 1.2.22 所示的【图层移动】对话框。在该对话框中的“目标图层或类别”文本框中输入移动操作目标图层或层组的名称，或直接从“图层”列表框中选取目标图层，也可以直接在绘图工作区中选取目标图层上的对象来确定目标图层。确定目标图层后，单击【确定】按钮，系统就会将所选取的对象移至指定的图层。

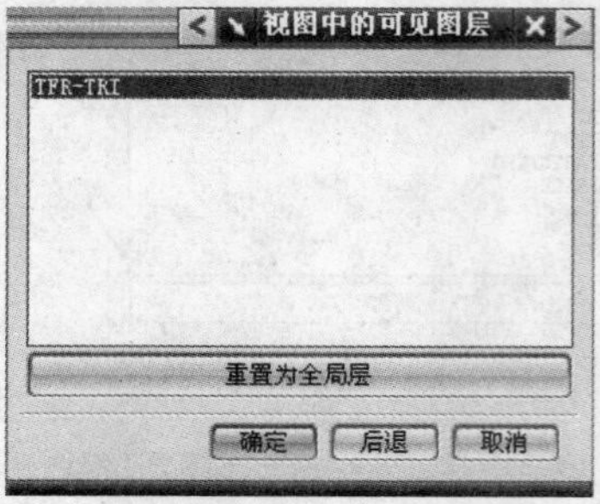

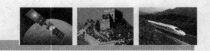

图 1.2.20 【视图中的可见图层】对话框

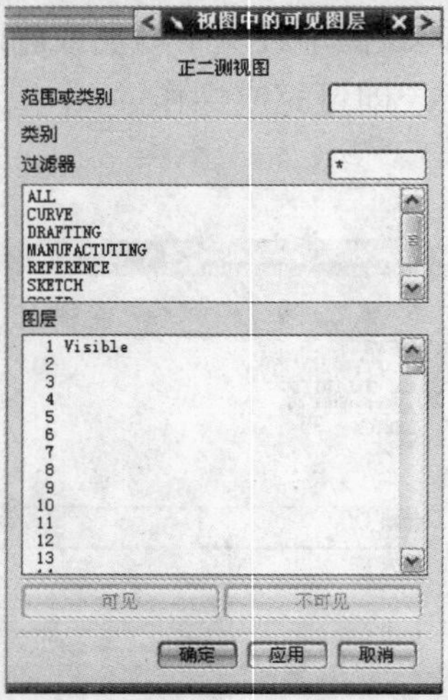

图 1.2.21 【视图中的可见图层】（正二测视图）对话框

5. 复制至图层

复制至图层操作功能可保留所选取的对象在它们原先的图层中，同时复制一份到另一个图层。

选择菜单命令【格式】/【复制至图层】，并选取某个对象后，系统会弹出【图层复制】对话框，其中各选项的使用方法与移动至图层操作相同。

1.2.4 视图布局

视图布局是按用户定义的方式排列在图形窗口的视图集合，一个视图布局最多允许同时排列九个视图，允许用户同时从各个侧面观察模型，以提高建模速度。用户可以在布局中的任意视图内选择对象，并且视图可以随部件文件一起保存或删除。

选择菜单命令【视图】/【布局】，系统将弹出如图 1.2.23 所示的【布局】下拉菜单。利用该下拉菜单，可以执行视图布局的操作。

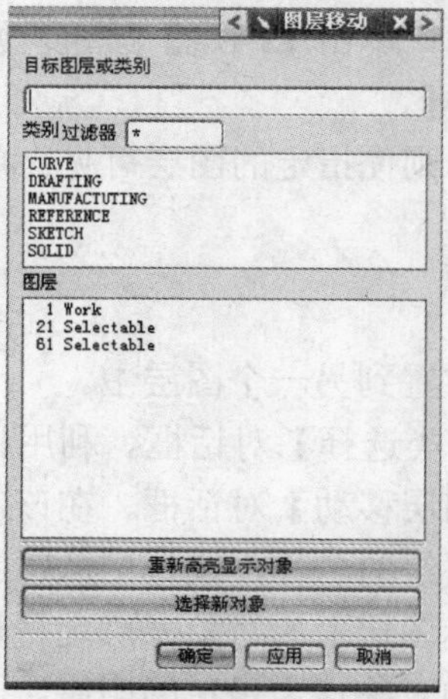

图 1.2.22 【图层移动】对话框

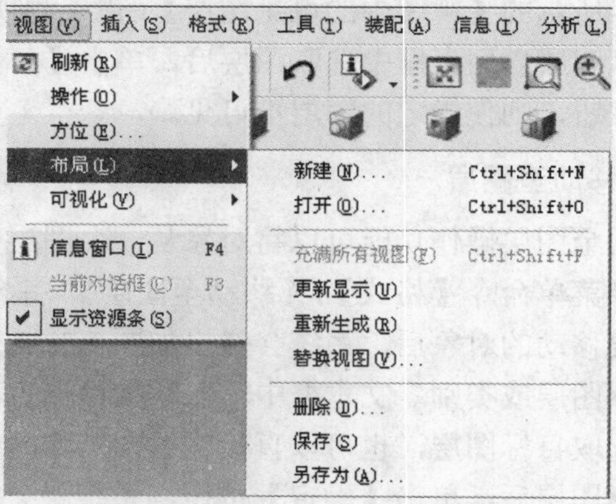

图 1.2.23 【布局】下拉菜单

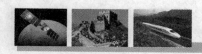

1）新建布局

选择菜单命令【视图】/【布局】/【新建】，系统将弹出如图 1.2.24 所示的【新建布局】对话框。新建布局的步骤如下。

（1）在“名称”文本框中输入新建布局的名称，布局名称最多包含由 30 个字母或数字组成的字符串。在默认状态下，布局名称为 LAY×，其中×为整数，从 1 开始对每个使用默认名的布局以增量 1 逐个命名。

（2）从“布置”下拉列表的六种预定义布局中选择一种所需的布局。

（3）根据需要对默认视图进行修改，其方法是首先单击当前视图布局中需要更改的视图按钮，再选取标准视图列表框中的相应选项即可。

（4）当对布局中各个视图的定义均满意时，单击【确定】按钮，完成新布局的创建操作。

2）打开布局

选择菜单命令【视图】/【布局】/【打开】，系统将弹出如图 1.2.25 所示的【打开布局】对话框。

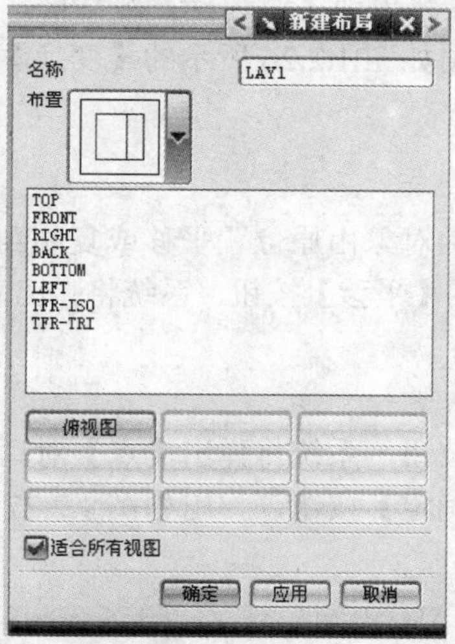

图 1.2.24　【新建布局】对话框

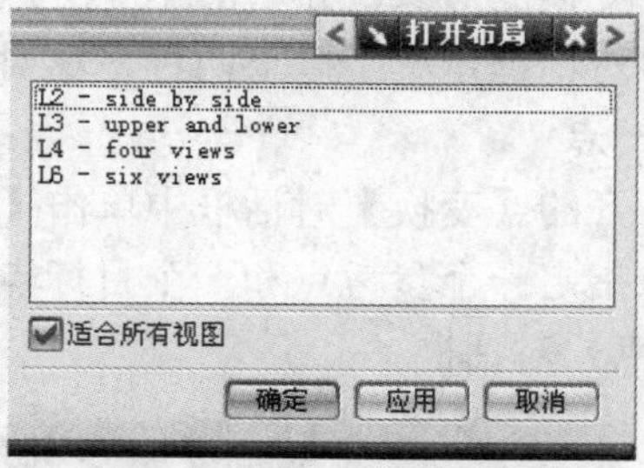

图 1.2.25　【打开布局】对话框

在【打开布局】对话框的布局列表中选择需要打开的视图布局，单击【确定】按钮即可。

3）充满所有视图

选择菜单命令【视图】/【布局】/【充满所有视图】，将使实体模型最大程度地完全显示在每一个视图边框内。但有时视图的边框及视图名称等并不显示出来，这可以通过【首选项】当中的参数设置来改变显示状态。

4）更新显示

选择菜单命令【视图】/【布局】/【更新显示】，相当于绘图工作区的刷新功能，执行此命令后，系统自动进行更新操作。

5）重新生成

选择菜单命令【视图】/【布局】/【重新生成】，系统将自动重新生成视图布局中的每一个视图。

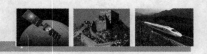

6）替换视图

使用打开布局或创建新布局的方法进行视图布局后，如果不满意也可以进行修改，修改的方法有两种。

（1）将光标指向需要修改的视图，选择【视图】/【布局】/【替换视图】命令。

（2）将光标指向需要修改的视图，按住鼠标右键，选择【视图】/【布局】/【替换视图】命令。

1.2.5 对象的变换

在产品设计中，可能特征对象的位置或形式并不能达到设计的要求，可以通过对对象进行各种变换操作，如平移、旋转、阵列、镜像和比例等来实现对象的修改。这种变换操作不同于视图观察的变换，前者是针对模型本身的变换，例如比例变换操作是真实地改变了模型的尺寸，平移变换操作是使特征相对于坐标系改变了位置；而后者是针对视图的，仅仅改变了观察比例或对象的观察位置，模型本身的定义尺寸并未发生变化。

选择菜单命令【编辑】/【变换】，在绘图工作区将出现【类选择】对话框，提示选取要进行变换操作的对象。确定操作对象后，系统将弹出如图 1.2.26 所示的【变换】对话框。

系统提供了 12 种对象的变换操作方式。

1．平移

该方式是对所选对象进行平移变换，即将选定的对象由原位置平移或复制到新位置。

选择要变换的对象，并单击【变换】对话框中的【平移】按钮，系统将弹出新的【变换】对话框，该对话框定义了以下两种平移对象的方式。

1）至一点

在新打开的【变换】对话框中单击【至一点】按钮，系统将弹出【点】对话框。利用该对话框可以指定一个参考点和一个目标点，单击【确定】按钮，弹出如图 1.2.27 所示的【变换】（至一点）对话框。

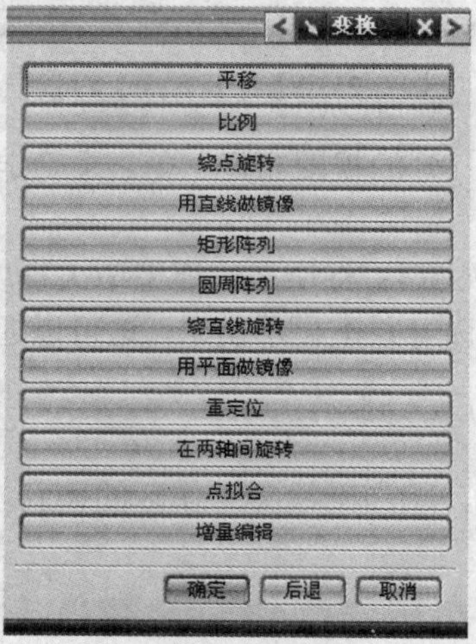

图 1.2.26 【变换】对话框

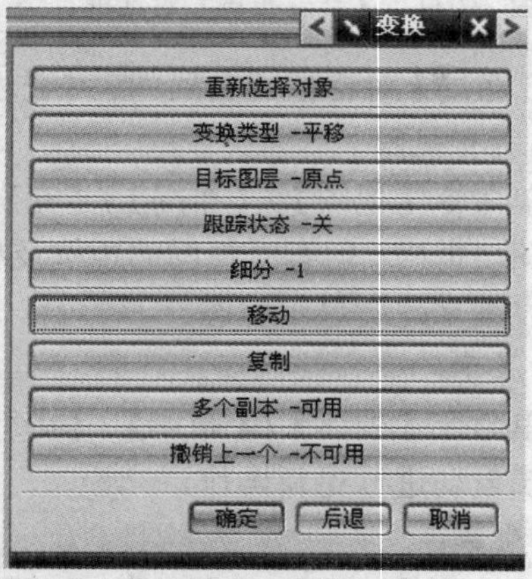

图 1.2.27 【变换】（至一点）对话框

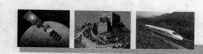

【变换】（至一点）对话框中提供了九个按钮，说明如下。

（1）重新选择对象：单击该按钮，弹出【类选择】对话框，提示用户重新选择要变换的对象。

（2）变换类型-平移：在不重新选择变换对象的情况下更改变换方法。单击该按钮，弹出【变换】对话框，提示用户选择变换方法。

（3）目标图层-原点：单击该按钮，弹出新的【变换】对话框，其中提供了【工作】、【原始】和【指定】三个按钮。单击【工作】按钮，可把变换后的对象放置到当前工作层；单击【原始】按钮，可把变换后的对象放置到源对象所在的层；单击【指定】按钮，可把变换后的对象放置到指定图层。

（4）跟踪状态-关：单击该按钮，则跟踪状态在开、关之间转换。如果跟踪状态为开，则源对象与变换后的对象之间有连线。注意，该项功能对实体和片体对象无效。

（5）细分-1：单击该按钮，弹出新的【变换】对话框，提示用户输入细分倍数。该细分倍数把变换距离（角度或倍数）分割成相等的份数，实际变换距离（角度或倍数）只是其中的一份。使用该按钮的变换命令有【平移】、【比例】和【旋转】。

（6）移动：单击该按钮，系统把选择的对象从第一点移动到第二点。

（7）复制：单击该按钮，系统把选择的对象从第一点复制到第二点。

（8）多个副本-可用：单击该按钮，弹出新的【变换】对话框，提示用户输入要变换的副本数。

（9）撤销上一个-不可用：单击该按钮，取消最后一次变换，但保持先前选择状态。

2）增量

在前面新打开的【变换】对话框中单击【增量】按钮，系统将弹出【变换】（增量）对话框，如图 1.2.28 所示，提示用户输入变换后的对象相对于源对象的偏置值。

2. 比例

该方式是对所选对象进行比例变换，即施加一个比例因子作用于对象上。

选择对象后，单击【比例】按钮，然后按系统提示指定一点，弹出如图 1.2.29 所示的【变换】（比例）对话框。其中包含两种比例变换的方式。

图 1.2.28　【变换】（增量）对话框

图 1.2.29　【变换】（比例）对话框

1）均匀比例

均匀比例是指三个坐标轴方向的比例因子相同。直接在该对话框的“比例”文本框中输入所要变换的比例值，单击【确定】按钮，即可按该比例值均匀缩放。

2）非均匀比例

非均匀比例是指三个坐标轴方向的比例因子不同。单击该按钮，弹出新的【变换】对话框框，在“XC”、“YC”、“ZC”文本框中输入需要变换的比例值，单击【确定】按钮。

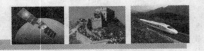

3．绕点旋转

该方式是对所选对象通过一点并平行于 ZC 轴的轴线进行旋转变换。

选择对象后，单击【绕点旋转】按钮，然后按系统提示指定一点作为旋转中心，弹出如图 1.2.30 所示的【变换】（绕点旋转）对话框。其中包含以下两种绕一点旋转变换的方式。

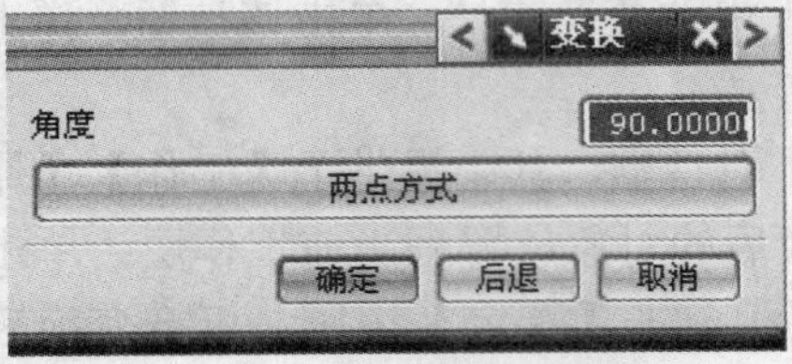

图 1.2.30　【变换】（绕点旋转）对话框

1）直接给定旋转角度

直接在“角度”文本框中输入旋转角度，单击【确定】按钮，系统将以通过旋转中心并与 ZC 轴平行的线为轴，按指定的角度旋转对象。该操作可连续执行多次。

2）两点方式

单击【两点方式】按钮，然后按系统提示用户依次指定两点。指定的两点用于确定旋转角度，从旋转中心到第一点的连线在 XC-YC 平面的投影线与旋转中心到第二点的连线在 XC-YC 平面的投影线之间的夹角定义为旋转角，逆时针为正。指定两点后，单击【确定】按钮，系统将以通过旋转中心并与 ZC 轴平行的线为轴，按指定的角度旋转对象。该操作可连续执行多次。

4．用直线做镜像

该方式是对所选对象相对于设置的镜像线进行镜像变换。

选择对象后，单击【用直线做镜像】按钮，弹出如图 1.2.31 所示的【变换】（用直线做镜像）对话框。其中包含以下三种用直线做镜像变换的方式。

（1）两点：单击该按钮，系统将以用户指定的两个点的连线为镜像轴，镜像所选择的对象。

（2）现有的直线：单击该按钮，系统将以用户指定的直线为镜像轴，镜像所选择的对象。

（3）点和矢量：单击该按钮，系统将以通过用户指定的点与指定矢量相平行的矢量为镜像轴，镜像所选择的对象。

5．矩形阵列

该方式是对所选对象进行矩形阵列变换，选取的对象会按照水平（平行 XC 轴）和垂直（平行 YC 轴）的排列进行阵列。

选择对象后，单击【矩形阵列】按钮，按系统提示依次选择两个点，弹出如图 1.2.32 所示的【变换】（矩形阵列）对话框。

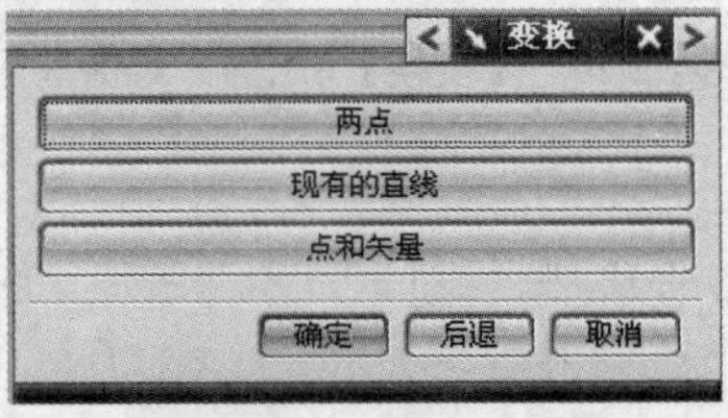

图 1.2.31　【变换】（用直线做镜像）对话框

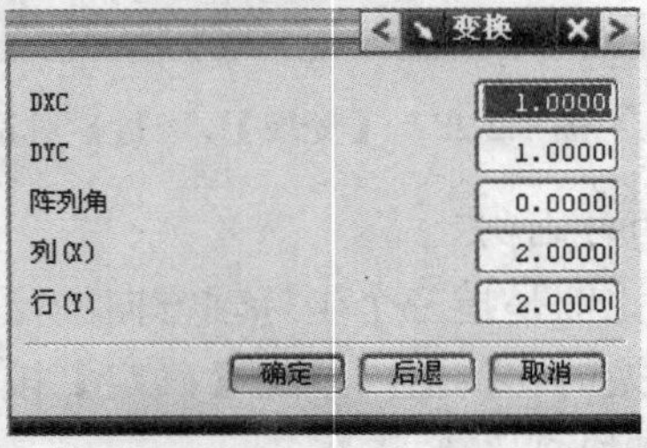

图 1.2.32　【变换】（矩形阵列）对话框

在对话框的文本框中输入相应的参数，单击【确定】按钮，即可完成矩形阵列变换操作。如果选取的是复制方式，则原对象会保留；如果选取的是移动方式，则原对象会被删除。

6. 圆周阵列

该方式是对所选对象进行圆周阵列变换，选取的对象会按照圆周分布进行阵列，其操作方法与【矩形阵列】相类似。

7. 绕直线旋转

该方式是对所选对象绕一空间直线进行旋转变换，其操作方法与【用直线做镜像】相类似。

8. 用平面做镜像

该方式是对所选对象相对于设置的镜像平面进行镜像变换。

选择对象后，单击【用平面做镜像】按钮，弹出【平面】对话框，提示用户指定一个平面，其后的操作如前所述。

9. 重定位

该方式是对所选对象由其所在参考坐标系中的原始位置移至目标坐标系中，且保持对象在两坐标系中的相对方位不变。

选择对象后，单击【重定位】按钮，弹出坐标系构造器【CSYS】对话框。提示用户依次指定两个坐标系，其后的操作如前所述。

该操作是坐标系间的对象变换，将对象从一个坐标系变换到另一个坐标系下，并保持同样方位，这里需要指定参考坐标系和目标坐标系。这种方法减少了坐标变换的计算，只要指定对应的变换坐标系即可。

10. 在两轴间旋转

该方式是对所选对象绕一参考点由参考轴向目标轴旋转一定的角度。

选择对象后，单击【在两轴间旋转】按钮，按系统提示依次指定一个点和两条矢量，第一条矢量作为参考轴，第二条矢量作为目标轴，其后的操作如前所述。该操作执行结果为系统以指定点为旋转中心，将对象从参考轴旋转到目标轴。

11. 点拟合

该方式是对所选对象由一组参考点变换至相应的一组目标点。

选择对象后，单击【点拟合】按钮，弹出如图 1.2.33 所示的【变换】（点拟合）对话框。其中提供了以下两种方式。

（1）3-点拟合：单击该按钮，按系统提示依次指定一组由 3 点组成的参考点和一组由 3 点组成的目标点。指定拟合点后，系统将选择的对象由参考点组一一对应地变换到目标点组，变换的结果可能包含有比例、重定位或修剪。

（2）4-点拟合：该方式与“3-点拟合”的不同之处仅在于每组由 4 个点组成。

12. 增量编辑

该方式是对所选对象按增量进行平移、比例和旋转等动态变换，便于用户进行观察。其操作方法与平移、比例和旋转相类似。

1.2.6 对象定位操作

对象定位操作主要用于确定腔体或槽体特征和草图上的点或边相对于实体或基准对象的位置。

在创建腔体或槽体特征的过程中，需要用定位方式确定特征与实体或基准对象的相对位置。因此，在每个特征产生之前或者对特征位置进行编辑时，系统都将弹出如图 1.2.34 所示的【定位】对话框。该对话框用于确定特征相对于存在实体或基准的定位尺寸。系统共提供了以下九种定位方式。

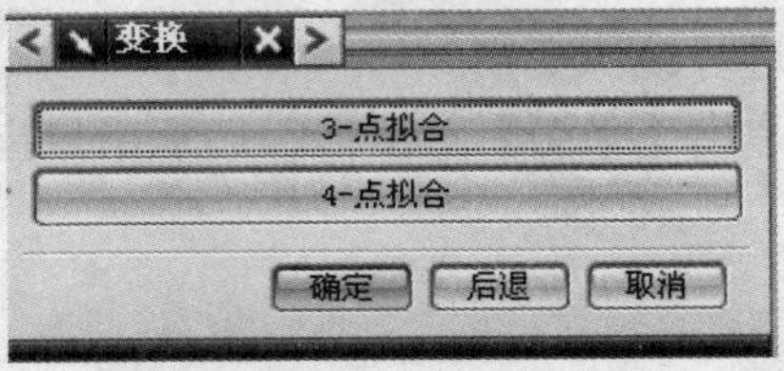

图 1.2.33 【变换】(点拟合) 对话框

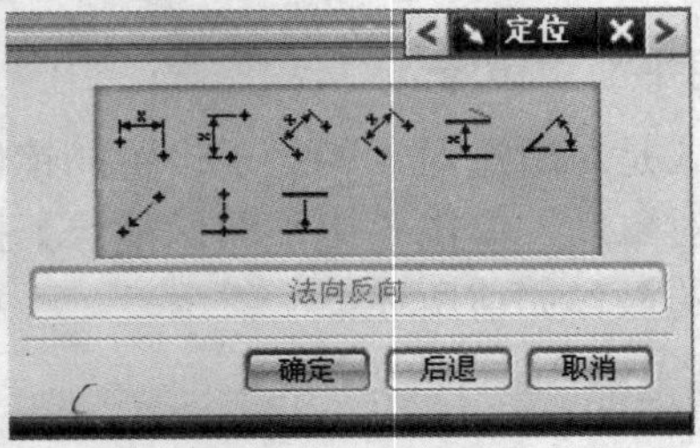

图 1.2.34 【定位】对话框

1）水平定位

该定位方式通过在目标实体与工具实体上分别指定一点，再以这两点沿水平参考方向的距离进行定位。选择该方式，接着弹出的对话框取决于当前特征是否已定义了水平参考或垂直参考方向。对水平参考与垂直参考方向而言，两者在放置平面中是相互垂直的，只要其中一个方向已确定，另一个方向则由系统自动确定。

如果没有定义水平参考方向，则系统会弹出水平参考对话框，以定义水平参考方向。此时可在绘图工作区中选取实体边、面、基准轴和基准平面作为水平参考方向，再在工具实体上选取对象作为参考点。指定两个位置后，系统弹出水平定位尺寸参数对话框，并在其文本框中显示默认尺寸值。该尺寸是表示在放置平面上从参考点到基准点沿水平参考方向测量的尺寸。还可以在文本框中输入需要的水平尺寸值来完成水平定位操作。

如果已定义了水平参考方向，则选取该方式时系统会提示直接选取目标对象，再按与上面相同的方法进行水平定位操作。

2）竖直定位

该定位方式通过在目标实体与工具实体上分别指定一点，以这两点沿竖直方向的距离进行定位。选取该方式，其后弹出的对话框及操作步骤与水平定位时类似。其竖直定位尺寸是指在放置平面上从参考点到基准点，沿竖直参考方向测量的尺寸。

3）平行定位

该定位方式通过在目标实体与工具实体上分别指定一点，在与工作平面平行的平面中测量，以这两点的距离进行定位。选取该方式，系统弹出对象选取对话框，选取目标实体上的对象作为基准点，再选取工具实体上的对象作为参考点。接着弹出平行定位尺寸参数对话框。平行定位尺寸是指在放置平面上，从旋转特征工具实体的中心或参考点，到基准点在平行于工作平面中测量的尺寸。

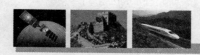

4）垂直定位

该定位方式通过在工具实体上指定一点，并以该点至目标实体上指定边缘的垂直距离进行定位。选取该方式，系统弹出对象选取对话框，选取目标实体上的一条边或某基准轴作为基准边，再选取工具实体上的一边或中心点作为参考边或参考点。在选取目标实体或工具实体时，如果所选取的对象为旋转特征，系统也会弹出对话框用以设置确定圆弧位置的点。接着弹出垂直定位尺寸参数对话框。垂直定位尺寸是指在放置平面上，从旋转特征工具实体的中心或参考点到目标边的垂直距离。

5）平行距离定位

该定位方式通过在目标实体与工具实体上分别指定一条直边，以指定的平行距离进行定位。选取该方式，系统弹出对象选取对话框，用以选取目标实体上的一条边或某基准轴作为基准边，再选取工具实体上的一条直边或中心线作为工具边。接着弹出平行距离定位尺寸参数对话框。平行距离定位尺寸是指在放置平面上，从工具边至目标边的平行距离。

6）角度定位

该定位方式通过在目标实体与工具实体上分别指定一条直边，并以指定的角度进行定位。选取该方式，系统弹出对象选取对话框，用以选取一条直边或基准作为目标边，在工具实体上选取一条直边或中心线作为工具边。接着弹出角度定位尺寸参数对话框。角度定位尺寸是指在放置平面上，从工具边至目标边的角度。

7）点到点定位

该定位方式通过在目标实体与工具实体上分别指定一点，并使两点重合来进行定位。可以认为两点重合定位是平行定位的特例，即在平行定位中的距离为 0。其后的对话框和操作步骤与平行定位时类似，但不弹出定位尺寸参数对话框。

8）点到线定位

该定位方式通过在工具实体上指定一点，使该点位于目标实体的一指定边上来进行定位。可以认为点到线定位是垂直定位的特例，即在垂直定位中的距离为 0。其后的对话框和操作步骤与垂直定位时类似，但不弹出定位尺寸参数对话框。

9）直线到直线定位

该定位方式通过在目标实体与工具实体上分别指定一条直边，并使工具边与目标边重合进行定位。可以认为两线重合定位是平行距离定位的特例，即在平行距离定位中的距离为 0。其后的对话框和操作步骤与平行距离定位时类似，但不弹出定位尺寸参数对话框。

进行定位操作，在选取目标实体或工具实体时，如果所选的对象为旋转特征形状，则系统将弹出如图 1.2.35 所示的【设置圆弧的位置】对话框，让用户来设置确定圆弧位置的点。

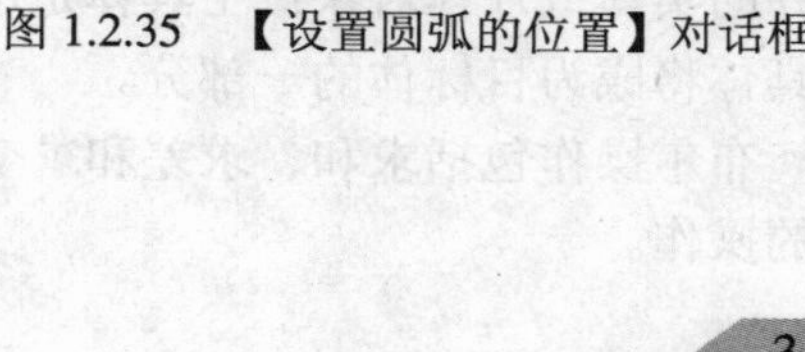

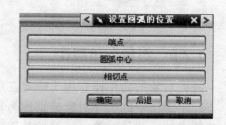

图 1.2.35　【设置圆弧的位置】对话框

该对话框提供了三种圆弧位置确定方式：端点、圆弧中心和相切点。

另外，对于一些中心对称类特征的定位操作，一般工具实体对象均指其中心类对象，如中心点、中心线或对称平面。

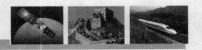

1.2.7 质量计算特性与物理分析

UG NX 5.0 提供了对模型进行几何尺寸和物理量计算的功能，对工程设计提供了适当的辅助支持。

计算实体模型质量等特性的操作步骤如下。

（1）选择菜单命令【编辑】/【特征】/【实体密度】，弹出如图 1.2.36 所示的【指派实体密度】对话框。

（2）在“实体密度”文本框中输入实体密度值，单击【确定】按钮。

（3）选择菜单命令【分析】/【测量体】命令，弹出如图 1.2.37 所示的【测量体】对话框。

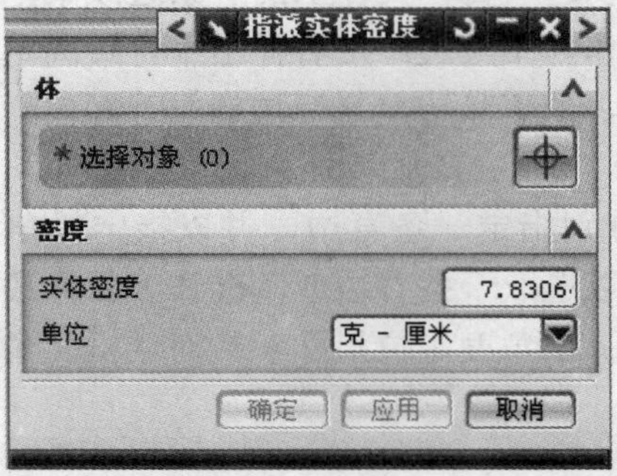

图 1.2.36 【指派实体密度】对话框

图 1.2.37 【测量体】对话框

（4）选择需要计算质量的实体模型，则系统自动计算出实体的体积，并在模型附近的浮动文本框中显示数值，如图 1.2.38 所示。

（5）在文本框的下拉列表框中选择“质量”选项，系统将计算出实体的质量，如图 1.2.39 所示。

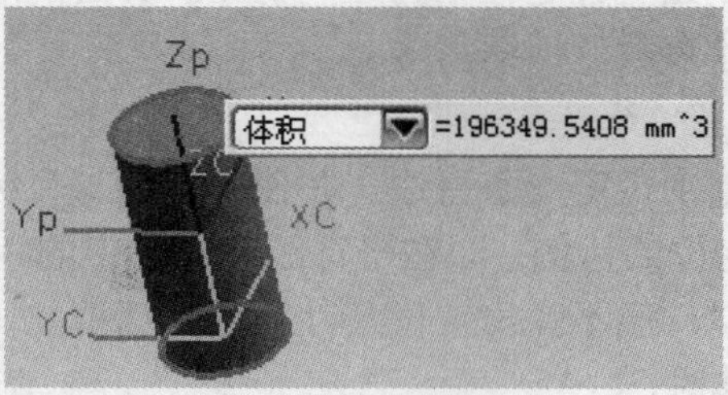

图 1.2.38 实体的体积

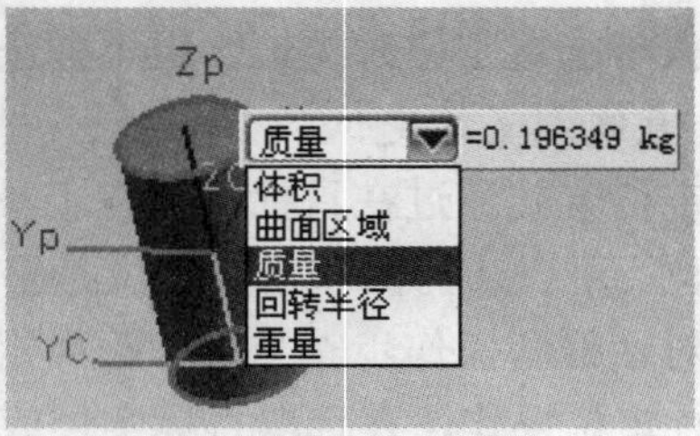

图 1.2.39 实体的质量

1.2.8 对象布尔操作

特征对象的布尔操作用于确定在建模过程中多个实体之间的合并关系。

布尔操作中的实体对象分别称为目标体和工具体。目标体是首先选取的需要与其他实体合并的实体或片体对象；工具体是用来修改目标体的实体或片体对象。在完成布尔操作后，工具体将成为目标体的一部分。

布尔操作包括求和、求差和求交运算，它们分别用于实体或片体之间的结合、相减和相交的操作。

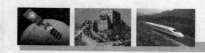

1．求和

求和（并）布尔运算用于将两个或两个以上不同的实体或片体结合起来，也就是求实体或片体间的和集运算。

选择菜单命令【插入】/【联合体】/【求和】，或在工具栏中单击按钮，系统将弹出如图 1.2.40 所示的【求和】对话框。

对话框中各选项的含义如下。

（1）选择目标体：选择一实体作为目标体。

（2）选择工具体：选择一实体作为工具体。

（3）保持目标：选中该复选框后，在生成单一实体的同时，不删除原有的目标体。

（4）保持工具：选中该复选框后，在生成单一实体的同时，不删除原有的工具体。

在绘图工作区分别选取相应的目标体和工具体后，单击【确定】按钮，系统即可将所选择的目标体与工具体组合为一个单一实体。

2．求差

求差（减）布尔运算用于从目标体中减除一个或多个工具体，也就是求实体或片体间的差集运算。

选择菜单命令【插入】/【联合体】/【求差】，或在工具栏中单击按钮，系统会弹出如图 1.2.41 所示的【求差】对话框，该对话框与【求和】对话框类似。

在绘图工作区分别选取相应的目标体和工具体后，单击【确定】按钮，系统即可完成该布尔操作。操作时应该注意以下几点。

（1）所选取的工具体必须与目标体具有交集，否则在相减时系统将弹出出错消息提示框。

（2）工具体与目标体之间的边缘不能重合，如果边缘重合，系统将弹出出错消息提示框。

（3）如果选择的工具体将目标体分割成两部分，则产生的实体将为非参数化实体，系统将弹出错误提示框。

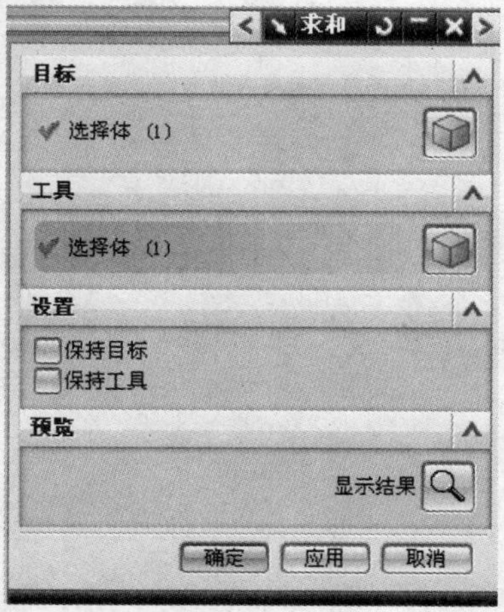

图 1.2.40　【求和】对话框

图 1.2.41　【求差】对话框

3. 求交

求交（交）布尔运算用于使目标体与所选的工具体之间的相交部分成为一个新的实体或片体，也就是求实体或片体间的交集运算。

选择菜单命令【插入】/【联合体】/【求交】，或在工具栏中单击按钮，系统会弹出【求交】对话框，该对话框与【求和】对话框类似。

分别选取相应的操作目标体和工具体后，单击【确定】按钮，系统即可完成该布尔操作。

知识梳理与总结

本章介绍了 UG NX 系列软件的系统概况以及所包含的功能模块的应用范围；详细介绍了 UG NX 5.0 系统操作环境，包括系统界面各组成部分的应用、用户操作界面的设置和系统环境参数的设置；讲解了 UG NX 5.0 系统的基本操作方法，包括基本操作流程、鼠标及快捷键的使用方法和使用帮助系统等。

本章还着重介绍了 UG NX 5.0 系统中的一些常用建模工具，包括坐标系的创建、图层操作、视图布局、对象变换、对象定位操作、对象布尔操作等。

通过本章的学习，相信读者能够对 UG NX 5.0 有了一个基本的感性认识，并能够掌握一些常用基础功能的应用方法和操作，为后面更加深入地学习 UG NX 5.0 中各种建模功能打下基础。

建议本章的内容不单独讲授，可以在以后的章节中穿插进行，这样会使学生更容易理解和接受。

第2章 曲线与草图

教学导航

知识重点	1．曲线； 2．草图
知识难点	1．渐开线表达式； 2．曲线编辑； 3．草图约束； 4．草图创建
教学方式	在多媒体机房，教与练相结合
建议学时	10 课时

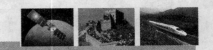

2.1 曲线

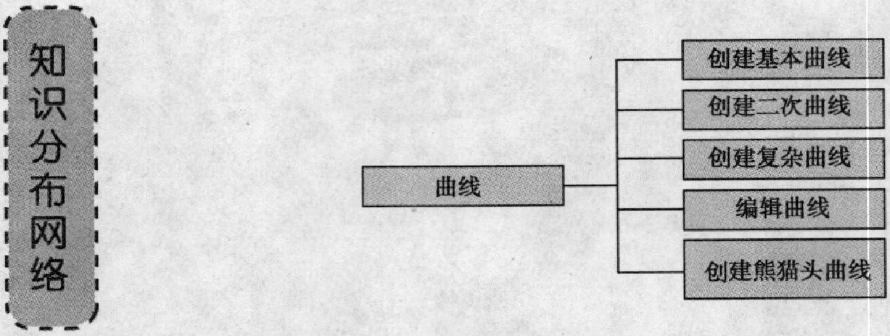

在 UG 软件中，曲线功能在 CAD 建模中的应用非常广泛。建立空间曲线对象和实体截面的轮廓线，并由此创建实体特征，也可以用曲线创建曲面进行复杂实体造型。在特征建模过程中，曲线也常用做建模的辅助线（如扫描的导引线等）。另外，建立的曲线还可以添加到草图中进行参数化设计。

曲线功能主要包含曲线的创建、编辑和操作等。系统提供了常用曲线的多种设计方法，可以建立点、直线、圆弧、矩形、多边形、椭圆、规律曲线、样条曲线和各种二次曲线等曲线类型。利用曲线编辑功能，可以实现修剪曲线、编辑曲线参数和曲线拉伸等。利用曲线操作功能，可以进行曲线的偏置、桥接、投影、简化、交线和剖面等操作。

2.1.1 创建基本曲线

基本曲线是指点、直线、圆弧、圆、倒圆、倒角、矩形、多边形和椭圆等简单的曲线对象。系统提供了丰富的创建基本曲线的操作方法，用户既可用光标徒手绘制曲线的大概轮廓，也可以利用对话框进行精确的参数控制。

1．点与点集

1）点

选择菜单命令【插入】/【基准/点】/【点】，或在【曲线】工具栏中单击 + 按钮，弹出【点】对话框，如图 2.1.1 所示。

图 2.1.1 【点】对话框

此时用户可以直接在绘图工作区中利用光标指定创建点的位置，也可以利用【点】对话框来创建点。

建立的点可以用来构造曲线和曲面，也可以用来定位。

2）点集

选择菜单命令【插入】/【基准/点】/【点集】，或在【曲线】工具栏中单击 按钮，系统弹出如图 2.1.2 所示的【点集】对话框。

该对话框中有 10 种定义点集的方法。

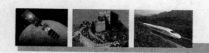

（1）曲线上的点：主要用于在曲线上创建一系列点。单击该按钮，系统将弹出如图 2.1.3 所示的【曲线上的点】对话框。用户可以设置点集的间隔方式和点集中点的个数等参数选项，系统提供了五种点集间隔方式。

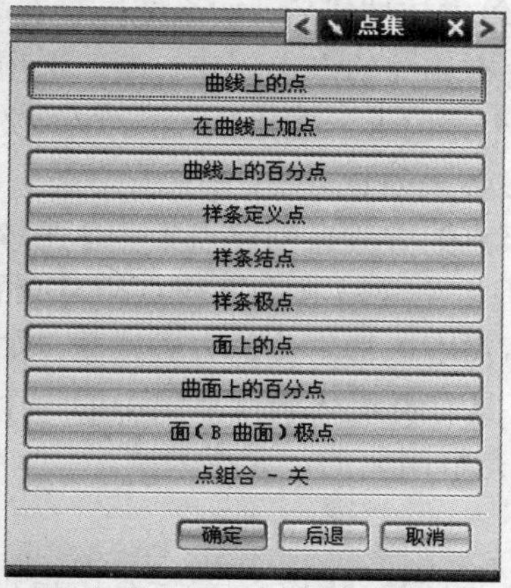

图 2.1.2　【点集】对话框

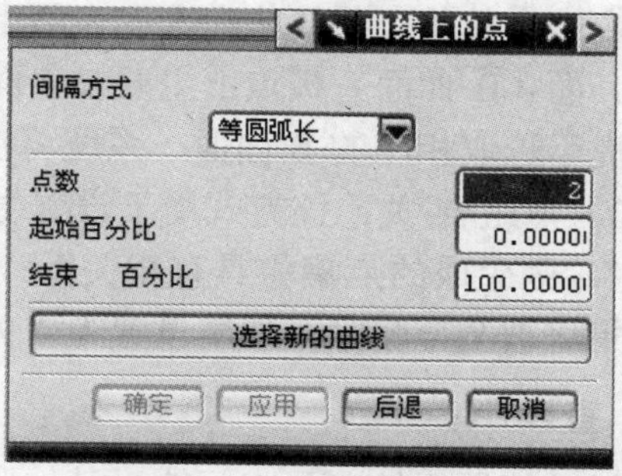

图 2.1.3　【曲线上的点】对话框

◆ 等圆弧长：在点集的起始点与终止点之间按点间等弧长来创建指定数目的点集。用户首先需要选取要创建点集的曲线，再确定点集的数目，最后输入起始点和终止点在曲线上的位置（即占曲线长的百分比）。

◆ 等参数：创建点集的步骤与等圆弧长基本相同，只是系统将以曲线的曲率大小来分布点集的位置。曲率越大，产生点的距离越大，反之则越小。

◆ 几何级数：在完成其他参数值的设置后，还需要指定一个比率值，用来确定点集中彼此相邻的后两点之间的距离与前两点之间距离的相比倍数。

◆ 弦公差：在系统出现的对话框的"弦公差"文本框中输入弦公差的值，系统将以该值来分布各点的位置。其值越小，产生的点数越多，反之越少。

◆ 递增的弧长：在系统出现的对话框的"圆弧长"文本框中输入圆弧长的值，系统将以该值来分布各点的位置。而点数的多少则取决于曲线总长及两点间的弧长。

（2）在曲线上加点：利用一个或多个放置点向选定的曲线做垂直于曲线的投影，在曲线上生成点集。单击该按钮后，按系统提示选取曲线，再利用【点】对话框选择放置点的位置，系统将在选取曲线上根据放置点来创建点集。

（3）曲线上的百分点：通过曲线上的百分比位置来创建点集。单击该按钮后，按系统提示选取曲线，然后再设置曲线的百分比，系统将根据该参数来创建点集。

（4）样条定义点：利用绘制样条曲线的定义点来创建点集。单击该按钮后，按系统提示选取曲线，然后系统将根据这条样条曲线的定义点来创建点集。

（5）样条结点：利用绘制样条曲线的结点来创建点集。单击该按钮后，按系统提示选取曲线，然后系统将根据这条样条曲线的结点来创建点集。

（6）样条极点：利用绘制样条曲线的极点来创建点集。单击该按钮后，按系统提示选取曲线，然后系统将根据这条样条曲线的极点来创建点集。

（7）面上的点：主要用于产生表面的点集。单击该按钮后，按系统提示选取表面，接着弹出【面上的点】对话框。该对话框中包含有相关的点集创建参数。选项用于设置表面上点集的点数，其点集分布在表面的 U 和 V 两个方向上，在“U”和“V”文本框中输入相应的点数值，系统将在选取表面上根据输入的参数来创建点集。

（8）曲面上的百分点：主要用于产生表面的点集。单击该按钮后，按系统提示选取表面，接着弹出【曲面上的百分点】对话框。该对话框中包含有相关的点集创建参数。选项用于设置表面上点集的点数，其点集分布在表面的 U 和 V 两个方向上，在“U”和“V”文本框中输入相应的点数值，系统将在选取表面上根据输入的参数来创建点集。

（9）面（B 曲面）极点：主要以表面（B 曲面）极点的方式来创建点集。单击该按钮，按系统提示选取相应的 B 曲面，系统将在所选取的曲面上生成与 B 曲面极点相对应的点集。

（10）点组合-关：该方式用于设置生成的点集是否需要以群组化的方式建立。如果设置为“开”，则生成的点集将具有相关性，即如果删除了具有群组化属性点集中的一个点，那么该点集将被全部删除。如果设置为“关”，则点集不是群组化的，无相关性。

2．直线

直线功能用于绘制两点间或以其他限定方式创建空间连续线段。UG 系统中提供了丰富的直线创建操作方式。

选择菜单命令【插入】/【曲线】/【直线】，或在【曲线】工具栏中单击按钮，系统弹出如图 2.1.4 所示的【直线】对话框。如果在【基本曲线】工具栏中单击按钮，系统将弹出如图 2.1.5 所示的【基本曲线】对话框。虽然两个对话框在界面上有所区别，但其中的基本功能和操作方法是相同的。

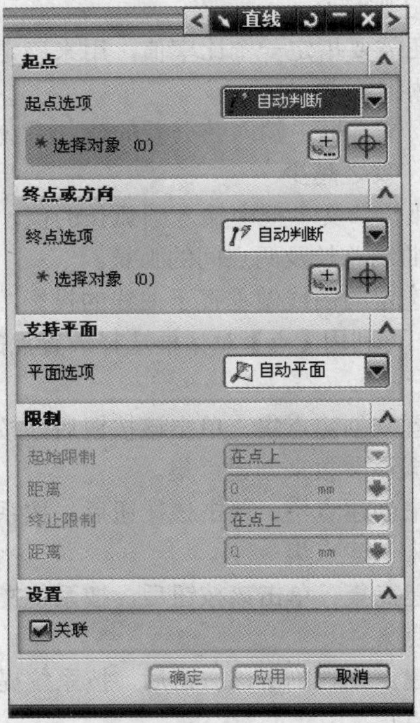

图 2.1.4 【直线】对话框

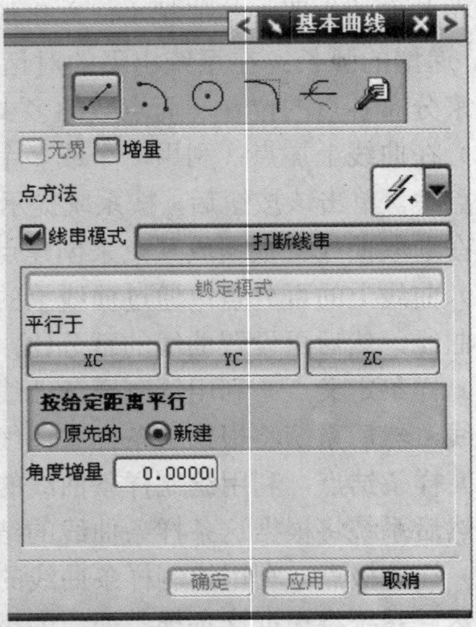

图 2.1.5 【基本曲线】对话框

在【直线】对话框中，包含了起点、终点等参数选项，它们用于设置线段两个端点之间的位置关系。“平面选项”用于设置线段所在平面。

在【基本曲线】对话框的直线功能界面中，包含了“点方法”、“线串模式”、“锁定模式”、“平行于”和“按给定距离平行”等参数选项，它们用于设置线段两个端点之间的位置关系。“点方法”选项用于确定端点的选取方式。“线串模式”选项用于设置创建多条线段时其连接方式。选取该选项，则连续创建的两条线段将首尾相接。“锁定模式”选项用于设置新创建的直线将平行或垂直于选取的线段，或者与选取的线段成一定的角度。“平行于”选项用于设置创建的线段将平行于指定的坐标轴。“按给定距离平行”选项用于设置新创建平行线距离的测量方式。如果用户选取“原先的”，则由原先选取的曲线算起；如果选取“新建”，则由新选取的曲线算起。

在实际操作过程中，由于对话框不同直线的创建方法也有许多种，但其操作步骤基本类似，只是具体操作时需设置的选项应视对话框来决定。

1）通过两点创建直线

该方法通过指定直线的两个端点来建立直线，指定端点的方法有两种。

（1）在“XC”、“YC”、“ZC”文本框中输入直线起点和终点的坐标值，就可以建立直线。

（2）选择“点方法”下拉菜单选项中存在的点作为直线的起点和终点，或者单击【点构造器】按钮，利用点构造器来确定直线的起点和终点。

2）通过偏置创建直线

该方法是通过偏置已存在的直线，所生成的直线平行于原直线。

3）通过一点与 XC 轴成一定角度

该方法建立的直线与 XC 轴成指定角度，方法如下。

（1）定义直线的起始点。

（2）在直线工具条的“角度”文本框中输入直线与 XC 轴正向的夹角。

（3）在直线工具条的“长度”文本框中输入直线的长度，然后按 Enter 键就可以建立直线。

4）与已存在的直线平行、垂直或成一角度

该方法建立的直线与存在的直线平行、垂直或成一角度，方法如下。

（1）定义直线的起始点。

（2）选择一条已经存在的直线，注意选择时不要选择控制点。

（3）移动鼠标，此时系统状态栏中会提示当前状态为平行、垂直或成一角度。

（4）在直线工具条的“长度”文本框中输入直线的长度，如果建立的是有一定角度的直线，还需在“角度”文本框中输入新建直线与所选直线之间的角度，最后按 Enter 键可建立直线。

5）平分两相交直线的夹角

该方法建立的直线平分两相交直线的夹角，方法如下。

（1）依次选择两条已经存在的直线，这两条直线并不需要在图形界面中实际相交，系统将自动以这两条直线的理论交点作为新建直线的起点。

（2）移动鼠标到两直线四个夹角的任意一个中单击。

（3）在直线工具条的“长度”文本框中输入直线的长度，或者用鼠标在图形界面中直接指定直线的长度，最后按 Enter 键可建立直线。

6）平分两平行线的距离

该方法建立的直线平分两平行线的距离，方法如下。

（1）选择两条平行线中的一条直线，新建直线的起点为所选直线距离鼠标所选位置较近的端点在新建直线上的投影。

（2）选择平行线中的另外一条直线。

（3）在直线工具条的“长度”文本框中输入直线的长度，或者用鼠标在图形界面中直接指定直线的长度，最后按 Enter 键可建立直线。

7）新建直线与平面垂直

该方法建立的直线与选择的参考面垂直，方法如下。

（1）定义直线的起始点。

（2）通过“点方法”下拉菜单中的“选择面”图标选择参考面。

（3）建立直线垂直于该平面，该直线的终点为直线与平面的交点。

8）过一点作圆弧的切线或法线

该方法建立的直线为选择圆弧的切线或法线，方法如下。

（1）定义直线的起始点。

（2）在圆弧上移动鼠标，此时系统状态栏中会提示当前状态为相切或垂直，到合适位置后单击鼠标，建立直线。

9）两圆弧的公切线

该方法建立的直线为两圆弧的共同切线，方法如下。

（1）选择第一个圆弧。

（2）选择第二个圆弧。

（3）在第二个圆弧上移动鼠标，此时系统状态栏中会提示当前状态为是否相切，到合适位置后单击鼠标，建立直线。

还可以建立与第一个圆弧相切而垂直于第二个圆弧的直线，方法同上，当系统状态栏中提示当前状态为垂直时单击鼠标建立直线。

3．圆弧和圆

圆的操作功能用于绘制空间的封闭圆弧曲线，圆弧的操作功能用于绘制空间的一段圆弧曲线，它是圆的一部分，因此具有圆的一些通用参数属性，如圆心和半径等参数。

1）圆弧

选择菜单命令【插入】/【曲线】/【圆弧/圆】，或在【曲线】工具栏中单击按钮，系统弹出如图 2.1.6 所示的【圆弧/圆】对话框。

如果在【基本曲线】工具栏中单击按钮，系统将弹出如图 2.1.7 所示的【基本曲线】对话框。虽然两个对话框在界面上有所区别，但其中的基本功能和操作方法是相同的。

在这两种对话框中，系统提供了两种圆弧创建方式：“起点、终点和圆弧上的点（三点画圆弧）”和“中心、起点和终点（基于中心的圆弧）”。用户可以根据需要设置圆弧上的三个点的位置，也可通过圆弧的角度和半径值对它们加以控制。

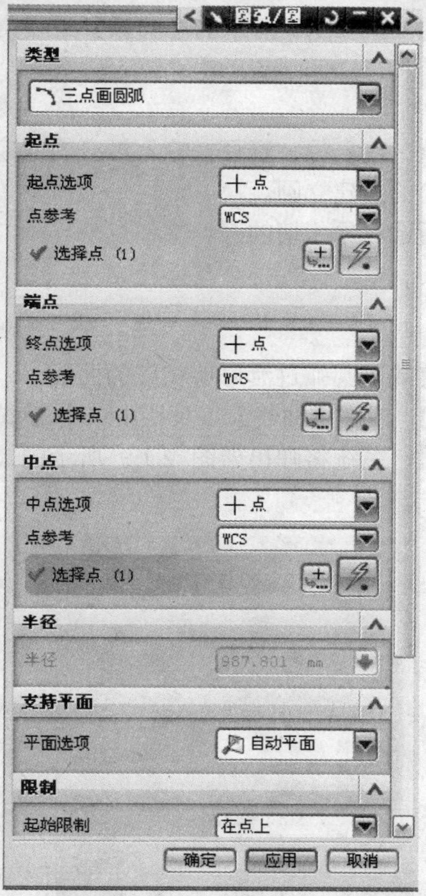

图 2.1.6　【圆弧/圆】对话框

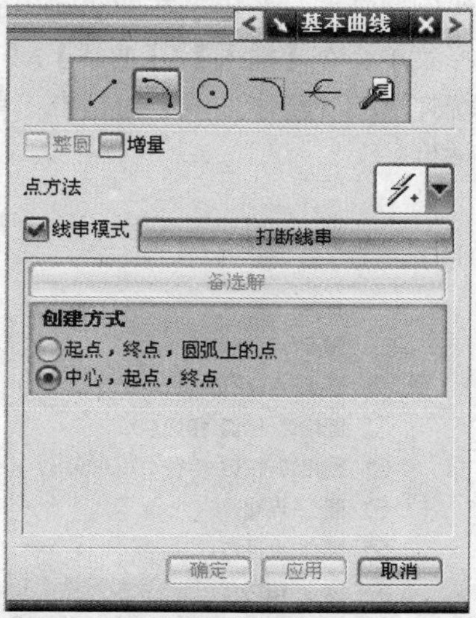

图 2.1.7　【基本曲线】对话框

（1）根据起点、终点和圆弧上的点建立圆弧的方法如下。

◆ 利用点构造器依次输入圆弧的起点、终点和圆弧上的点的坐标值，单击【确定】按钮，即可创建圆弧。

◆ 在图形界面中直接用鼠标定义圆弧的起点、终点和圆弧上的点，单击【确定】按钮，即可创建圆弧。

◆ 在定义圆弧的起点后，选择对象，然后定义圆弧上的点，建立的圆弧与所选的对象相切。

（2）根据中心、起点和终点建立圆弧的方法如下。

◆ 在“圆弧工具条”文本框中输入圆弧中心的坐标值，在半径、直径、起始圆弧角和终止圆弧角栏输入对应的值，最后单击【确定】按钮，即可创建圆弧。

◆ 在图形界面中直接用鼠标定义圆弧的中心、起点和终点，单击【确定】按钮，即可创建圆弧。

2）圆

圆的操作和圆弧的操作过程大致相同，用户可以在【基本曲线】对话框中单击⊙（整圆）按钮来创建圆，也可以在【基本曲线】工具栏中单击⊙按钮，进入圆的创建设置。还可以选择菜单命令【插入】/【曲线】/【直线和圆弧】，在如图 2.1.8 所示的【圆弧】级联菜单中选择一种功能，来创建特定类型的圆。

圆的创建方法如下。

（1）在“圆工具条”文本框中输入圆心坐标值，在半径、直径栏输入对应的值建立圆。

（2）在图形界面中直接用鼠标选取圆心和圆上的点建立圆。

（3）首先定义圆心，然后选择对象，建立与所选对象相切的圆。

4．曲线倒圆和倒斜角

1）曲线倒圆

曲线倒圆功能一般用于在曲线间生成圆弧过渡或以圆弧过渡修剪相应的曲线。

选择菜单命令【插入】/【曲线】/【基本曲线】，或在【曲线】工具栏中单击按钮，然后在系统弹出的【基本曲线】对话框中单击按钮，系统将弹出如图 2.1.9 所示的【曲线倒圆】对话框。

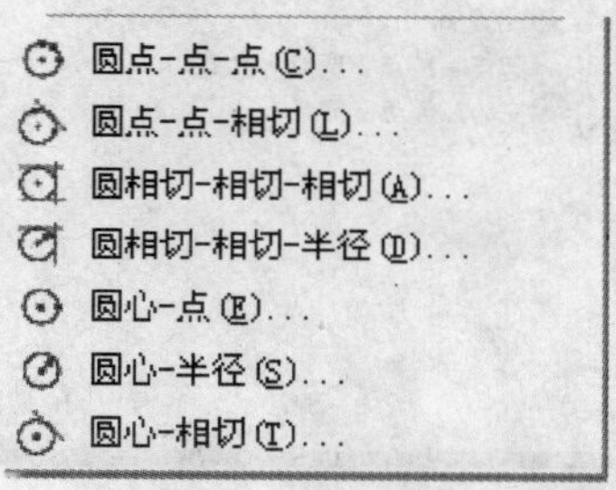

图 2.1.8　【圆弧】级联菜单

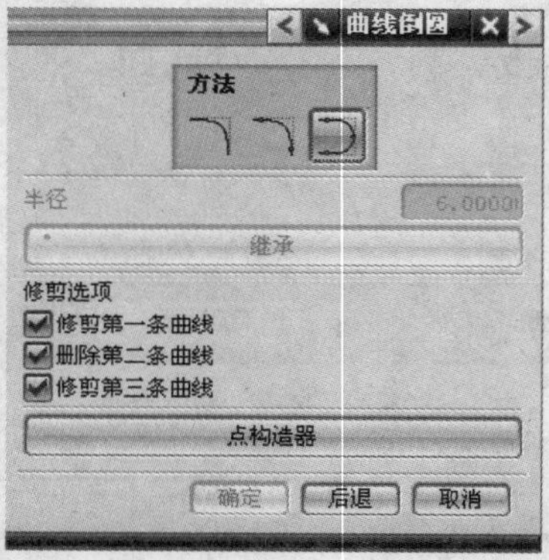

图 2.1.9　【曲线倒圆】对话框

系统提供了三种曲线倒圆的方法：简单倒圆、2 曲线倒圆和 3 曲线倒圆。

（1）简单倒圆：用于在共面但不平行的两曲线间进行倒圆操作，其操作方法如下。

◆ 在“半径”文本框中输入圆角半径值。

◆ 将选择球移至要倒圆角的两条直线的交点附近，并且要将两条直线都包括在内。

◆ 单击鼠标完成简单倒圆角操作。

选择直线时由于选择球位置的不同，倒圆角的结果也不同，所以选择时应注意选择球的位置。

（2）2 曲线倒圆：用于在共面但不平行的两曲线间进行倒圆角操作，两条曲线间的圆角是沿逆时针方向从第一条曲线到第二条曲线生成的，其操作方法如下。

◆ 在“半径”文本框中输入圆角半径值。

◆ 依次选择要倒圆角的两条直线。

◆ 设定圆心位置，完成倒圆角操作。

完成上述操作后，系统将沿逆时针方向从第一条曲线到第二条曲线完成倒圆角，并与两曲线相切，曲线选取顺序不同，结果也不同。

（3）3 曲线倒圆：用于共面的三条曲线间的倒圆角操作，这三条曲线可以是点、直线、圆弧、二次曲线和样条曲线的任意组合。依次选取要倒圆角的三条曲线，再设定圆心的大概位置，系统将创建相应的圆角。该方式下不需要确定圆角半径，系统会由选取的三个对象自动计算半径的大小。

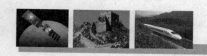

完成上述操作后，系统将沿逆时针方向从第一条曲线到第三条曲线完成倒圆角，圆角半径由系统根据所选的曲线自动确定，曲线选取顺序不同，结果也不同。

当所选择的曲线为圆或圆弧时，系统还会弹出一个确定圆角与圆弧相切方式的对话框，其中有三个选项：选择“外切”，则所选的圆弧与生成的倒圆角外切；选择“圆角在圆内”，则所选的圆弧与生成的倒圆角内切，并且圆角在圆弧内；选择“圆角内的圆”，则所选的圆弧与倒圆角内切，并且圆角在圆弧外。

【曲线倒圆】对话框中的【继承】按钮用于继承已有圆角的半径值，单击该按钮后，系统会提示用户选取已存在的圆角，所选圆角的半径值将显示在对话框内。该对话框的其他三个复选框用来控制曲线倒圆操作后是否修剪选取的曲线对象。

2）倒斜角

曲线倒斜角功能只能针对平面上的曲线进行，用于在曲线之间生成倒角连接。

选择菜单命令【插入】/【曲线】/【倒角】，或在【曲线】工具栏中单击按钮，系统将弹出如图 2.1.10 所示的【倒斜角】对话框。

系统提供了两种倒斜角的方法：“简单倒斜角”和“用户定义倒斜角”。

图 2.1.10 【倒斜角】对话框

（1）简单倒斜角：主要用于创建简单倒斜角，其生成的倒斜角两个边的偏置值必须相同，倒斜角角度值为 45°。其操作方法如下。

◆ 在【倒斜角】对话框中单击【简单倒斜角】按钮，系统弹出【倒斜角】参数对话框，如图 2.1.11 所示。

◆ 在【倒斜角】参数对话框的“偏置”文本框中输入倒斜角偏置参数值。

◆ 选择要倒斜角的两条直线，选择时要注意用选择球同时选中两条直线，完成倒斜角操作。

该方法建立的倒斜角在两条直线上的偏置值相同。

（2）用户定义倒斜角：主要用于用户进行自定义倒斜角。用户可以定义不同的倒斜角偏置值和角度值。单击该按钮，系统将弹出如图 2.1.12 所示的【倒斜角】对话框。

图 2.1.11 【倒斜角】参数对话框

图 2.1.12 【倒斜角】对话框

该对话框提供了以下三种曲线的修剪方式。

◆ 用“自动修剪”方式创建倒斜角时，系统会自动根据倒斜角来修剪两条连接曲线。

◆ 用“手工修剪”方式创建倒斜角时，需要用户干预来完成修剪倒斜角的两条连接曲线。

◆ 用“不修剪”方式创建倒斜角时，则不修剪倒斜角的两条连接曲线。

利用“用户定义倒斜角”方式进行操作时，系统提供了两种倒斜角尺寸的定义方法：“偏置值”和“偏置和角度”。“偏置值”方式通过输入倒斜角的两个偏置值来确定倒斜角形式；“偏置和角度”方式用于通过输入倒斜角偏置值和角度值来确定倒角形式。选择一种修剪方式后，在系统弹出的对话框中单击【偏置值】或【偏置和角度】按钮，可以在两个对话框之间切换。输入偏置值和角度值，单击【确定】按钮，即可完成倒斜角操作。

曲线的偏置与直线的偏置稍有不同，曲线偏置的距离是曲线的弧长而不是直线距离。

5. 矩形和多边形

1）矩形

选择菜单命令【插入】/【曲线】/【矩形】，或在【曲线】工具栏中单击按钮，系统将弹出【点】对话框。利用该对话框可以定义矩形的两个对角点，或者用鼠标在图形界面中直接选取矩形的两个对角点，即可完成矩形的创建。

2）多边形

选择菜单命令【插入】/【曲线】/【多边形】，或在【曲线】工具栏中单击按钮，系统将弹出如图 2.1.13 所示的【多边形】对话框。

在该对话框中输入要创建多边形的边数（侧面数），单击【确定】按钮，系统将弹出如图 2.1.14 所示的【多边形】对话框。利用该对话框可以创建多边形。

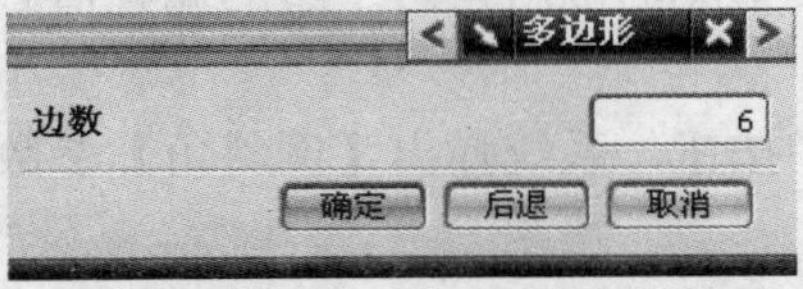

图 2.1.13 【多边形】对话框

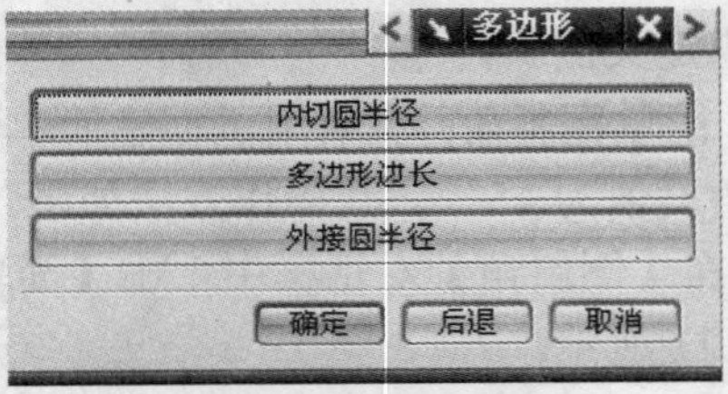

图 2.1.14 【多边形】对话框

创建多边形的方法有以下三种。

（1）采用“内切圆半径”创建多边形的方法如下。

◆ 在图 2.1.14 所示对话框中单击【内切圆半径】按钮，系统将弹出如图 2.1.15 所示的【多边形】对话框。

◆ 在对话框的文本框中输入正多边形内切圆的半径和方位角参数，单击【确定】按钮。方位角表示正多边形其中一个端点与正多边形中心的连线与 XC 轴正向的夹角。

◆ 利用系统弹出的【点】对话框来设定多边形的中心，创建多边形。

图 2.1.15 【多边形】对话框

（2）多边形边长：该方法的操作步骤和弹出的对话框与上面的方法基本相同，只是对话框中的“内切圆半径”文本框变为“侧边长”文本框。

（3）外接圆半径：该方法的操作步骤和弹出的对话框也与上面的方法基本相同，只是对话框中的“内切圆半径”文本框变为“外接圆半径”文本框。

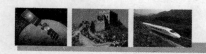

2.1.2　创建二次曲线

1．椭圆

椭圆是由椭圆参数定义的曲线，圆是它的一种特殊形式，其创建方法如下。

（1）选择菜单命令【插入】/【曲线】/【椭圆】，或在【曲线】工具栏中单击按钮。

（2）利用系统弹出的【点】对话框定义椭圆中心的位置。

（3）系统弹出如图 2.1.16 所示的【椭圆】对话框，在对话框中输入所建椭圆的“长半轴”、“短半轴”、“起始角”、“终止角”和“旋转角度”的参数值。

（4）单击【确定】按钮，完成椭圆或椭圆弧的创建。

2．抛物线

抛物线是二次曲线的一种特殊形式，其创建方法如下。

（1）选择菜单命令【插入】/【曲线】/【抛物线】，或在【曲线】工具栏中单击按钮。

（2）利用系统弹出的【点】对话框定义抛物线顶点的位置。

（3）系统弹出如图 2.1.17 所示的【抛物线】对话框，在对话框中输入所建抛物线的“焦距长度”、“最小 DY”、“最大 DY”和“旋转角度”的参数值。

（4）单击【确定】按钮，完成抛物线的创建。

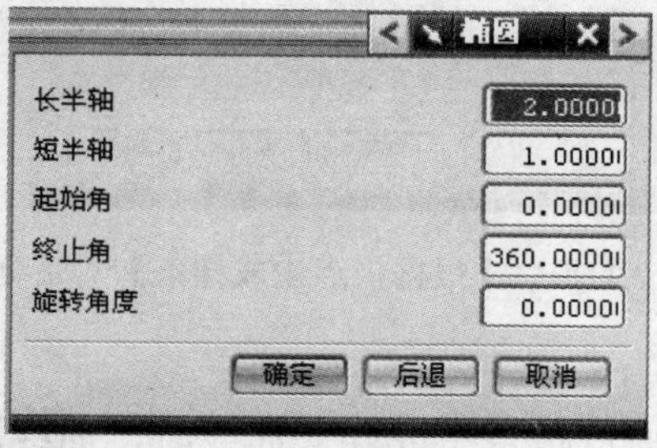

图 2.1.16　【椭圆】对话框

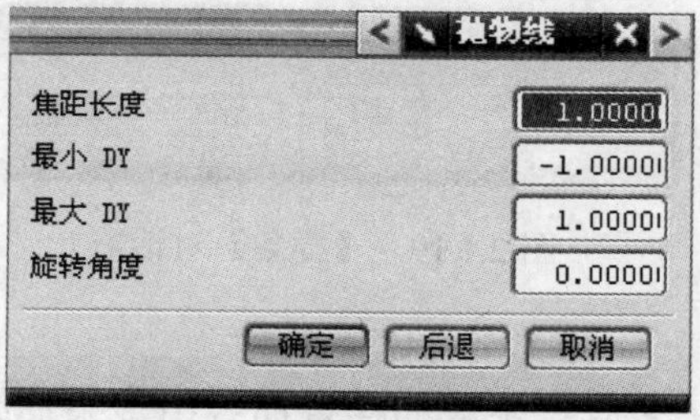

图 2.1.17　【抛物线】对话框

3．双曲线

双曲线是二次曲线的一种特殊形式，其创建方法如下。

（1）选择菜单命令【插入】/【曲线】/【双曲线】，或在【曲线】工具栏中单击按钮。

（2）利用系统弹出的【点】对话框定义双曲线中心的位置。

（3）系统弹出如图 2.1.18 所示的【双曲线】对话框，在对话框中输入所建双曲线的“实半轴”、“虚半轴”、“最小 DY”、“最大 DY”和“旋转角度”的参数值。

（4）单击【确定】按钮，完成双曲线的创建。

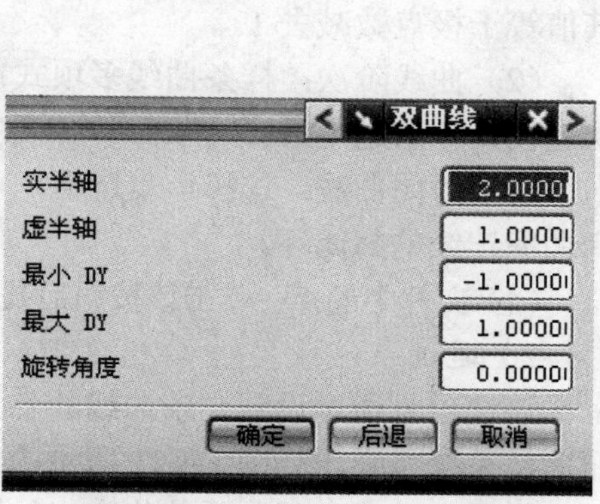

图 2.1.18　【双曲线】对话框

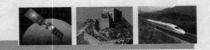

2.1.3 创建复杂曲线

1．样条曲线

样条曲线是指利用给定的若干个点拟合出的多项式曲线。它可以在二维和三维空间创建，可为任意形状。样条曲线是UG曲线功能中应用最广泛的一种曲线形式。

选择菜单命令【插入】/【曲线】/【样条】，或在【曲线】工具栏中单击～按钮，系统将弹出如图2.1.19所示的【样条】对话框。

系统提供了以下四种生成样条曲线的方式。

1）根据极点

该方式是通过设置样条曲线的各极点来生成一条样条曲线。创建的样条曲线并不一定通过定义的每个极点，而是拟合出一条光滑的曲线。

极点的创建方法一般有两种：使用【点】对话框来定义点和从指定文件中读取极点坐标。单击该按钮后，系统将弹出如图2.1.20所示的【根据极点生成样条】对话框。对话框中各选项和按钮的作用如下。

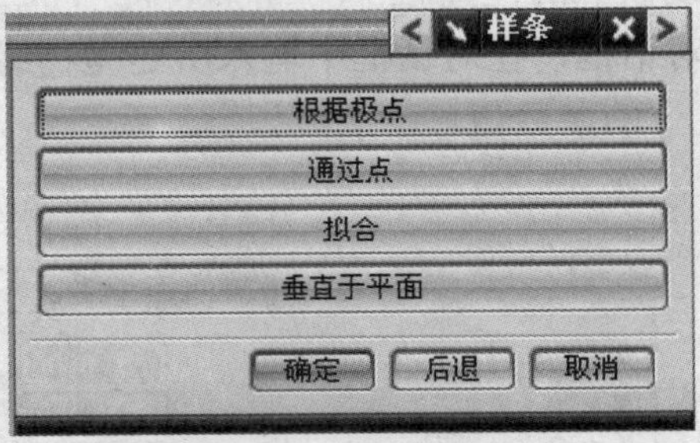

图2.1.19 【样条】对话框

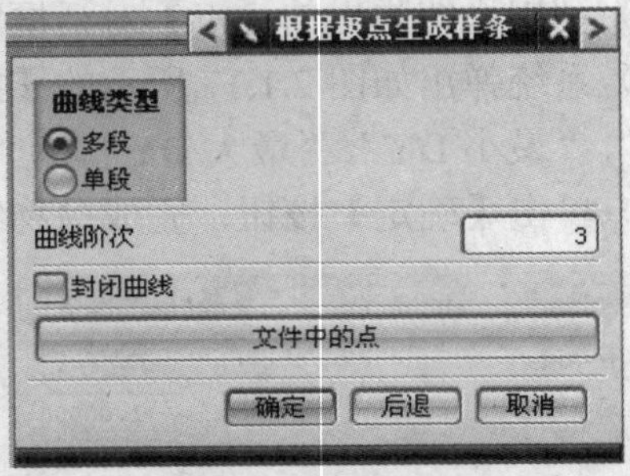

图2.1.20 【根据极点生成样条】对话框

（1）曲线类型有以下两种。

◆ 多段：生成的样条曲线由多条曲线构成，在通过极点生成样条曲线时，曲线段数等于极点数减去曲线的阶次。

◆ 单段：生成的样条曲线由一条曲线构成，选择该单选项后，曲线的阶次不可编辑，其值等于极点数减去1。

（2）曲线阶次：样条曲线多项式决定了曲线的阶次，曲线阶次与曲线段数相关。曲线阶次越高，样条越平滑。

（3）封闭曲线：选择该复选框，可以定义生成的样条曲线为封闭形状，首尾相接形成一个曲率连续的封闭环。

（4）文件中的点：单击该按钮后找到要导入的文件，用户可以从文件中导入点的坐标位置。

2）通过点

该选项是通过设置样条曲线的各定义点来生成一条通过各定义点的样条曲线。单击该按钮后，系统将弹出如图2.1.21所示的【通过点生成样条】对话框。

设置参数确定后，系统将弹出如图2.1.22所示的【样条】对话框。利用该对话框可以选择定义点的创建方式。

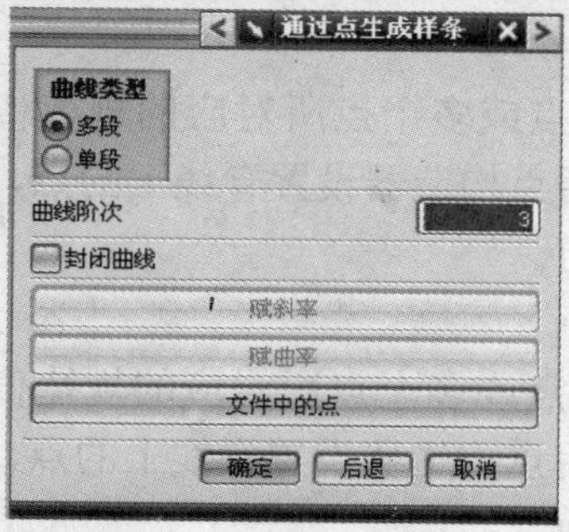

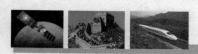

图 2.1.21　【通过点生成样条】对话框

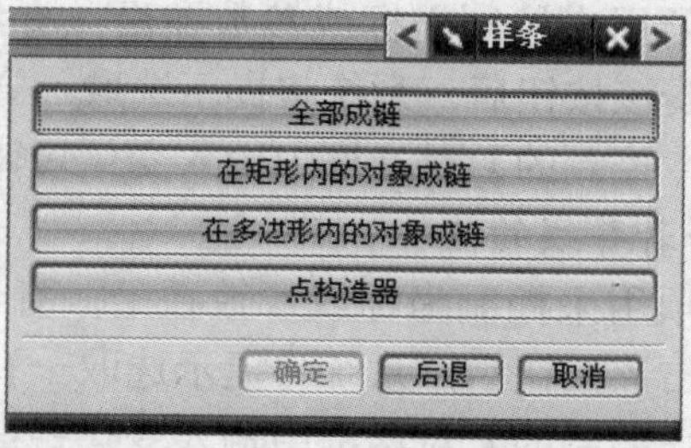

图 2.1.22　【样条】对话框

系统提供了四种定义点的创建方式：全部成链、在矩形内的对象成链、在多边形内的对象成链和点构造器。前三种方式均需在进行创建样条曲线功能前预先定义好足够的点，以便操作时进行选取，最后一种方式可以利用【点】对话框来指定定义点。

3）拟合

该选项是以拟合方式生成样条曲线。单击该按钮后，系统将弹出【样条】对话框，当确定了样条曲线的定义点后，系统将弹出【通过点生成样条】对话框。用户可以在该对话框中设置创建样条曲线的拟合方法，系统将根据定义点拟合出一条样条曲线。

4）垂直于平面

该选项是以正交于平面的曲线生成样条曲线。操作时用户应选择或通过面创建功能定义相关的参考平面，确定样条曲线起始点和定义创建样条曲线的方向。这样系统将根据设置生成一条样条曲线。

2．规律曲线

规律曲线是 XC、YC、ZC 坐标值按设定规则变化的样条曲线。

选择菜单命令【插入】/【曲线】/【规律曲线】，或在【曲线】工具栏中单击按钮。系统将弹出如图 2.1.23 所示的【规律函数】对话框，用来定义 XC、YC、ZC 三个方向的变化规律。

该对话框提供了以下七种规律曲线功能。

1）恒定的

该选项用来控制坐标或参数在整个创建曲线的过程中保持常量。单击该按钮后，系统将弹出【规律控制的】对话框，在对话框的“规律值”文本框中输入参数值，即可确定定义方向的规律。

2）线性

该选项用来控制坐标或参数在整个创建曲线的过程中，在某数值范围内呈线性变化。单击该按钮后，系统弹出【规律控制的】对话框，在对话框的“起始值”和“终止值”文本框中输入变化规律的数值即可。

3）三次

该选项用来控制坐标或参数在整个创建曲线的过程中，在某数值范围内呈三次变化。单击该按钮后，系统弹出【规律控制的】对话框，在对话框的“起始值”和“终止值”文本框中输入变化规律的数值即可。

4）沿着脊线的值——线性

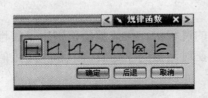

该选项用来控制坐标或参数在沿一脊线设定两个点或多个点所对应的规律值间呈线性变化。单击该按钮后，系统将提示选取一脊线，再利用点构造器设置脊线上的点，最后在弹出的【规律控制的】对话框中输入变化规律的数值即可。

5）沿着脊线的值——三次

该选项用来控制坐标或参数在沿一脊线设定两个点或多个点所对应的规律值间呈三次变化。单击该按钮后，系统将提示选取一脊线，再利用点构造器设置脊线上的点，最后在弹出的【规律控制的】对话框中输入变化规律的数值即可。

6）根据方程

该选项利用表达式来控制坐标或参数的变化。在使用该功能前，先要选择【工具】/【表达式】命令，在弹出的【表达式】对话框中设定表达式的变量及要按变化规律控制的坐标或参数的函数表达式。然后单击按钮，在弹出的对话框的文本框中输入变量名，接着在弹出的对话框的文本框中输入在 XC 上要按规律控制的坐标或参数的函数名，也可接受系统默认的变量名和函数名。最后同样依次完成 YC 和 ZC 上的设置即可。

7）根据规律曲线

该选项利用已存在的规律曲线来控制坐标或参数的变化。单击该按钮后，先选择一条已存在的规律曲线，再选择一条基线来辅助选定曲线的方向，也可以维持原曲线的方向不变。

在完成了 XC、YC、ZC 三个方向的规律方式定义后，系统将弹出【规律曲线】对话框。对话框中提供了三种方式，可以选择其中的一种方式来对将要生成的规律曲线进行定位。

如果不选择这三种方式，可以直接单击对话框中的【确定】按钮，则系统将以当前坐标来定位规律曲线。

3．螺旋线

螺旋线在实际应用中常用来生成如弹簧等零件的轮廓线。

选择菜单命令【插入】/【曲线】/【螺旋线】，或在【曲线】工具栏中单击按钮，系统将弹出如图 2.1.24 所示的【螺旋线】对话框。

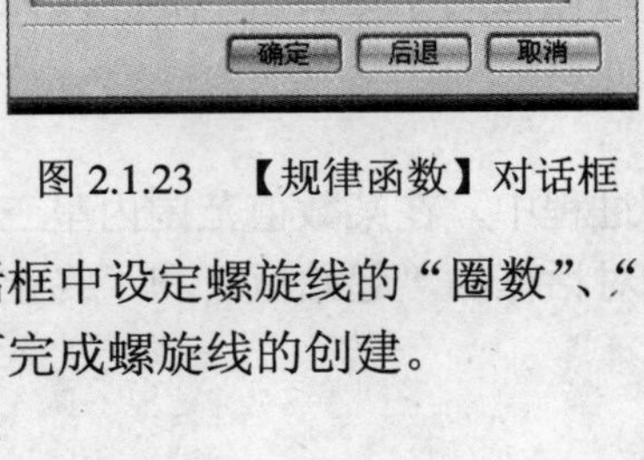

图 2.1.23 【规律函数】对话框

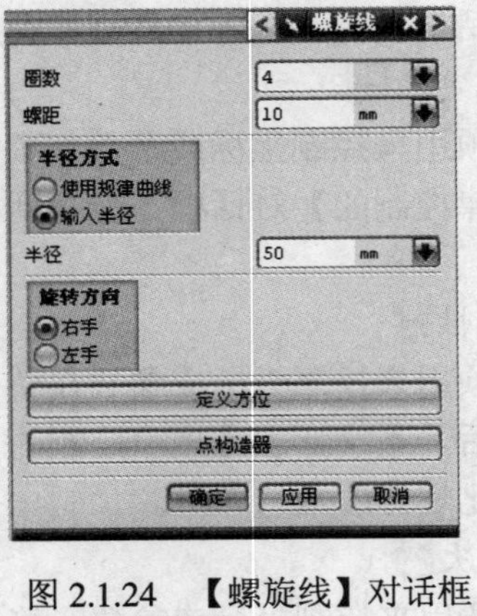

图 2.1.24 【螺旋线】对话框

在对话框中设定螺旋线的“圈数”、“螺距”、“半径”、“旋转方向”参数值，单击【确定】按钮，即可完成螺旋线的创建。

对话框中主要参数选项设置和按钮功能如下。

（1）圈数：该选项用于设置螺旋线旋转的圈数，圈数只能是正整数。

（2）螺距：该选项用于设置螺旋线在旋转每圈之间的距离。

（3）半径方式：该选项用于设置螺旋线旋转半径的方式。系统提供了以下两种半径方式。

◆ 使用规律曲线：用于设置螺旋线半径按一定规律法则进行变化。选择该单选项后，系统将弹出【规律函数】对话框，用户可利用其中的七种变化方式来控制螺旋半径沿轴线方向的变化规律。各规律控制方式的用法见【规律曲线】。

◆ 输入半径：用于以数值的方式来决定螺旋线的旋转半径，而且螺旋线每圈之间的半径值大小相同。选中该单选项后，用户可以在下面的“半径”文本框中输入半径值来决定螺旋线半径。

（4）旋转方向：该选项用于控制螺旋线的旋转方向。旋转方向可分为右旋和左旋两种。“右旋”方式是以右手拇指为旋转轴线，另外四个手指为旋转的方向。“左旋”方向反之。

（5）定义方位：该按钮用于选取直线或实体边缘来定义螺旋线的轴线方向。

如果用户在操作时不单击该按钮，直接单击【确定】按钮，系统将以当前坐标系的 ZC 轴作为螺旋线的轴向方向，螺旋线起始于 XC 轴正向距原点为半径长度的位置。如果需要另外设置螺旋线起始点时，系统将提示用户定义一个基点，以过该点且平行于 ZC 轴方向作为螺旋线的轴线方向，螺旋线起始于过基点且与 XC 轴正向平行的方向上，且距基点的距离为设置的半径。

如果用户在操作时单击该按钮，系统将提示用户选取一条线段，并以选取点指向与其距离最近的线段端点的方向作为 ZC 轴正向，然后再设置一点来定义 XC 轴正向，接着再设定一个基点，最后系统以过基点且平行于设定的 ZC 轴正向作为螺旋线的轴线方向，螺旋线起始于过基点且与 XC 轴正向平行的方向上，且距基点的距离为设置的半径。

（6）点构造器：该按钮用于设置螺旋线起始点的位置。

2.1.4　编辑曲线

在曲线对象创建后，如果其参数或形式不符合用户的要求，还可以利用曲线编辑功能对曲线对象进行编辑修改操作。用户通过选择【编辑】/【曲线】级联菜单下的菜单命令，就可以进入相应的曲线编辑功能。

选择菜单命令【编辑】/【曲线】/【全部】，或在【编辑曲线】工具栏中单击 按钮，系统将弹出如图 2.1.25 所示的【编辑曲线】对话框。

系统提供了八种曲线的编辑功能：编辑曲线参数、修剪曲线、修剪角、分割曲线、编辑圆角、拉伸曲线、编辑曲线长度和光顺样条。

1．编辑曲线参数

编辑曲线参数功能允许用户修改曲线的定义数据，使其能够达到用户所需的形状。对于相互关联的曲线，由于其定义数据来自其他几何特征，所以不能直接修改曲线，而必须编辑与它相关的几何特征，通过刷新来修改相关联的曲线。

选择菜单命令【编辑】/【曲线】/【参数】，或在【编辑曲线】工具栏中单击 按钮，系统弹出如图 2.1.26 所示的【编辑曲线参数】对话框。

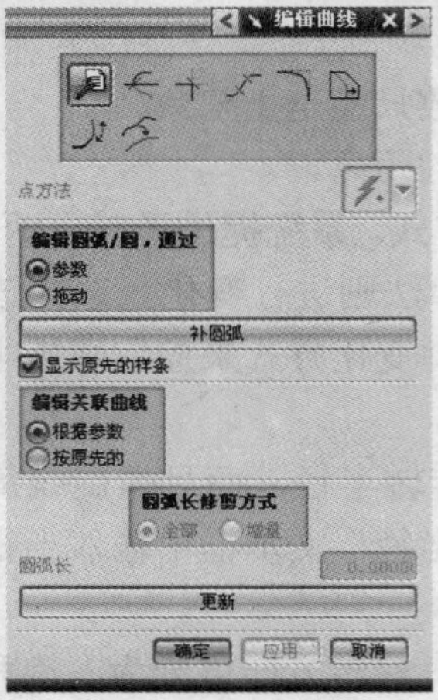

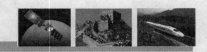

图 2.1.25 【编辑曲线】对话框

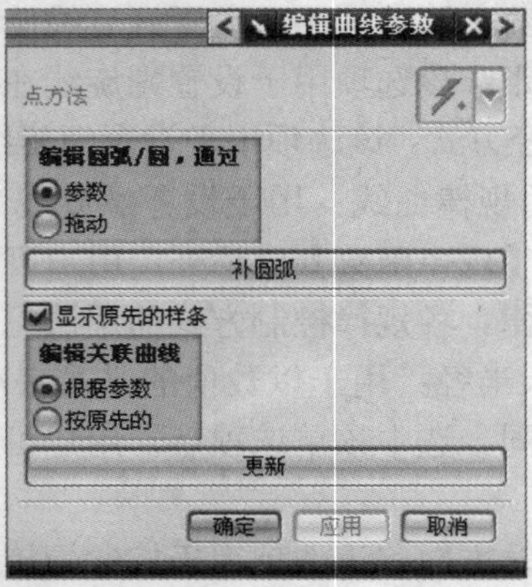

图 2.1.26 【编辑曲线参数】对话框

通过该对话框可以编辑大多数类型的曲线参数，具体方法如下。

1）编辑直线参数

如果选取的编辑对象是直线，则用户可以重新设置直线的端点位置、直线长度和直线角度。

直线端点的编辑有如下三种方法。

（1）选择直线的端点，系统弹出“跟踪栏”工具条，在该工具条中输入直线端点坐标或输入直线的长度和角度参数然后按 Enter 键，可以完成对直线端点的编辑。

（2）选取直线的端点，直接移动鼠标到合适位置，单击鼠标左键也可以完成编辑直线。

（3）选取直线的端点，在【编辑曲线参数】对话框中选择“点方法”下拉菜单的相应选项，重新定义直线端点来编辑直线。

直线的编辑有如下两种方法。

（1）选取需要编辑的直线，选取时不要选择直线的端点，就可以选取整条直线。选取后“跟踪栏”工具条中的“XC”、“YC”、“ZC”文本框变为不可编辑的状态，只有“长度”和“角度”文本框可以修改。

（2）在“长度”和“角度”文本框中输入相应的参数后按 Enter 键，可以完成对直线的编辑。

直线修改后，离选择点距离较远的端点位置不变，离选择点距离较近的端点位置发生变化。

2）编辑圆弧或圆

如果选取的编辑对象是圆弧或圆，用户则可以修改圆弧或圆的参数，如圆心、半径/直径和端点位置等。

圆弧端点或圆心的编辑有如下三种方法。

（1）选择圆弧的端点或中心后，系统弹出“跟踪栏”工具条，在该工具条的文本框中输入参数后按 Enter 键，可以完成对圆弧的编辑。

（2）选择圆弧的端点或中心后，直接移动鼠标到合适位置后单击，也可以完成编辑圆弧。

（3）选择圆弧的端点或中心后，在【编辑曲线参数】对话框中选择“点方法”下拉菜单的相应选项，定义新圆弧的端点或圆心位置，也可以完成编辑圆弧。

在【编辑曲线参数】对话框中选择“拖动”单选项，则可以修改圆弧的起始点和终止点，但不能修改圆弧的直径。

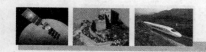

圆弧的编辑有如下两种方法。

（1）选取需要编辑的圆弧，选取时不要选择圆弧的端点或圆心，就可以选取整条圆弧。选取后“跟踪栏”工具条中的“XC”、“YC”、“ZC”文本框变为不可编辑的状态，只有“半径”、“直径”、“圆弧起始角”和“终止角”文本框可以修改。

（2）在“半径”、“直径”、“圆弧起始角”和“终止角”文本框中输入相应的参数后按 Enter 键，可以完成对圆弧的编辑。

在【编辑曲线参数】对话框中选择“拖动”单选项，则可以修改圆弧的直径，但不能修改圆弧的起始点和终止点位置。

2. 修剪曲线

修剪曲线功能是将要进行修剪的曲线与边界曲线求交，利用设置的边界对象来调整曲线的端点，可延长或修剪直线、圆弧、二次曲线或样条曲线。

选择菜单命令【编辑】/【曲线】/【修剪】，或在【编辑曲线】工具栏中单击 按钮，系统弹出如图 2.1.27 所示的【修剪曲线】对话框。在对话框中可以设置修剪曲线操作的相关参数。

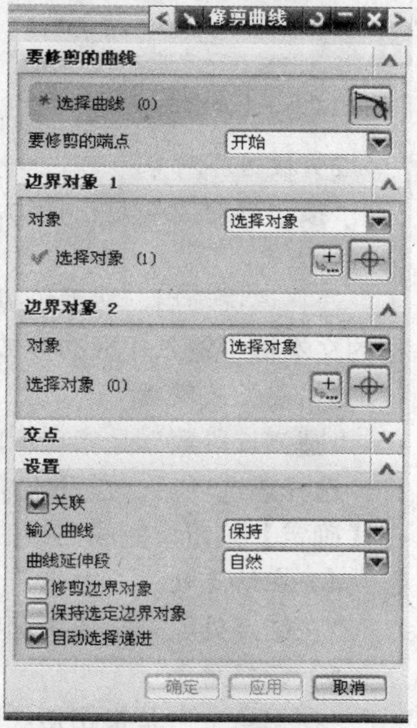

图 2.1.27　【修剪曲线】对话框

1）修剪曲线步骤

【修剪曲线】对话框中包含了以下三个操作步骤。

（1）要修剪的曲线：用于选择一条或多条待修剪的曲线，该步骤是必须的。

（2）边界对象 1：用于选择一条曲线对象作为第一边界对象，沿着它修剪曲线，该步骤是必须的。

（3）边界对象 2：用于选择一条曲线对象作为第二边界对象，沿着它修剪曲线，该步骤是可选的。

2）关联输出

选中“关联”复选框，则修剪后的曲线与原曲线具有关联性。若改变原曲线的参数，则修剪后的曲线与边界之间的关系自动得到更新。

3）输入曲线

该选项用于控制修剪后原曲线保留与否。其下拉列表中列出修剪后原曲线保留与否的四种控制方式：保持、隐藏、删除和替换。

3. 修剪角

修剪角是在修剪两条曲线时，在两条曲线的交点处形成一个拐角。

选择菜单命令【编辑】/【曲线】/【修剪角】，或在【编辑曲线】工具栏中单击 按钮，系统弹出【对象选取】对话框，可完成修剪角功能。

用户在绘图工作区中选取对象时，光标选择球必须包含要修剪角的两条相交曲线，而光标应位于要修剪掉的曲线一侧。在操作过程中如果两曲线的间隔较大，可利用视图缩放功能使两曲线显示间隔缩小，直至选择球可同时选中两条曲线为止。如果要修剪的曲线不相交，系统将延伸两条曲线相交到一点再修剪。

4．分割曲线

“分割曲线”功能用于把曲线分割成一组同样的段，每个生成的段是单独的特征对象，并赋予相同的线型。

图 2.1.28　【分割曲线】对话框

选择菜单命令【编辑】/【曲线】/【分割】，或在【编辑曲线】工具栏中单击按钮，系统弹出如图 2.1.28 所示的【分割曲线】对话框。

系统提供了以下五种分割曲线的方法：等分段、按边界对象、圆弧长段数、在结点处和在拐角上。

1）等分段

“等分段”是指使用曲线长度或特定的曲线参数把曲线分成相等的段。

选择该选项后，按系统提示选取要分割的曲线，然后在系统弹出的【等分段】对话框的文本框中输入相应的参数，单击【确定】按钮，完成曲线的分割操作。

2）按边界对象

“按边界对象”是指使用边界对象把曲线分成相等的段，边界对象可以是点、曲线、平面等。

选择该选项后，按系统提示选取要分割的曲线，然后在系统弹出的【按边界对象】对话框的文本框中输入相应的参数，单击【确定】按钮，完成曲线的分割操作。

3）圆弧长段数

“圆弧长段数”是指在各段定义弧长的基础上把曲线分成相等的段。

选择该选项后，在系统弹出的【圆弧长段数】对话框的文本框中输入分段的弧长值，单击【确定】按钮，完成曲线的分割操作。

4）在结点处

“在结点处”是指使用选中的结点把曲线分成相等的段，结点是指样条曲线的端点。

5）在拐角上

“在拐角上”是指拐角（即样条折弯处的结点）上把曲线分成相等的段。

选择该选项后，按系统提示选取要分割的曲线，然后会自动在样条曲线的拐角处分割曲线。

5．编辑圆角

编辑圆角用于编辑已有的圆角。

选择菜单命令【编辑】/【曲线】/【圆角】，或在【编辑曲线】工具栏中单击按钮，系统弹出如图 2.1.29 所示的【编辑圆角】对话框。

系统提供了三种编辑圆角的方法：自动修剪、手工修剪和不修剪。

（1）自动修剪：选择该方式，系统自动根据圆角来修剪其圆角边。

（2）手工修剪：用于在用户干预下修剪圆角的圆角边。

（3）不修剪：不修剪圆角的圆角边。

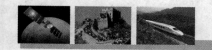

选择一种方式后，按照系统提示依次选取圆角的一条边、圆角和圆角的另一条边，单击【确定】按钮，完成编辑圆角操作。

6. 拉伸曲线

选择菜单命令【编辑】/【曲线】/【拉伸】，或在【编辑曲线】工具栏中单击按钮，系统弹出如图 2.1.30 所示的【拉伸曲线】对话框。

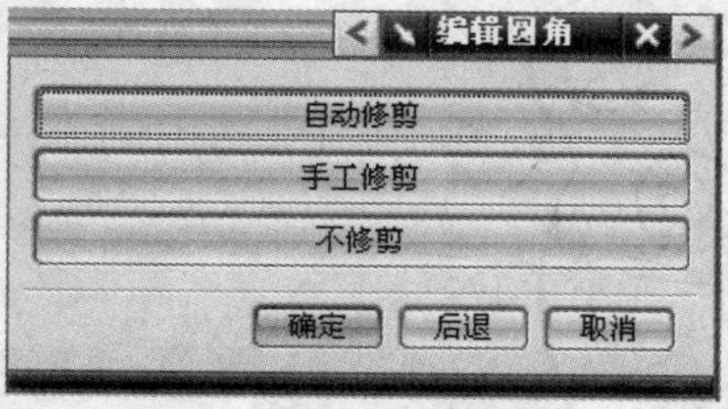

图 2.1.29　【编辑圆角】对话框

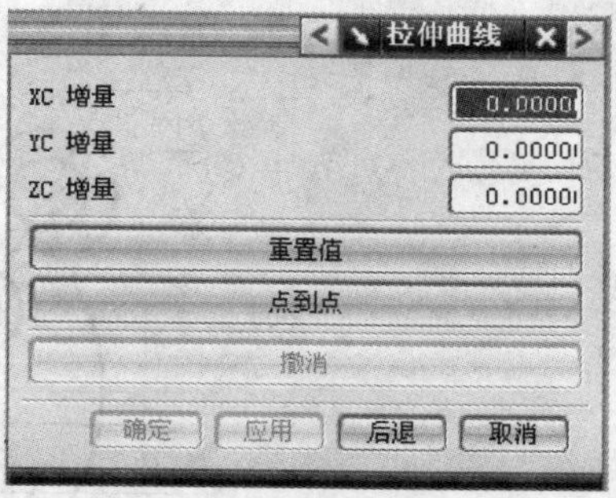

图 2.1.30　【拉伸曲线】对话框

选择要拉伸的曲线对象，然后在对话框的文本框中输入相应的参数值，单击【确定】按钮，完成拉伸曲线的操作。

7. 编辑曲线长度

选择菜单命令【编辑】/【曲线】/【曲线长度】，或在【编辑曲线】工具栏中单击按钮，系统弹出如图 2.1.31 所示的【曲线长度】对话框。

选择要编辑的曲线对象，然后在对话框的文本框中输入相应的参数值，单击【确定】按钮，完成对曲线长度的编辑操作。

8. 光顺样条

选择菜单命令【编辑】/【曲线】/【光顺样条】，或在【编辑曲线】工具栏中单击按钮，系统弹出如图 2.1.32 所示的【光顺样条】对话框。

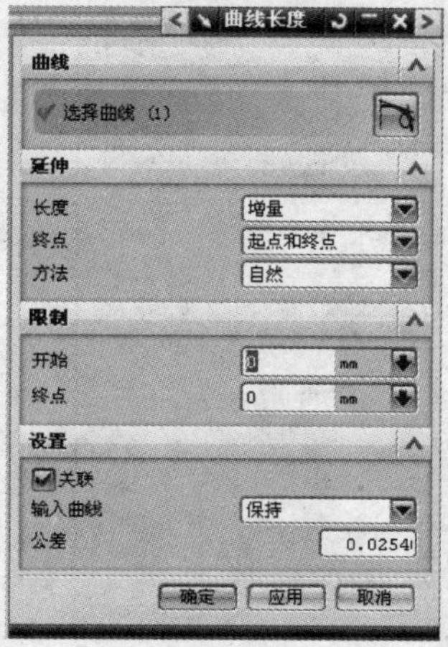

图 2.1.31　【曲线长度】对话框

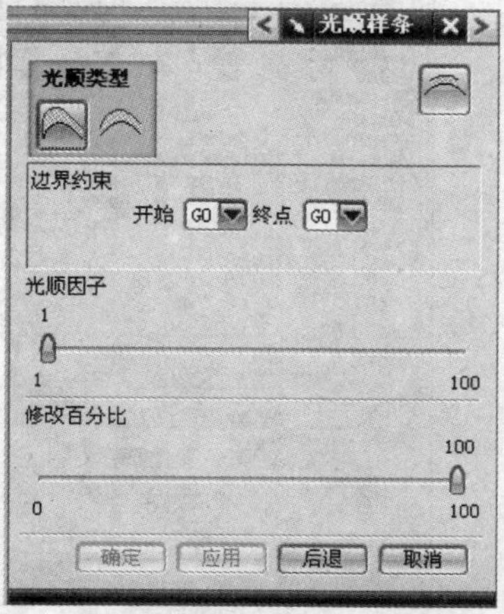

图 2.1.32　【光顺样条】对话框

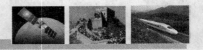

选择要编辑的曲线对象，单击【确定】按钮，完成光顺样条的编辑操作。

案例 1　创建熊猫头曲线

熊猫头曲线如图 2.1.33 所示，创建该曲线的操作步骤如下。

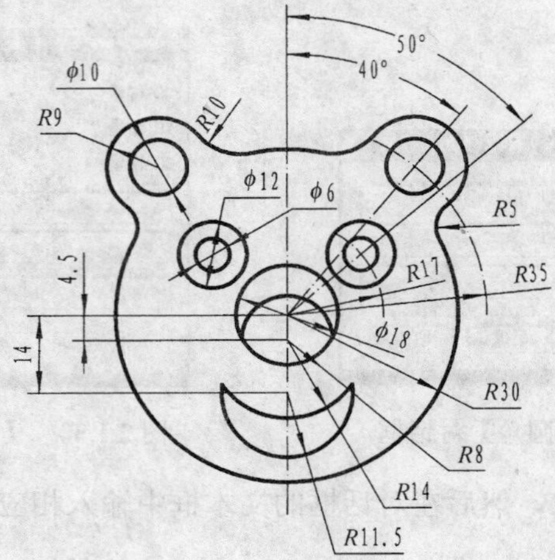

图 2.1.33　熊猫头曲线

1）进入 UG NX 5.0 的主界面

选择【开始】/【程序】/【UGS NX 5.0】/【NX 5.0】命令，或双击桌面上的快捷方式图标，就进入 UG NX 5.0 的主界面。

2）新建部件文件

（1）选择【文件】/【新建】，或单击按钮，弹出【文件新建】对话框，如图 2.1.34 所示。

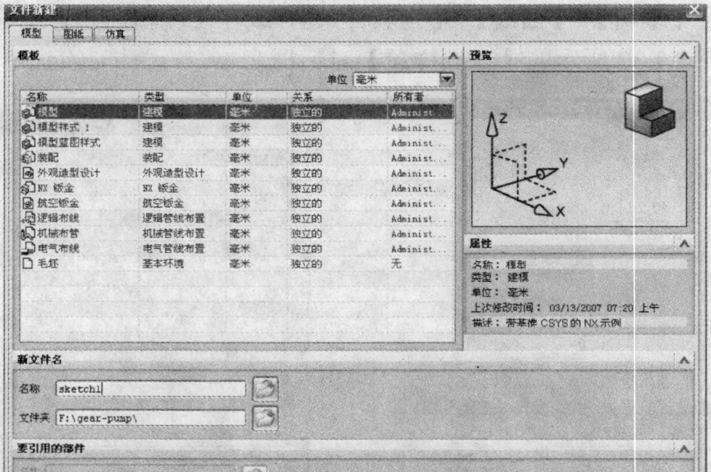

图 2.1.34　【文件新建】对话框

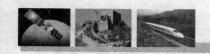

（2）在【文件新建】对话框的新文件“名称”文本框中输入“sketch1”，在“文件夹”文本框中确定存放文件的路径，如“F:\gear-pump\”，然后单击【确定】按钮，新建部件文件后进入建模模块。

3）转换视图方向

在【视图】工具栏的下拉列表中单击按钮，将视角转换到俯视图方向，即在 XC-YC 平面作曲线，ZC 的坐标值均为 0。

4）绘制圆弧曲线

（1）选择菜单命令【插入】/【曲线】/【基本曲线】，或单击【曲线】工具栏的按钮，弹出如图 2.1.35 所示的【基本曲线】对话框。

（2）在该对话框中单击按钮，并在“点方法”下拉列表中单击【点构造器】按钮，弹出【点】对话框，如图 2.1.36 所示。

（3）在【点】对话框的“XC”、“YC”和“ZC”文本框中均输入“0”，单击【确定】按钮，返回【点】对话框。

（4）在【点】对话框的“XC”、“YC”和“ZC”文本框中分别输入“9”、“0”和“0”，单击【确定】按钮，完成一个圆心在坐标原点，直径为ϕ18 圆的创建。

（5）用相同的方法绘制 *R*30 的圆，圆心位置在坐标原点。

（6）选择菜单命令【插入】/【曲线】/【直线和圆弧】/【圆（圆心-半径）】，按系统提示指定中心点位置。

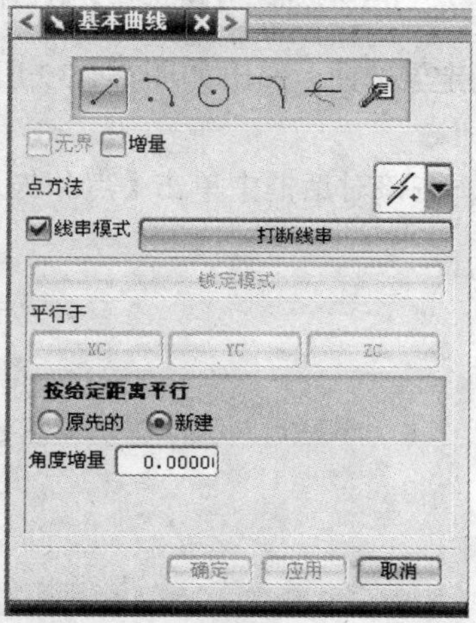

图 2.1.35　【基本曲线】对话框

图 2.1.36　【点】对话框

（7）在【点捕捉】工具栏中单击【点构造器】按钮，弹出【点】对话框。

（8）在【点】对话框的“XC”、“YC”和“ZC”文本框中分别输入“0”、“-4.5”和“0”，单击【确定】按钮。接着在绘图工作区的“半径”浮动文本框中输入“14”，单击鼠标中键或按 Enter 键，完成一个中心在（0，-4.5，0），半径为 *R*14 的圆弧的创建。

（9）用相同的方法创建一个中心在（0，-4.5，0），半径为 *R*8 的圆；接着再创建另一个中心在（0，-14，0），半径为 *R*11.5 的圆；然后创建一组中心位置在（17*sin（50），17*cos（50）），半径为 *R*6/2 及 *R*12/2 的同心圆；最后再创建另一组中心位置在（35*sin（40），

35*cos（40）)，半径为 *R*10/2 及 *R*9 的同心圆，如图 2.1.37 所示。

5）镜像圆弧曲线

（1）选择菜单命令【编辑】/【变换】，系统将弹出如图 2.1.38 所示的【类选择】对话框。

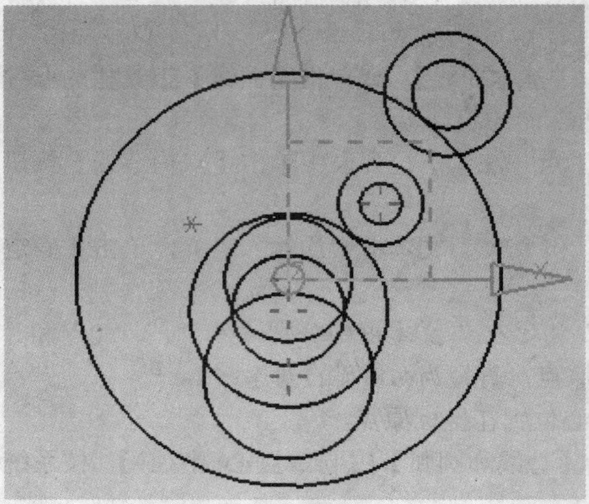

图 2.1.37　圆弧曲线

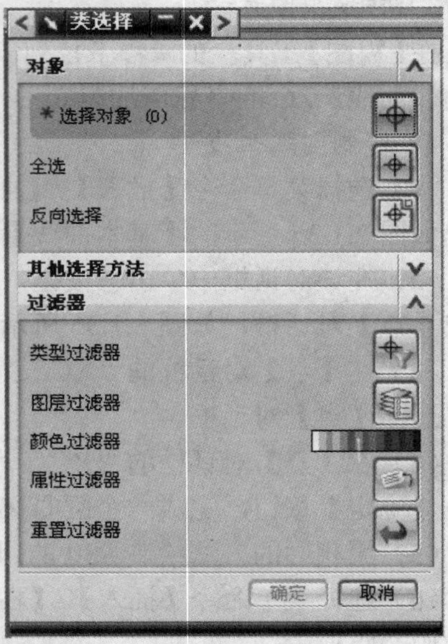

图 2.1.38　【类选择】对话框

（2）按系统提示依次选取两组小同心圆，单击【确定】按钮，弹出如图 2.1.39 所示的【变换】对话框。在该对话框中单击【用直线做镜像】按钮。

（3）系统将弹出如图 2.1.40 所示的【变换】对话框。在该对话框中单击【点和矢量】按钮。

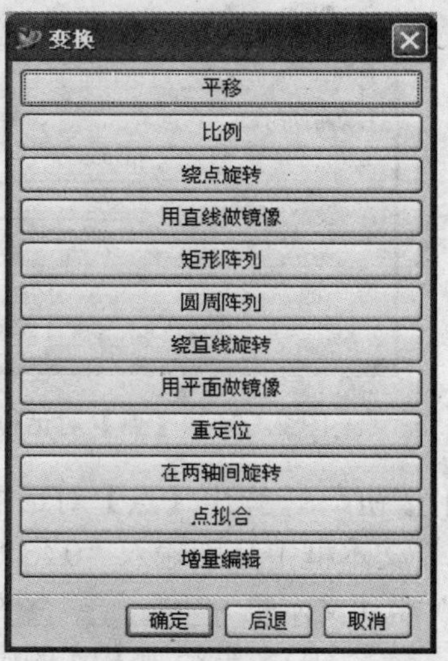

图 2.1.39　【变换】对话框

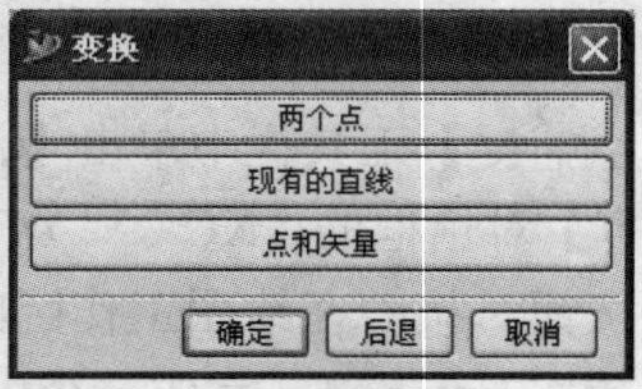

图 2.1.40　【变换】对话框

（4）弹出如图 2.1.41 所示的【点】对话框。在该对话框中的“XC”、“YC”和“ZC”文本框来中均输入“0”，单击【确定】按钮。

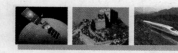

（5）弹出如图 2.1.42 所示的【矢量】对话框。在该对话框中的“类型”下拉列表中选择“YC 轴”，或直接在对话框中单击按钮，即选取 YC 轴作为镜像轴，坐标原点作为镜像轴的起点。

图 2.1.41　【点】对话框

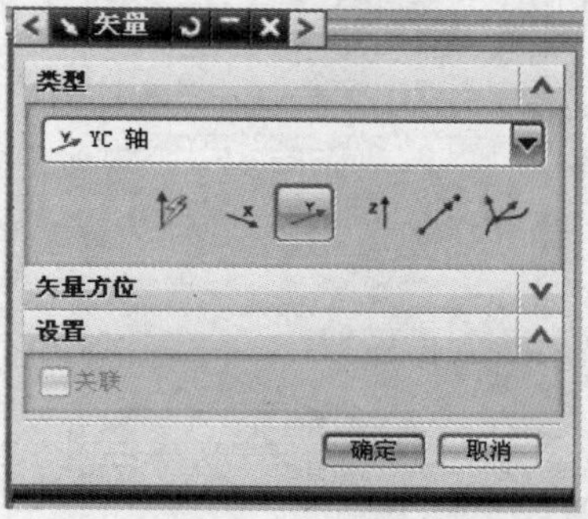

图 2.1.42　【矢量】对话框

（6）单击【确定】按钮，弹出如图 2.1.43 所示的【变换】对话框。在该对话框中单击【复制】按钮，即可完成镜像操作，如图 2.1.44 所示。

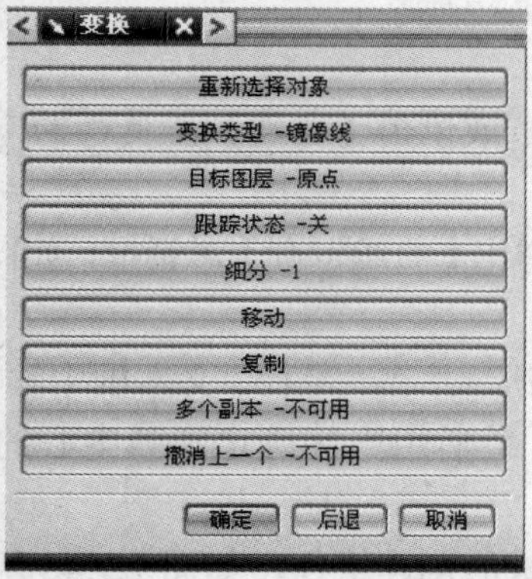

图 2.1.43　【变换】对话框

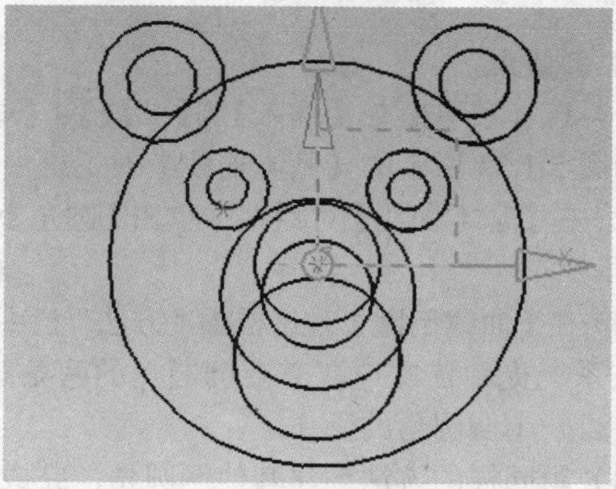

图 2.1.44　镜像曲线

6）修剪圆弧曲线

（1）选择菜单命令【编辑】/【曲线】/【修剪】，或单击【编辑曲线】工具栏的按钮，系统将弹出如图 2.1.45 所示的【修剪曲线】对话框。

（2）在【修剪曲线】对话框的“设置”栏中选中“关联”、“保持选定边界对象”及“自动选择递进”三个复选项。

（3）在“输入曲线”下拉列表中选择“隐藏”项。

（4）在“曲线延伸段”下拉列表中选择“自然”项。

（5）按系统提示选取需要进行修剪的曲线，接着再选取“边界对象 1”和“边界对象 2”，单击【确定】按钮，完成一段曲线的修剪操作。

（6）用相同的方法对所有需要修剪的圆弧曲线进行修剪，修剪后的圆弧曲线如图 2.1.46 所示。

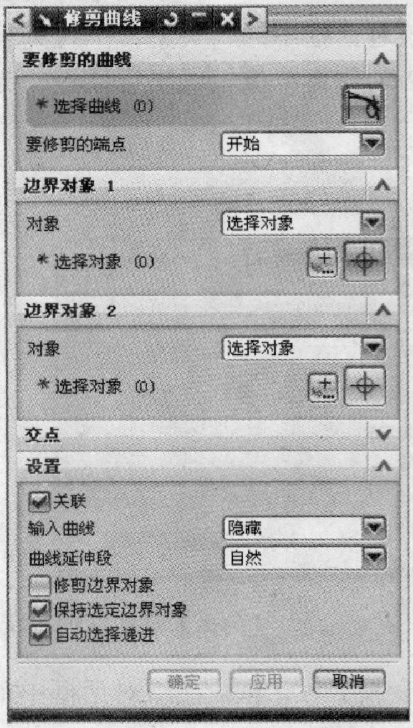

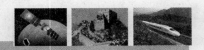

图 2.1.45 【修剪曲线】对话框

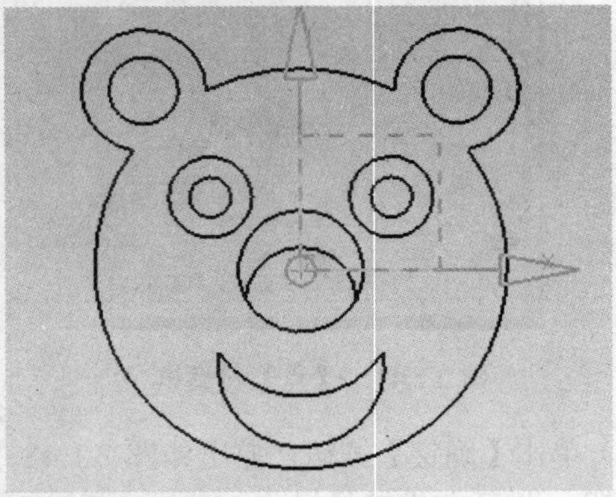

图 2.1.46 修剪后的圆弧曲线

7）倒圆角

（1）选择菜单命令【插入】/【曲线】/【基本曲线】，或单击【曲线】工具栏的按钮，弹出如图 2.1.35 所示的【基本曲线】对话框。

（2）在【基本曲线】对话框中单击【圆角】按钮，弹出【曲线倒圆】对话框，如图 2.1.47 所示。

（3）在【曲线倒圆】对话框的“方法”栏中单击按钮，并在“半径”文本框中输入“5”，然后按系统提示依次选取需要倒圆角的两条圆弧曲线，最后用光标确定圆弧中心的大概位置，完成一个倒圆角的操作。

（4）用同样的方法创建其他倒圆角，完成熊猫头曲线的创建操作，如图 2.1.48 所示。

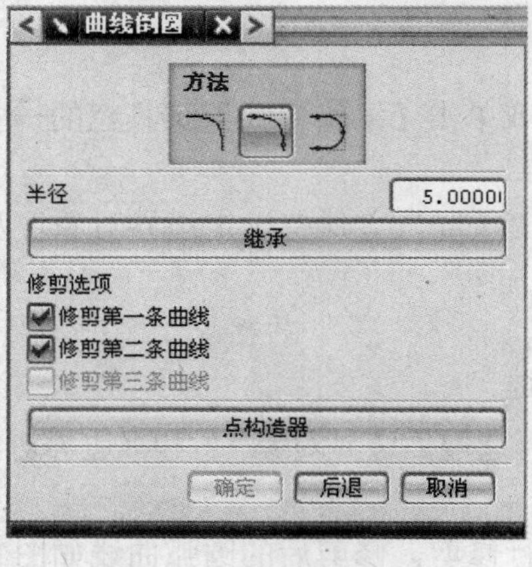

图 2.1.47 【曲线倒圆】对话框

图 2.1.48 熊猫头

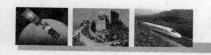

8）保存部件文件

在【标准】工具栏中单击【保存】按钮，或选择菜单命令【文件】/【保存】，完成部件文件的保存。

2.2　草图

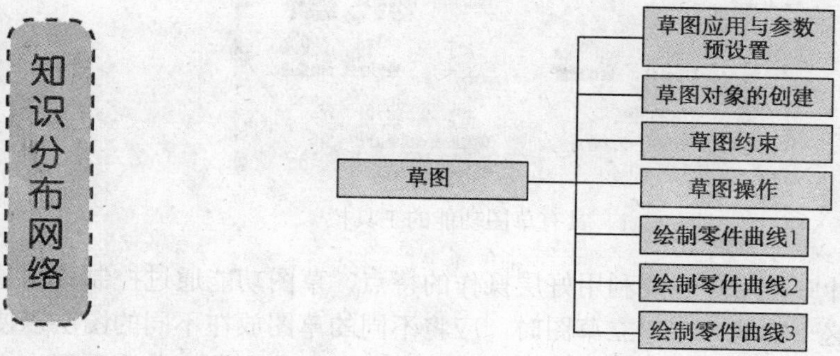

在 UG 系统中，草图是与实体模型相关联的一个二维轮廓的曲线集合。建立的草图可用来生成拉伸和旋转特征，或者在自由曲面建成模中作为扫掠对象和通过曲线创建曲面的截面对象。应用草图功能，用户可以先创建近似的草图曲线轮廓，再对其添加精确的约束定义后得到最终的草图轮廓曲线。

2.2.1　草图应用与参数预设置

草图功能是 UG 用户在进行产品设计时常用的功能之一，也是参数化建模的主要操作功能。利用草图功能可以方便地建立截面曲线并对它添加准确的约束信息，使得草图能够充分地反映用户的设计意图。

1．草图应用

用户利用草图功能可以在需要的任何一个平面内建立草图平面，进而做出所需要的草图曲线。草图与曲线功能中所绘制图形的最大区别是：草图中增加了“草图约束”的概念，通过修改“草图约束”就可以改变草图中曲线的图形。应用系统提供的草图工具，用户可以先绘制近似的曲线轮廓，再添加精确的草图约束定义，这样就可以完整表达设计的意图。建立的草图曲线还可以用实体造型工具进行拉伸、旋转等操作，生成与草图相关联的模型。当用户修改草图时，所关联的实体模型也会自动更新。

选择菜单命令【插入】/【草图】，或者在【成型特征】工具栏中单击图标，系统就会进入草图功能。草图功能应用界面中包含了四个工具栏：草图生成器、草图操作、草图曲线和草图约束，如图 2.2.1 所示。应用这些工具栏中的图标按钮或相应的菜单命令，即可进行相关的草图操作。

完成草图对象的创建和约束后，在【草图生成器】工具栏中单击按钮或选择菜单命令【任务】/【完成草图】，系统会退出草图功能，用户就可以进行其他的功能操作了。

所创建的草图也是实体模型的一种特征形式，它会反映在模型部件导航器的列表中，用户可以按照特征的相关操作对其进行编辑和修改。

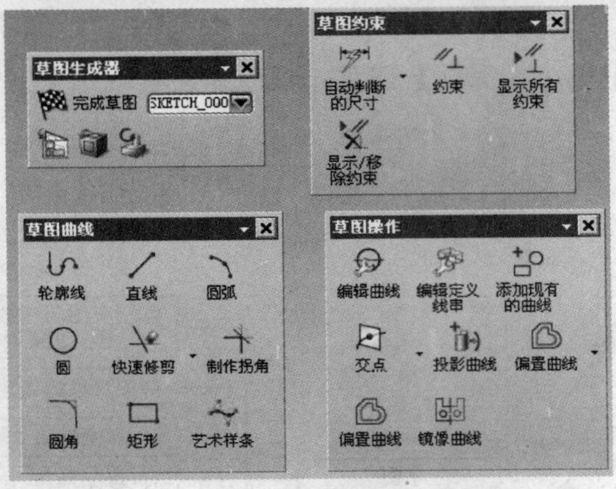

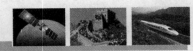

图 2.2.1　具有草图功能的工具栏

另外，在草图设计中，用户还要利用好层操作的特点，草图功能通过控制草图是否处于激活状态来自动实现这一功能。在建立草图时，应将不同的草图放在不同的图层以便更好地管理。在实际的产品设计过程中，可能会有一些相关的标准文件来管理草图图层，它会约定哪些层属于草图图层。在建立图层时，也可以以草图所在的层号作为草图的一部分，以区分不同的草图特征。

2. 草图参数预设置

在进行草图功能操作前，可以利用系统提供的草图参数预设置功能，对系统默认的草图对象参数进行修改。

选择菜单命令【首选项】/【草图】后，系统会弹出如图 2.2.2（a）所示的【草图首选项】对话框。它包括【常规】和【颜色】两个选项卡，主要用来设置草图的显示参数和草图对象的默认名称前缀。下面介绍该对话框中常用草图参数的意义。

（1）捕捉角：用于设置捕捉的角度。它用来控制徒手绘制直线时是否自动为水平或垂直。如果所画直线与草图工作平面 XC 轴或 YC 轴的夹角小于等于该参数值，则所画直线会自动为水平或垂直线。

（2）小数位数：用于设置标注尺寸值时显示保留小数点后的位数。如果在该文本框中输入“3”，则表示保留小数点后 3 位。

（3）文本高度：用于设置尺寸文本的大小。

（4）尺寸标签：用于设置尺寸标签的文本内容，其中包含三种方式。“表达式”方式设置用尺寸表达式作为尺寸文本内容；“名称”方式设置用尺寸表达式的名称作为尺寸文本的内容；“值”方式设置用尺寸表达式的值作为尺寸文本内容。

（5）改变视图方位：用于控制草图退出激活状态时，工作视图是否回到原来的方向。

（6）保持图层状态：用于控制工作层状态。当草图激活后，它所在的工作层自动成为当前工作层。选取该选项，当草图退出激活状态时，草图工作层会回到激活前的工作层。

（7）显示自由度箭头：用于控制自由度箭头的显示状态。选取该选项，则草图中未约束的自由度会用箭头显示出来。

（8）动态约束显示：用于在草图中动态显示约束。

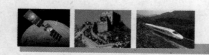

（9）保留尺寸：用于设置草图标注的尺寸值在草图不激活状态是否显示。

（10）默认名称前缀：该栏用于设置系统自动命名对象时的默认前缀名称。各种对象的默认前缀名称显示在下面相应的文本框中，用户可以进行修改。

（11）颜色：该选项卡用于设置草图对象颜色、尺寸颜色、曲线颜色、参考线颜色和自由度颜色等，如图 2.2.2（b）所示。在【颜色】选项卡中通过不同的颜色显示，可以快捷方便地区分草图的各几何对象。若要修改几何对象颜色，可单击各名称前的颜色框，然后根据需要在系统弹出的【颜色】对话框中选择所需的颜色即可。

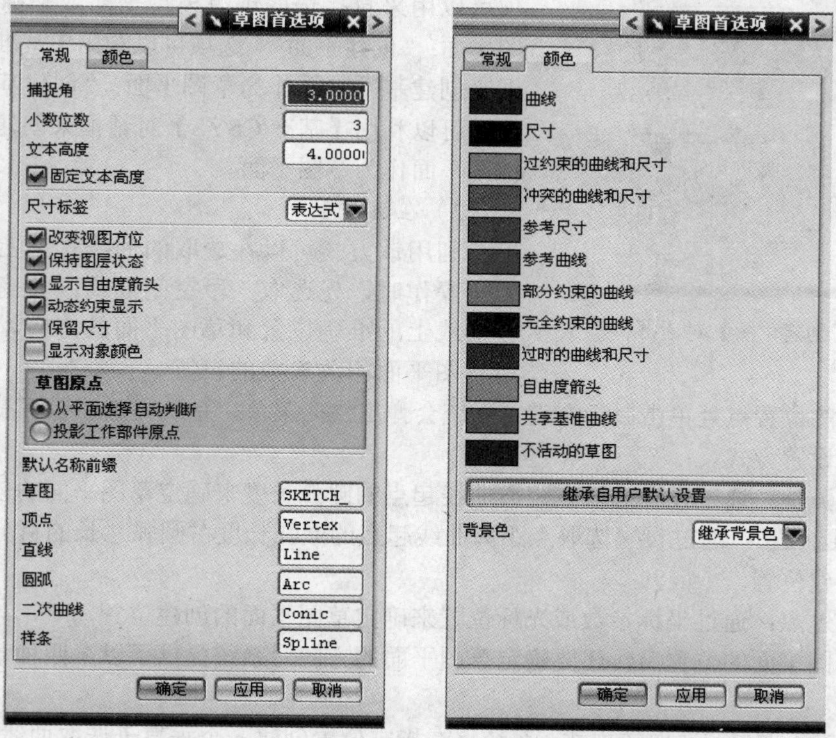

（a）　　　　　　（b）

图 2.2.2　【草图首选项】对话框

2.2.2 草图对象的创建

在进行草图操作时，所有的操作功能必须依附于草图平面，然后在草图平面上再创建其他草图对象。这些草图对象可以先通过草图曲线功能进行绘制，并利用草图约束进行约束操作来得到所需的草图截面图形。还可以利用添加和投影功能，通过已有的对象在草图平面中创建草图对象。

1．创建草图平面

草图平面是绘制草图对象的平面，在一个草图中创建的所有草图几何对象（曲线或点）都是在该草图平面上的。草图平面可以附着在坐标平面、基准平面、实体表面或片体表面上。

选择菜单命令【插入】/【草图】，或在【成型特征】工具栏中单击 图标，系统将弹出如图 2.2.3 所示的【创建草图】对话框。利用该对话框中的操作功能可以在工作坐标平面、基准平面、实体表面、片体表面或曲面上建立草图平面。在建立草图平面时，用户还可以在系统的【草图生成器】工具栏中输入草图的名称。

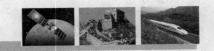

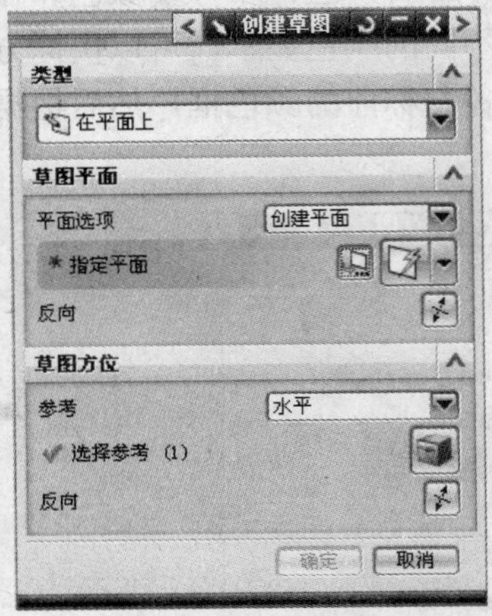

图 2.2.3 【创建草图】对话框

UG 系统提供了以下两类草图平面的创建方式。

1）在平面上

利用该方式可以在工作坐标平面、基准平面、实体表面和片体表面上创建草图平面。其中“现有平面”选项可以用来直接选取现有模型平面或坐标平面作为草图平面；“创建平面” 选项可以利用【基准平面】对话框来创建基准平面作为草图平面；“创建基准坐标系”选项可以利用【基准 CSYS】对话框来创建一个新的坐标系平面作为草图平面。

2）在轨迹上

利用该方式可以在选取的曲线对象上创建草图平面。操作时，先选取一段空间曲线，并确定草图平面在曲线上的准确位置和草图平面的方向，系统即可完成草图平面相关参数的设置。

在选取的位置点处单击鼠标右键，系统会弹出快捷菜单，系统提供了以下三种草图平面位置参数的设置方式。

（1）圆弧长：通过设置选取点距离曲线起点的圆弧长度来确定草图平面的创建位置。

（2）%圆弧长：通过设置选取点距离曲线起点的圆弧长度占圆弧总长的百分比来确定草图平面的创建位置。

（3）通过点：通过坐标参数或光标位置来确定草图平面的创建位置。

确定草图平面的位置后，还要确定草图平面的方向，系统提供了以下四种草图平面方向的定义方式。

（1）垂直于路径：选取该方式，系统将在指定位置创建一个垂直于选取曲线的草图平面。

（2）垂直于矢量：选取该方式，系统将在指定位置创建一个垂直于选取矢量的草图平面。

（3）平行于矢量：选取该方式，系统将在指定位置创建一个平行于选取矢量的草图平面。

（4）通过轴：选取该方式，系统将在指定位置创建一个通过指定矢量轴的草图平面。

在创建路径上的草图平面时，如果某种设置方式下满足条件的草图平面并非唯一，【循环解】按钮将被激活，可以通过该按钮在多个满足条件的草图平面间进行切换来选择需要的草图平面。

在利用不同的草图平面创建方式完成参数设置，并在【草图生成器】工具栏中输入草图名称或接受系统默认的名称后，单击✔按钮，系统即可完成草图平面创建。如果单击✖按钮，则系统会取消草图平面的参数设置，返回系统建模环境。

2. 创建草图对象

草图对象是指草图中的曲线和点。建立草图平面后，就可以在其上创建草图对象了。创建的方法有多种，既可直接绘制草图曲线或点，也可以通过草图的添加操作，添加绘图工作区存在的曲线或点到草图平面上，还可以通过投影功能，从实体或片体上抽取对象到草图中。

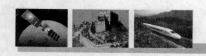

创建草图平面后，利用【插入】主菜单下的草图曲线相关命令，或选取【草图曲线】工具栏中的草图功能图标，可在草图平面中直接绘制和编辑草图曲线。

在建立草图初始对象时，不必在意对象尺寸是否准确，只需绘制出近似的曲线轮廓即可。因为在草图的约束和定位中，可以进一步对这些对象进行几何约束和尺寸约束操作，精确地控制它们的形状、位置和尺寸。在绘制草图曲线的过程中，系统根据几何对象间的关系，有时会在几何对象上自动添加某些几何约束（如水平、垂直和相切等）。

1）轮廓线

“轮廓线”功能是指利用线段和圆弧绘制草图轮廓。绘制草图轮廓时，可以在直线与圆弧之间转换。连续绘制出带有直线与圆弧的草图轮廓。

在【草图曲线】工具栏中单击【轮廓线】图标，系统会弹出如图 2.2.4 所示的【轮廓线】工具条，该工具条包括两部分，一部分为对象类型，另一部分为输入模式。系统在默认下选择直线轮廓和坐标定位模式。

图 2.2.4　【轮廓线】浮动工具条

（1）对象类型：用来绘制轮廓线的类型，包括“直线”与“弧”两种。

◆ 直线：直线是指绘制连续轮廓直线。在绘制直线时，若选择坐标模式，则每一条线段起点和终点都以坐标值显示；若选择参数模式，则可以直接输入线段的长度和角度来绘制轮廓。

◆ 弧：弧是指绘制连续轮廓圆弧。绘制圆弧有三种方法，分别为“3 点绘制圆弧”、“2 点+半径”和“半径+扫描角度”。

一般情况下，利用“直线”功能绘制一段直线，再利用“弧”功能绘制圆弧时，圆弧会捕捉直线终点和起点，然后在参数文本框中输入半径和扫描角度，系统会自动锁定圆弧大小，最后通过移动光标位置确定圆弧所在的象限。

（2）输入模式：输入模式是用来确定直线长度或圆弧大小以及有效放置位置等，包括“坐标模式”与“参数模式”两种。

◆ 坐标模式：该模式是以输入绝对坐标值 XC 和 YC 来确定轮廓线位置及距离。

◆ 参数模式：该模式是以参数模式来确定轮廓线位置及距离。

注意：按住鼠标左键并拖动，可以在直线和圆弧选项之间切换；在参数文本框中输入数值时，可以按 Tab 键进行切换输入。

2）直线

“直线”功能可以用来绘制任意角度的线段。与“轮廓线”中的功能区别在于“直线”功能只能构建单一直线段，而“轮廓线”功能可以连续绘制直线和圆弧。“直线”功能的使用可以参考“轮廓线”内容。

3）圆弧

“圆弧”功能是指绘制圆的一部分，圆弧是不封闭的。绘制圆弧有两种方法，分别是“3 点画弧”和“圆心和端点画弧”。

（1）3 点画弧：该方法是通过指定三个点的位置来确定一段圆弧，三个点可以是任意位置点。

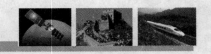

（2）圆心和端点画弧：该方法是通过指定圆心和圆弧端点及半径和扫描角度绘制圆弧。

4）圆

“圆”功能用来通过圆心和直径或三个点绘制整圆。有“圆心和直径”和“3 点画圆”两种方法。

（1）圆心和直径：该方法是指通过圆心和直径来绘制整圆。“圆心和直径”方法在应用时需要输入直径，但系统支持表达式输入，所以在绘制圆时，也可以在文本框中输入“半径×2”来定义圆的直径。

（2）3 点画圆：该方法是指通过三个点绘制整圆，也可以采用两点和直径画圆。

注意：用“圆心和直径”方法绘制多个不同直径的圆时，必须先输入直径再确定圆心位置，否则将绘制相同直径的圆。

5）圆角

“圆角”功能是指将草图对象中的棱角位置进行圆弧过渡处理，或对未闭合的边通过圆角闭合处理。

在【草图曲线】工具栏中单击【圆角】图标，系统会弹出如图 2.2.5 所示的【创建圆角】工具条，该工具条包括三种方法，分别为“剪裁圆角”、“删除第三条曲线”和“切换圆角”。

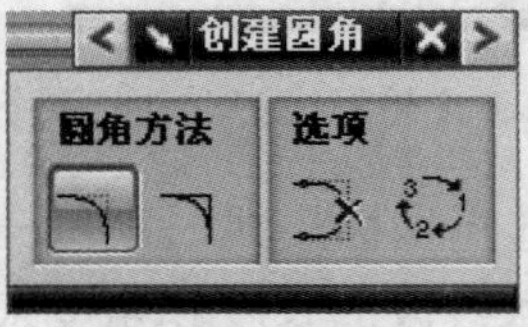

图 2.2.5 【创建圆角】工具条

（1）剪裁圆角：指进行圆角处理时裁剪原有的棱角边。

（2）删除第三条曲线：指当生成的圆角边与第三条直线相切时，删除相切直线。

（3）切换圆角：指在两条圆角边还没有确定的情况下，单击该按钮，可以在产生圆角位置间进行切换。

6）矩形

可以通过指定对角点或三个点的方式绘制矩形，也可以指定矩形端点与宽度、高度和角度或矩形中心点与宽度、高度和角度的方式绘制矩形。

在【草图曲线】工具栏中单击【矩形】图标，系统会弹出如图 2.2.6 所示的【矩形】工具条，该工具条包括三种方式，分别为“用 2 点”、“用 3 点”和“从中心”绘制矩形。

（1）用 2 点：该类型通过指定对角线端点绘制矩形。在坐标模式下，需要输入对角线端点的坐标值；而在参数模式下，则要给出矩形的长度和高度值。

（2）用 3 点：该类型通过指定三个端点位置确定矩形的宽度和高度，也可以通过指定一点与宽度、高度和角度确定矩形。

（3）从中心：该类型通过指定中心点与宽度、高度和角度绘制矩形。此功能实际上也是用三个点绘制矩形，但这种画法比较特殊，第一点是矩形中心点，然后向两边延伸。

7）艺术样条

“艺术样条”功能是指通过给出特定的点来绘制有规律性的曲线。

在【草图曲线】工具栏中单击【艺术样条】图标，系统会弹出如图 2.2.7 所示的【艺术样条】对话框。通过该对话框可以指定创建艺术样条曲线的方法、艺术样条曲线的点数及是否将艺术样条曲线封闭等。

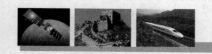

图 2.2.6　【矩形】工具条

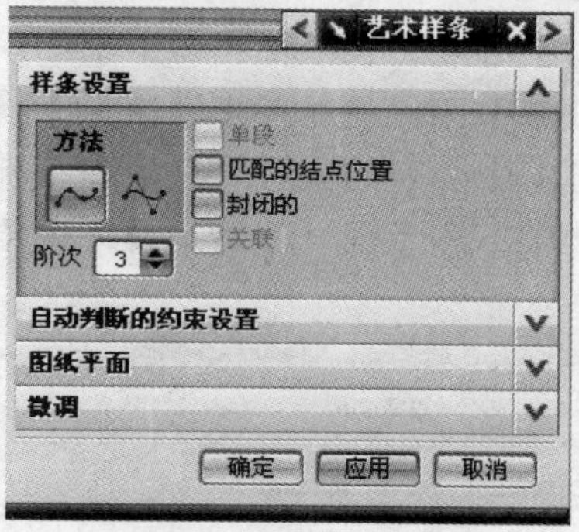

图 2.2.7　【艺术样条】对话框

（1）方法：指定创建艺术样条曲线的方法，有以下两种方法。

◆ 通过点：指艺术样条曲线通过所有指定的点。

◆ 根据极点：指根据所指定的点自动计算出与点相切的曲线。

（2）阶次：控制曲线曲率的变化程度，但最大数值不能超过 24。

（3）单段：选择该复选项根据结点的数目来改变曲线的样式。在结点变化过程中，阶次也在改变，但阶次总比结点数小 1。

（4）匹配的结点位置：选择该复选项根据结点改变曲线的另一种变化样式。

（5）封闭的：选择该复选项可以自动地将曲线闭合。

8）样条

“样条”功能可构造复杂曲率的曲线，与“艺术样条”相比，该功能更强大，可以通过多种方式构造曲线。

在【草图曲线】工具栏中单击【样条】图标，系统会弹出图 2.2.8 所示的【样条】对话框。该对话框主要包括“根据极点”、“通过点”、“拟合”和“垂直于平面”4 个按钮，且每个按钮功能的创建方式都不同，都有其特定的用途，但是每种功能产生的曲线效果是一样的。

（1）根据极点：根据极点绘制样条曲线，使用方法和功能与“艺术样条”相同。

（2）通过点：根据产生的点创建样条曲线，且保证每一组点都落在曲线上。

（3）拟合：对一组点创建样条曲线是利用最小二乘法来构造曲线，它不能保证定义点严格在曲线上，但可以控制在一定误差范围内，使构造的曲线与定义点之间有一个很小的误差。该方法有助于减小样条所需的点数，并确保样条的光顺。

（4）垂直于平面：所生成的样条曲线垂直于每一个平面。

9）点

点作为一个独立的几何对象，包括“点”和“关联点”两种类型。点的生成直接通过点构造器产生。产生的点是独立的，与其他草图对象不相关。关联点是指在被选中的草图对象中一次生成符合条件的点。该功能需要依赖于已存在的曲线或曲面，而产生的点与草图对象相关联。

在【草图曲线】工具栏中单击【点】图标 + ，系统会弹出【点】对话框。通过该对话框可以捕捉点来创建点，也可以在“XC”、“YC”和“ZC”文本框中输入参数确定点位置。

10）椭圆

椭圆的生成是通过确定椭圆中心点的位置，然后以逆时针方向创建椭圆轮廓线。创建椭圆的主要参数为中心点、长半轴和短半轴。

在【草图曲线】工具栏中单击【椭圆】图标，系统会弹出【点】对话框，通过该对话框可确定椭圆的中心点的位置。然后在系统弹出的图 2.2.9 所示的【创建椭圆】对话框中定义椭圆的长半轴、短半轴、起始角、终止角和旋转角度，即可完成椭圆曲线的创建操作。

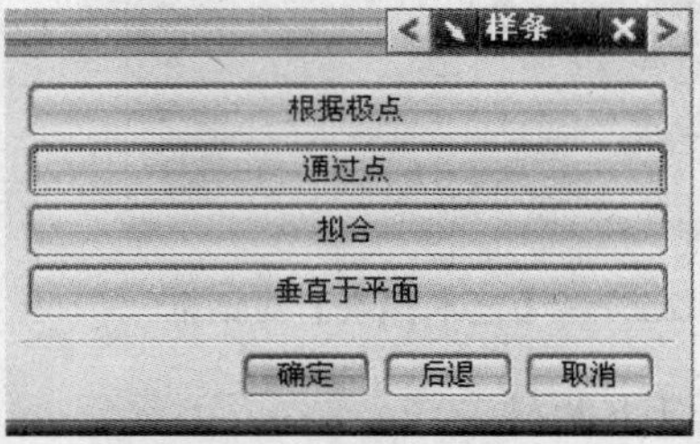

图 2.2.8　【样条】对话框

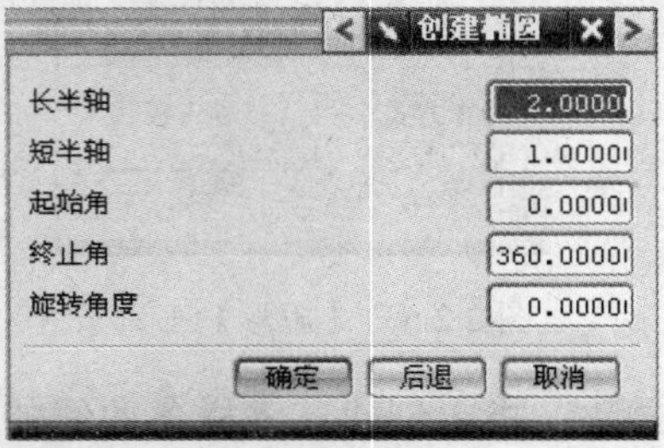

图 2.2.9　【创建椭圆】对话框

11）一般二次曲线

一般二次曲线是通过三个点和曲线饱满值（Rho）来确定的。

在【草图曲线】工具栏中单击【一般二次曲线】快捷图标，系统会弹出【点】对话框，通过该对话框可确定一般二次曲线的点的位置。然后在弹出的【一般二次曲线】对话框中定义参数值。一般情况下，Rho 值越小，曲线越平坦； Rho 值越大，曲线越饱满。

3. 编辑草图对象

编辑草图对象就是对基本草图对象进行偏移、修剪或延伸等操作，熟练运用可以大大地提高绘制草图的速度。

1）派生直线

派生直线实际是以已存在的直线为参照线进行平行偏移或产生角平分线。

在【草图曲线】工具栏中单击【派生直线】图标，先选取参照直线，然后在其跟踪栏输入相应的偏置值，单击鼠标中键或单击【派生直线】图标，退出派生直线的操作。

在输入派生直线偏置距离前，可先拖动光标，观察“偏置”文本框中的值是正值还是负值，然后根据需要输入偏置值。否则，得到的派生直线不一定是需要的直线。也可以选择已存在的两条直线作为参照直线，此时将生成一条角平分线。

注意：“派生直线”功能只对直线有效，对圆、圆弧、曲线等不起作用。

2）快速修剪

使用该功能进行修剪操作时，若草图中有相交的几何对象，系统自动默认交点为断点，若还有交点时，直接剪断整段曲线。

在【草图曲线】工具栏中单击【快速修剪】图标，选取要修剪的曲线，单击鼠标中键或单击【快速修剪】图标，退出快速修剪的操作。

注意：(1) 由于 UG 软件默认直线交点为断点，有时删除直线需要选择多段直线才能完成操作。软件中提供一种简便方法，通过选择修剪边界来修剪曲线：按住 Ctrl 键，选择修剪边界，再选择修剪曲线，单击鼠标中键退出快速修剪。

(2) 若对一个区域内多条线进行修剪，可以按住鼠标左键移动光标画出一个修剪范围，在该范围内被选中的图素将全部被修剪。

3）快速延伸

快速延伸是对已存在的曲线进行延伸，延伸时需要有已知草图曲线与延伸曲线相交，否则不能对草图曲线进行延伸。

在【草图曲线】工具栏中单击【快速延伸】图标，选取要延伸的曲线，单击鼠标中键或单击【快速延伸】图标，退出快速延伸的操作。

4. 添加现有曲线

添加现有曲线作为草图对象用于将已存在的曲线或点（不属于当前草图的曲线或点）添加到当前草图中。

选择菜单命令【插入】/【现有曲线】，或者在【草图操作】工具栏中单击快捷图标，系统会进入对象选取状态，让用户从绘图工作区中直接选取要添加的曲线或点。也可以利用【类选择器】图标按钮，通过添加曲线的【类选择】对话框中的某些对象限制功能来快速选取对象。

完成对象选取后，系统会自动将所选的曲线或点添加到当前草图中。刚添加进草图的对象不具有任何的约束。

在进行该功能操作时，要注意以下一些对象是不能添加到当前草图中的。

（1）不和当前草图共面的曲线。

（2）抛物线和双曲线。

（3）在建立草图之前已经被拉伸的曲线。

（4）按输入的曲线规律所创建的曲线（如样条曲线、螺旋线）也不能用此方法添加，而要用抽取曲线的方法来添加。

5. 添加投影曲线

添加投影曲线能够将投影对象按垂直于草图工作平面的方向投影到草图中，使之成为草图对象。

选择菜单命令【插入】/【投影】，或者在【草图操作】工具栏中单击图标，系统会进入草图投影操作功能。在绘图工作区选取所需的投影对象，系统会将所选对象按垂直草图工作平面的方向投影到草图平面中，成为当前草图中的对象。

2.2.3 草图约束

草图的强大功能在于它能够准确地反映设计意图，这是通过草图对象能够随设计者给定的条件进行变化而实现的，这些给定的条件叫草图约束。草图约束是为了更好地限制草图的形状，以达到预期的效果。在 UG 软件中，不需要对草图对象全部进行约束，可以用最少的约束达到控制图形变化的目的。当然，也可以使用草图约束以达到对图形的完全控制。

草图对象的自由度符号是指添加约束时，在草图对象的控制点处显示的箭头符号，其方向和数量由当前该控制点的自由度决定。当进行约束操作时，各草图对象会显示其自由度符号，表明当前存在哪些自由度没有进行约束。随着几何约束和尺寸约束的添加，草图对象的自由度符号将逐渐减少。当草图全部约束以后，自由度符号会全部消失。例如，某草图线段如果未限制任何约束，则在为其添加约束时，系统会在线段的两个端点自动显示箭头符号，每个端点都有两个箭头符号，分别沿草图的 XC 和 YC 方向，表示该点在这两个方向上均可以移动，没有限制。

草图约束分为两大类：几何约束和尺寸约束。建立草图几何约束是限制草图对象之间的相互位置关系，如平行、相切或垂直等；建立草图尺寸约束是限制草图几何对象的大小和形状，也就是在草图上标注草图尺寸，并设置尺寸标注线的形式与尺寸。

建立草图约束时应注意：添加几何约束前，应先固定某个草图对象；尽量按设计意图加充分的几何约束；当遇到需要频繁更改的尺寸时，应按设计意图加少量约束，以提高修改效率。

1. 创建几何约束

草图几何约束条件一般用于定位草图对象和确定草图对象间的相互关系。草图对象一旦进行几何约束，无论如何修改几何图形，其关系始终存在。

在 UG 系统中，几何约束的种类是多种多样的，不同的草图对象可添加不同的几何约束类型。系统添加到草图对象上的常用几何约束类型有以下几种。

（1）固定：将草图对象固定在某一位置。不同几何对象有不同的固定方法，点一般固定其所在位置；线一般固定其角度或端点；圆和椭圆一般固定其圆心；圆弧一般固定其圆心或端点。

（2）共线：定义两条直线或多条直线共线。

（3）水平：定义直线为水平直线（平行于 XC 轴）。

（4）竖直：定义直线为竖直直线（平行于 YC 轴）。

（5）平行：定义两条直线相互平行。

（6）垂直：定义两条直线彼此垂直。

（7）恒定角度：定义两条直线保持恒定角度。

（8）等长：定义选取的两条或多条曲线等长度。

（9）恒定长度：定义选取的曲线为恒定长度。

（10）同心：定义两个或多个圆弧或椭圆弧的圆心相互重合。

（11）相切：定义选取的两个对象相互相切。

（12）等半径：定义两个或多个圆弧等半径。

（13）重合：定义两个或多个点相互重合。

（14）中点：定义点在线段或圆弧的中点上。

（15）点在曲线上：定义所选取的点在某曲线上。

给草图对象添加几何约束的方法有以下两种。

1）手工添加几何约束

手工添加约束是对所选对象由用户来指定某种约束的方法。在【草图约束】工具栏中单击 按钮，系统就进入了几何约束操作界面。此时，可在绘图工作区中选择一个或多个草图对象，所选对象在绘图工作区中会高亮显示。同时，所选对象可添加的几何约束类型图标将会出现在绘图工作区的右上角。

根据所选草图对象的几何关系，在几何约束类型中选择一个或多个约束类型，则系统会添加指定类型的几何约束到所选草图对象上，并且草图对象的某些自由度符号会因产生的约束而消失。例如，当选择一条直线和一个圆弧时，即使它们是分开的，如果选择相切约束，则系统自动使圆弧与直线相切。

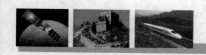

2）自动产生几何约束

自动产生几何约束是指系统根据选择的几何约束类型以及草图对象间的关系，自动添加相应的约束到草图对象上的方法。

在【草图约束】工具栏中单击按钮，系统会弹出如图 2.2.10 所示的【自动约束】对话框。该对话框显示当前草图对象可自动添加的几何约束类型，选中某个约束类型前的复选框，即允许系统自动添加该约束。在该对话框中设置了可自动添加到草图对象的某些约束后，系统会分析创建草图对象的几何关系，然后根据设置的约束类型，自动添加相应的几何约束到草图对象上。

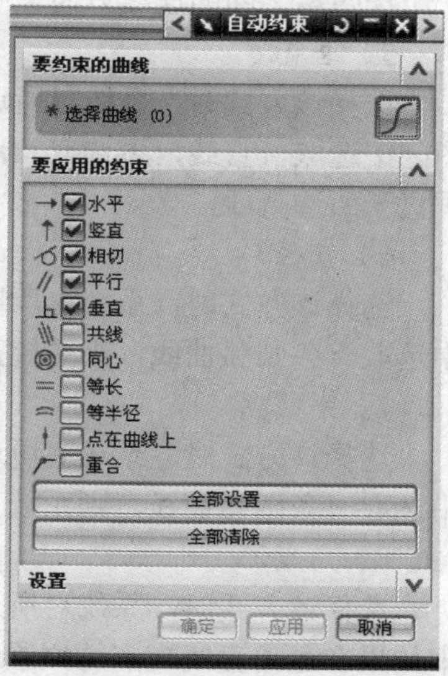

图 2.2.10　【自动约束】对话框

2. 创建尺寸约束

创建草图尺寸约束是限制草图几何对象的大小和形状，也就是在草图上标注草图尺寸，并设置尺寸标注线的形式与尺寸。在【草图约束】工具栏中单击按钮，系统就进入了尺寸约束操作界面，在绘图工作区中选择相应的草图对象，则系统就会自动地为该对象添加尺寸约束。修改其尺寸参数值，即可得到所需尺寸效果的草图对象。

在创建草图尺寸约束时，可以通过选取其中九种尺寸标注方式，来约束草图图形。

1）自动判断

该选项为自动判断方式。选择该方式时，系统根据所选草图对象的类型和光标与所选对象的相对位置，采用相应的标注方法进行处理。当选取水平线时，采用水平尺寸标注方式；当选取竖直线时，采用竖直尺寸的标注方式；当选取斜线时，则根据光标位置可按水平、竖直或平行等方式标注；当选取圆弧时，采用半径标注方式；当选取圆时，采用直径标注方式。换言之，自动判断方式几乎涵盖了所有的尺寸标注方式。一般使用这种标注方式比较方便。

2）水平

选择该方式时，系统对所选对象进行水平方向（平行于草图工作平面的 XC 轴）的尺寸约束。标注该类尺寸时，在绘图区中选取同一对象或不同对象的两个控制点，用两点的连线在水平方向的投影长度标注尺寸。如果旋转工作坐标，则尺寸标注的方向也将随之改变。采用水平标注方式时尺寸约束限制的距离位于两点之间。

3）竖直

选择该方式时，系统对所选对象进行竖直方向（平行于草图工作平面的 YC 轴）的尺寸约束。标注该类尺寸时，在绘图区中选取同一对象或不同对象的两个控制点，用两点的连线在竖直方向的投影长度标注尺寸。如果旋转工作坐标，则尺寸标注的方向也将随之改变。采用竖直标注方式时尺寸约束限制的距离位于两点之间。

4）平行

选择该方式时，系统对所选对象进行平行于对象的尺寸约束。标注该类尺寸时，在绘图区中选取同一对象或不同对象的两个控制点，用两点的连线的长度标注尺寸。尺寸线将平行于所选两点之间的连线方向。

5）垂直

选择该方式时，系统对所选的点到直线的距离进行尺寸约束。标注该类尺寸时，先在绘图区中选取一直线，再选取一点，则系统用点到直线的垂直距离的长度标注尺寸。尺寸线将垂直于所选直线。

6）直径

选择该方式时，系统对所选圆弧对象的直径进行尺寸约束。标注该类尺寸时，在绘图区中选取一条圆弧曲线，则系统直接标注圆弧的直径尺寸。

7）半径

选择该方式时，系统对所选圆弧对象的半径进行尺寸约束。标注该类尺寸时，在绘图区中选取一条圆弧曲线，则系统直接标注圆弧的半径尺寸。

8）角度

选择该方式时，系统对所选的两条直线进行角度尺寸约束。标注该类尺寸时，在绘图区中如果在远离直线交点的位置选取两条直线，则系统会标注这两条直线之间的夹角，如果选取直线时光标比较靠近两条直线的交点，则标注的角度是对顶角。

9）周长

选择该方式时，系统对所选的多个对象进行周长尺寸约束。标注该类尺寸时，在绘图区中选取一段或多段曲线，则系统会标注这些曲线的总长度。

另外，在【尺寸】对话框中，还可以设置尺寸标注位置、尺寸标注引出线位置和标注文本高度等尺寸标注选项，通过这些选项来控制尺寸标注的形式。

注意：在进行尺寸标注的过程中，有时可能会出现尺寸冲突现象，系统会以不同颜色显示冲突的尺寸约束，这时需要检查有关尺寸，找出冲突原因。同时，冲突尺寸还不能用表达式修改尺寸参数值。在标注尺寸的过程中，还应注意草图对象自由度符号的显示状况。如果草图对象完全约束，不显示自由度符号，这时如果再标注其他尺寸就会产生过约束现象。

3. 草图约束操作

在对草图对象添加相关的约束条件后，还可以通过以下三种约束管理操作，来进一步修改或查看草图对象。

1）草图约束备选解

当对草图对象进行约束操作时，同一约束条件可能存在多种解决方法，采用备选操作可从约束的一种解法转为另一种解法。

选择菜单命令【工具】/【约束】/【备选方案】，或者在【草图约束】工具栏中单击快捷图标，系统会提示选取操作对象。此时可在绘图工作区选取要进行替换操作的对象。选择对象后，系统会将所选取的对象直接转换为同一约束的另一种约束表现形式。还可继续选择其他操作对象进行约束方式的转换。

2）转换参考对象

在为草图添加几何约束和尺寸约束的过程中，有些草图对象与尺寸可能引起冲突，这时可以用转换参考对象的操作来解决这一问题。也可以利用转换操作在创建草图对象时建立一些辅助参考对象。

选择菜单命令【工具】/【约束】/【转换至/自参考对象】，或者在【草图约束】工具栏中单击快捷图标，系统会弹出如图 2.2.11 所示的【转换至/自参考对象】对话框。该对话框用于将草图曲线或尺寸转换为参考对象，或将参考对象转换为正常的草图对象。

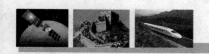

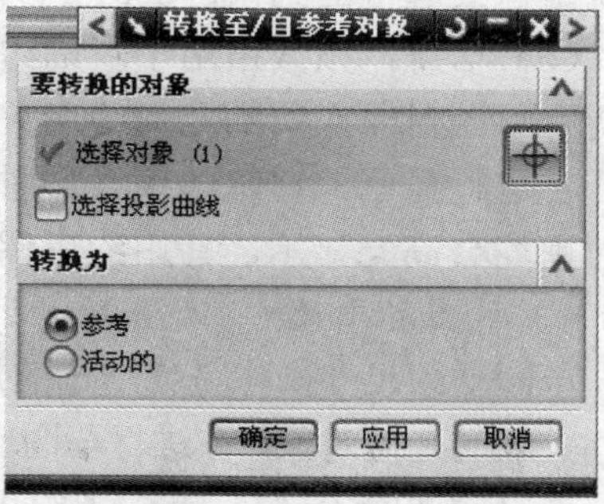

图 2.2.11　【转换至/自参考对象】对话框

当要将草图中的曲线或尺寸转换为参考对象时，可以先在绘图工作区中选取要转换的曲线或尺寸，再在该对话框中选择“参考”单选项，然后单击【确定】按钮，则系统会将所选取的对象转换为参考对象。如果选择的对象是曲线，它转换成参考对象后，用浅色双点画线显示，在对草图曲线进行拉伸和旋转操作中它将不起作用；如果选择的对象是一个尺寸，在它转换为参考对象后，它仍然在草图中显示，并可以更新，但其尺寸表达式在表达式列表中将消失，它不再对原来的几何对象产生约束效应。

当要将参考对象转换为草图中的曲线或尺寸时，可以先在绘图工作区中选取已转换成参考对象的曲线或尺寸，再在该对话框中选择“活动的”单选项，然后单击【确定】按钮，则系统会将所选取的曲线或尺寸激活，并在草图中正常显示。对于尺寸来说，它的尺寸表达式又会出现在尺寸表达式的列表中，可修改其尺寸表达式值，以改变它所对应的草图对象的约束效果。

3）显示或移除约束

显示或移除约束主要是用来查看现有的几何约束，设置查看的范围、查看类型和列表方式以及移除不需要的几何约束。

选择菜单命令【工具】/【约束】/【显示/移除约束】，或者在【草图约束】工具栏中单击快捷图标，系统会弹出如图 2.2.12 所示的【显示/移除约束】对话框，其选项含义如下。

（1）约束列表：用于设置显示在约束列表框中草图对象的约束列表范围，其中包含三个选项。

◆ 选定的对象（第一个）：用于在约束列表框中显示所选取的单个草图对象的几何约束。此时只能在绘图工作区选择一个草图对象。

◆ 选定的对象（第二个）：该选项是系统默认的设置方式，它允许选取多个草图对象，约束列表框中显示它们包含的几何约束。

◆ 活动草图中的所有对象：用于在约束列表框中列出当前草图中所有草图对象的几何约束。

（2）约束类型：用于设置要在约束列表框中显示的约束类型，当选择此下拉列表中的约束类型名称时，系统会列出可选的约束类型。

（3）显示约束：用于设置是在约束列表中显示指定类型的约束，还是显示指定类型以外的所有其他约束。其中包含三个选项：“显式”、“约束判断”和“两者皆是”。

（4）约束列表框：用于显示当前草图所选对象的指定类型的几何约束。当在列表框中选择某约束时，约束对应的草图对象在绘图工作区中会高亮显示，并在该对象旁显示草图对象的名称。也可用列表框右边的上下箭头按顺序选择约束。

（5）“移除高亮显示的”和“移除所列的”：这两个按钮用于移去在约束列表框中所选择的一个或多个几何约束。单击【移除高亮显示的】按钮，用于移去当前高亮显示的几何约束，也就是移去选中的约束；单击【移除所列的】按钮，用于移去约束列表框中所有的几何约束。

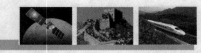

（6）信息：该按钮用于查询约束信息。单击该按钮，系统会弹出信息窗口，用来显示当前所有草图对象之间的几何约束关系。

在进行显示或移除约束操作时，当光标移动到某草图对象上时，该对象及与其关联的其他对象均会高亮显示，并用约束标记显示这些对象之间的几何约束关系。

4）草图动画尺寸

草图动画尺寸操作是使所选的尺寸在指定尺寸范围内变化，动态显示尺寸约束的对象及与其相关联的几何对象。在进行草图动画模拟显示操作之前，必须先在草图对象上进行尺寸标注。

选择菜单命令【工具】/【约束】/【动画尺寸】，或者在【草图约束】工具栏中单击快捷图标，系统会弹出如图 2.2.13 所示的【动画】对话框。

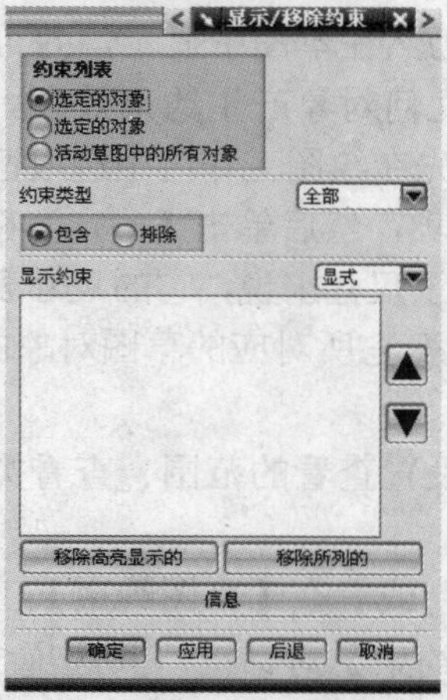

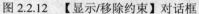

图 2.2.12 【显示/移除约束】对话框

图 2.2.13 【动画】对话框

利用该功能可将所选的尺寸及与其相关联的几何对象进行动画模拟显示。

首先在绘图工作区中或者在尺寸表达式列表中选择一个尺寸表达式，然后在对话框中设置该尺寸变化范围的上限、下限值和每一个循环显示的步长。完成设置后，则与此尺寸约束相关的几何对象会在绘图工作区中动态显示。如果要停止动态显示，可在弹出的停止信息窗口中单击【停止】按钮，结束草图动态显示过程。

【动画】对话框中的“步数/循环”文本框用于设置每次循环时动态显示的步长值。如果输入的数值越大，则动态显示的速度越慢，但运动较为连惯。“显示尺寸”复选项用于设置在动态显示过程中是否显示已标注的尺寸。若选取该选项，则在草图动态显示时，所有尺寸都会显示在操作窗口中，且其数值保持不变。如果不选该选项，则在动画的过程中不显示其他尺寸。

2.2.4 草图操作

当完成了基本草图对象的创建和约束操作后，还可以利用草图其他的操作功能对草图对象进行进一步的编辑和修改。如偏置草图曲线、镜像草图曲线、草图重新附着和编辑草图曲线等。

1. 偏置草图曲线

偏置草图曲线是将当前草图中的曲线或者从实体与片体投影形成的草图曲线，沿指定方向偏置一定距离而产生的新曲线，并在草图中产生一个偏置约束。UG NX 5.0 系统中该功能比以前版本有所增强，不但可以偏置投影曲线，也可以偏置草图中的其他曲线。

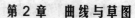

选择菜单命令【插入】/【偏置曲线】，或者在【草图操作】工具栏中单击快捷图标，系统会弹出如图 2.2.14 所示的【偏置曲线】对话框。利用该对话框可以对偏置操作进行相关参数的设置。

偏置曲线操作时，先要在绘图工作区中选择已存在的草图曲线，在窗口中系统会立即显示偏置的方向。如果偏置的方向不符合要求，可单击操作对话框中的【反向】按钮来反转偏置方向。再在对话框中设置偏置数据、输入偏置距离、选择修剪方式和指定近似公差等偏置操作的参数。完成偏置参数设置后，则系统按输入的参数和指定的方向偏置所选取的草图曲线，产生一条新的偏置曲线，并自动建立一个偏置约束。偏置约束能用删除其他几何约束的方法来删除。

注意：当对投影曲线进行偏置操作时，偏置曲线和投影曲线及原实体或片体将保持关联性，当原来的实体或片体被修改后发生变化时，投影曲线和偏置后的曲线均会发生相应的变化。

2．镜像草图曲线

镜像草图操作是将草图几何对象以一条直线为对称中心线，将所选取的对象以这条存在的直线为对称轴进行镜像，复制成新的草图对象。镜像复制的对象与原对象形成一个整体，并且保持相关性。

选择菜单命令【插入】/【镜像】，或者在【草图操作】工具栏中单击快捷图标，系统会弹出如图 2.2.15 所示的【镜像曲线】操作对话框。草图对象的镜像操作有以下两个步骤。

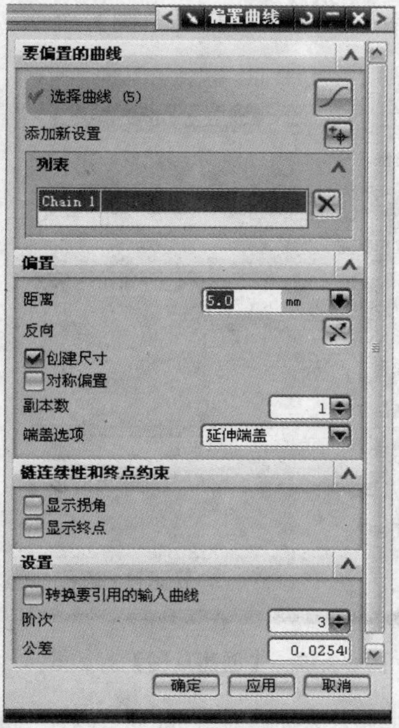

图 2.2.14　【偏置曲线】对话框

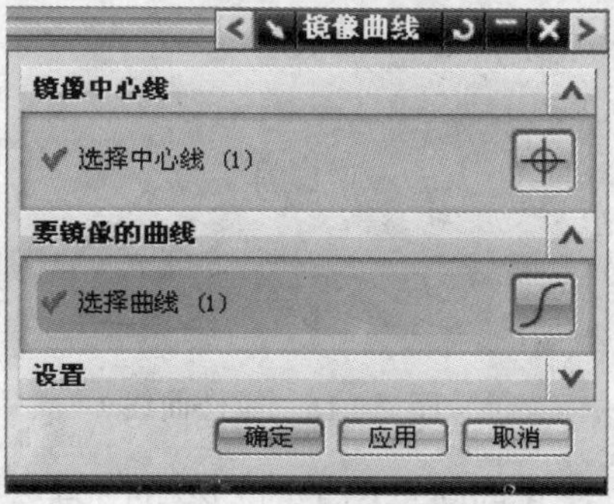

图 2.2.15　【镜像曲线】操作对话框

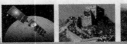

（1）镜像中心线：用于选取存在的直线作为镜像中心线。选择镜像中心线时，系统限制用户只能选择草图中的直线。镜像操作后，镜像中心线变成参考线，暂时失去作用。如果要将其转化为正常的草图对象，可用草图管理中转换参考对象的方法进行转换。

（2）镜像几何体：用于选取一个或多个要镜像的草图对象。在选取镜像中心线后，可以在草图中选取要产生镜像的草图对象。

在进行草图对象镜像操作时，先在对话框中单击【选择中心线】图标，并在草图工作区中选取一条镜像中心线。然后在草图工作区中选取要镜像的几何对象并确定，系统会将所选取的几何对象按指定的镜像中心线进行镜像复制，同时所选的镜像中心线变为参考对象而用浅色显示。

案例 2　绘制零件曲线 1

绘制如图 2.2.16 所示的零件曲线 1，具体操作步骤如下。

1）新建部件文件，进入建模模块

（1）选择【开始】/【程序】/【UGS NX 5.0】/【 NX 5.0】命令，或双击桌面上的快捷方式图标，进入 UG NX 5.0 的主界面。

（2）选择【文件】/【新建】，或单击按钮，弹出【文件新建】对话框。

（3）在【文件新建】对话框的新文件“名称”文本框中输入“sketch2”，在“文件夹”文本框中确定存放文件的路径，如“F:\gear-pump\”，然后单击【确定】按钮，进入建模模块。

2）进入草图操作环境

（1）在【特征】工具栏中单击图标按钮，或者选择【插入】/【草图】命令，弹出【创建草图】对话框，如图 2.2.17 所示。

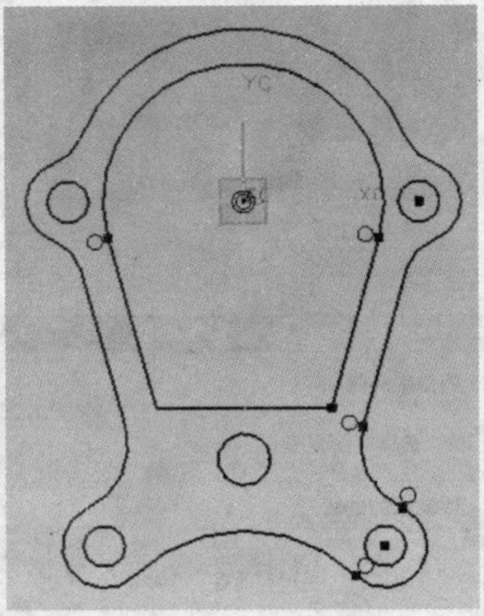

图 2.2.16　零件曲线 1

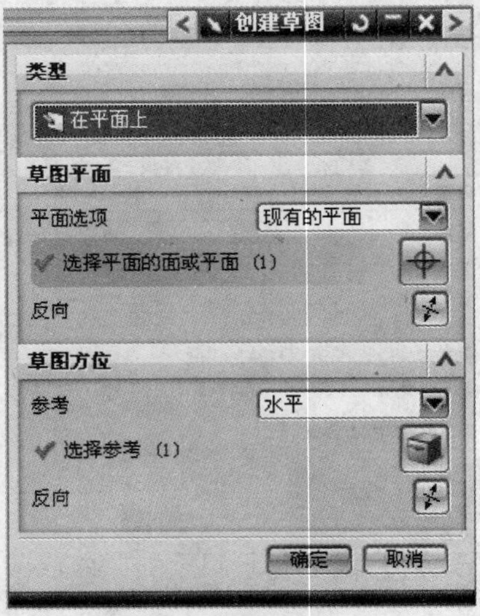

图 2.2.17　【创建草图】对话框

（2）在【创建草图】对话框的“类型”下拉列表中选择“在平面上”，在“草图平面”栏的“平面选项”下拉列表中选择“现有的平面”，在“草图方位”栏的“参考”下拉列表中选择“水平”，单击【确定】按钮，进入草图操作环境。

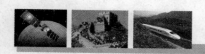

3）绘制并约束草图曲线

（1）在【草图曲线】工具栏中单击【圆】按钮 ○，绘制一组同心圆，并利用“点捕捉”功能使其圆心与坐标原点重合，如图 2.2.18 所示。

（2）用相同的方法再绘制两组同心圆和一个小圆，并对圆进行几何约束，约束其中一组同心圆的圆心与 XC 轴共线，单个小圆的圆心与 YC 轴共线，两组同心圆的内、外圆分别等半径，如图 2.2.19 所示。

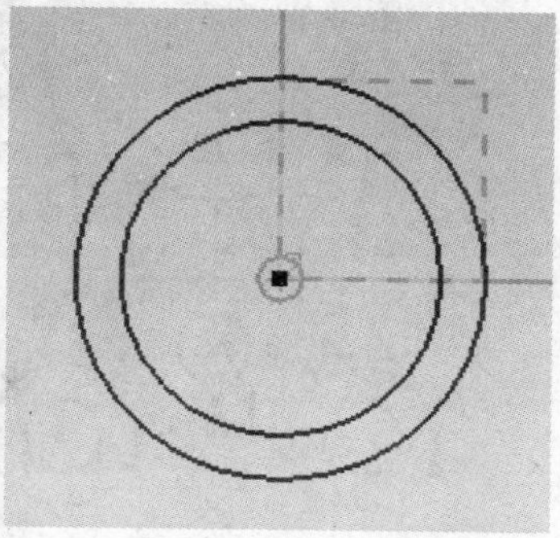

图 2.2.18　绘制同心圆

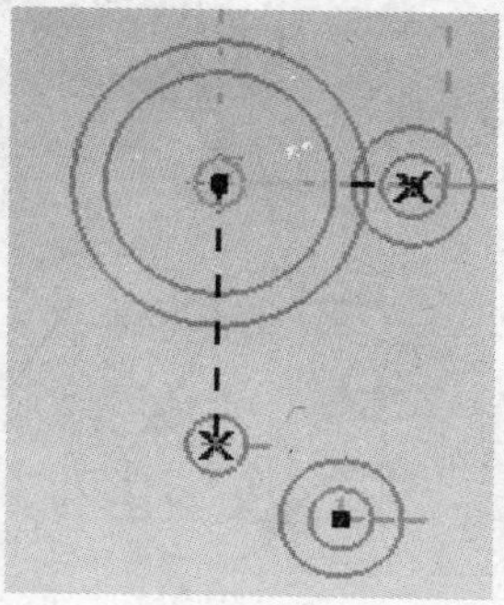

图 2.2.19　创建圆

（3）在【草图曲线】工具栏中单击【轮廓线】按钮，绘制如图 2.2.20 所示的轮廓线，并约束斜线与小圆相切，水平线的端点与 YC 轴共线。

（4）在【草图曲线】工具栏中单击【派生的线条】按钮，然后选择斜线，生成派生直线，并约束其端点与大圆共线，如图 2.2.21 所示。

（5）在【草图曲线】工具栏中单击【圆弧】按钮，绘制如图 2.2.22 所示的各段圆弧。约束所有圆弧的起点及终点均在曲线上，并与相对应的曲线相切，约束下面一段圆弧的终点及圆心与 YC 轴共线。

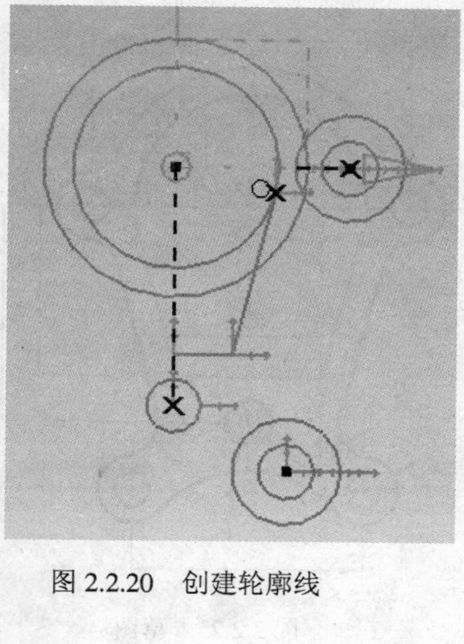

图 2.2.20　创建轮廓线

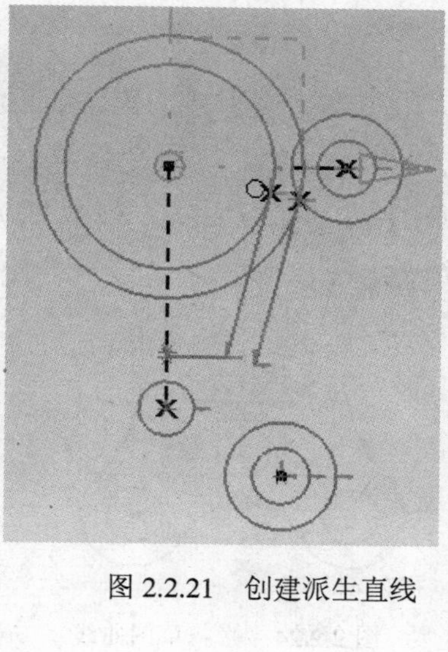

图 2.2.21　创建派生直线

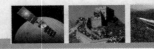

4）镜像草图曲线

（1）在【草图操作】工具栏中单击【镜像曲线】按钮，弹出【镜像曲线】对话框。

（2）按系统提示选择 YC 轴作为镜像中心线，然后选取除大同心圆和在 YC 轴上的单个小圆以外的所有曲线，单击【确定】按钮，完成镜像操作，如图 2.2.23 所示。

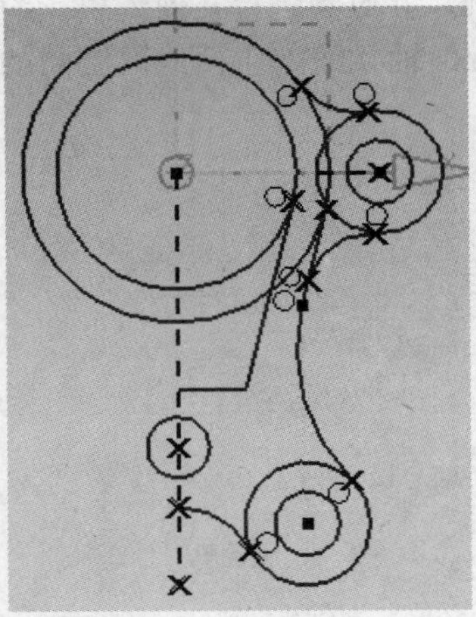

图 2.2.22　创建圆弧

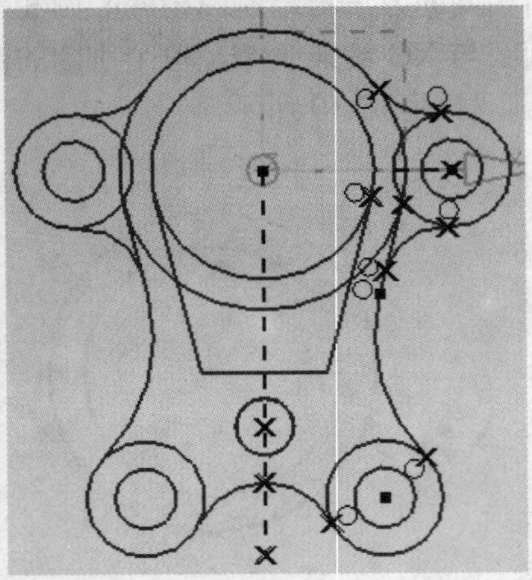

图 2.2.23　镜像草图曲线

5）快速修剪草图曲线

（1）在【草图曲线】工具栏中单击【快速修剪】按钮，弹出【快速修剪】对话框。

（2）按系统提示选取需要修剪的图素，对草图进行快速修剪操作，修剪后的草图曲线如图 2.2.24 所示。

6）草图尺寸约束

在【草图约束】工具栏中单击【自动判断的尺寸】按钮，然后对草图中的各曲线进行尺寸约束，使草图完全定位。完成的草图如图 2.2.25 所示。

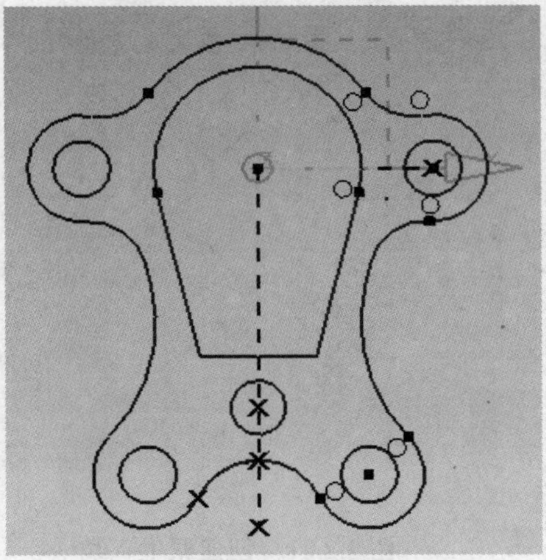

图 2.2.24　修剪草图曲线

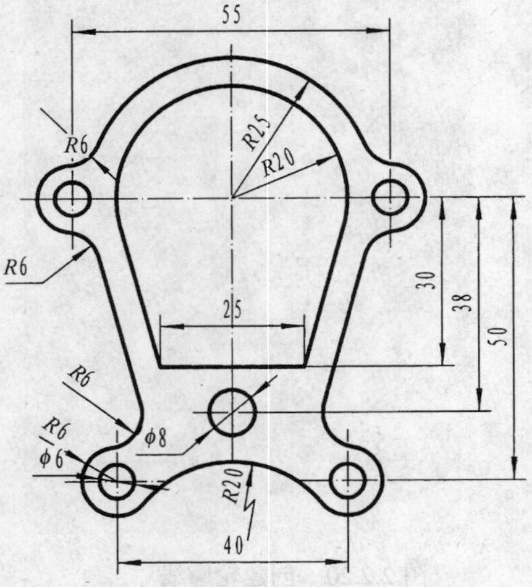

图 2.2.25　草图

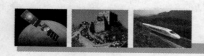

7）保存部件文件

在【标准】工具栏中单击【保存】按钮，或选择菜单命令【文件】/【保存】，完成部件文件的保存。

案例 3 绘制零件曲线 2

绘制如图 2.2.26 所示的零件曲线 2，具体操作步骤如下。

1）新建部件文件，进入建模模块

（1）选择【开始】/【程序】/【UGS NX 5.0】/【NX 5.0】命令，或双击桌面上的快捷方式图标，就进入 UG NX 5.0 的主界面。

（2）选择【文件】/【新建】，或单击按钮，弹出【文件新建】对话框。

（3）在【文件新建】对话框的新文件“名称”文本框中输入“sketch3”，在“文件夹”文本框中确定存放文件的路径，如“F:\gear-pump\”，然后单击【确定】按钮，进入建模模块。

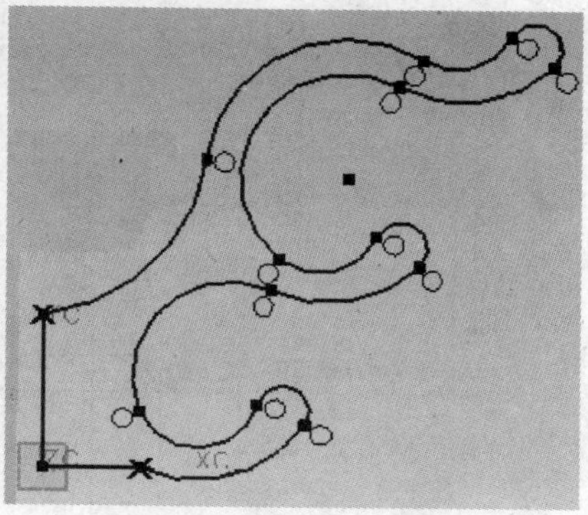

图 2.2.26 零件曲线 2

2）进入草图操作环境

（1）在【特征】工具栏中单击图标按钮，或选择【插入】/【草图】命令，弹出【创建草图】对话框。

（2）在【创建草图】对话框的“类型”下拉列表中选择“在平面上”，在“草图平面”栏的“平面选项”下拉列表中选择“现有的平面”，在“草图方位”栏的“参考”下拉列表中选择“水平”，单击【确定】按钮，进入草图操作环境。

3）绘制草图曲线

（1）在【草图曲线】工具栏中单击【轮廓线】按钮，绘制如图 2.2.27 所示的轮廓线，并约束水平线与 XC 轴共线，竖直线与 YC 轴共线。

（2）在【草图曲线】工具栏中单击【圆】按钮，按如图 2.2.28 所示的位置绘制一组同心圆和四个小圆，并约束其中的三个小圆等半径。

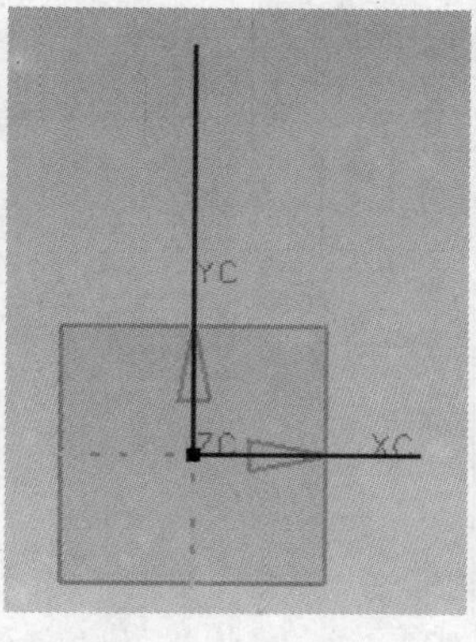

图 2.2.27 创建轮廓线

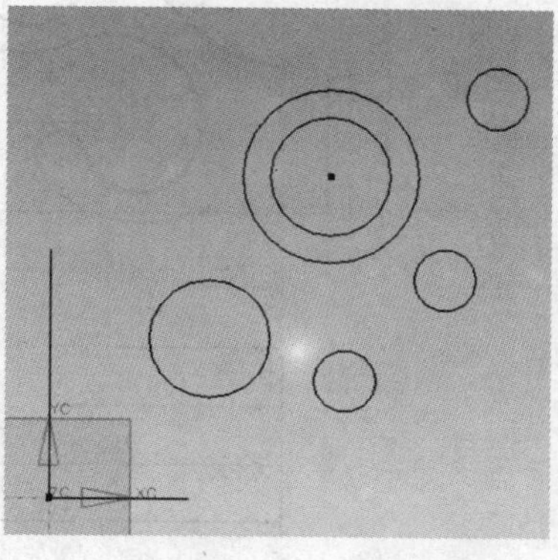

图 2.2.28 创建圆

4）草图尺寸约束

在【草图曲线】工具栏中单击【自动判断的尺寸】按钮，然后对草图中的曲线进行尺寸约束，如图 2.2.29 所示。

5）绘制圆弧

在【草图曲线】工具栏中单击【圆弧】按钮，绘制如图 2.2.30 所示的圆弧，并约束三个 *R*35 的圆弧等半径，三个 *R*75 的圆弧等半径，并与相接的圆相切，*R*105 圆弧的两个端点分别在ϕ160 的圆和竖直线上，并与圆相切，与竖直线的端点重合。

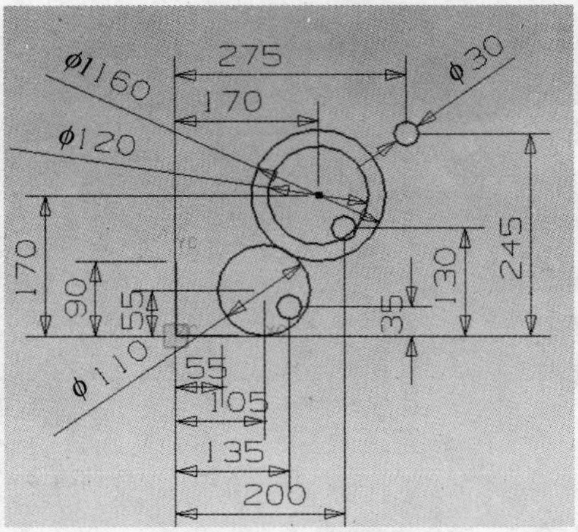

图 2.2.29　草图尺寸约束

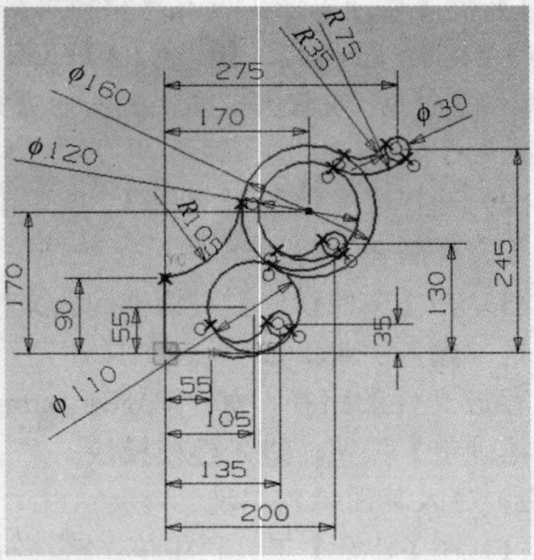

图 2.2.30　创建圆弧

6）修剪草图曲线

在【草图曲线】工具栏中单击【快速修剪】按钮，然后选择需要进行修剪的曲线，对草图进行修剪操作，完成的草图如图 2.2.31 所示。

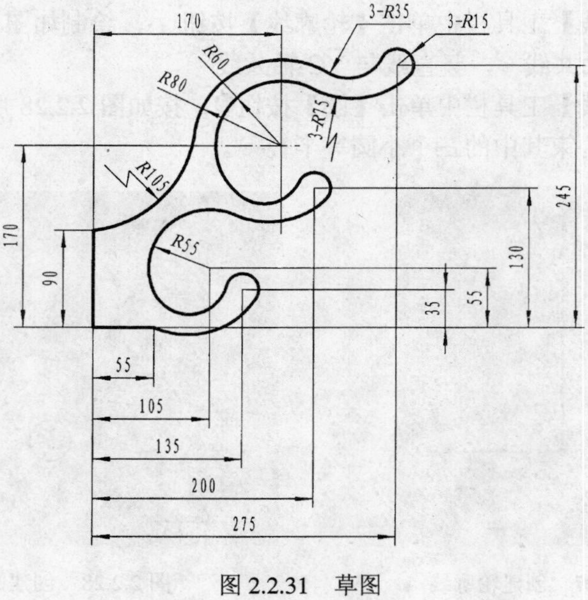

图 2.2.31　草图

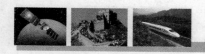

7）保存部件文件

在【标准】工具栏中单击【保存】按钮，或选择菜单命令【文件】/【保存】，完成部件文件的保存。

案例 4　绘制零件曲线 3

绘制如图 2.2.32 所示的零件曲线 3，具体操作步骤如下。

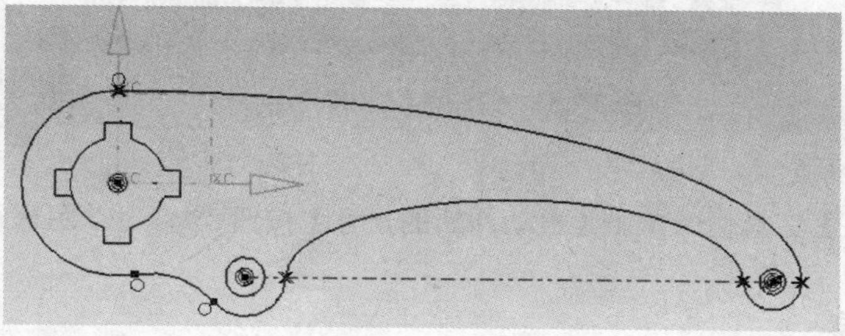

图 2.2.32　零件曲线 3

1）新建部件文件，进入建模模块

（1）选择【开始】/【程序】/【UGS NX 5.0】/【NX 5.0】命令，或双击桌面上的快捷方式图标，就进入 UG NX 5.0 的主界面。

（2）选择【文件】/【新建】，或单击按钮，弹出【文件新建】对话框。

（3）在【文件新建】对话框的新文件"名称"文本框中输入"sketch4"，再确定存放文件的路径，如"F:\gear-pump\"，然后单击【确定】按钮，进入建模模块。

2）进入草图操作环境

（1）在【特征】工具栏中单击图标按钮，或者选择【插入】/【草图】命令，弹出【创建草图】对话框。

（2）在【创建草图】对话框的"类型"下拉列表中选择"在平面上"，在"草图平面"栏的"平面选项"下拉列表中选择"现有的平面"，在"草图方位"栏的"参考"下拉列表中选择"水平"，单击【确定】按钮，进入草图操作环境。

3）绘制草图曲线

（1）在【草图曲线】工具栏中单击【圆】按钮○，绘制三组同心圆，并使大同心圆的圆心在坐标原点，两组小同心圆的圆心水平，如图 2.2.33 所示。

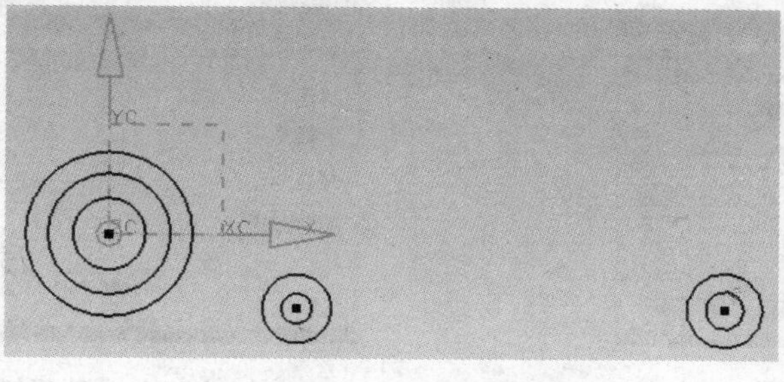

图 2.2.33　绘制同心圆

（2）在【草图曲线】工具栏中单击【直线】按钮，绘制两组小圆的连心线，并用几何约束使其与大同心圆的下部相切，如图 2.2.34 所示。

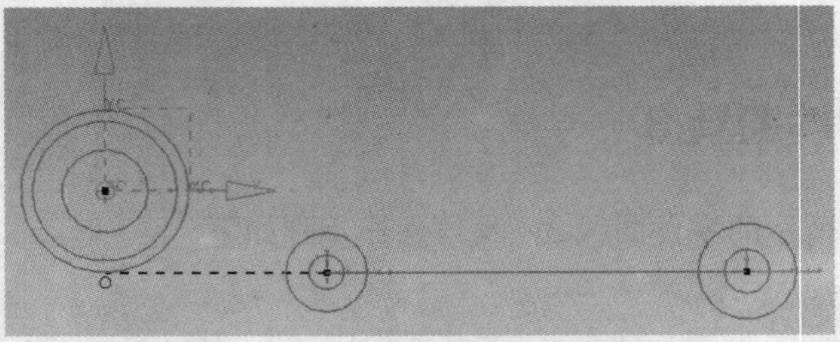

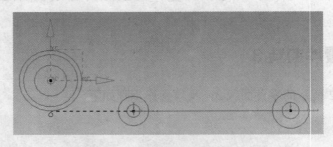

图 2.2.34　绘制两组小圆的连心线

4）草图尺寸约束

在【草图约束】工具栏中单击【自动判断的尺寸】按钮，对草图进行尺寸约束，如图 2.2.35 所示。

5）绘制椭圆弧

（1）在【草图曲线】工具栏中单击【椭圆】按钮，或者选择菜单命令【插入】/【椭圆】，系统将弹出如图 2.2.36 所示的【点】对话框。

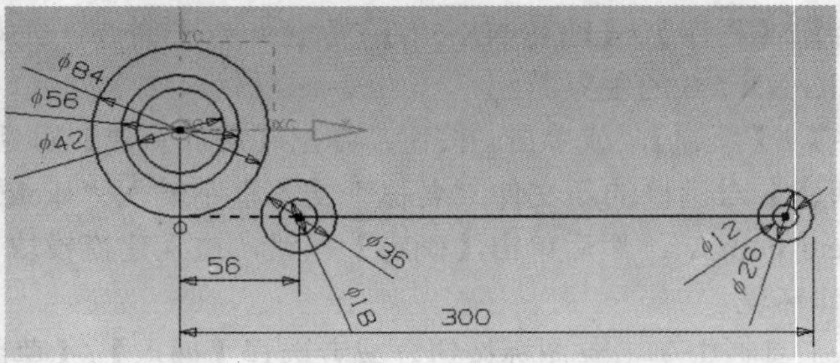

图 2.2.35　草图尺寸约束

（2）在【点】对话框的“XC”、“YC”和“ZC”文本框内分别输入“0”、“-42”和“0”，用来确定 1/4 椭圆中心点的位置。单击【确定】按钮，弹出如图 2.2.37 所示的【创建椭圆】对话框。

图 2.2.36　【点】对话框

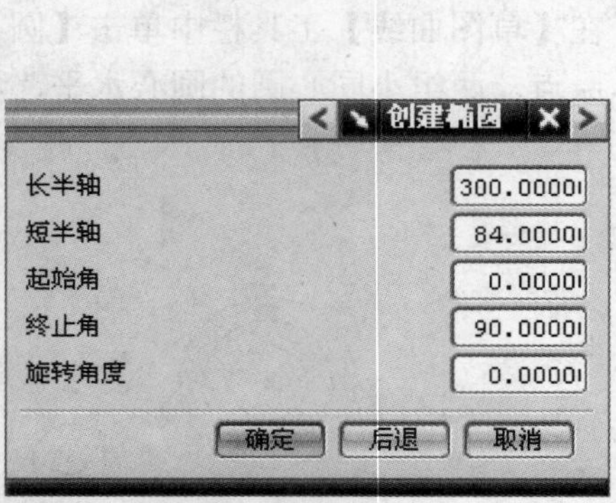

图 2.2.37　【创建椭圆】对话框

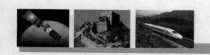

（3）在【创建椭圆】对话框的“长半轴”、“短半轴”、“起始角”、“终止角”和“旋转角度”文本框中分别输入“300”、“84”、“0”、“90”和“0”，单击【确定】按钮，完成 1/4 椭圆的创建。

（4）重复以上操作，在【点】对话框的“XC”、“YC”和“ZC”文本框内分别输入“174”、“−42”和“0”，用来确定 1/2 椭圆中心点的位置，单击【确定】按钮，弹出【创建椭圆】对话框。

（5）在【创建椭圆】对话框的“长半轴”、“短半轴”、“起始角”、“终止角”和“旋转角度”文本框中，分别输入“100”、“36”、“0”、“180”和“0”，单击【确定】按钮，完成 1/2 椭圆的创建。

6）椭圆弧几何约束

在【草图约束】工具栏中单击【约束】按钮，对椭圆弧进行几何约束，创建的椭圆弧如图 2.2.38 所示。

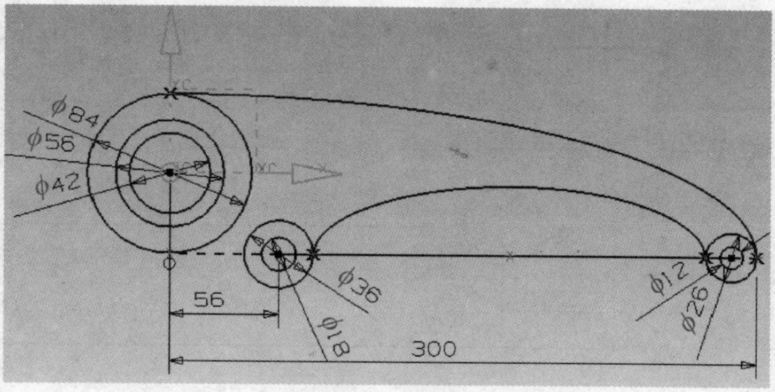

图 2.2.38　创建椭圆弧

7）绘制键槽线

（1）在【草图曲线】工具栏中单击【直线】按钮，利用【点捕捉】功能绘制ϕ56 圆与ϕ42 圆之间的一条水平线和一条竖直线。

（2）在【草图操作】工具栏中单击【镜像曲线】按钮，弹出【镜像曲线】对话框，如图 2.2.39 所示。

（3）选择 XC 轴作为镜像中心线，然后选取水平线作为镜像对象，单击【应用】按钮。

（4）选择 YC 轴作为镜像中心线，然后选取竖直线作为镜像对象，单击【应用】按钮。

（5）选择 XC 轴作为镜像中心线，然后选取两条线作为镜像对象，单击【应用】按钮。

（6）选择 YC 轴作为镜像中心线，然后选取竖直线作为镜像对象，单击【确定】按钮，完成镜像操作。

（7）对键槽线进行尺寸约束，键槽的宽度为 12mm。

8）创建圆角

（1）在【草图曲线】工具栏中单击【圆角】按钮，弹出【创建圆角】对话框，如图 2.2.40 所示。

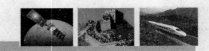

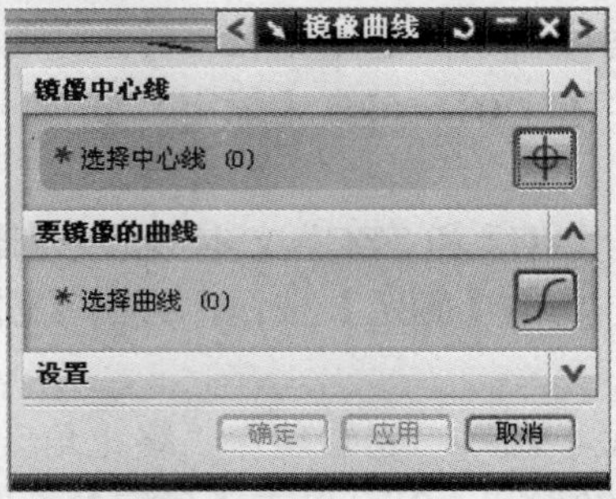

图 2.2.39 【镜像曲线】对话框

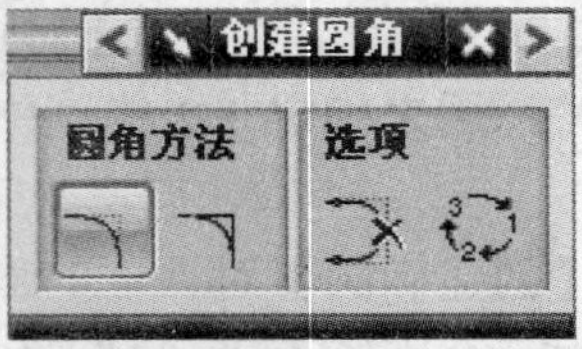

图 2.2.40 【创建圆角】对话框

（2）在绘图工作区中依次选取ϕ84 和ϕ36 的圆，则在两圆之间生成圆角。

（3）对圆角进行尺寸约束，使圆角的半径为 R36。生成的键槽线与圆角如图 2.2.41 所示。

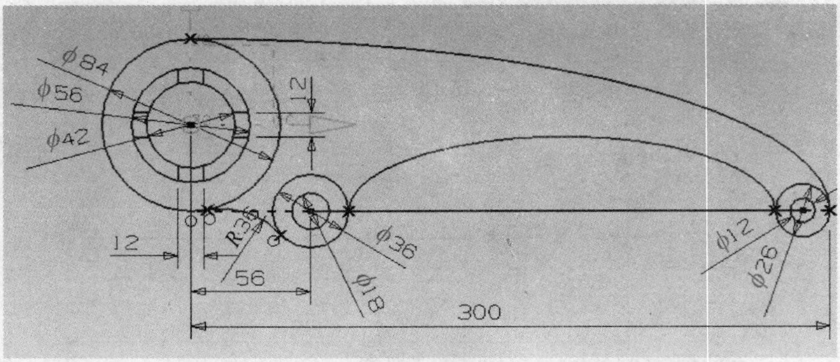

图 2.2.41 键槽与圆角

9）修剪草图曲线

（1）在【草图曲线】工具栏中单击【快速修剪】按钮，弹出【快速修剪】对话框。

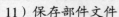

（2）按系统提示选取需要进行修剪的曲线。

10）转换参考线

（1）在【草图约束】工具栏中单击【转换至/自参考对象】按钮，弹出【转换至/自参考对象】对话框，如图 2.2.42 所示。

（2）在【转换至/自参考对象】对话框的“转换为”栏的单选项中选择“参考”。

（3）按系统提示选取两个小同心圆的连心线，单击【确定】按钮，则将该直线转换为参考线。生成的草图如图 2.2.43 所示。

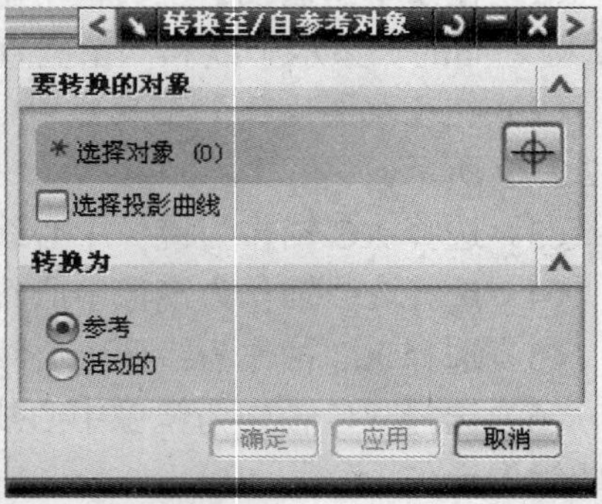

图 2.2.42 【转换至/自参考对象】对话框

11）保存部件文件

在【标准】工具条中单击【保存】按钮，或者选择菜单命令【文件】/【保存】，完成部件文件的保存。

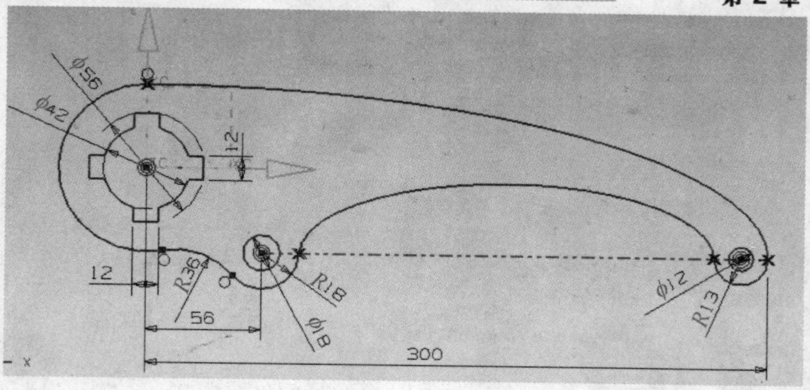

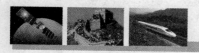

图 2.2.43　草图

知识梳理与总结

本章详细介绍了 UG NX 5.0 系统中曲线的操作功能，使读者了解各种常用曲线的创建、操作和编辑方法。这些曲线功能在实际设计工作中使用得较多，读者通过以后的不断学习，将会有更加深刻的体会。

本章还详细介绍了 UG NX 5.0 系统中的草图功能，其中包括草图参数设置、草图对象创建、草图约束、草图操作等操作功能。

二维草图功能是最基本的也是最重要的内容，如果读者没有学好二维草图内容，在以后的设计中就算有再好的设计理念，恐怕也难以将其变成现实。“万丈高楼平地起”，相信读者都明白其中的意思，所以在学习过程中，应首先学好基础操作，打好坚实的基础，为后面将要学习的内容做好准备。

第3章 扫描特征

教学导航

知识重点	1．扫描特征； 2．回转特征
知识难点	1．参数设置； 2．布尔操作； 3．对象选取； 4．对象变换
教学方式	在多媒体机房，教与练相结合
建议学时	4课时

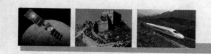

扫描特征包括拉伸特征、回转特征、软管特征和沿引导线扫掠特征。扫描特征是参数化的特征，其参数随部件存储，随时可以进行编辑；扫描特征和其他特征相关联，它与截面线串、拉伸方向、旋转轴及引导线串、修剪表面、基准平面相关联。

用于扫描的截面线串可以是草图特征、特征曲线、连接的曲线、相切的曲线、面的边缘和片体的边缘等。

3.1　拉伸特征

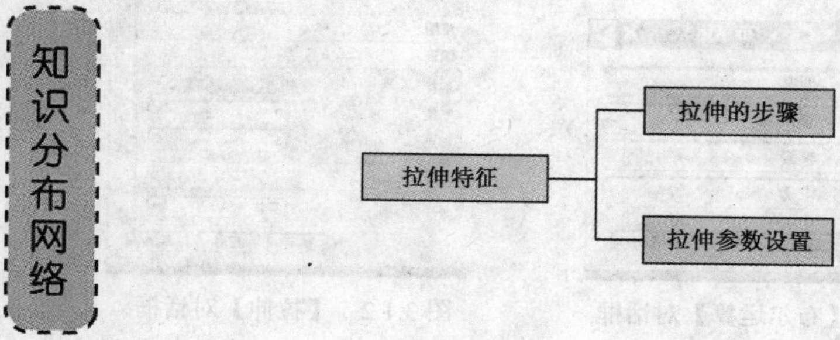

拉伸特征是指将截面轮廓曲线沿直线运动而生成的实体，在操作中定义的拉伸对象就是拉伸的截面轮廓曲线。在选取拉伸对象时，可以选取实体表面、边、曲线、片体表面或草图对象。

3.1.1　拉伸特征的操作步骤

创建拉伸实体分为以下五个步骤。

（1）选择拉伸对象（截面线串）：拉伸对象包括草图特征、特征曲线、实体边缘、片体边缘和曲面等。如果选择实体表面或基准平面，系统自动进入第二步，即绘制草图界面，绘制剖面形状。

（2）选择拉伸方向：系统自动选择剖面的法向作为拉伸方向，即系统默认的方向。也可以选择已经存在的方向进行拉伸，例如 XC、YC、ZC 轴方向，或者创建一个矢量方向。如果需要相反的方向，单击图标。

（3）选择布尔操作方式：如果界面已经存在实体，系统将弹出如图 3.1.1 所示【布尔运算】对话框，选择一种布尔操作方式。

（4）输入拉伸参数：拉伸参数包括开始值、终点值及偏置、拔模角等参数。

（5）单击【确定】按钮，完成拉伸特征操作。

3.1.2　拉伸参数设置

在【成型特征】工具栏中单击按钮，或者选择菜单命令【插入】/【设计特征】/【拉伸】，系统会弹出如图 3.1.2 所示【拉伸】对话框。

选取拉伸对象，并在对话框中设置相关选项或者在系统出现的浮动文本框中输入拉伸参数值，确定后系统即可完成拉伸操作。

在对话框中，可以对拉伸操作选项进行详细的参数设置，其中主要选项的用法如下。

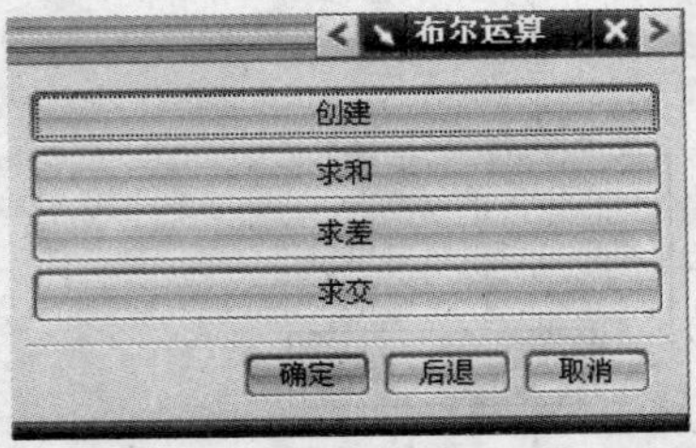

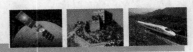

图 3.1.1 【布尔运算】对话框

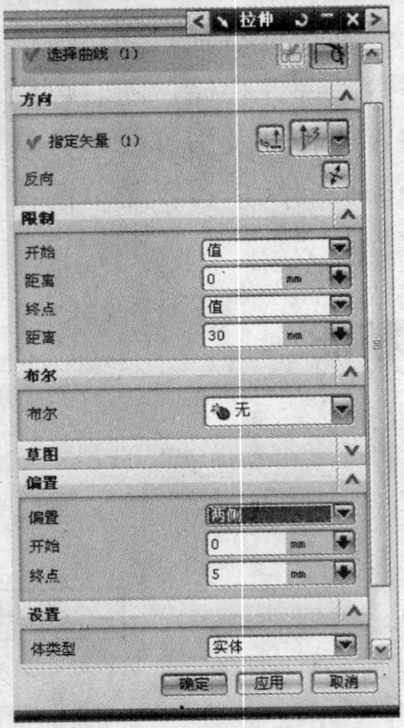

图 3.1.2 【拉伸】对话框

1. 限制值设置

该选项用于设置拉伸操作的限制方式和限制参数。可以按照如图 3.1.3 所示指定“限制”栏的“开始”下拉列表中选取拉伸起始位置的限制方法，并按照如图 3.1.4 所示指定“终点”下拉列表中选取拉伸结束位置的限制方法。

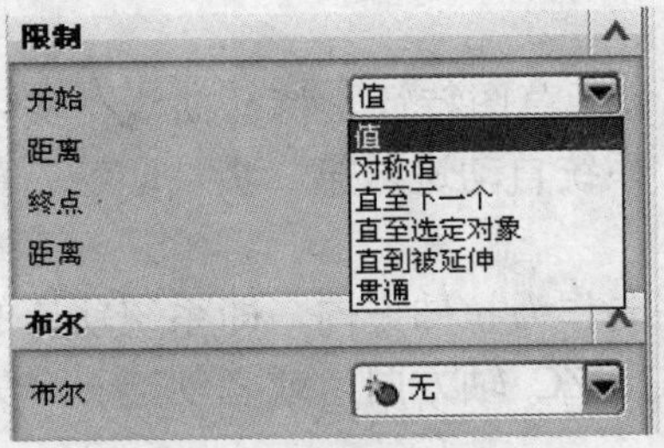

图 3.1.3 指定拉伸开始值

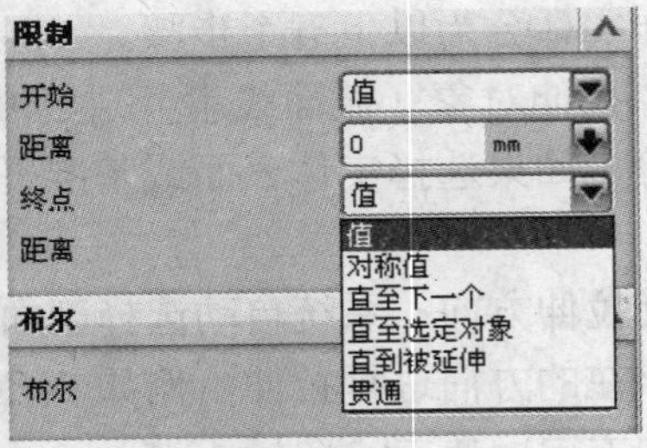

图 3.1.4 指定拉伸终点值

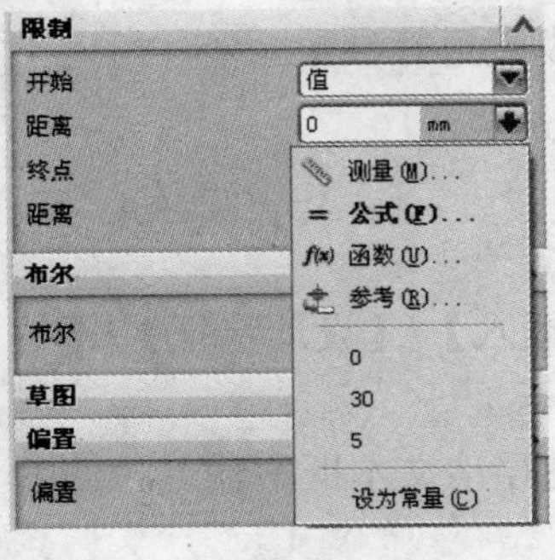

图 3.1.5 用测量、公式、函数等方法输入拉伸值

还可以利用测量、公式、函数等方法输入拉伸值，如图 3.1.5 所示。

系统提供了以下六种限制拉伸开始值和终点值的方式。

（1）值：设置拉伸开始位置和终点位置的距离值。

（2）对称值：设置开始位置与终点位置具有相同的距离值，但拉伸方向相反。操作时只要设置“开始”参数值，其“终点”参数值会自动按照对称方式设置。

（3）直至下一个：沿着拉伸矢量方向将拉伸对象延伸至下一个实体对象上。

（4）直至选定对象：可沿着拉伸矢量方向将拉伸对象延伸

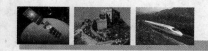

至选定的面、基准平面、实体或片体对象上。

（5）直到被延伸：将拉伸对象延伸使其通过被扫过的实体时，在其上修剪出拉伸对象的截面轮廓形状。

（6）贯通：沿着拉伸的矢量方向将拉伸对象通过所有选取的体对象。

2．偏置值设置

该选项用于设置拉伸操作时的偏置开始值和终点值参数和偏置方式。系统提供了以下三种偏置方式。

（1）两侧：按照偏置开始值和终点值参数生成孔状的拉伸特征。利用该方式时只要设置偏置的"开始"和"终点"参数值，它们的差就是拉伸特征的厚度。

（2）单侧：按照偏置终点值参数生成实体形式的拉伸特征。该方式可以方便地填充孔特征，形成台特征。操作时只要设置偏置的"终点"参数值即可。

（3）对称：按照设置的偏置参数，在拉伸对象两侧生成对称拉伸特征。操作时只要设置限制"开始"参数值，其"终点"参数值会自动按照对称方式设置。

在进行拉伸操作时，选取拉伸对象后，系统会在绘图工作区中显示默认的拉伸方向箭头。该方向是这样确定的：若选取的拉伸对象是实体或片体表面，则矢量方向沿该表面中心的法向；若选取的对象是封闭的实体边缘或平面曲线，则矢量方向显示在封闭曲线的中点；若选取的拉伸对象是空间曲线、空间实体边或空间实体边与曲线的组合集，则系统不能推断其拉伸方向，绘图工作区也不出现矢量方向箭头。

3.2　回转特征

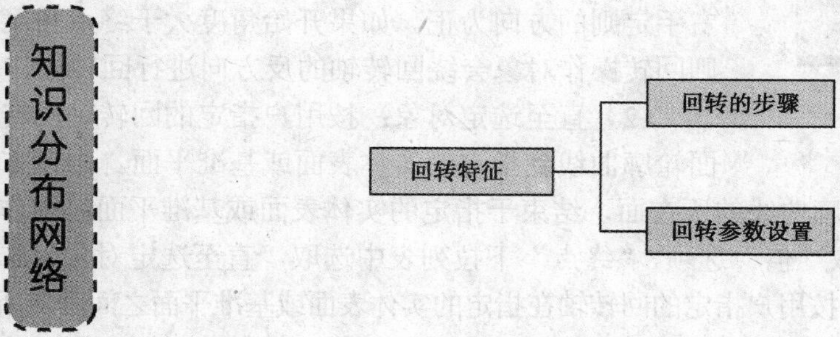

回转特征是指将截面轮廓曲线绕一个轴线旋转而生成的实体。其截面曲线的类型与拉伸对象操作相似，操作过程也大致相同。

3.2.1　回转特征的操作步骤

创建回转实体特征操作可分为以下五个步骤。

（1）选择回转对象：回转对象包括草图特征、特征曲线、连接的曲线、相切的曲线、面的边缘等。用户需通过【选择意图】工具栏，选择回转的曲线。"在相交处停止"选项可以帮助用户选择封闭的剖面线。

（2）选择回转轴：选择截面完成后，单击右键或单击图标，进入下一步操作，即选择回转轴。可通过创建矢量法向来构造旋转轴。如果需要相反的方向，单击图标。

（3）选择布尔操作方式：如果界面已经存在实体，将弹出【布尔运算】对话框，选择一种布尔操作方式。

（4）输入回转参数：包括角度限制和偏置等参数。

（5）选择生成回转体的类型：系统默认生成的回转体为实体，也可以在类型选项中选择“实线”或“片体”，单击【确定】按钮，完成回转特征操作。

3.2.2 回转特征参数设置

在【成型特征】工具栏中单击按钮，或者选择菜单命令【插入】/【设计特征】/【回转】，系统会弹出如图 3.2.1 所示的【回转】对话框。下面介绍回转操作的主要参数选项的用法。

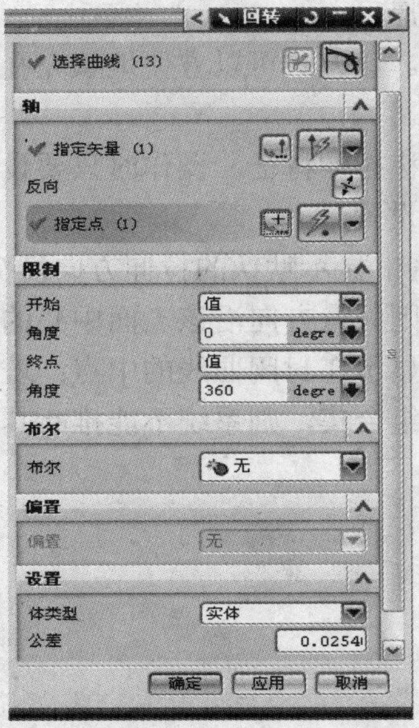

图 3.2.1 【回转】对话框

1. 角度限制

该选项用于设置回转操作的角度限制方式和限制参数。可以从对话框的下拉列表中分别选取回转开始位置和终点位置的限制方式，系统提供了以下三种限制方式。

（1）轴和角：按用户设置的回转轴、回转开始角和终点角参数来进行回转操作。操作时应在其下拉列表中均选取选项，“开始”下拉列表框用于设置回转操作的开始角度，其方向以与回转轴成右手定则的方向为正。“终点”下拉列表框用于设置回转操作的终点角度，其方向以与回转轴成右手定则的方向为正。如果开始角度大于终点角度的值，则回转操作对象会绕回转轴的反方向进行回转操作。

（2）直至选定对象：按用户指定的回转轴回转所选截面轮廓曲线到指定的实体表面或基准平面。由该方式创建的回转特征起始于截面轮廓曲线的所在面，结束于指定的实体表面或基准平面。操作时应在“开始”下拉列表中均选取“值”选项，“终点”下拉列表中选取“直至选定对象”选项。

（3）在两对象间回转：按用户指定的回转轴在指定的实体表面或基准平面之间回转所选截面轮廓曲线。由该方式创建的回转特征起始于截面轮廓曲线的所在面，终止于所选的第二个实体表面或基准平面。操作时应在“开始”和“终点”下拉列表中均选取“直至选定对象”选项。

2. 偏置

该选项用于设置回转操作的偏置开始值和终点值限制参数。“开始”和“终点”参数用于设置回转对象偏置的位置参数，其值的大小是相对于回转截面曲线中各曲线而言的，其正负是相对于偏置方向而言的。“开始”和“终点”参数值之差的绝对值即为回转操作后实体的厚度。如果不设置偏置参数的回转特征，其特征厚度即为两个偏置参数之差。

进行回转操作时，还应注意对回转轴参考点位置设置的不同，对同一截面轮廓曲线会得到不同的回转特征。

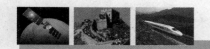

3.3 沿引导线扫掠特征

沿引导线扫掠是指沿着指定的引导线（路径）进行扫掠拉伸，将实体表面、实体边缘、曲线或者连接曲线生成实体或片体，引导线可以由一个或一系列曲线、边缘或表面形成。

沿引导线扫掠分为以下四个步骤。

（1）单击按钮或选择菜单命令【插入】/【扫掠】/【沿引导线扫掠】，系统弹出如图 3.3.1 所示的【沿引导线扫掠】对话框，并提示选择截面对象。

（2）选择扫掠截面和引导线：选择扫掠截面，单击【确定】按钮，接着按系统提示选择引导线串，单击【确定】按钮，系统弹出如图 3.3.2 所示进行偏置参数设置的对话框。

图 3.3.1　【沿引导线扫掠】对话框

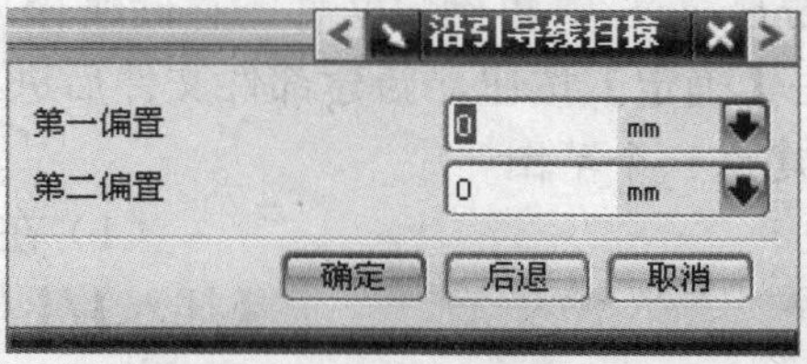

图 3.3.2　进行偏置参数设置的对话框

（3）输入引导线扫掠参数：设置偏置参数，单击【确定】按钮。

（4）选择布尔操作方式：如果界面已经存在实体，将弹出【布尔运算】对话框，选择一种布尔操作方式，完成沿引导线扫掠操作。

案例 5　轴承压盖设计

轴承压盖零件如图 3.4.1 所示。

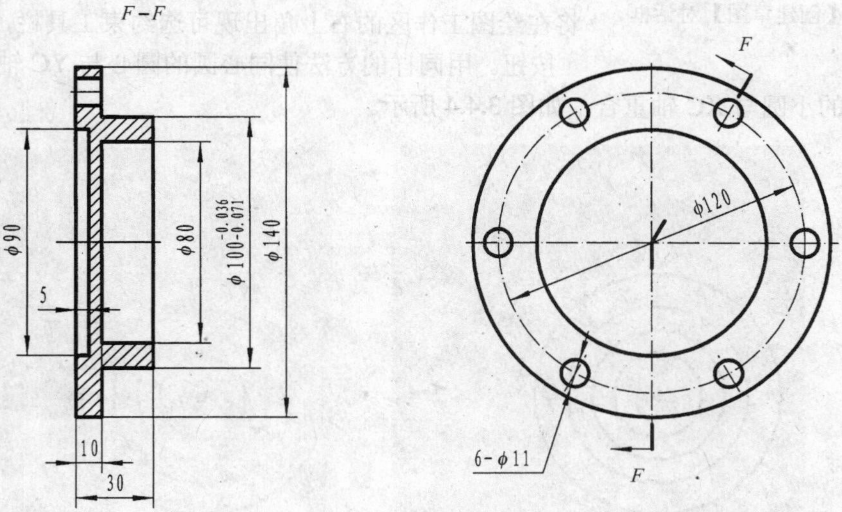

图 3.4.1　轴承压盖零件

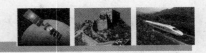

本题涉及的知识面：新建部件文件、草图曲线绘制、草图约束、草图镜像、拉伸操作、布尔操作、移动至图层、图层设置和保存部件文件等。具体的操作方法如下。

1）进入 UG NX 5.0 的主界面

选择【开始】/【程序】/【UGS NX5.0】/【NX 5.0】命令，或双击桌面上的快捷方式图标，就进入 UG NX 5.0 的主界面。

2）新建部件文件

选择菜单命令【文件】/【新建】，或单击【标准】工具栏中的按钮，系统将弹出【文件新建】对话框。

在【文件新建】对话框中选择【模型】选项卡，并在新文件的“名称”文本框中输入“zhoucheng-yagai”，再确定文件的存储路径，如在“文件夹”文本框中输入“F:\gear-pump\”，然后单击【确定】按钮，新建部件文件后进入建模功能模块。

3）建立一个草图

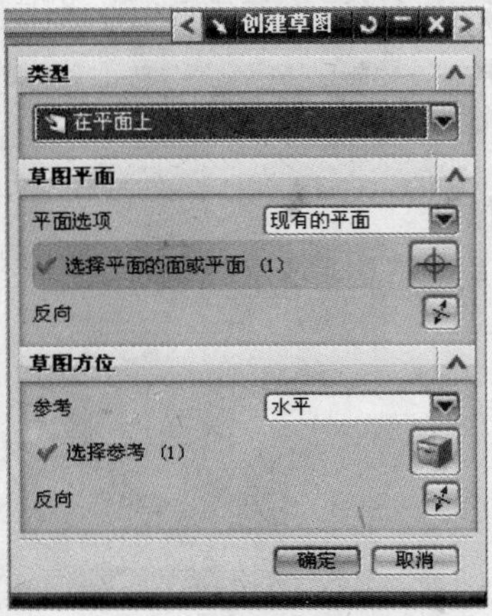

图 3.4.2 【创建草图】对话框

（1）在【成型特征】工具栏中单击图标按钮，或选择【插入】/【草图】命令，弹出【创建草图】对话框，如图 3.4.2 所示。

（2）在【创建草图】对话框的“类型”下拉列表中选择“在平面上”，在“草图平面”栏的“平面选项”下拉列表中选择“现有的平面”，在“草图方位”栏的“参考”下拉列表中选择“水平”，单击【确定】按钮，进入草图操作环境。

4）绘制草图曲线

在【草图曲线】工具栏中单击【圆】按钮，利用点捕捉功能绘制四个同心圆和两个小圆，如图 3.4.3 所示。

5）草图几何约束

单击按钮，选取同心圆的圆心，再选取 XC 轴，系统将在绘图工作区的右上角出现可选约束工具栏，单击其中的按钮。用同样的方法使同心圆的圆心与 YC 轴重合，并约束图形下方的小圆与 XC 轴重合，如图 3.4.4 所示。

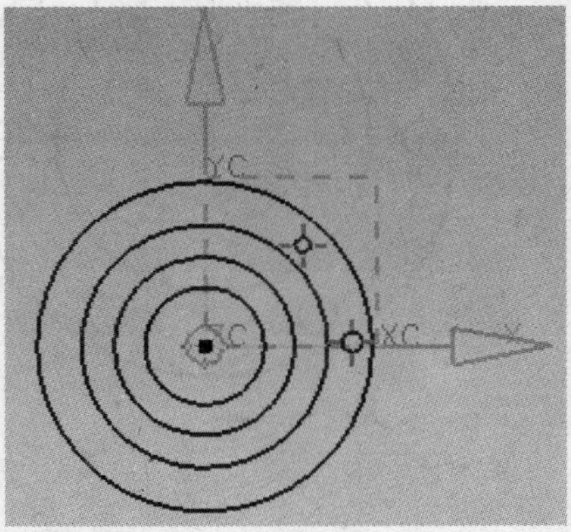

图 3.4.3 草图曲线

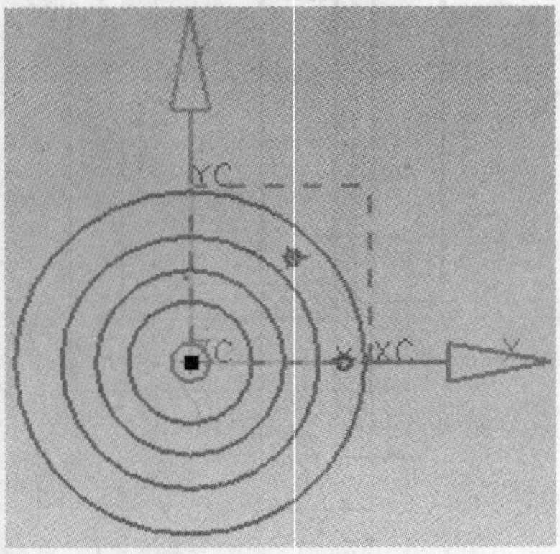

图 3.4.4 几何约束

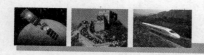

6）草图尺寸约束

单击按钮，对草图进行尺寸约束，如图 3.4.5 所示。其中上方ϕ11 小圆的定位尺寸采用公式法输入，分别输入“60*sin(60)”和“60*cos(60)”。

7）草图镜像

（1）选择菜单命令【插入】/【镜像曲线】，或者在【草图操作】工具栏中单击按钮，系统将弹出【镜像草图】操作对话框。

（2）按系统提示选取 XC 轴为镜像中心线，选取图形上方的小圆为镜像几何对象，单击【应用】按钮，完成对 XC 轴的镜像。

（3）选取 YC 轴为镜像中心线，选取图形的三个小圆为镜像几何对象，单击【确定】按钮，完成草图的镜像操作，如图 3.4.6 所示。

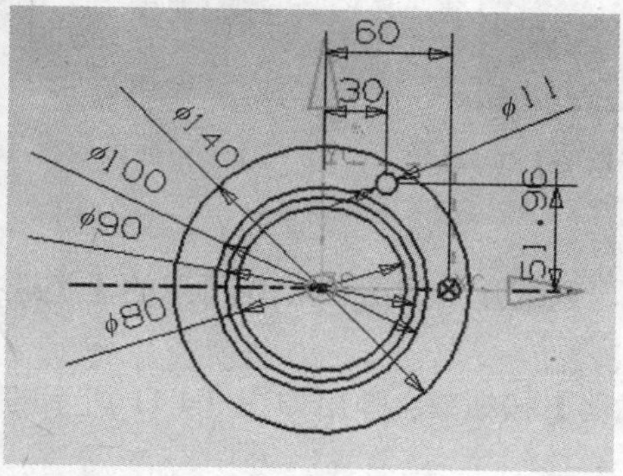

图 3.4.5　草图尺寸约束

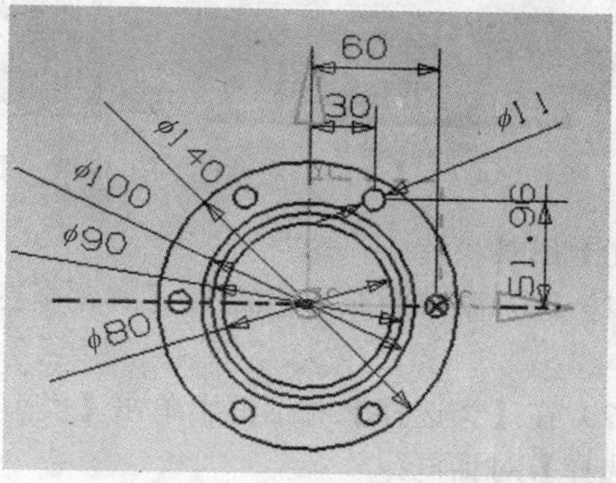

图 3.4.6　草图镜像

8）退出草图操作

在【草图生成器】工具栏中单击按钮，退出草图操作。

9）拉伸操作

（1）在【成型特征】工具栏中单击按钮，或选择菜单命令【插入】/【设计特征】/【拉伸】，系统会弹出如图 3.4.7 所示的【拉伸】对话框，并同时弹出如图 3.4.8 所示的【选择意图】工具栏。

（2）在【拉伸】对话框的“开始”和“终点”文本框中分别输入“0”和“10”。在【选择意图】工具栏下拉列表中选择“单条曲线”。然后选取草图中ϕ140 的外圆和 6 个ϕ11 的小圆，单击【应用】按钮。

（3）在【拉伸】对话框的“开始”和“终点”文本框中分别输入“0”和“30”，选取草图中ϕ100 的圆和ϕ80 的圆，然后在布尔下拉列表中选择，单击【应用】按钮。

（4）在【拉伸】对话框的“开始”和“终点”文本框中分别输入“0”和“5”，选取草图中ϕ90 的圆，然后在布尔下拉列表中选择，单击【确定】按钮，完成拉伸操作，如图 3.4.9 所示。

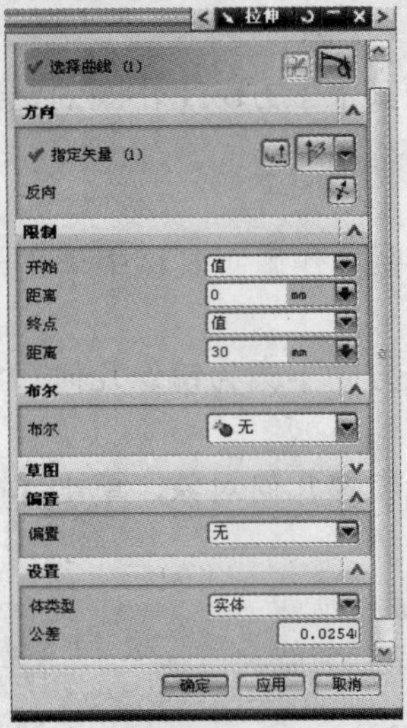

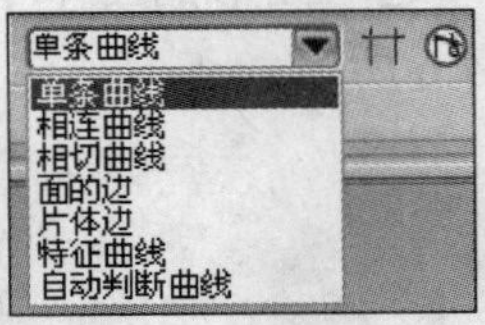

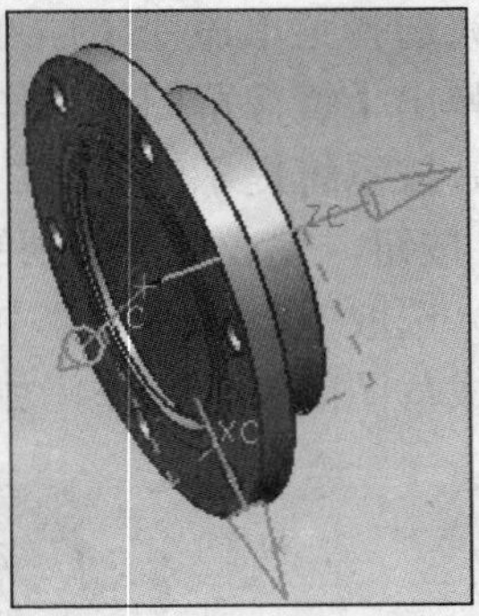

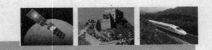

图 3.4.7 【拉伸】对话框　图 3.4.8 【选择意图】工具栏　图 3.4.9 拉伸模型

10）图层操作

（1）选择菜单命令【格式】/【移动至图层】，系统弹出如图 3.4.10 所示的【类选择】对话框。

（2）在【类选择】对话框中单击【类型过滤器】按钮，弹出如图 3.4.11 所示的【根据类型选择】对话框。

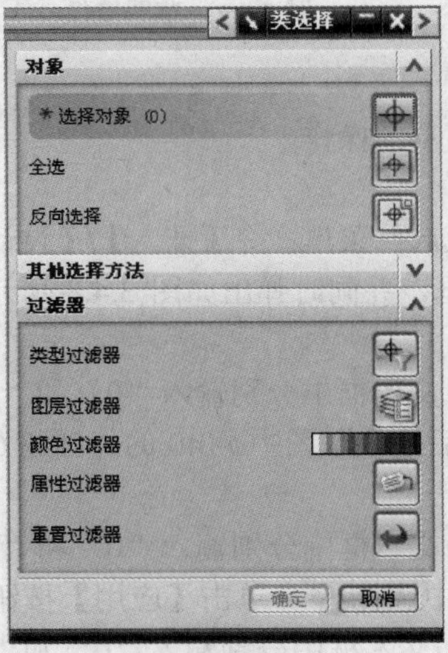

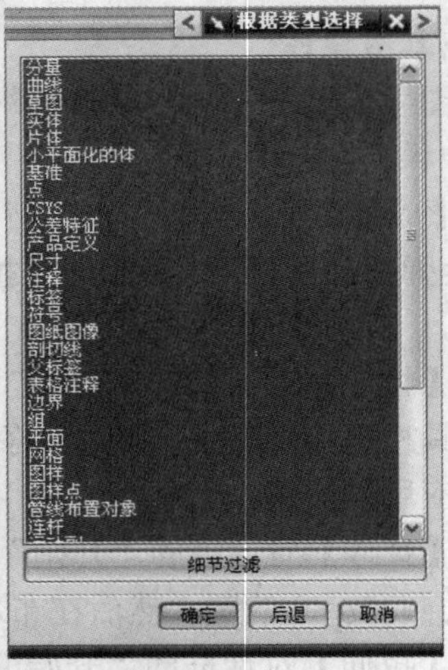

图 3.4.10 【类选择】对话框　图 3.4.11 【根据类型选择】对话框

（3）在【根据类型选择】对话框中选择“草图”选项，单击【确定】按钮，系统返回【类选择】对话框。

（4）在【类选择】对话框中单击【全选】按钮，或框选整个模型，被选中的草图曲线高亮显示。

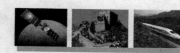

（5）单击【确定】按钮，弹出如图 3.4.12 所示的【图层移动】对话框。

（6）在【图层移动】对话框的“类别”列表框中选择“SKETCHES”，或直接在“目标图层或类别”文本框中输入“21”，单击【应用】按钮，草图即可被移动至 21 层。

（7）在【图层移动】对话框中单击【选择新对象】按钮，重复以上步骤将基准移动至 61 层，单击【确定】按钮，完成图层操作。

（8）选择菜单命令【格式】/【图层设置】，系统将弹出【图层设置】对话框，如图 3.4.13 所示。

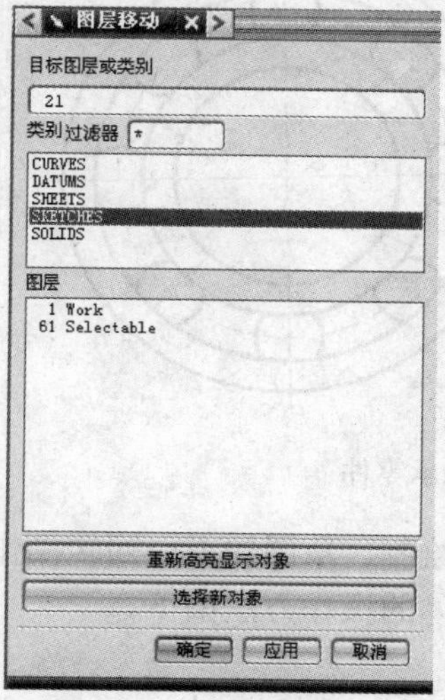

图 3.4.12　【图层移动】对话框

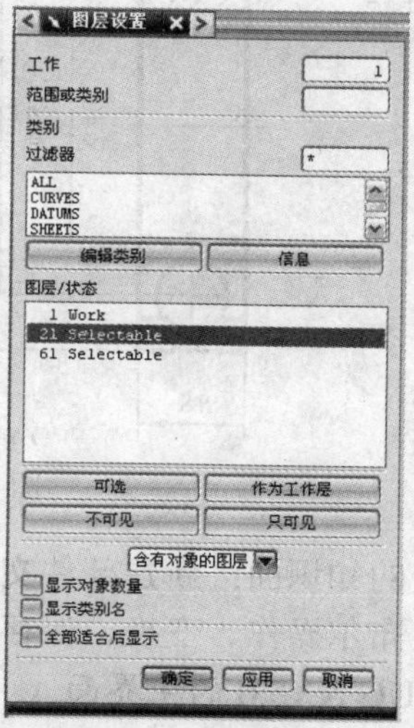

图 3.4.13　【图层设置】对话框

（9）在【图层设置】对话框的“图层/状态”列表框中选择“21 Selectable”选项，并单击【不可见】按钮，“21 Selectable”选项的后缀消失，接着选择“61 Selectable”选项，并单击【不可见】按钮，然后再单击【确定】按钮，完成图层操作，轴承压盖如图 3.4.14 所示。

11）保存部件文件

在【标准】工具栏中单击按钮，或选择菜单命令【文件】/【保存】，完成部件文件的保存。

图 3.4.14　轴承压盖

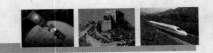

案例 6　深沟球轴承设计

深沟球轴承零件如图 3.4.15 所示。

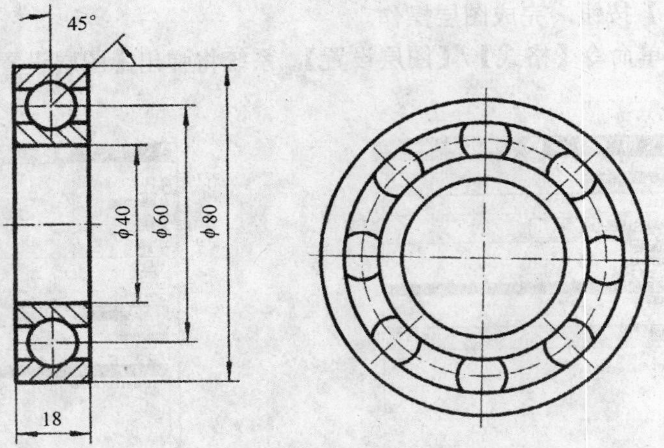

图 3.4.15　深沟球轴承零件

本题涉及的知识面：新建部件文件、草图曲线绘制、草图约束、回转操作、点构造器、矢量构造器、布尔操作、变换、保存部件文件。具体的操作方法如下。

1）进入 UG NX5.0 的主界面

选择【开始】/【程序】/【UGS NX5.0】/【NX 5.0】命令，或双击桌面上的快捷方式图标，就进入 UG NX5.0 的主界面。

2）新建部件文件

选择菜单命令【文件】/【新建】，或单击【标准】工具栏中的按钮，系统将弹出【文件新建】对话框。

在【文件新建】对话框中选择【模型】选项卡，并在新文件的“名称”文本框中输入“zhou cheng 208”，再确定文件的存储路径为“F:\gear-pump\”，然后单击【确定】按钮，新建部件文件后进入建模功能模块。

3）建立一个草图

（1）在【成型特征】工具栏中单击图标按钮，或选择【插入】/【草图】命令，弹出【创建草图】对话框。

（2）在【创建草图】对话框中设置相应的选项，单击【确定】按钮，进入草图操作环境。

4）绘制草图曲线

（1）在【草图曲线】工具栏中单击【矩形】按钮，绘制两个矩形。

（2）在【草图曲线】工具栏中单击【圆】按钮，在两个矩形中间绘制一个圆，并使圆与两矩形相交。

（3）在【草图曲线】工具栏中单击【直线】按钮，绘制一条直线，并利用点捕捉功能将直线的两个端点分别放置在圆的圆心及圆与矩形的交点上，绘制的草图曲线如图 3.4.16 所示。

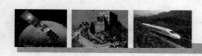

5）草图几何约束

（1）在【草图约束】工具栏中单击按钮，依次选取两矩形的水平线，并在弹出的【可选约束】工具栏中单击【等长】按钮。

（2）依次选取两矩形同侧的竖直线，并在弹出的【可选约束】工具栏中单击【共线】按钮和【等长】按钮。

（3）依次选取圆心与 YC 轴，并在弹出的【可选约束】工具栏中单击【点在线上】按钮，如图 3.4.17 所示。

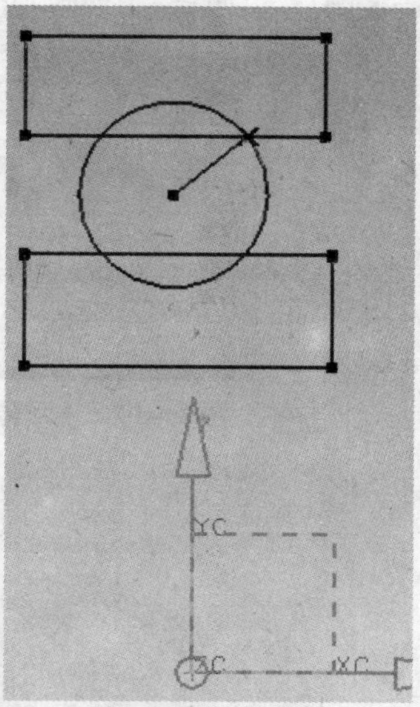

图 3.4.16　草图曲线

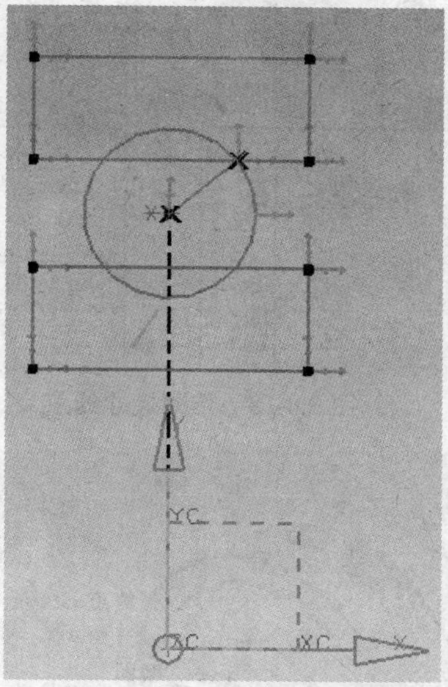

图 3.4.17　草图几何约束

6）草图尺寸约束

在【草图约束】工具栏中单击按钮，对草图进行尺寸约束，如图 3.4.18 所示。

7）退出草图操作

在【草图生成器】工具栏中单击按钮，完成草图操作。

8）生成内、外圈

（1）在【成型特征】工具栏中单击按钮，或选择菜单命令【插入】/【设计特征】/【回转】，系统会弹出如图 3.4.19 所示的【回转】对话框。

（2）在【回转】对话框的下拉列表中选择“单条曲线”选项，然后在操作界面中选取两个矩形，并在【回转】对话框的“指定矢量”下拉列表中选择 XC 轴作为回转轴的矢量方向。

（3）单击【回转】对话框中的按钮，利用点构造器确定坐标原点为回转轴矢量的定位点，即将生成的回转体在绘图工作区进行显示，如图 3.4.20 所示。

（4）对显示效果满意后，单击【应用】按钮，即可生成内、外圈，如图 3.4.21 所示。

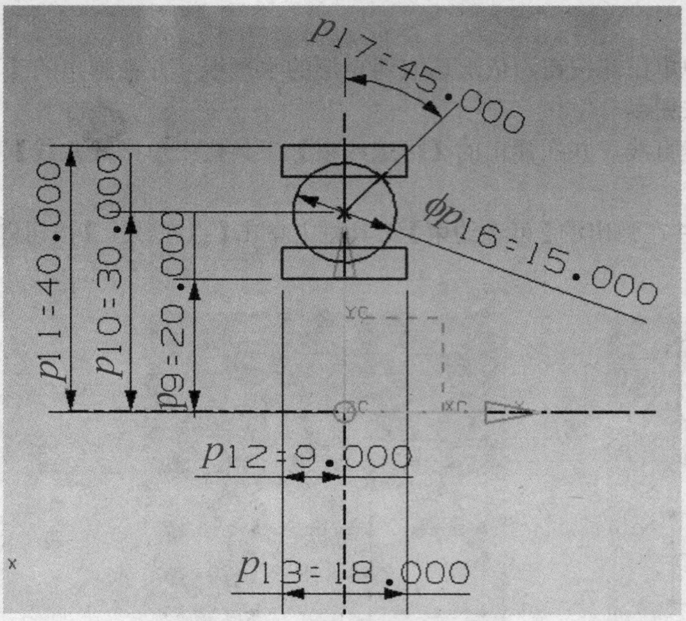

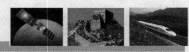

图 3.4.18　草图尺寸约束

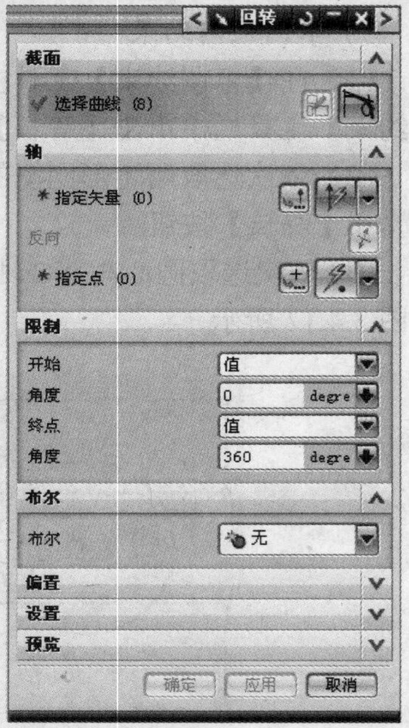

图 3.4.19　【回转】对话框

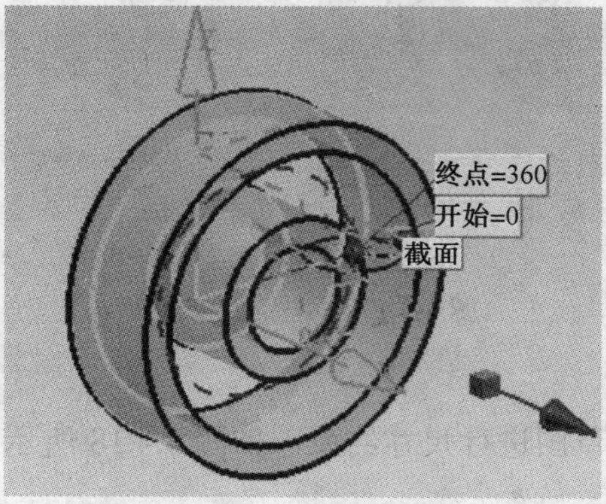

图 3.4.20　轴承内、外圈预览

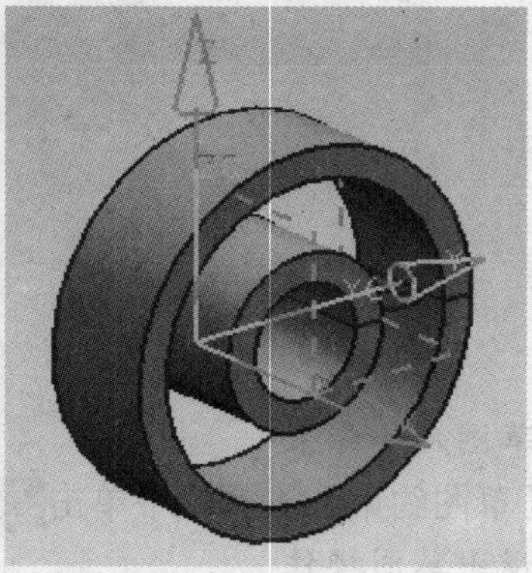

图 3.4.21　轴承内、外圈

9）生成外圈滚道

在操作界面中选取圆作为回转对象，并在【回转】对话框的“指定矢量”下拉列表中选择 XC 轴作为回转轴的矢量方向，坐标原点作为回转轴矢量的定位点。单击【应用】按钮，即可在内、外圈之间生成一个圆环，如图 3.4.22 所示。

10）布尔操作

在【特征操作】工具栏中单击按钮，系统弹出【求差】对话框。按系统提示依次选取外圈作为目标体，选取圆环作为工具体，单击【应用】按钮，即可生成外圈滚道，如图 3.4.23 所示。

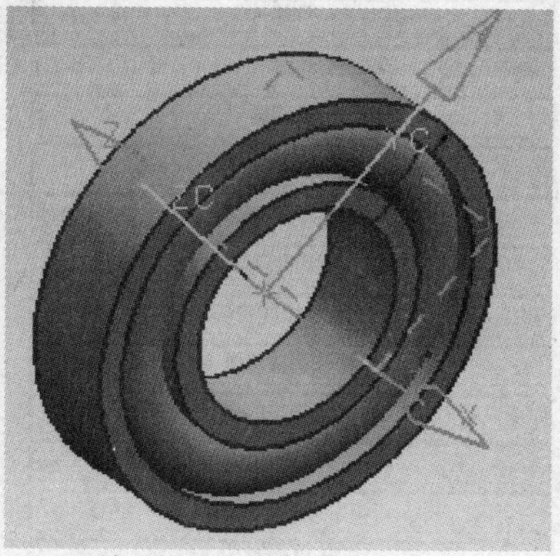

图 3.4.22　生成圆环

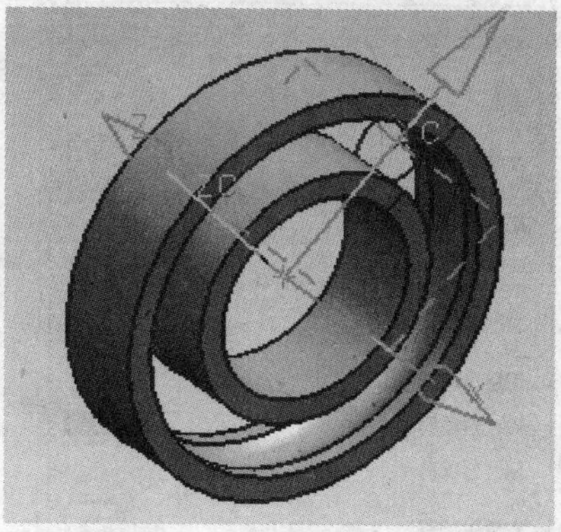

图 3.4.23　生成外圈滚道

11）生成内圈滚道

在操作界面中选取圆作为回转对象，并在【回转】对话框的“指定矢量”下拉列表中选择 XC 轴作为回转轴的矢量方向，坐标原点作为回转轴矢量的定位点。然后在“布尔”下拉列表中选择，并选取内圈作为求差的目标体，单击【应用】按钮，即可生成内圈滚道，如图 3.4.24 所示。

12）生成滚动体

在操作界面中选取圆作为回转对象，并在【回转】对话框的“指定矢量”下拉列表中选择 YC 轴作为回转轴的矢量方向，坐标原点作为回转轴矢量的定位点。即可生成滚动体，如图 3.4.25 所示。

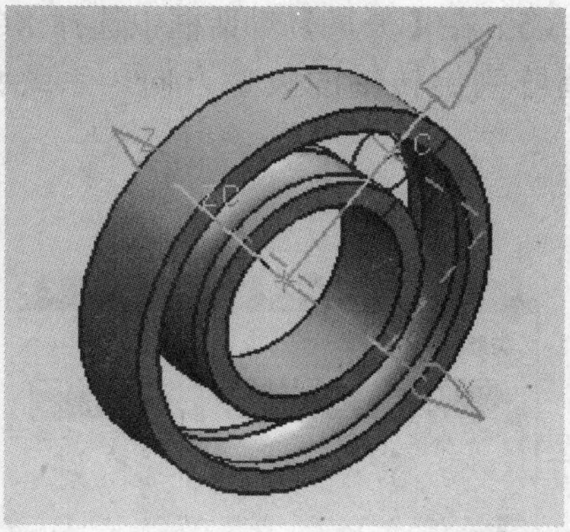

图 3.4.24　生成内圈滚道

图 3.4.25　生成滚动体

13）圆周阵列滚动体

（1）选择菜单命令【编辑】/【变换】，系统将弹出如图 3.4.26 所示的【类选择】对话框。

（2）在绘图工作区直接选取滚动体作为变换操作的对象，确定后系统将弹出如图 3.4.27 所示的【变换】对话框。在该【变换】对话框中单击【绕直线旋转】按钮。

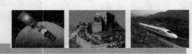

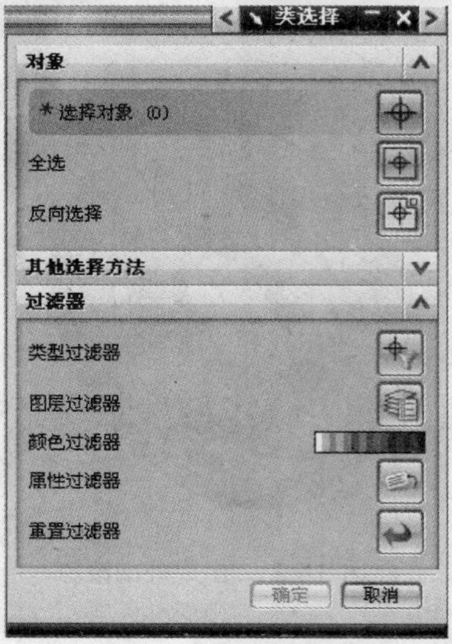

图 3.4.26 【类选择】对话框

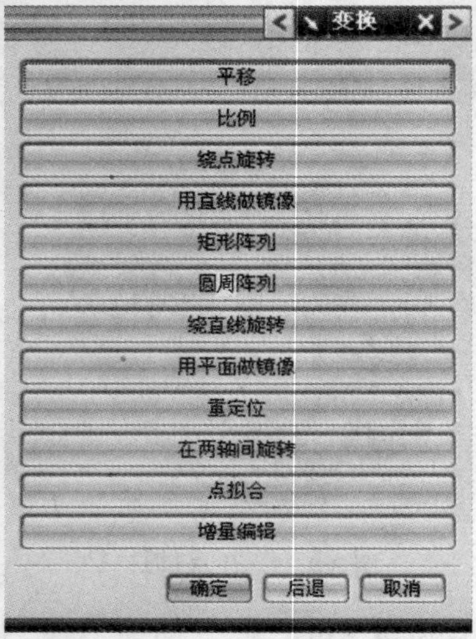

图 3.4.27 【变换】对话框

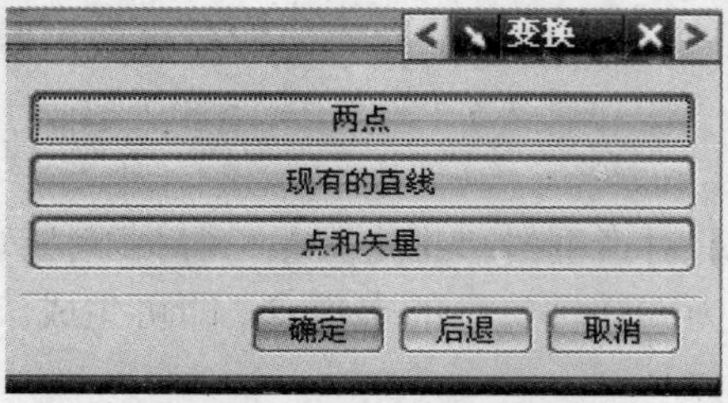

图 3.4.28 【变换】对话框

（3）系统将弹出如图 3.4.28 所示的【变换】对话框，在该对话框中单击【点和矢量】按钮，系统将弹出如图 3.4.29 所示的【点】对话框。

（4）在【点】对话框中的“XC”、“YC”和“ZC”文本框中均输入“0”，用来指定圆周阵列旋转轴的定位点。单击【确定】按钮，弹出【矢量】对话框，如图 3.4.30 所示。

（5）在【矢量】对话框中选择 XC 轴作为圆周阵列旋转轴的矢量方向，系统会弹出如图 3.4.31 所示的【变换】对话框。

图 3.4.29 【点】对话框

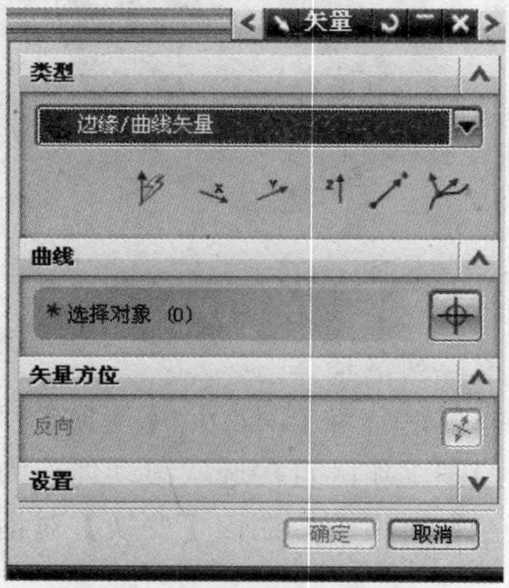

图 3.4.30 【矢量】对话框

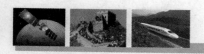

在该对话框的“角度”文本框中输入角度值“360/8”。

（6）在确定后系统会弹出如图 3.4.32 所示的【变换】对话框，在该对话框中单击【多个副本-可用】按钮。

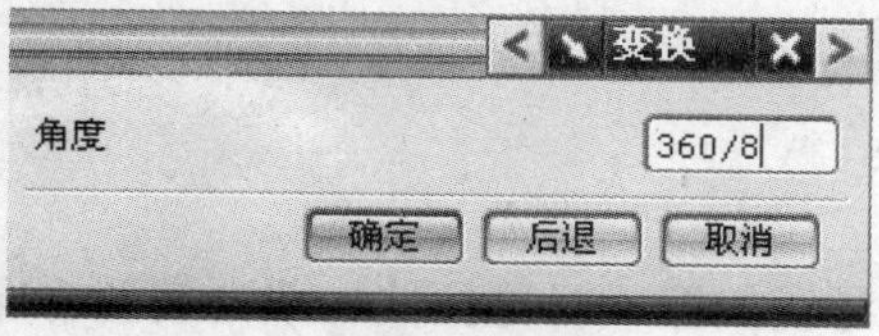

图 3.4.31　【变换】对话框

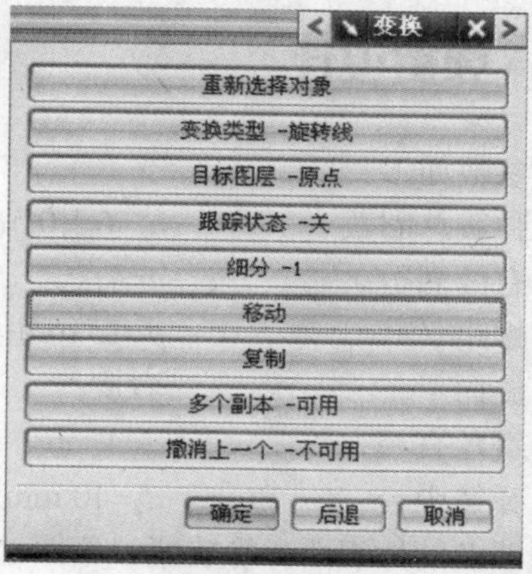

图 3.4.32　【变换】对话框

（7）系统会弹出如图 3.4.33 所示【变换】对话框，在该对话框的“副本数”文本框中输入生成副本的个数“8-1”，单击【确定】按钮，即可完成滚动体的圆周阵列（旋转复制）操作，如图 3.4.34 所示。

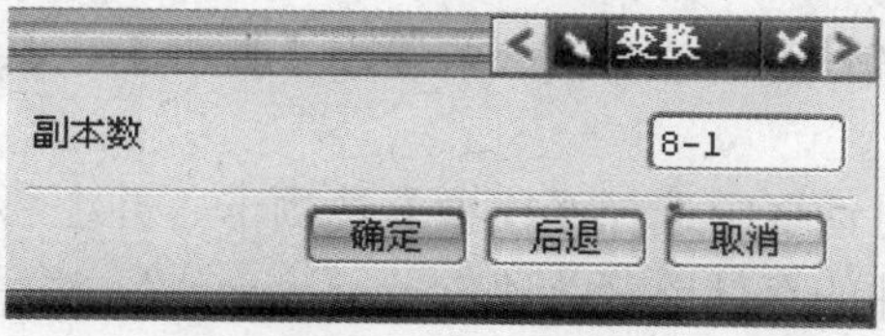

图 3.4.33　【变换】对话框

14）图层操作

选择菜单命令【格式】/【移动至图层】，利用移动至图层命令将草图移动至 21 层，再将基准移动至 61 层，并将这些图层设置为“不可见”。完成滚动轴承的创建过程，如图 3.4.35 所示。

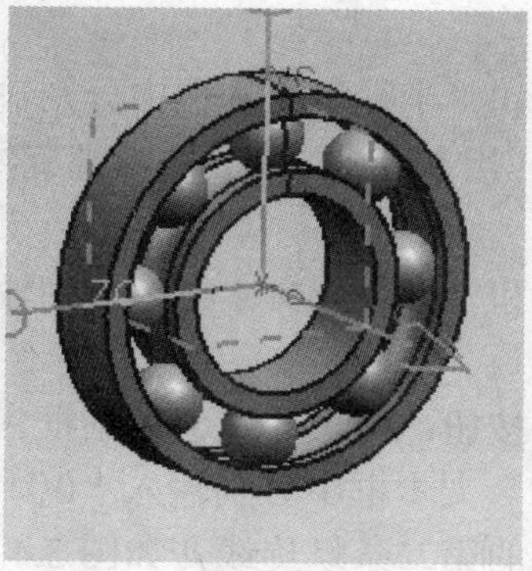
图 3.4.34　滚动体圆周阵列

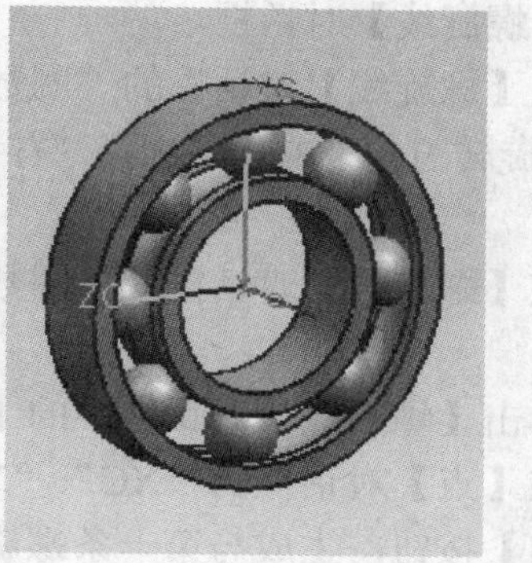
图 3.4.35　滚动轴承

15）保存部件文件

在【标准】工具栏中单击按钮，或选择菜单命令【文件】/【保存】，完成部件文件的保存。

案例 7　弹簧设计

弹簧参数如下。

（1）弹簧总圈数　　n_1=6±0.5；

（2）有效圈数　　n=4；

（3）螺距　　p=15 mm；

（4）旋向　　右旋；

（5）簧丝直径　　d=4 mm；

（6）弹簧中径　　d_2=40 mm。

本题涉及的知识面：螺旋线、草图、沿引导线扫掠、对称拉伸、双向偏置、布尔操作、图层操作等。

1）进入 UG NX5.0 的主界面

选择【开始】/【程序】/【UGS NX5.0】/【 NX 5.0】命令，或双击桌面上的快捷方式图标，就进入 UG NX5.0 的主界面。

2）新建部件文件

（1）选择菜单命令【文件】/【新建】，或单击【标准】工具栏中的按钮，系统将弹出【文件新建】对话框。

（2）在【文件新建】对话框中选择【模型】选项卡，并在新文件的“名称”文本框中输入“tanhuang”，再确定文件的存储路径为“F:\gear-pump\”，然后单击【确定】按钮，新建部件文件后进入建模功能模块。

3）创建螺旋线

（1）选择菜单命令【插入】/【曲线】/【螺旋线】，或在【曲线】工具栏中单击按钮，系统将弹出如图 3.4.36 所示的【螺旋线】对话框。

（2）单击【螺旋线】对话框中的【点构造器】按钮，弹出【点】对话框。

（3）在【点】对话框的“XC”、“YC”和“ZC”文本框中均输入“0”，单击【确定】按钮，返回【螺旋线】对话框。

（4）在【螺旋线】对话框的“圈数”、“螺距”和“半径”文本框中分别输入“1”、“4”和“20”，“旋转方向”单选项选择“右手”，单击【应用】按钮，生成一圈螺旋线，如图 3.4.37 所示。

（5）在【螺旋线】对话框的“圈数”、“螺距”和“半径”文本框中分别输入“4”、“15”和“20”。

（6）单击【螺旋线】对话框中的【点构造器】按钮，弹出【点】对话框。

（7）在【点】对话框的“XC”、“YC”和“ZC”文本框中分别输入“0”、“0”和“4”，单击【确定】按钮，生成与第一条螺旋线首尾相接的第二条螺旋线，如图 3.4.38 所示。

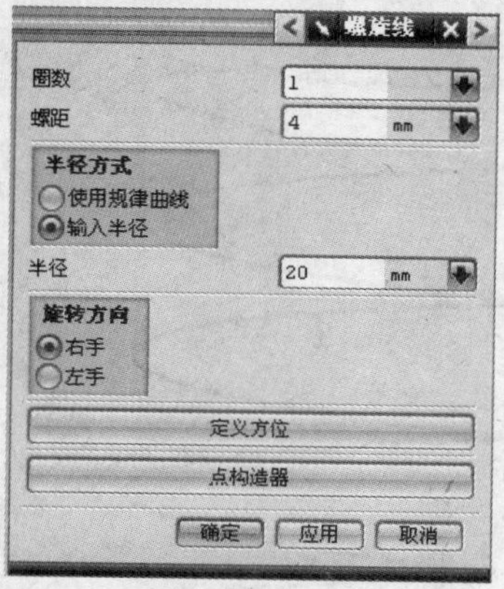

图 3.4.36　【螺旋线】对话框

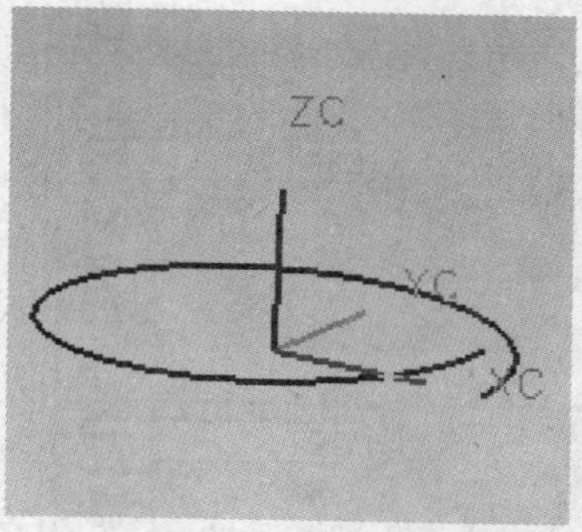

图 3.4.37　螺旋线

（8）在【螺旋线】对话框的“圈数”、“螺距”和“半径”文本框中分别输入“1”、“4”和“20”。

（9）单击【螺旋线】对话框中的【点构造器】按钮，弹出【点】对话框。

（10）在【点】对话框的“XC”、“YC”和“ZC”文本框中分别输入“0”、“0”和“64”，单击【确定】按钮，生成与第二条螺旋线首尾相接的第三条螺旋线，如图 3.4.39 所示。

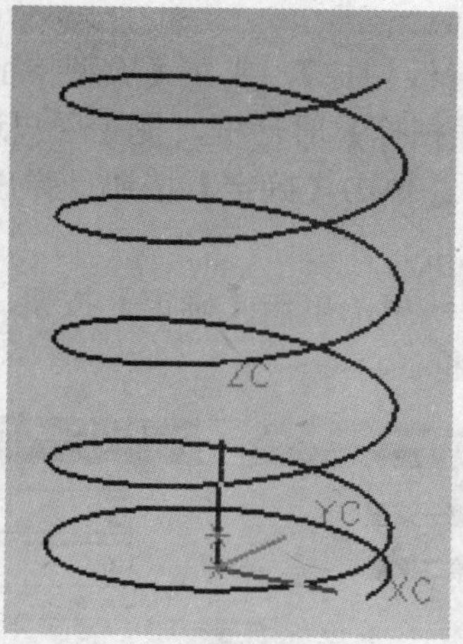

图 3.4.38　螺旋线

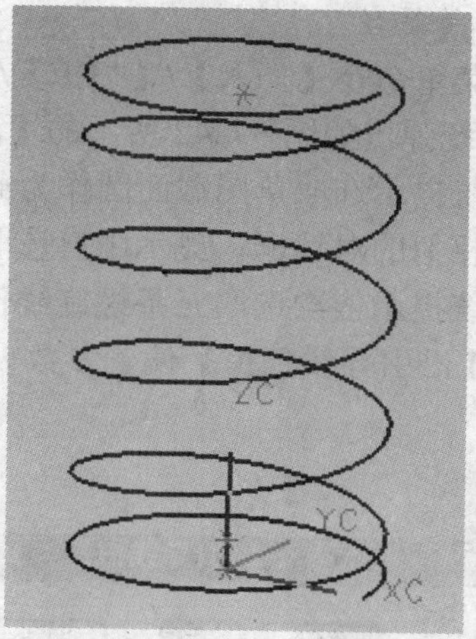

图 3.4.39　螺旋线

4）创建截面曲线

（1）选择菜单命令【插入】/【草图】，或在【成型特征】工具栏中单击图标，系统将弹出如图 3.4.40 所示的【创建草图】对话框。

（2）在【创建草图】对话框的“类型”下拉列表中选择“在平面上”；在“平面选项”下拉列表中选择“创建平面”；在“指定平面”下拉列表中选择“XC-ZC 平面”，单击【确定】按钮，进入草图操作环境。

（3）在【草图曲线】工具栏中单击【圆】按钮，利用点捕捉功能取第一条螺旋线的起

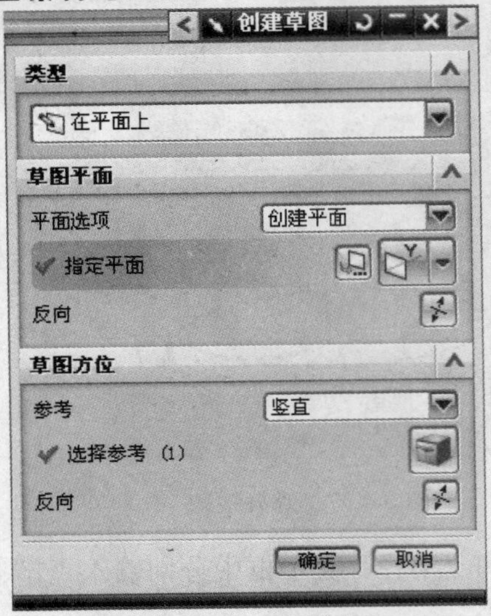

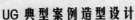

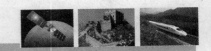

图 3.4.40 【创建草图】对话框

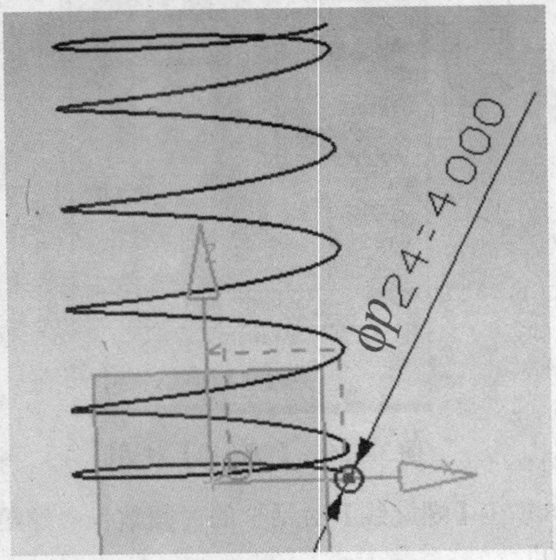

图 3.4.41 截面曲线草图

点为圆心绘制一个圆，并约束圆的直径为“4”，如图 3.4.41 所示。

（4）在【草图生成器】工具栏中单击按钮，完成截面曲线的创建操作。

5）生成弹簧簧丝

（1）选择菜单命令【插入】/【扫掠】/【沿引导线扫掠】，或在【成型特征】工具栏中单击按钮，系统弹出如图 3.4.42 所示的【沿引导线扫掠】对话框，提示用户选取截面线串。

（2）按系统提示选取草图截面圆作为截面线串，单击【确定】按钮，弹出与【沿引导线扫掠】对话框相似的对话框，提示用户选取引导线串。

（3）按系统提示依次选取三条螺旋线作为引导线串，单击【确定】按钮，系统弹出如图 3.4.43 所示的【沿引导线扫掠】偏置参数设置对话框。

图 3.4.42 【沿引导线扫掠】对话框

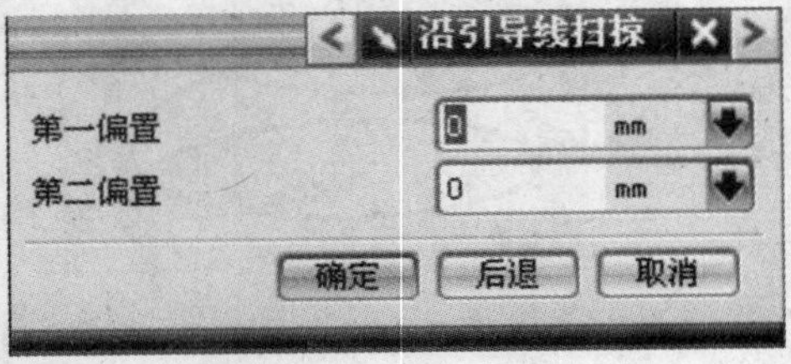

图 3.4.43 【沿引导线扫掠】参数设置对话框

（4）接受系统默认的偏置值，单击【确定】按钮，生成弹簧簧丝，如图 3.4.44 所示。

6）修平弹簧两端面

（1）选择菜单命令【插入】/【草图】，或在【成型特征】工具栏中单击图标，在【草图生成器】的“草图名”下拉列表中选择“SKETCH_000”，或直接在绘图工作区中双击要选择的草图曲线，进入“SKETCH_000”草图，如图 3.4.46 所示。

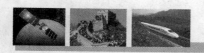

图 3.4.44　弹簧簧丝

图 3.4.45　“草图名”下拉列表

（2）在【草图曲线】工具栏中单击【直线】按钮，绘制一条竖直线。使其长度大于弹簧外径。

（3）对直线进行尺寸约束，使其在 YC 轴右侧距 YC 轴为 1 mm，如图 3.4.46 所示。

（4）在【草图生成器】工具栏中单击按钮，完成草图直线的创建操作。

（5）选择菜单命令【插入】/【设计特征】/【拉伸】，或在【成型特征】工具栏中单击图标，系统将弹出如图 3.4.47 所示的【拉伸】对话框。

（6）在绘图工作区左上角的“曲线规则”下拉列表中选择“单条曲线”。

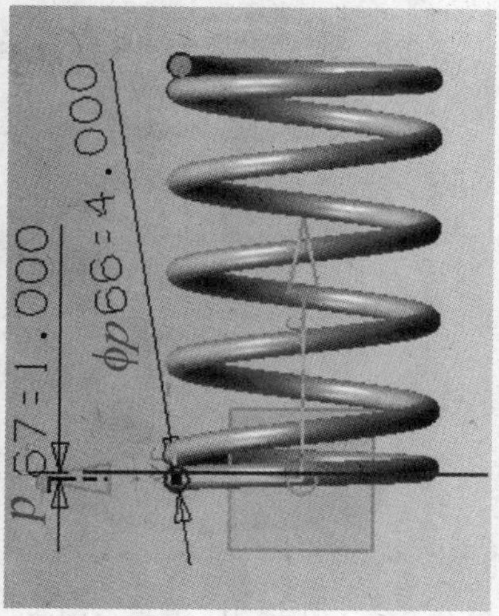

图 3.4.46　草图直线

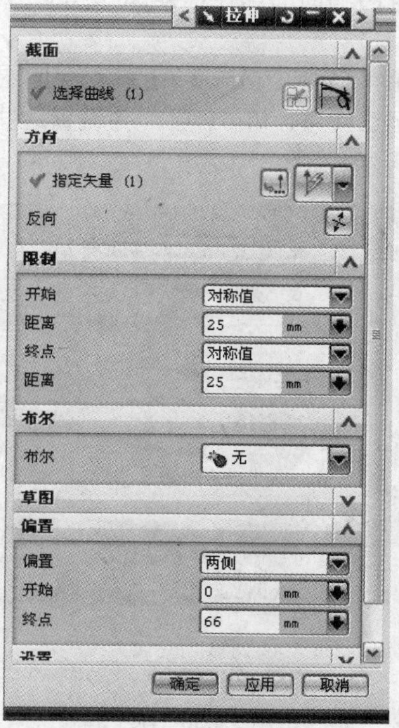

图 3.4.47　【拉伸】对话框

（7）在【拉伸】对话框的“开始”下拉列表中选择“对称值”选项，并在其“距离”文本框中输入“25”，则“开始值”和“终点值”均变为“25”。

（8）在“偏置”栏的“偏置”下拉列表中选择“两侧”，并在“开始”和“终点”文本框中分别输入“0”和“66”，效果如图 3.4.48 所示。

（9）对上述效果满意后，单击【确定】按钮，完成拉伸操作，生成的模型如图 3.4.49 所示。

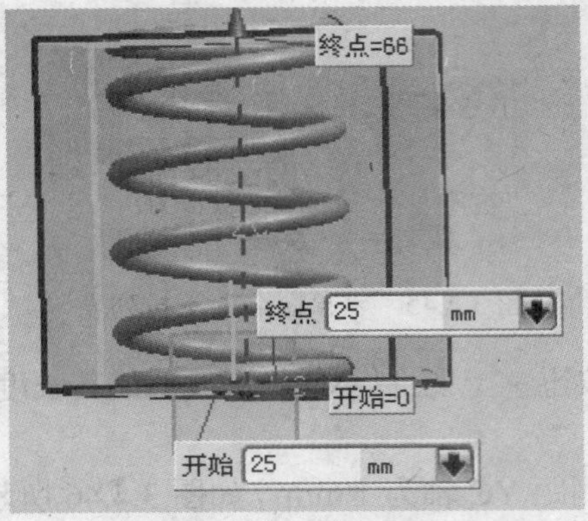

图 3.4.48　弹簧两端面效果

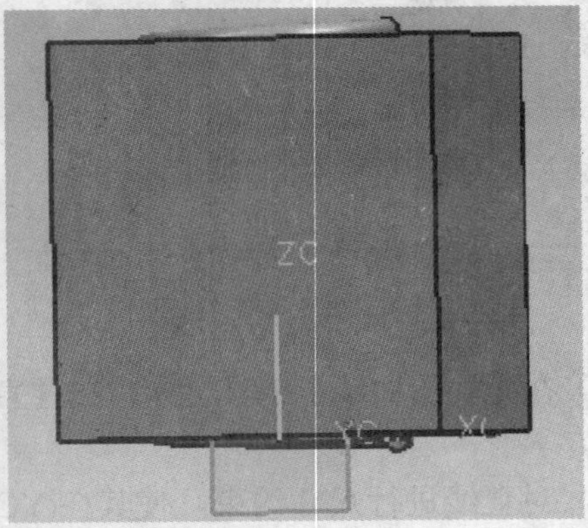

图 3.4.49　拉伸模型

（10）选择菜单命令【插入】/【组合体】/【求交】，或在【特征操作】工具栏中单击按钮，弹出【求交】对话框。按系统提示依次选取长方体和弹簧簧丝，单击【确定】按钮，完成修平弹簧两端面的操作，如图 3.4.50 所示。

7）图层操作

选择菜单命令【格式】/【移动至图层】，使用【移动至图层】命令将草图、曲线和基准分别移动至 21、41 和 61 层，并设置这些图层为“不可见”，完成弹簧的创建操作过程，如图 3.4.51 所示。

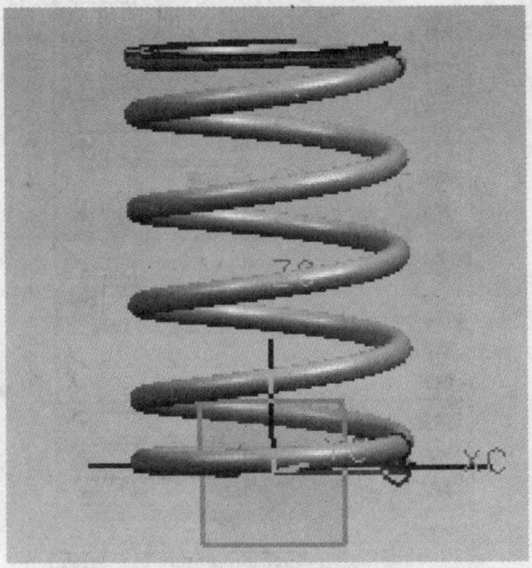

图 3.4.50　求交弹簧

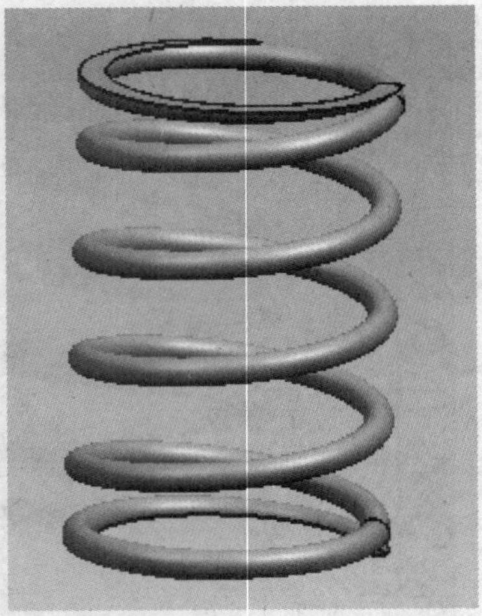

图 3.4.51　弹簧

8）保存部件文件

在【标准】工具栏中单击按钮，或选择菜单命令【文件】/【保存】，完成部件文件的保存。

知识梳理与总结

本章详细介绍了 UG NX 5.0 系统中三维实体建模的扫描特征，包括拉伸特征、回转特征和沿引导线扫掠特征。基础建模最常使用的命令是拉伸和回转命令，用户可以通过使用其创建出比较复杂的实体模型。在选取扫描特征对象时，可以选取实体表面、边、曲线、片体表面或草图对象。通过对本章的学习，读者应该熟练地掌握这三种实体建模方法。

第4章

体素特征

教学导航

知识重点	1．长方体； 2．圆柱体
知识难点	1．参数设置； 2．放置点； 3．矢量方向； 4．布尔操作
教学方式	在多媒体机房，教与练相结合
建议学时	4课时

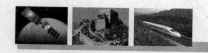

体素特征包括长方体、圆柱、圆锥和球体。体素特征可以利用几个参数方便地描述。例如长方体仅仅有三个形状尺寸参数：长、宽、高。体素特征可以作为模型的第一个特征出现，而有些特征（孔等）需要在已有模型的基础上构建，因此进行特征建模首先需要掌握体素特征的创建方法，同时体素特征也是最简单的特征。

4.1　创建体素特征

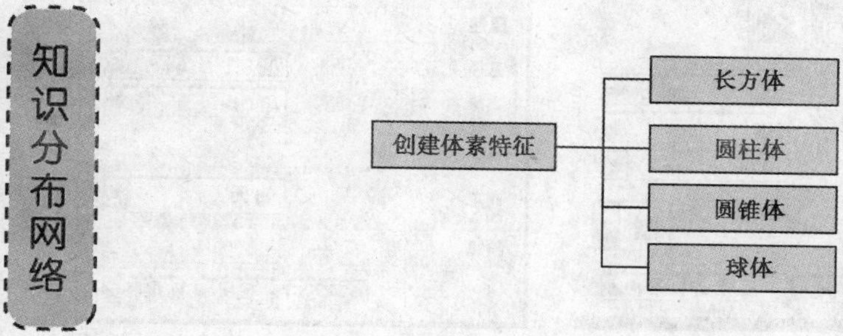

4.1.1　长方体

长方体主要用于创建长方体形式的实体特征，其各边的边长通过给定具体参数来确定。

在【成型特征】工具栏中单击按钮，或选择菜单命令【插入】/【设计特征】/【长方体】，系统将弹出如图 4.1.1 所示的【长方体】对话框，利用该对话框可以构造长方体。

在【长方体】对话框中，系统提供了三种长方体的创建方式："原点，边长度"、"两个点，高度"和"两个对角点"。

（1）原点，边长度：通过边长参数文本框设置长方体的边长，并指定其左下角点的位置来建立长方体。

操作时在对话框的各边长文本框中分别输入长方体在 XC、YC 和 ZC 方向的长度后，再确定长方体的左下角点在空间的位置，最后系统会在指定位置按设置的边长创建长方体。

（2）两个点，高度：通过指定长方体在 ZC 轴上的高度和其底面两个对角点的位置来创建长方体。

在文本框中输入高度值后，再指定长方体底面上的两个对角点的位置，系统即可按照设置来创建长方体。

（3）两个对角点：通过设置长方体两个对角点的位置来创建长方体。

在文本框中输入两个对角点的位置后，系统即可按照设置来创建长方体。

在对话框中选择一种长方体的创建方式后，对话框下部的可变显示区中就会出现相应的长方体设置选项。设置好长方体的参数，并指定其创建位置后，系统即可创建长方体。

4.1.2　圆柱体

圆柱体主要用于创建圆柱形式的实体特征，其各具体参数与选取的创建方式有关。

在【成型特征】工具栏中单击按钮，或选择菜单命令【插入】/【设计特征】/【圆柱】，系统将弹出如图 4.1.2 所示的【圆柱】对话框。

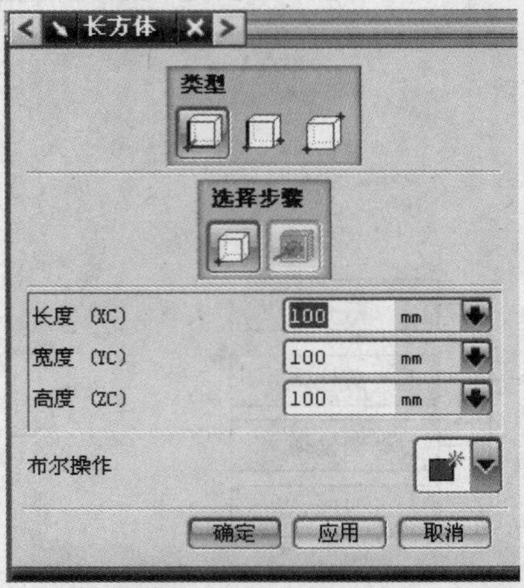

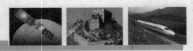

图 4.1.1 【长方体】对话框

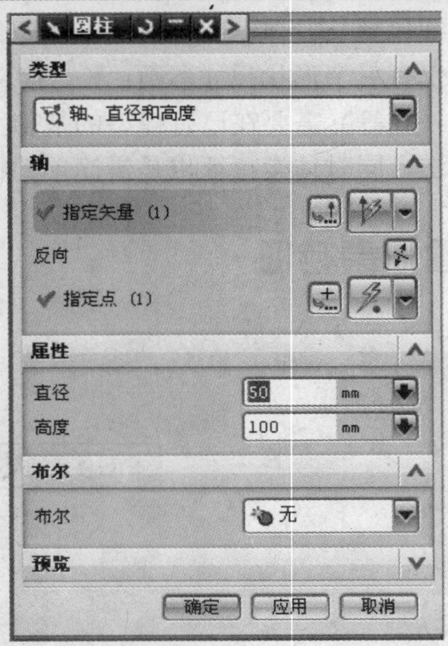

图 4.1.2 【圆柱】对话框

在【圆柱】对话框中，系统提供了两种圆柱的创建方式："轴、直径和高度"和"圆弧和高度"。

（1）轴、直径和高度：通过设定圆柱底面圆的直径和圆柱高度来建立圆柱体。

应用此方式时，先利用【矢量】对话框确定一个矢量方向作为圆柱体的轴线方向，然后利用【点】对话框设置圆柱体底面中心点的位置，接着在"直径"和"高度"文本框中设置其直径和高度参数，最后单击【确定】按钮，系统就会按照设置完成创建圆柱体。

（2）圆弧和高度：该方式通过设定圆柱的高度和选择已经存在的圆弧来创建圆柱体。

应用此方式时，先在"高度"文本框中设置其高度参数，然后在绘图工作区中选取一段圆弧，该圆弧的半径将作为创建圆柱体的底面半径。此时绘图工作区会显示圆柱体轴线的矢量方向箭头，并弹出确认对话框，确定矢量方向后，系统会在所选取的圆弧上创建一个圆柱体。

4.1.3 圆锥体

圆锥体主要用于创建圆锥形式的实体特征，其各具体参数与选取的创建方式有关。在【成型特征】工具栏中单击按钮，或选择菜单命令【插入】/【设计特征】/【圆锥体】，系统将弹出如图 4.1.3 所示的【圆锥】对话框。

利用该对话框可以进行圆锥体的创建，系统提供了以下五种圆锥体的创建方法。

（1）直径，高度：通过设定圆锥体顶部直径、底部直径和圆锥的高度参数以及圆锥轴线方向来建立圆锥体。

应用此方式时，先利用【矢量】对话框确定一个矢量方向作为圆锥体的轴线方向，然后在如图 4.1.4 所示的对话框中设置其底部直径、顶部直径和高度参数，最后利用【点】对话框设置圆柱体底面中心点的位置，系统就会按照设置完成创建圆锥体。

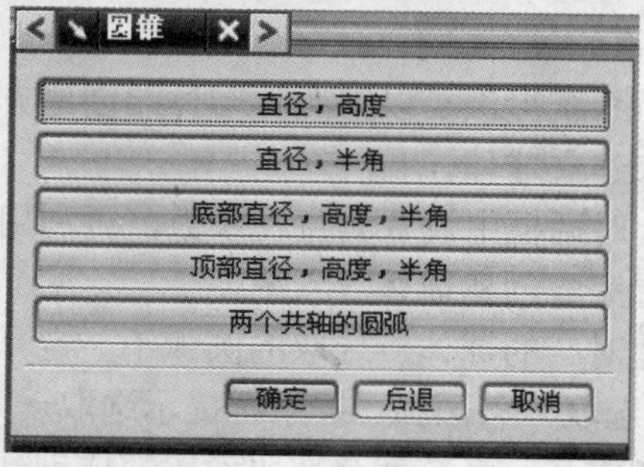

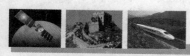

图 4.1.3 【圆锥】对话框

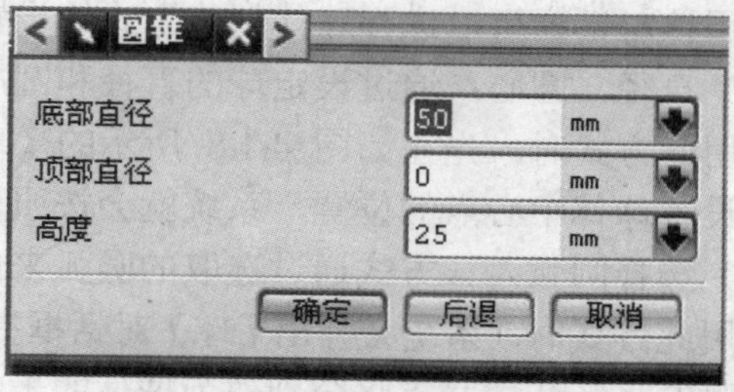

图 4.1.4 圆锥的参数设置

（2）直径，半角：通过设定圆锥体顶部直径、底部直径和圆锥体半角及圆锥轴线方向来建立圆锥体。

应用此方式时，先利用【矢量】对话框确定一个矢量方向作为圆锥体的轴线方向，然后在如图 4.1.5 所示的对话框中设置其底部直径、顶部直径和半角参数，最后利用【点】对话框设置圆柱体底面中心点的位置，系统就会按照设置完成创建圆锥体。

（3）底部直径，高度，半角：通过设定圆锥体底部直径、高度和圆锥体半角及圆锥轴线方向来建立圆锥体。应用此方式时，先利用【矢量】对话框确定一个矢量方向作为圆锥体的轴线方向，然后在弹出的对话框中设置其底部直径、高度和半角参数，最后利用【点】对话框设置圆柱体底面中心点的位置，系统就会按照设置完成创建圆锥体。

（4）顶部直径，高度，半角：通过设定圆锥体顶部直径、高度和圆锥体半角及圆锥轴线方向来建立圆锥体。

应用此方式时，先利用【矢量】对话框确定一个矢量方向作为圆锥体的轴线方向，然后在弹出的对话框中设置其顶部直径、高度和半角参数，最后利用【点】对话框设置圆柱体底面中心点的位置，系统就会按照设置完成创建圆锥体。

（5）两个共轴的圆弧：通过选取两个同轴的圆弧对象来创建圆锥体。

应用此方式时，系统会弹出如图 4.1.6 所示的【圆锥】对话框，提示选取底圆弧和顶圆弧。在完成圆弧的选取后，圆锥体的轴线方向会显示在底面圆心上，如果两个圆弧不同轴，系统会以投影的方式将顶部圆弧投影到圆弧轴线方向上。

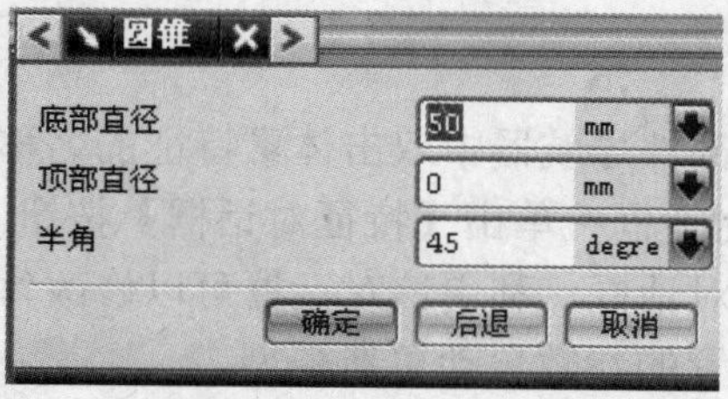

图 4.1.5 圆锥的参数设置

图 4.1.6 【圆锥】对话框

4.1.4 球体

球体主要用于创建球形式的实体特征，其各具体参数与选取的创建方式有关。

在【成型特征】工具栏中单击按钮，或选择菜单命令【插入】/【设计特征】/【球体】，系统将弹出如图 4.1.7 所示的【球】对话框。

利用该对话框可以进行球体创建方式的设置，系统提供了以下两种球体的创建方法。

（1）直径，圆心：通过设定球的直径和圆心来建立球体。

应用此方式时，先在如图 4.1.8 所示的【球】对话框中设置其直径参数，再利用【点】对话框设置球体中心点的位置，系统就会按照设置完成创建球体。

（2）选择圆弧：该方式通过选取的圆弧来创建对应的球体，选取的圆弧不一定是整圆。

应用此方式时，系统会弹出【球】对话框提示选取一条圆弧。按系统提示选取一条圆弧，则该圆弧的半径和中心点将分别作为球体的半径和中心，系统就会按照设置完成创建球体。

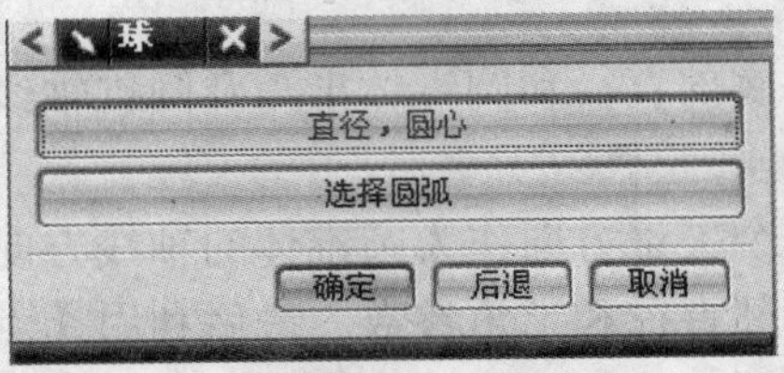

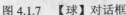

图 4.1.7 【球】对话框

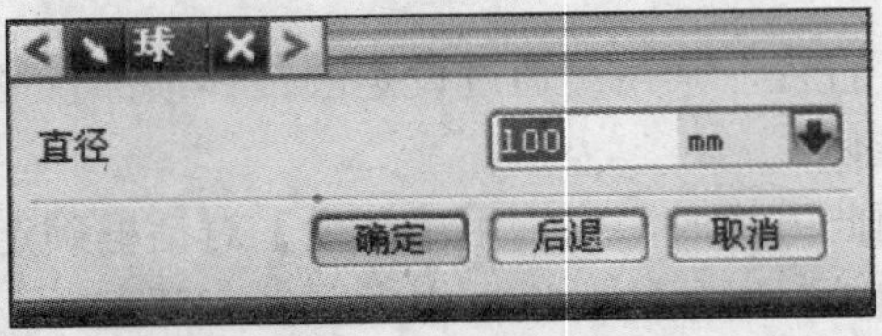

图 4.1.8 在【球】对话框中设置参数

4.2 编辑体素特征的参数和空间位置

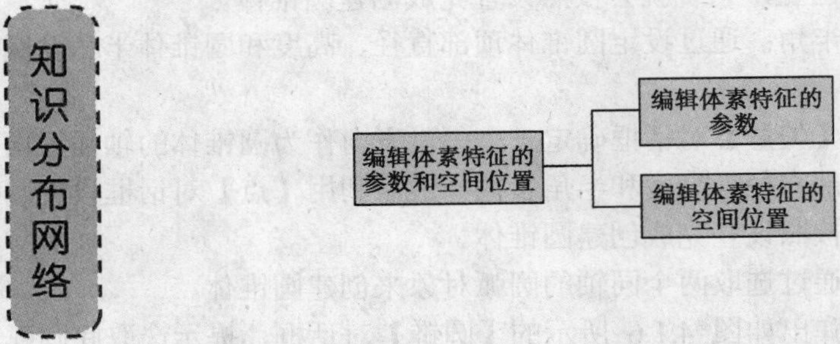

4.2.1 编辑体素特征的参数

编辑体素特征的参数主要有以下四种方法。

1）利用对话框编辑体素参数

（1）在界面中双击需要编辑的体素特征，或在部件导航器中双击体素特征的名称，系统弹出如图 4.2.1 所示的【编辑参数】对话框，在该对话框中单击【特征对话框】按钮。

（2）系统弹出如图 4.2.2 所示的【编辑参数】对话框，利用该对话框可以修改体素特征的参数。完成后单击【确定】按钮，系统将根据设置的参数自动更新模型。

2）利用界面表达式编辑体素参数

（1）在界面中双击需要编辑的体素特征，所选特征的尺寸参数显示在特征上，如图 4.2.3 所示。

（2）选择参数（例如 *p*2），系统弹出如图 4.2.4 所示的【编辑参数】对话框，在输入参数后单击【确定】按钮，系统将根据设置的参数自动更新模型。

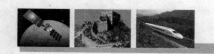

图 4.2.1　【编辑参数】对话框

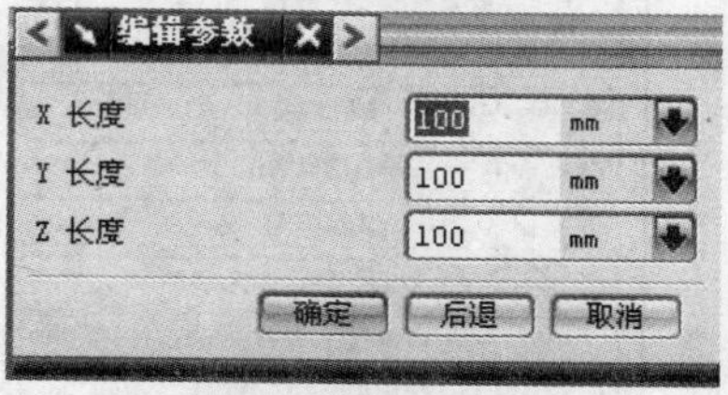

图 4.2.2　【编辑参数】对话框

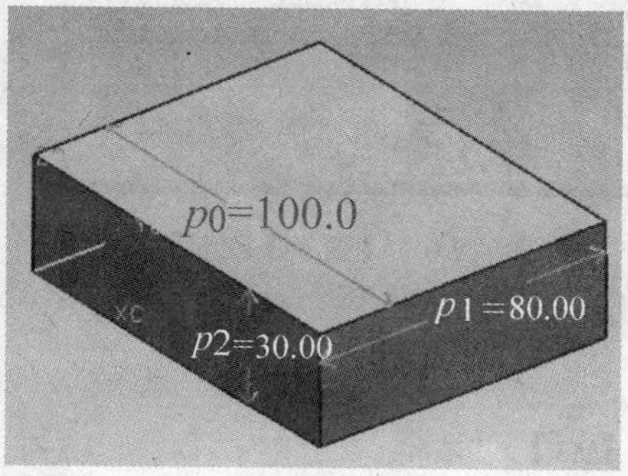

图 4.2.3　选择参数进行编辑

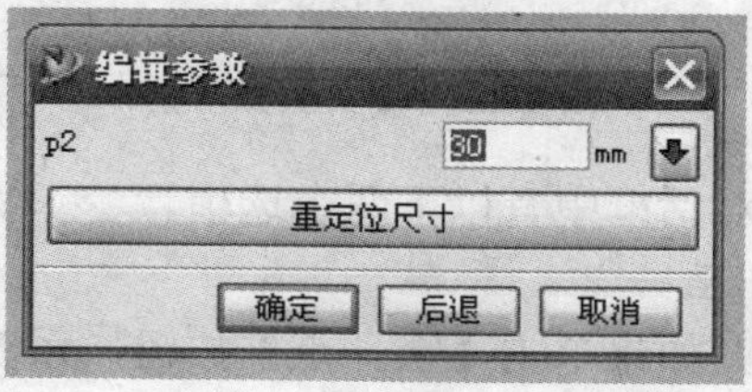

图 4.2.4　【编辑参数】对话框

3）利用部件导航器编辑体素参数

在部件导航器中选中特征的名称，然后在部件导航器的【细节】子面板中浏览参数的名称、值和表达式，选择需要进行编辑的参数并单击右键，并在弹出的快捷菜单中选择“编辑”选项，可以直接编辑参数的大小；选择“重命名”选项，可以直接编辑参数的变量名称；选择“在表达式编辑器中编辑”选项，系统弹出【表达式】对话框，利用该对话框可以编辑变量名称和参数的大小。

4）利用表达式编辑器编辑体素参数

选择【工具】/【表达式】命令，弹出【表达式】对话框，选中需要编辑的参数进行编辑。

4.2.2　编辑体素特征的空间位置

体素特征是基于空间位置建立的，其位置没有参数，一般采用【编辑】/【变换】命令或者快捷方式来实现。

选择【编辑】/【变换】菜单命令后，弹出【类选择】对话框。按系统提示选取需要进行变换的对象后，弹出如图 4.2.5 所示的【变换】对话框。

利用该对话框可以进行“平移”、“比例”、“绕点旋转”、“用直线做镜像”、“矩形阵列”、“圆形阵列”、“绕直线旋转”和“用平面做镜像”等操作。

下面以锥体的“平移”操作为例介绍空间位置变换。

在图 4.2.5 所示的【变换】对话框中单击【平移】按钮，系统将弹出如图 4.2.6 所示的【变换】对话框。

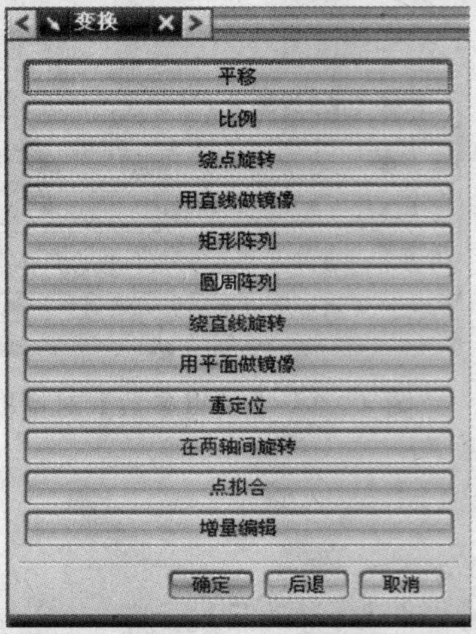

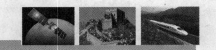

图 4.2.5　【变换】对话框

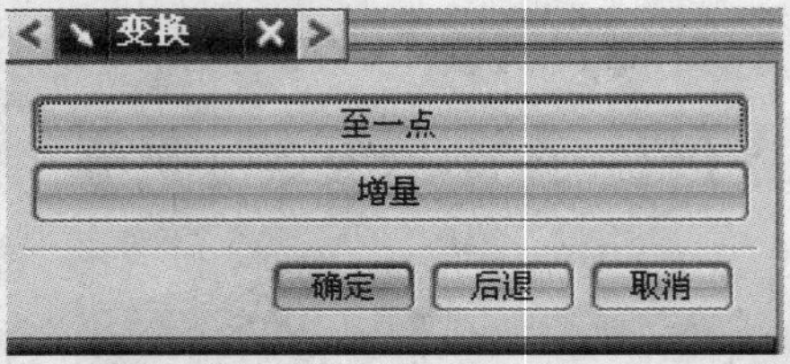

图 4.2.6　【变换】对话框

该对话框中有以下两个选项。

1）至一点

（1）如果单击【至一点】按钮，系统将弹出【点】对话框。

（2）在【点】对话框的“XC”、“YC”和“ZC”文本框中分别输入参考点的参数值，或利用点捕捉功能直接在绘图工作区选取一点作为参考点，单击【确定】按钮。

（3）然后再选择一个目标点，单击【确定】按钮，弹出如图 4.2.7 所示的【变换】对话框。

（4）在该【变换】对话框中单击【移动】按钮，即可将需要移动的对象从参考点移动至目标点。若在该【变换】该对话框中单击【复制】按钮，也可将需要移动的对象从参考点移动至目标点，且原来的对象保留。

2）增量

（1）如果在图 4.2.6 所示的对话框中单击【增量】按钮，系统弹出如图 4.2.8 所示的【变换】对话框。

（2）在【变换】对话框的“XC”、“YC”和“ZC”文本框中输入锥体的移动增量值，单击【确定】按钮，也弹出如图 4.2.7 所示的【变换】对话框，后面的操作与上面相同。

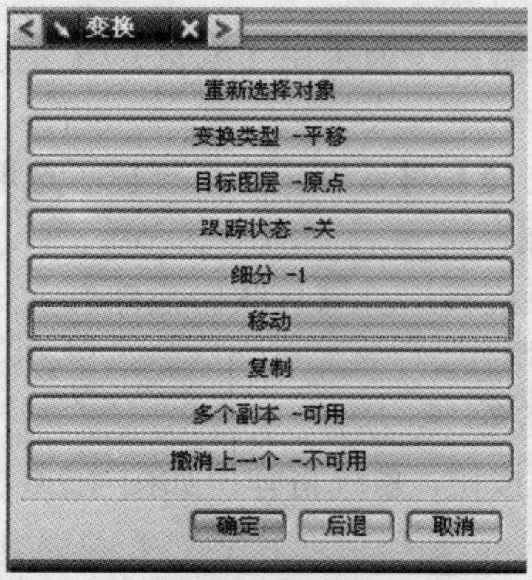

图 4.2.7　【变换】对话框

图 4.2.8　【变换】对话框

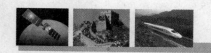

案例 8　深沟球轴承保持架设计

本题涉及的知识面：圆柱、矢量构造器、点构造器、球、布尔求和、布尔求差、布尔求交、圆周阵列等。具体的操作方法如下。

1）进入 UG NX5.0 的主界面

选择【开始】/【程序】/【UGS NX5.0】/【NX 5.0】命令，或双击桌面上的快捷方式图标，就进入 UG NX5.0 的主界面。

2）新建部件文件

(1) 选择菜单命令【文件】/【新建】，或单击【标准】工具栏中的按钮，系统将弹出【文件新建】对话框。

(2) 在【文件新建】对话框中选择【模型】选项卡，并在新文件的“名称”文本框中输入“baochijia”，再确定文件的存储路径为“F:\gear-pump\”，然后单击【确定】按钮，新建部件文件后进入建模功能模块。

3）创建圆盘

(1) 在【成型特征】工具栏中单击按钮，或选择菜单命令【插入】/【设计特征】/【圆柱体】，系统将弹出【圆柱】对话框，如图 4.3.1 所示。

(2) 在【圆柱】对话框的“类型”下拉列表中选择“轴、直径和高度”选项。

(3) 在“指定矢量”下拉列表中选择 ZC 轴作为圆柱体的轴线方向。

(4) 在“指定点”的右侧单击【点构造器】按钮，弹出【点】对话框，如图 4.3.2 所示。

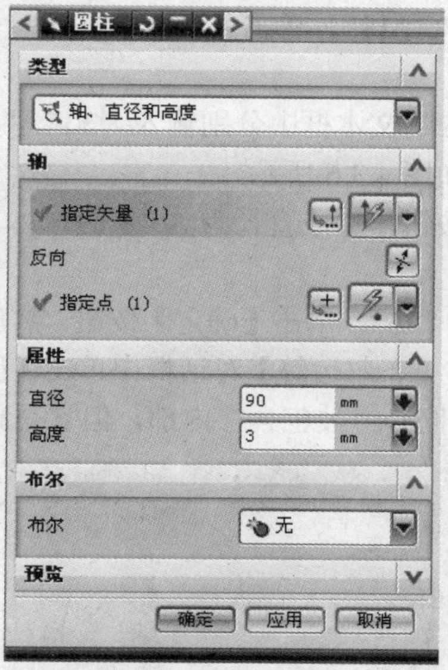

图 4.3.1　【圆柱】对话框

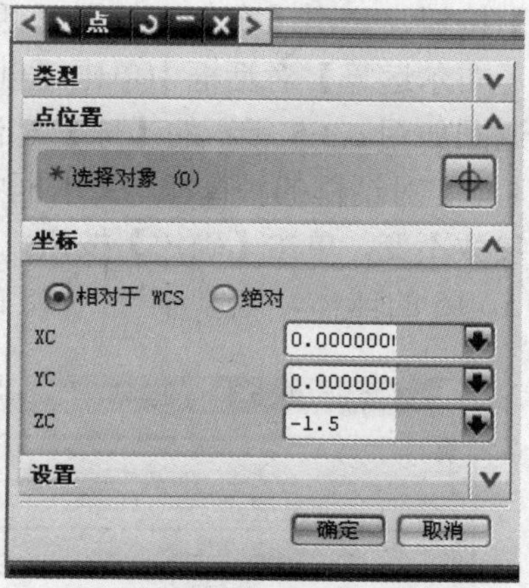

图 4.3.2　【点】对话框

(5) 在【点】对话框的“XC”、“YC”和“ZC”文本框中分别输入“0”、“0”和“-1.5”，以该点作为圆柱体的底圆中心，单击【确定】按钮。

（6）在“直径”和“高度”文本框中分别输入“90”和“3”，单击【确定】按钮，完成圆盘的创建操作，如图 4.3.3 所示。

4）创建球体

（1）在【成型特征】工具栏中单击按钮，或选择菜单命令【插入】/【设计特征】/【球体】，系统将弹出如图 4.3.4 所示的【球】对话框。

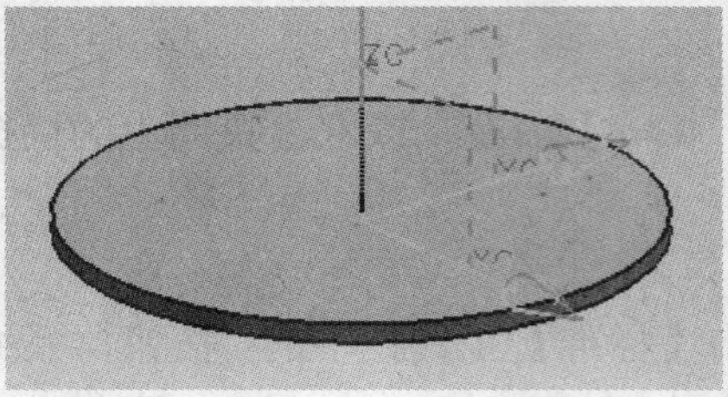

图 4.3.3　圆盘

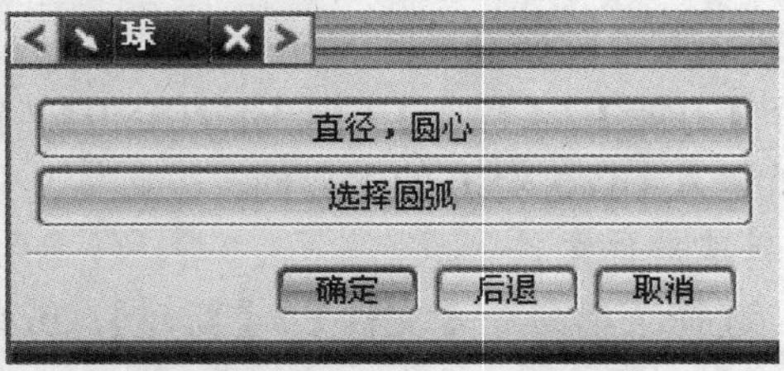

图 4.3.4　【球】对话框

（2）在【球】对话框中单击【直径，圆心】按钮，系统将弹出如图 4.3.5 所示的【球】对话框。

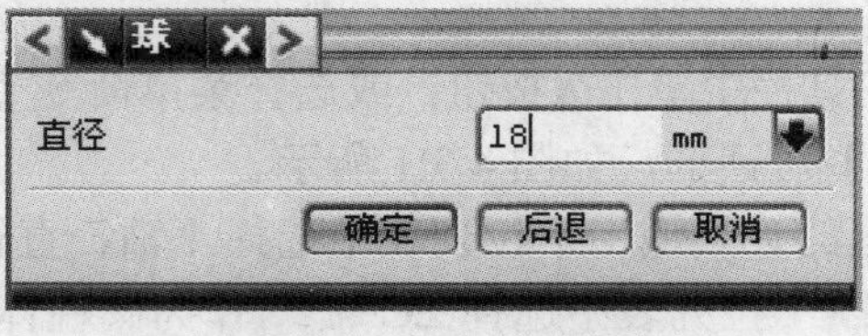

图 4.3.5　【球】对话框

（3）在【球】对话框的“直径”文本框中输入“18”，单击【确定】按钮，弹出【点】对话框。

（4）在【点】对话框的“XC”、“YC”和“ZC”文本框中分别输入“30”、“0”和“0”，单击【确定】按钮，弹出【布尔运算】对话框，如图 4.3.6 所示。

（5）在【布尔运算】对话框中单击【创建】按钮，生成直径为 $S\phi18$ 的球体，如图 4.3.7 所示，系统返回如图 4.3.5 所示的【球】对话框。

（6）在【球】对话框的“直径”文本框中输入“15”，单击【确定】按钮，然后保持【点】对话框中的参数不变，单击【确定】按钮。最后在【布尔运算】对话框中单击【创建】按钮，生成直径为 $S\phi15$ 的球体，该球体与 $S\phi18$ 的球体同心，被包含在内部，但它是独立的球体。

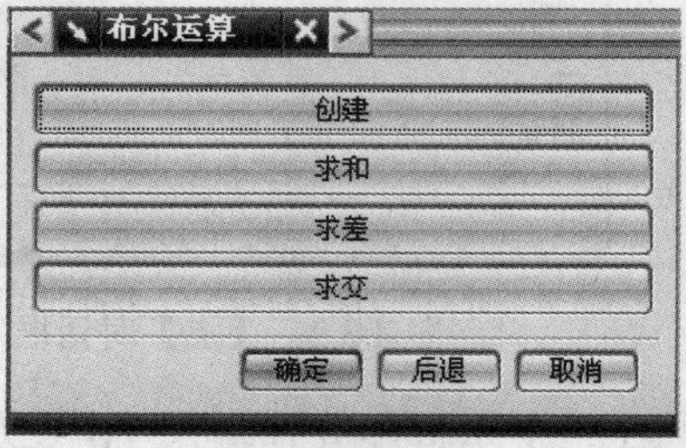

图 4.3.6　【布尔运算】对话框

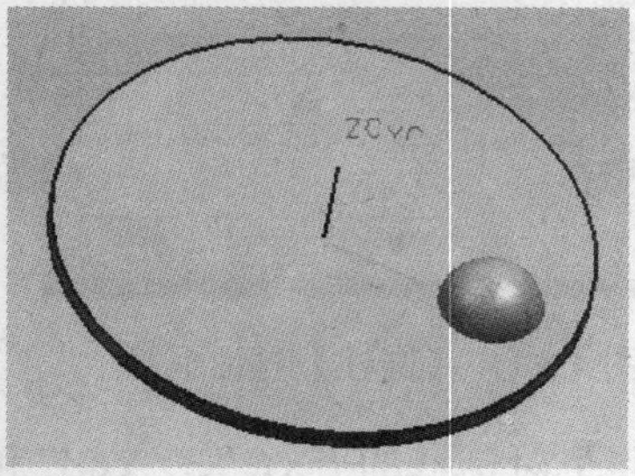

图 4.3.7　球体

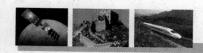

5）利用球体进行切割

（1）在【成型特征】工具栏中单击按钮，或选择菜单命令【插入】/【设计特征】/【球体】，弹出【球】对话框。

（2）在【球】对话框中单击【直径，圆心】按钮，然后在球的参数设置对话框的“直径”文本框中输入“60”，接着在【点】对话框的“XC”、“YC”和“ZC”文本框中均输入“0”，单击【确定】按钮，弹出【布尔运算】对话框。

（3）在【布尔运算】对话框中单击【求交】按钮，并按系统提示选取需要进行切割的圆盘，完成圆盘外侧的切割。

（4）重复以上操作，在布尔交操作时选取 $S\phi18$ 球体，完成 $S\phi18$ 球体外侧的切割，如图 4.3.8 所示。

（5）按相同的方法，切割圆盘和 $S\phi18$ 球体的内侧。切割球体的直径参数为 $S\phi52$，将布尔【求交】改为布尔【求差】，切割后的模型如图 4.3.9 所示。

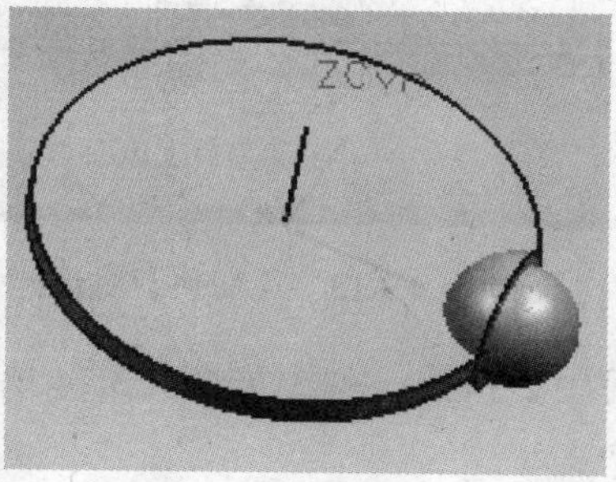

图 4.3.8　外侧切割

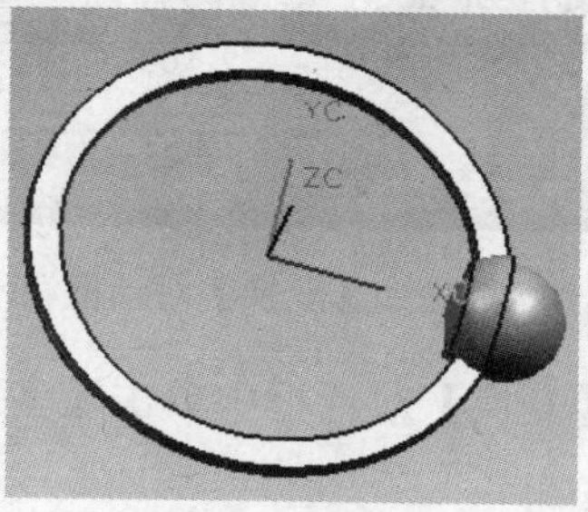

图 4.3.9　内侧切割

6）圆周阵列操作

（1）选择菜单命令【编辑】/【变换】，系统将弹出【类选择】对话框。

（2）按系统提示选取要进行变换操作的球体，确定后弹出【变换】对话框。

（3）在【变换】对话框中单击【绕直线旋转】按钮，弹出如图 4.3.10 所示的【变换】对话框。

（4）在该对话框中单击【点和矢量】按钮，然后在弹出的【点】对话框的“XC”、“YC”和“ZC”文本框中均输入“0”，单击【确定】按钮，弹出如图 4.3.11 所示的【矢量】对话框。

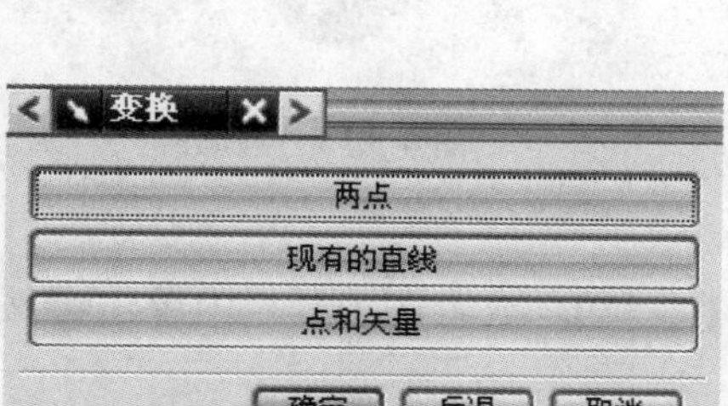

图 4.3.10　【变换】对话框

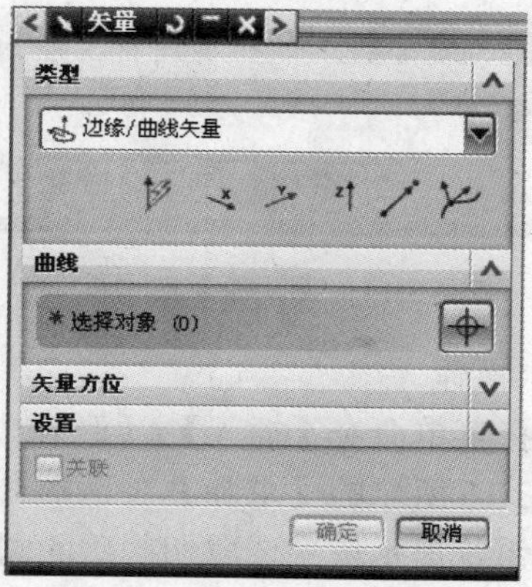

图 4.3.11　【矢量】对话框

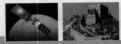

（5）在【矢量】对话框中选择 ZC 轴作为圆周阵列的旋转轴，单击【确定】按钮，弹出如图 4.3.12 所示的【变换】对话框。

（6）在【变换】对话框的“角度”文本框中输入“360/8”，单击【确定】按钮，弹出如图 4.3.13 所示的【变换】对话框。

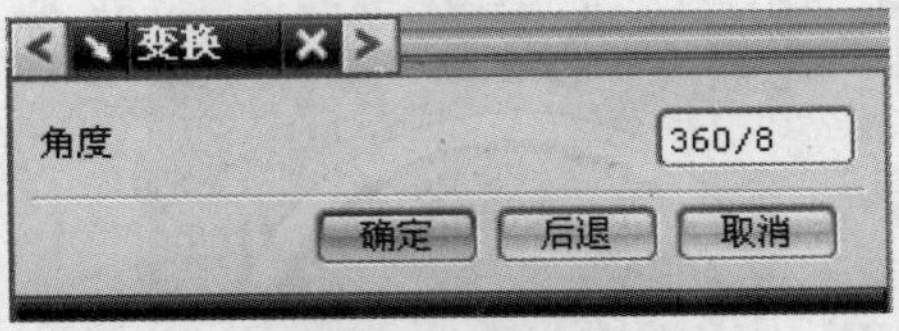

图 4.3.12 【变换】对话框

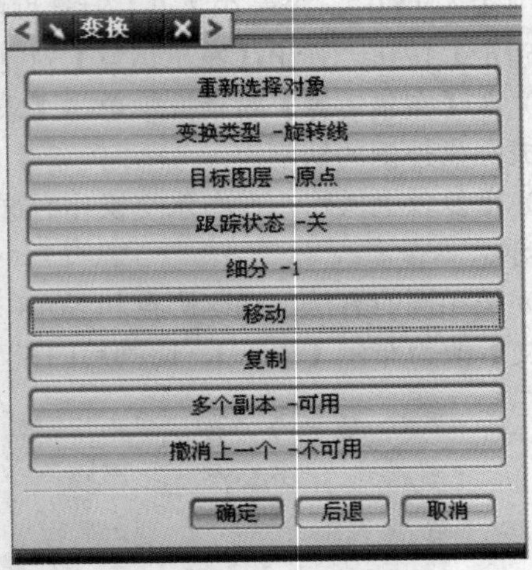

图 4.3.13 【变换】对话框

（7）在【变换】对话框中单击【多个副本-可用】按钮，弹出如图 4.3.14 所示的【变换】对话框。

（8）在【变换】对话框的“副本数”文本框中输入“8-1”，单击【确定】按钮，完成圆周阵列操作，如图 4.3.15 所示。

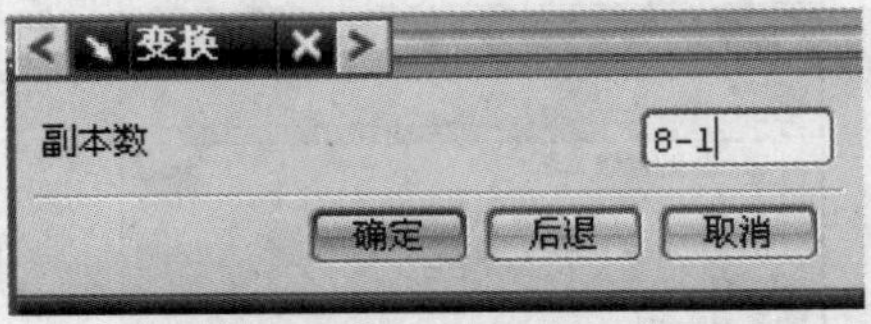

图 4.3.14 【变换】对话框

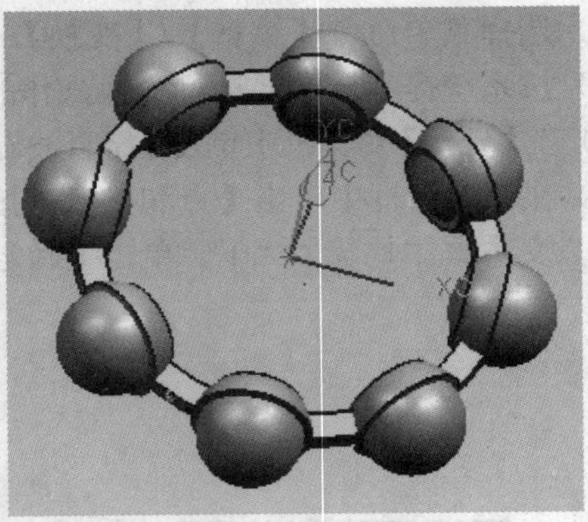

图 4.3.15 圆周阵列

7）布尔操作

（1）选择菜单命令【插入】/【联合体】/【求和】，或者在工具栏中单击按钮，系统会弹出如图 4.3.16 所示的【求和】对话框。

（2）按系统提示依次选取切割后的圆盘和圆周阵列后的各 $S\phi18$ 球体，单击【应用】按钮。

（3）完成全部求和操作后，单击【确定】按钮。

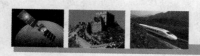

（4）选择菜单命令【插入】/【联合体】/【求差】，或者在工具栏中单击按钮，系统会弹出如图 4.3.17 所示的【求差】对话框。

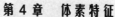

图 4.3.16　【求和】对话框

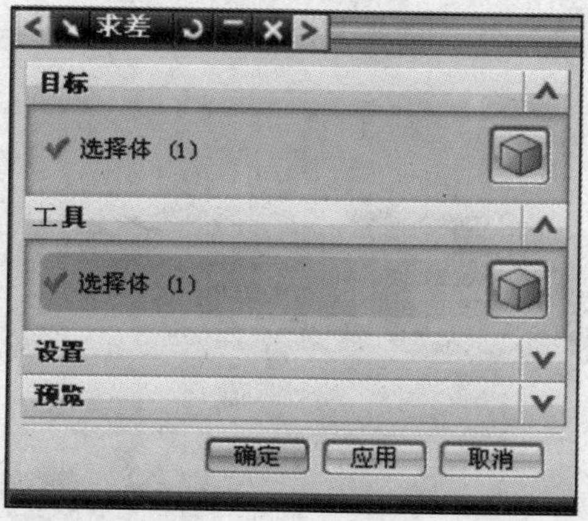

图 4.3.17　【求差】对话框

（5）按系统提示依次选取求和后的圆盘作为目标体，选取圆周阵列后的各 $S\phi15$ 球体作为工具体，单击【应用】按钮。

（6）全部求差后，单击【确定】按钮，完成保持架的创建操作，如图 4.3.18 所示。

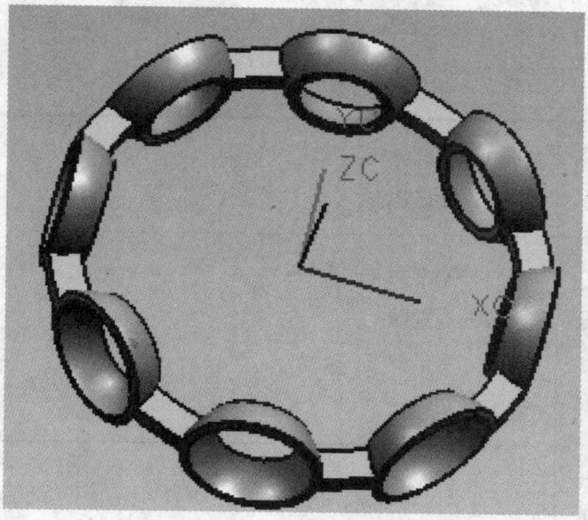

图 4.3.18　保持架

知识梳理与总结

本章详细介绍了 UG NX 5.0 系统中三维实体建模的基本体素特征，包括长方体、圆柱体、圆锥体和球体。基本体素特征是特征建模的基础，它可以作为从属特征的依附对象，主要用于建立各种零部件产品的基本实体模型。通过对本章的学习，读者应该掌握基本体素特征参数的设置，点构造器、矢量构造器的应用，布尔操作等。

第5章 成型特征

教学导航

知识重点	1．基准特征； 2．从属特征
知识难点	1．基准面与基准轴； 2．放置面； 3．水平参考； 4．定位
教学方式	在多媒体机房，教与练相结合
建议学时	10 课时

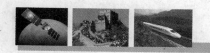

5.1 基准特征

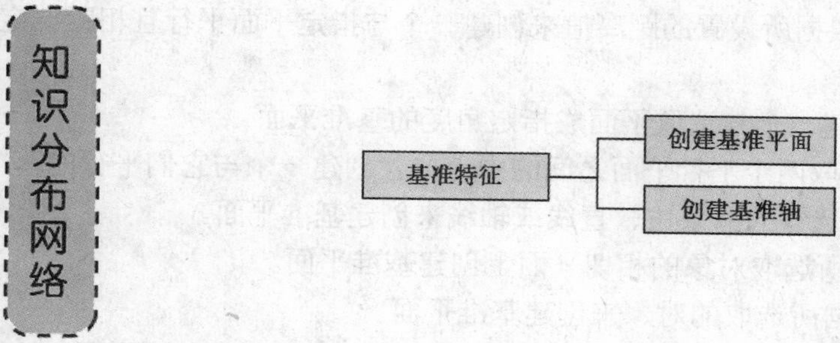

基准特征是实体建模中的辅助工具，起参考作用。分为基准平面、基准轴和基准坐标系。在实体建模过程中，利用基准特征，可以在所需的方向和位置上绘制草图、生成实体或直接创建实体。基准特征的位置可以固定，也可以随其关联对象的变化而改变，使实体建模更加灵活方便。

5.1.1 创建基准平面

基准平面是在实体造型时常常用到的辅助平面，创建基准平面主要是为了在非平面上方便地创建所需特征，或者为草图提供草图平面的位置。例如，借助基准平面可以在圆柱表面、圆锥表面和球面等不易创建特征的表面上方便地创建孔、键槽等特征。

基准平面分为相对基准平面和固定基准平面两种。相对基准平面与模型中其他对象（如曲线、面或其他基准等）关联，并受其关联对象的约束，是参数化的对象；固定基准平面没有关联对象，以工作坐标的坐标平面产生，不受其他对象约束，也是非参数化的，不具有修改性。

1. 基准平面的类型

基准平面包括固定基准平面和相关基准平面两大类：相关基准平面是根据现存的几何体如曲线、面、边缘、控制点、表面或其他基准来建立的，与几何体相关。此外，可以跨多个几何体创建相关基准平面。固定基准平面与几何体不相关，并且没有约束关系。

2. 基准平面的创建方法

在【成型特征】工具栏中单击□按钮，或选择菜单命令【插入】/【基准/点】/【基准平面】，系统将弹出如图 5.1.1 所示的【基准平面】对话框，可以通过系统提供的以下多种基准平面创建方式来创建基准平面。

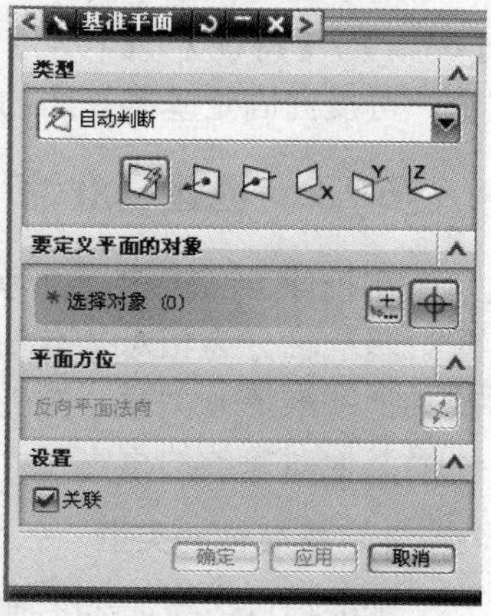

图 5.1.1 【基准平面】对话框

（1）自动判断：根据选取对象的不同，由系统自动判断用哪种方式创建基准平面。

（2）点和方向：根据所设置的一个点和矢量方向来创

建基准平面。

（3）曲线上的面：根据选取的曲线和指定曲线上的某个点来创建一个过该点与曲线相切或垂直的基准平面。

（4）按某一距离：根据所设置的距离值来创建一个与指定平面平行且相距一定距离的基准平面。

（5）成一角度：创建一个与选取平面成指定角度的基准平面。

（6）平分平面：在选取两个平行平面之间的中点位置创建一个与它们平行的基准平面。

（7）两直线：根据选取的两条边、直线或轴线来创建基准平面。

（8）相切平面：在所选取对象的相切平面上创建基准平面。

（9）通过对象：根据所选取的对象来创建基准平面。

（10）、、坐标系平面：在三个基本的坐标系平面上创建基准平面。

（11）系数：根据所设置的平面方程式的系数来选取创建基准平面。

（12）循环解：用于转换当前基准平面的生成型式，如果根据用户的设置所能产生的基准对象不是唯一的，那么，这个按钮就会被激活，单击该按钮，系统就会在不同的基准平面生成型式间交替循环。

（13）法向反向：用于改变当前基准平面的法向方向。

（14）关联 关联：选中该复选框，则创建相关基准平面。否则，创建固定基准平面。

3. 编辑基准平面

应用下列任一种方法都可以进入基准平面的编辑方式。

（1）双击一个基准平面。

（2）右击一个基准平面，在弹出的快捷菜单中选择【编辑参数】或【使用回滚编辑】命令。

（3）选择【编辑】/【特征】/【参数】菜单命令，然后选择基准平面。

对于相关基准平面，在编辑方式下可以改变创建基准平面的类型，将相关基准平面修改为固定基准平面。

对于固定基准平面，在编辑方式下可以将固定基准平面修改为相关基准平面；也可选择【编辑】/【特征】/【移动】命令，移动固定基准平面；选择【编辑】/【特征】/【参数】命令，可反向固定基准平面的法向方向。

5.1.2 创建基准轴

在拉伸、回转和定位等操作过程中，常常会用到辅助的基准轴来确定其他特征的生成位置。基准轴分为相对基准轴和固定基准轴两种，相对基准轴与模型中其他对象（如曲线、面或其他基准等）关联，并受其他对象约束；固定基准轴则没有参考对象，由工作坐标产生，不受其他对象的约束。

1. 基准轴的类型

基准轴包括固定基准轴和相关基准轴两大类：固定基准轴固定到模型空间，与实体模型不相关并且没有约束关系；相关基准轴依赖于其他实体模型，并且与定义基准轴的实体模型相关。

2．基准轴的创建方法

在【成型特征】工具栏中单击 按钮，或选择菜单命令【插入】/【基准/点】/【基准轴】，系统将弹出如图 5.1.2 所示的【基准轴】对话框，可以通过系统提供的六种方式创建基准轴。

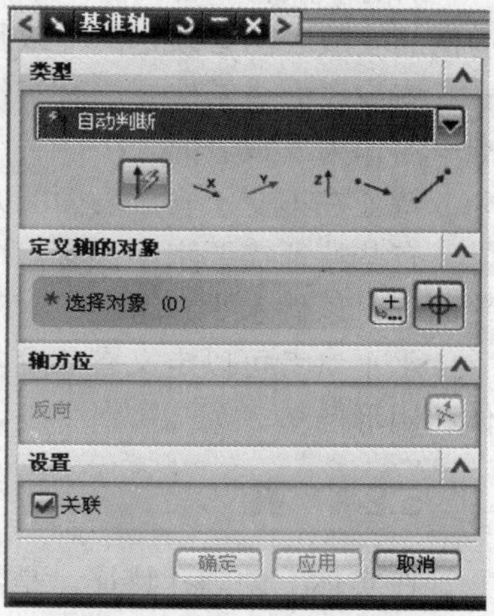

图 5.1.2　【基准轴】对话框

（1） 自动判断：根据选取对象的不同，由系统自动判断用哪种方式创建基准轴。

（2） 交线：根据所指定的两曲面的交线来创建基准轴。

（3） 点和方向：根据所设置的一个点和矢量方向来创建基准轴。

（4） 两个点：根据所设置的两个点的矢量方向来创建基准轴。

（5） 点在曲线上：根据所指定曲线上的某个点，来创建一个过该点曲线的切向基准轴。

（6） 、 、 固定基准：用于生成三个基本坐标轴中的任意一个。

3．编辑基准轴

应用下列任一种方法都可以进入基准轴的编辑方式。

（1）双击基准轴。

（2）右击基准轴，在弹出的快捷菜单中选择【编辑参数】菜单命令。

（3）选择【编辑】/【特征】/【参数】菜单命令，然后选择基准轴。

对于相关基准轴，在编辑方式下可将相关基准轴修改为固定基准轴。

对于固定基准轴，在编辑方式下可将固定基准轴修改为相关基准轴；也可选择【编辑】/【特征】/【移动】菜单命令，移动固定基准轴；选择【编辑】/【特征】/【参数】菜单命令，可反向固定基准轴的法线方向。

5.2　从属特征

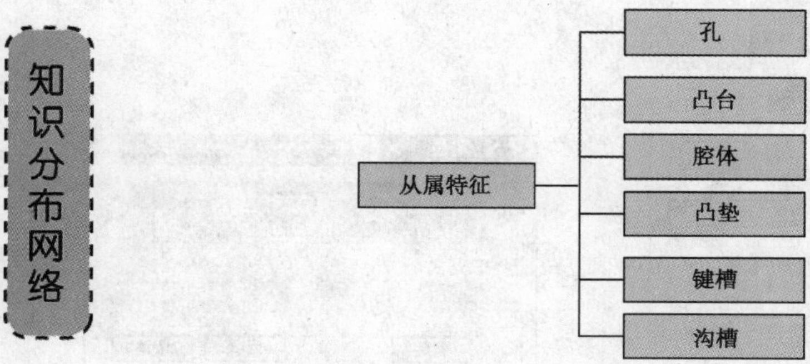

体素特征可以作为模型的第一特征出现，而从属特征必须附着于已有模型的基础之上，因

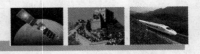

此称之为从属特征。它仿真零件的粗加工过程，包括孔、圆台、腔体、凸垫、键槽和沟槽等。

所有从属特征都需要一个安放表面。对于大多数从属特征来说，安放表面必须是平面。沟槽的安放表面必须是圆柱或圆锥面。

安放表面通常选择已有实体的表面。如果没有可作为安放表面的平面，可以使用相对基准平面作为安放表面。

特征在正交于安放表面的方向建立，而且与安放表面相关联。

有些特征需要水平参考，用于定义特征坐标系的 XC 轴方向。边缘、面、基准轴或基准平面都可以做水平参考。

水平参考可以定义有长度参数的从属特征的长度方向，这些从属特征包括键槽、矩形腔体和矩形凸垫。

5.2.1　孔

在实体上创建孔特征，是零部件设计中比较常用的功能。在 UG 系统中，可创建三种类型的孔特征：简单孔、沉头孔和埋头孔。同时，在创建各种类型的孔时，均可以通过操作选项来控制是否生成通孔贯穿所选取的表面。

在【成型特征】工具栏中单击按钮，或选择菜单命令【插入】/【设计特征】/【孔】，系统会弹出如图 5.2.1 所示的【孔】对话框，利用该对话框可以进行各种孔创建方式的设置。

在实体上创建三种孔特征的操作步骤大致相同：首先在该对话框中选取要创建孔的类型；然后选择某实体表面或基准平面作为孔的放置面，如果是通孔还需要设置通过平面，再设置孔的相关参数；最后可以通过定位功能确定孔在实体上的生成位置。

1．简单孔

该类型是系统的默认形式。操作时，按照选择步骤先选择孔的放置平面。孔的放置平面可以是实体表面或基准平面。如果需要打通孔，还需要接着选择通过面。然后在对话框中设置孔的“直径”、“深度”和“顶锥角”三个参数值，其中“顶锥角”参数值必须大于等于 0° 且小于 180° 。如果要创建通孔，则在对话框中可以不设置“深度”和“顶锥角”参数选项。而在选取放置面后，还要选取一个通孔通过面。输入相应的参数后，单击【确定】按钮，系统将弹出如图 5.2.2 所示的【定位】对话框。

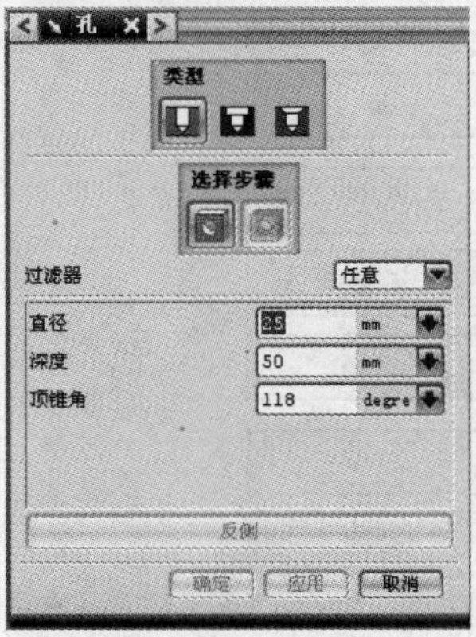

图 5.2.1　【孔】对话框

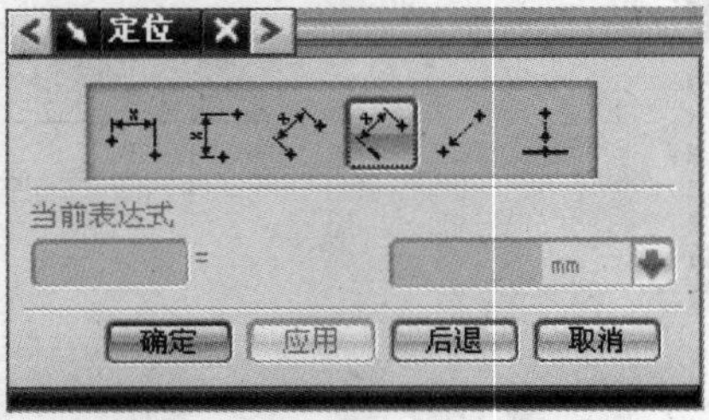

图 5.2.2　【定位】对话框

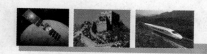

该对话框提供了以下六种特征定位方式。

（1）水平：通过在目标体上指定一点，系统以孔端面圆心与该点在水平参考方向上的投影距离进行定位。单击该按钮，弹出的对话框取决于当前是否已经定义了水平参考方向。

如果没有定义水平参考方向，系统将弹出如图 5.2.3 所示的【水平参考】对话框。

此时可以选择实体的边缘、面（圆柱面或圆锥面）、基准轴等作为水平参考方向。定义了水平参考方向后，系统将弹出如图 5.2.4 所示的【水平】对话框。按系统提示选择一个目标对象后，系统将弹出【定位】对话框，其文本框中显示默认的尺寸值，可对水平尺寸值进行修改，然后单击【确定】按钮，完成水平定位操作。

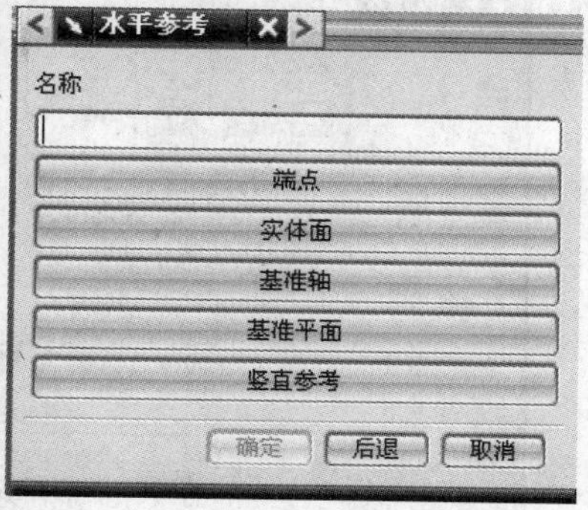

图 5.2.3 【水平参考】对话框

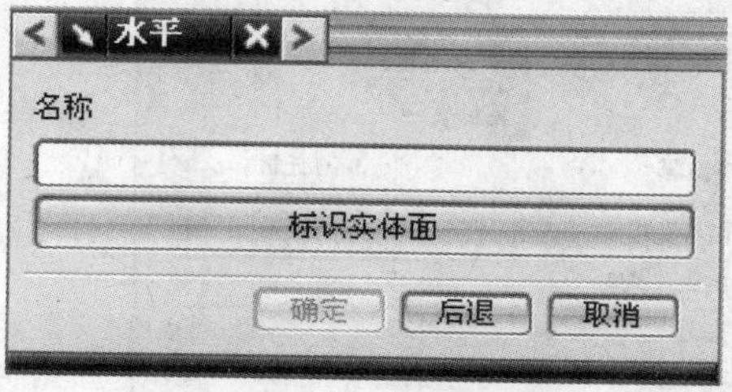

图 5.2.4 【水平】对话框

如果已经定义了水平参考方向，则不再出现【水平参考】对话框，而直接弹出【水平】对话框。

（2）竖直：通过在目标体上指定一点，系统以孔端面圆心与该点在垂直参考方向上的投影距离进行定位。单击该按钮，弹出的对话框和操作步骤与水平定位方式类似。

（3）平行：通过在目标体上指定一点，系统以孔端面圆心与该点在放置面上的投影距离进行定位。单击该按钮，弹出的对话框和操作步骤与水平定位方式类似。

（4）垂直：通过在目标体上指定一条直线（或基准轴），系统以孔端面圆心与该直线的最小距离进行定位。单击该按钮，弹出的对话框和操作步骤与水平定位方式类似。

（5）点到点：通过在目标体上指定一点，使孔端面圆心与该点重合进行定位。可以认为点到点定位是平行定位的特例，即在平行定位中距离为零，其操作步骤与平行定位方式类似。

（6）点到线上：通过在目标体上指定一条直线（或基准轴），系统以孔端面圆心与该直线重合进行定位。可以认为点到线上定位是垂直定位的特例，即在垂直定位中距离为零，其操作步骤与垂直定位方式类似。

当孔的定位方式确定后，即在指定位置按输入参数创建所需的简单孔。

2. 沉头孔

该类型提供了沉头孔的创建功能。单击该按钮，系统将弹出如图 5.2.5 所示的【孔】对话框。

沉头孔的参数包括“沉头孔直径”、“沉头孔深度”、“孔径”、“孔深度”和“顶锥角”。选择实体表面或基准平面作为放置面后，在各参数文本框中输入相应的参数值。

在输入参数时，“沉头孔直径”必须大于“孔径”，“沉头孔深度”必须小于“孔深度”，“顶锥角”必须大于等于 0° 且小于 180° 。如果要创建通孔，可以不设置“孔深度”和“顶锥角”参数选项。单击【确定】按钮，其后弹出的【定位】对话框及操作步骤与简单孔类似。

当孔的定位方式确定后，即在指定位置按输入参数创建所需的沉头孔。

3. 埋头孔

该类型提供了埋头孔的创建功能。单击该按钮，系统将弹出如图 5.2.7 所示的【孔】对话框。

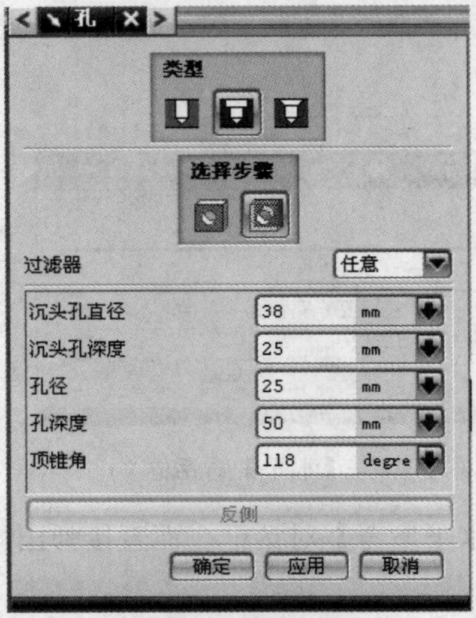

图 5.2.5 【孔】对话框

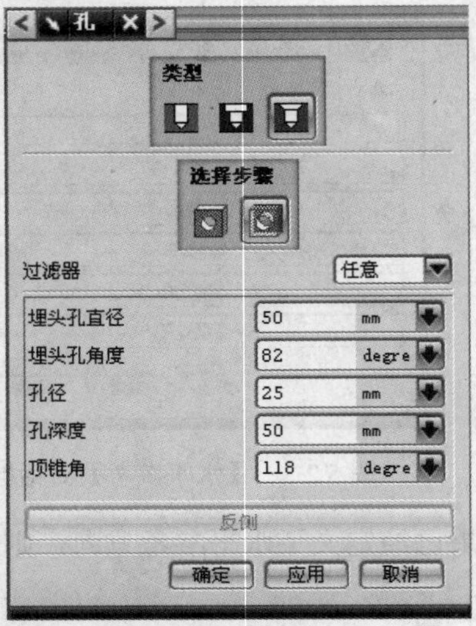

图 5.2.6 【孔】对话框

埋头孔的参数包括“埋头孔直径”、“埋头孔角度”、“孔径”、“孔深度”和“顶锥角”五个参数值。

选择实体表面或基准平面作为放置面后，在各参数文本框中输入相应的参数值。在输入参数时，“埋头孔直径”必须大于“孔径”，“埋头孔角度”和“顶锥角”的值必须大于等于 0° 且小于 180° 。如果要创建通孔，可以不设置“孔深度”和“顶锥角”参数选项。单击【确定】按钮，其后弹出的【定位】对话框及操作步骤与简单孔类似。

当孔的定位方式确定后，即在指定位置按输入参数创建所需的埋头孔。

在进行孔特征创建时，是从设置的孔放置面上由垂直方向向某实体的内部进行的，即孔的轴线与放置面是垂直的，孔的方向指向实体内部。

对于不是在平面上创建孔特征的情况，例如在一个圆柱体侧面创建孔特征或在一个平面上创建斜孔特征时，可以借助基准平面来完成。在操作时，孔的放置面和通过平面可以选取基准平面，可以通过调整基准平面的位置和角度来控制孔的生成型式。

另外，当选取基准平面作为孔的放置面或通孔通过面时，必须确保按孔的生成方向创建的孔与某实体相交。

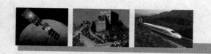

5.2.2　凸台

凸台特征与孔特征一样，都是圆柱体特征与一个实体特征进行操作。但它们在材料的处理方式上正好相反，前者是将圆柱体添加到实体上，而后者是从实体中去除圆柱体。凸台创建操作与孔的创建操作大致相同，只是凸台的生成方向与放置面的法向是相同的，总是指向实体的外侧。

在【成型特征】工具栏中单击按钮，或选择菜单命令【插入】/【设计特征】/【凸台】，系统会弹出如图 5.2.7 所示的【凸台】对话框，利用该对话框可以进行凸台的创建操作。

该对话框中包含了“直径”、“高度”和“拔锥角”三个参数文本框。在各文本框中输入相应参数，并利用定位方式对圆台进行定位，系统即可在实体上的指定位置创建凸台特征。通过对“拔锥角”参数的控制，也可以创建圆锥形的凸台。如果选取基准平面作为凸台的放置面时，该基准平面必须确保和凸台要依附的实体对象相交。

5.2.3　腔体

腔体特征也是在零件设计时常用的功能操作，它是从实体中按照一定的形状去除材料。

在【成型特征】工具栏中单击按钮，或选择菜单命令【插入】/【设计特征】/【腔体】，系统会弹出如图 5.2.8 所示的【腔体】对话框，利用该对话框可以进行腔体的创建操作。

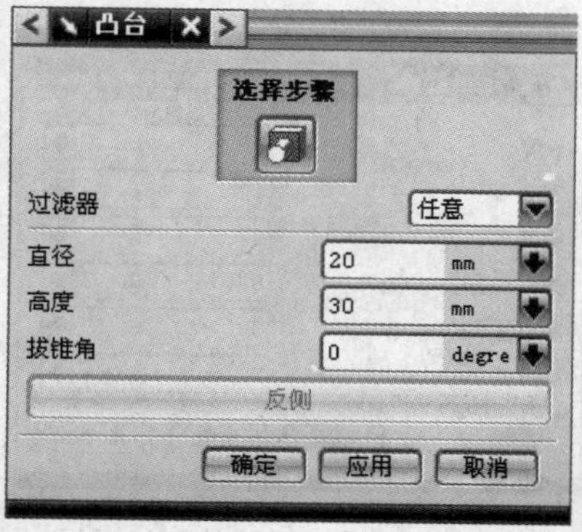

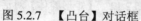

图 5.2.7　【凸台】对话框

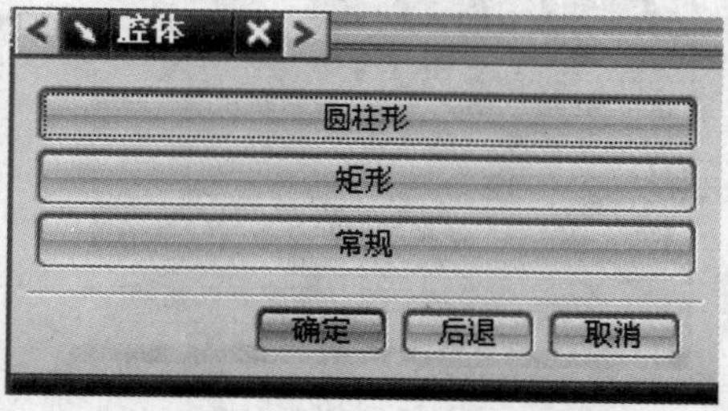

图 5.2.8　【腔体】对话框

UG 系统共提供了三种腔体特征的类型：“圆柱形”、“矩形”和“常规”。其中前两种类型的腔体比较规则，必须在平面上进行创建，它们最为常用。“常规”类型的腔体可以放置在非平面上，且腔体的轮廓形状可以为任意曲线，在操作上较为复杂。

1. 圆柱形腔体

该类型的腔体与孔特征有些类似，都是从实体上去除一个圆柱体。但是，圆柱形腔体能更好地控制底面半径的参数，而且不需要指定贯穿平面。

在【腔体】对话框中单击【圆柱形】按钮，系统将弹出如图 5.2.9 所示的【圆柱形腔体】对话框。在按系统提示选择放置平面后，弹出如图 5.2.10 所示的【圆柱形腔体】对话框。

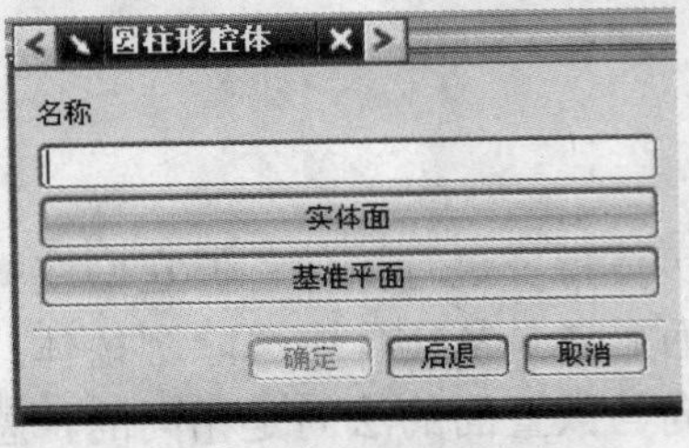

图 5.2.9 【圆柱形腔体】对话框

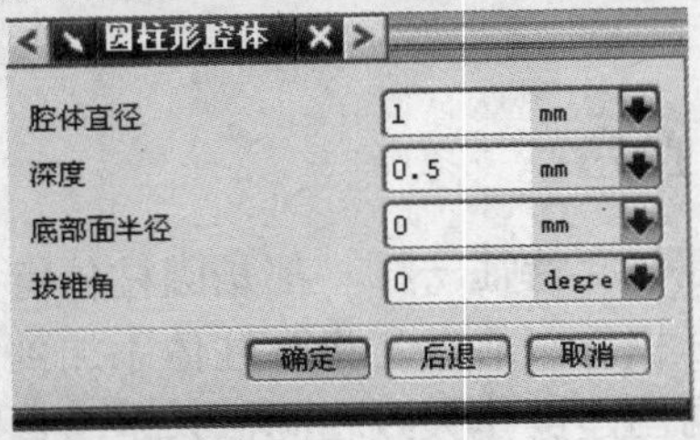

图 5.2.10 【圆柱形腔体】对话框

设置圆柱形腔体的“腔体直径”、“深度”、“底部面半径”和“拔锥角”四个参数值。其中“底部面半径”参数值必须大于等于零，且应小于“深度”参数值，“拔锥角”参数值也必须大于等于 0°。

在确定圆柱形腔体的位置后，单击【确定】按钮，即可在实体上指定的位置按输入参数创建圆柱形腔体。

2．矩形腔体

该类型的腔体是从实体上去除一个矩形块。

在【腔体】对话框中单击【矩形】按钮，系统将弹出如图 5.2.11 所示的【矩形腔体】对话框。

在选定放置平面后，弹出【水平参考】对话框，当指定水平参考方向后，系统将弹出如图 5.2.12 所示的【矩形腔体】对话框。

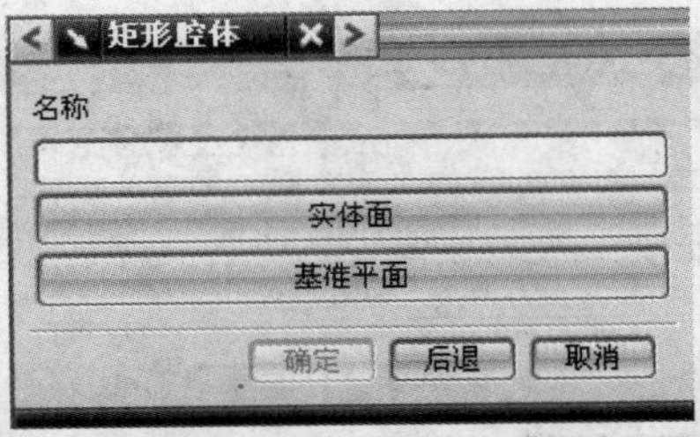

图 5.2.11 【矩形腔体】对话框

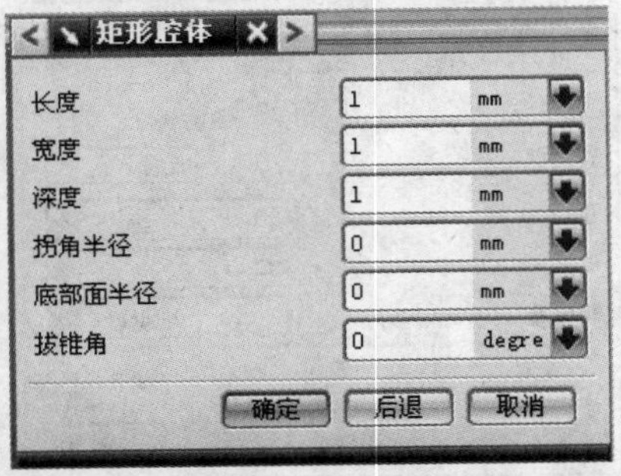

图 5.2.12 【矩形腔体】对话框

矩形块的尺寸由其“长度”、“宽度”、“深度”三个参数来确定。矩形块在深度方向上的棱边还可以倒圆角，由“拐角半径”参数控制，矩形块底面与侧面也可以倒圆角，由“底部面半径”参数控制。另外，矩形块的侧面与上、下底面也可以不垂直，其角度由其“拔锥角”参数值来控制。

3．常规腔体

与前两种类型的腔体相比，“常规”类型的腔体在形状和控制方面具有更强的灵活性。它要求的腔体放置面可以不是平面，对于腔体轮廓曲线也不一定是圆形或矩形。这使得在设计非规则的腔体时非常方便。但是，它的创建过程也比较复杂，通常都有很多步骤，而且该类型腔体的曲线是非参数化的，修改曲线的形状相当困难。

当单击该类型按钮后，系统会弹出如图 5.2.13 所示的【常规腔体】对话框。

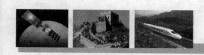

该对话框上部的选项用于指定创建一般腔体的操作步骤；中部为可变显示区，用于显示各相应操作步骤中的选项参数；下部为公用选项区，用于设置创建一般腔体的参数。

对于这种类型腔体的使用，由于其不能实现参数化，因此不常用到，仅在进行较为特殊的腔体设计时使用。在【常规腔体】对话框中有 10 个选择步骤，有些只在某些特定的操作或控制选项下才被激活。在创建一般腔体时，并不一定会使用到每个操作步骤，通常情况下可以根据系统的提示来进行操作，创建常规腔体。

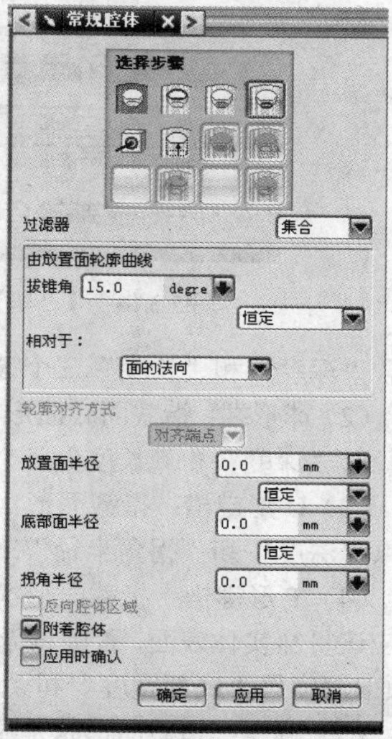

图 5.2.13　【常规腔体】对话框

5.2.4　凸垫

凸垫特征和腔体特征类似，只是它们在材料的处理方式上相反，前者将材料添加到实体上，而后者是从实体中去除材料的。

在【成型特征】工具栏中单击按钮，或选择菜单命令【插入】/【设计特征】/【凸垫】，系统将弹出如图 5.2.14 所示的【凸垫】对话框，利用该对话框可以进行凸垫的创建操作。

系统提供了两种类型创建凸垫的操作方式："矩形"和"常规"。

1. 矩形凸垫

矩形凸垫用于创建一个矩形块特征。其控制参数和矩形腔体的参数基本相同，只是没有【底部面半径】参数。在操作时，选取凸垫的放置面和水平参考方向，并设置好相关参数值后，即可利用凸垫定位功能来创建矩形凸垫特征。

2. 常规凸垫

常规类型凸垫与常规类型腔体的操作方法相似，通过该功能，能够创建外形更为复杂的凸垫特征。

5.2.5　键槽

键槽特征是从实体上去除槽形材料而形成的一种特征结构。键槽只能建立在实体的平面上，如果要在非平面上建立键槽，则必须先建立基准平面。所有类型键槽的深度值都是垂直于安放面测量的。

在【成型特征】工具栏中单击按钮，或选择菜单命令【插入】/【设计特征】/【键槽】，系统将弹出如图 5.2.15 所示的【键槽】对话框，利用该对话框可以进行键槽的创建操作。

系统提供了以下五种类型键槽的创建操作。

（1）矩形：指截面底面形状是矩形的键槽，创建该类型键槽时，系统要求用户输入"宽

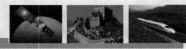

图 5.2.14　【凸垫】对话框

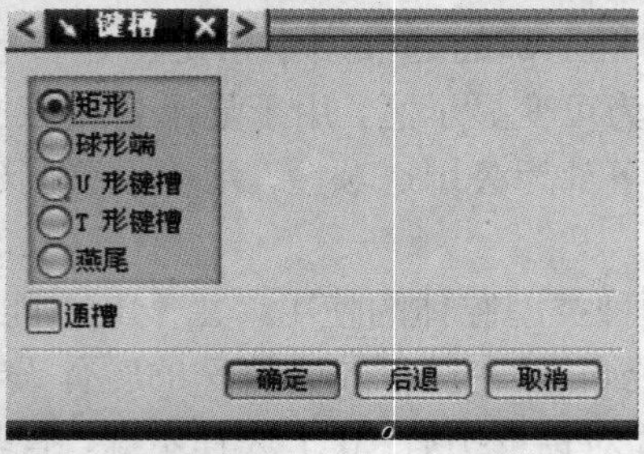

图 5.2.15　【键槽】对话框

度”、“深度”和“长度”三个键槽参数。

（2）球形端：指截面底面形状是球形的键槽，创建该类型键槽时，系统要求用户输入“球直径”、“深度”和“长度”三个键槽参数。

（3）U 形键槽：指截面形状是 U 形的键槽，创建该类型键槽时，系统要求用户输入“宽度”、“深度”和“拐角半径”三个键槽参数。

（4）T 形键槽：指截面形状是 T 形的键槽，从加工的角度看，这种类型的键槽至少有一端应该贯穿实体表面，否则将无法加工。创建该类型键槽时，系统要求用户输入“顶部宽度”、“顶部深度”、“底部宽度”和“底部深度”四个键槽参数。

（5）燕尾：指截面形状是燕尾形的键槽，从加工的角度看，这种类型的键槽至少有一端应该贯穿实体表面，否则将无法加工。创建该类型键槽时，系统要求用户输入“宽度”、“深度”、“角度”和“长度”四个键槽参数。

如果在操作时要创建通槽，应选中“通槽”复选框，操作时系统提示选择起始通过面和终止通过面，所选通槽的起始通过面和终止通过面不能与水平参考方向平行，而且必须与放置面相交。创建的键槽将穿透通槽起始通过面与终止通过面，同时在其参数对话框中没有“长度”参数。

在实体上创建键槽的一般步骤如下。

（1）选择建立键槽的类型。

（2）选取实体平面或基准平面作为键槽的放置面。

（3）指定键槽的水平参考方向作为键槽的长度方向。

（4）如果是通槽，选择两个通过面。

（5）输入键槽参数。

（6）利用定位操作确定键槽在实体上的位置。

5.2.6　沟槽

在零件设计中，经常会遇到在旋转体表面上开槽的情况。系统提供了沟槽特征，专门用于在旋转体表面上创建环形槽。

在【成型特征】工具栏中单击按钮，或选择菜单命令【插入】/【设计特征】/【沟槽】，系统会弹出如图 5.2.16 所示的【沟槽】对话框，利用该对话框可以创建沟槽。

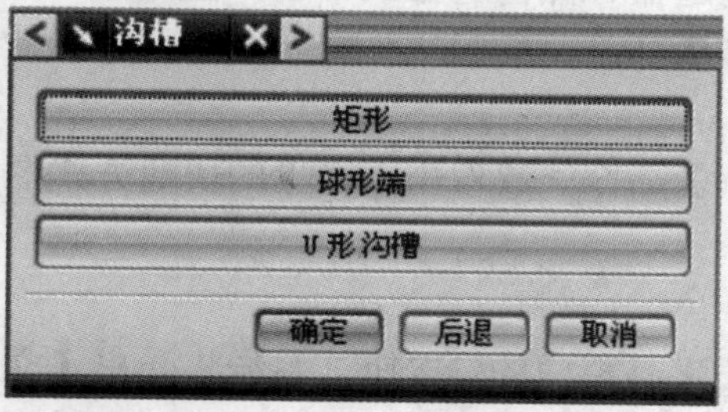

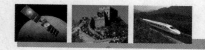

图 5.2.16 【沟槽】对话框

根据沟槽的截面形状，它可分为矩形沟槽、球形端沟槽和 U 形沟槽。从它的生成型式来分，又可分为内部沟槽和外部沟槽。

（1）矩形：指截面形状是矩形的沟槽，创建该类型沟槽时，系统要求用户输入“沟槽直径”和“宽度”两个沟槽参数。

（2）球形端：指截面形状是球形的沟槽，创建该类型沟槽时，系统要求用户输入“沟槽直径”和“球直径”两个沟槽参数。

（3）U 形沟槽：指截面形状是 U 形的沟槽，创建该类型沟槽时，系统要求用户输入“沟槽直径”、“宽度”和“拐角半径”三个沟槽参数。

在实体上创建沟槽的一般步骤如下。

（1）选择建立沟槽的类型。

（2）选取圆柱面或圆锥面作为沟槽的放置面。

（3）输入沟槽参数。

（4）利用定位功能确定沟槽在实体上的位置。

案例 9　三通零件设计

完成如图 5.3.1 所示三通零件的建模。

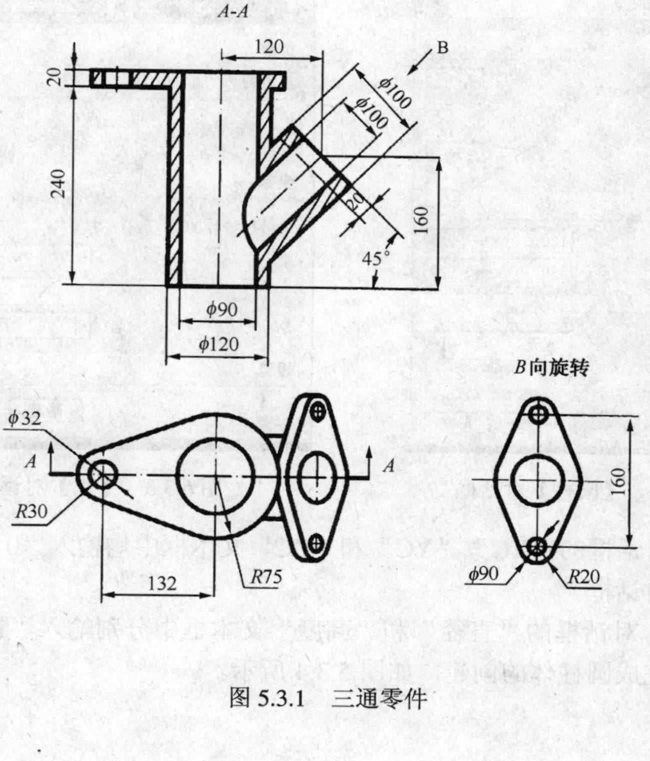

图 5.3.1 三通零件

本题涉及的知识面：新建部件文件、圆柱、矢量构造器、点构造器、草图、拉伸、坐标系移动、坐标系旋转、布尔操作、孔等。具体的操作步骤如下。

1）进入 UG NX 5.0 的主界面

选择【开始】/【程序】/【UGS NX 5.0】/【 NX 5.0】命令，或双击桌面上的快捷方式图标，进入 UG NX 5.0 的主界面。

2）新建部件文件

选择菜单命令【文件】/【新建】，或单击【标准】工具栏中的按钮，系统将弹出【文件新建】对话框。

在【文件新建】对话框中选择【模型】选项卡，并在“名称”文本框中输入“santong”，再确定文件的存储路径为“F:\gear-pump\”，然后单击【确定】按钮，新建部件文件后进入建模功能模块。

3）创建圆柱体

（1）在【成型特征】工具栏中单击按钮，或选择菜单命令【插入】/【设计特征】/【圆柱体】，系统将弹出【圆柱】对话框，如图 5.3.2 所示。

（2）在【圆柱】对话框的“类型”下拉列表中选择“轴、直径和高度”选项。

（3）在“指定矢量”下拉列表中选择 ZC 轴作为圆柱体的轴线方向。

（4）在“指定点”的右侧单击【点构造器】按钮，弹出【点】对话框，如图 5.3.3 所示。

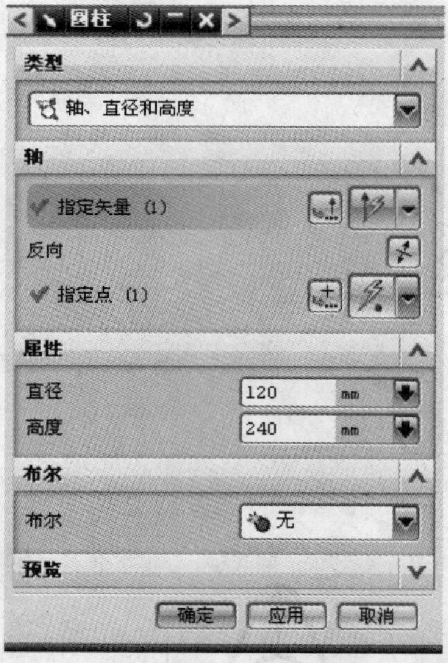

图 5.3.2 【圆柱】对话框

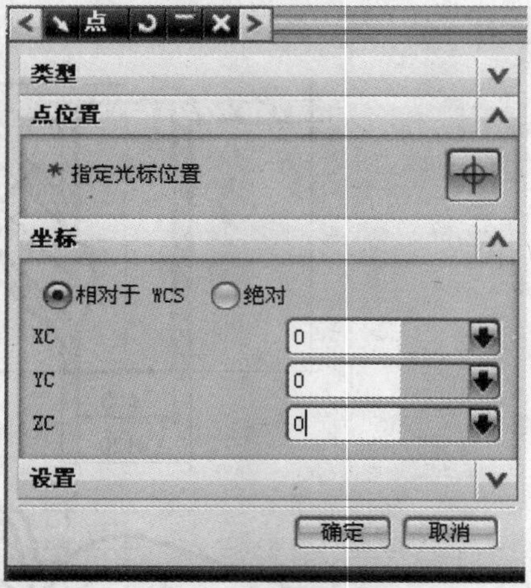

图 5.3.3 【点】对话框

（5）在【点】对话框的“XC”、“YC”和“ZC”文本框中均输入“0”，单击【确定】按钮，返回【圆柱】对话框。

（6）在【圆柱】对话框的“直径”和“高度”文本框中分别输入“120”和“240”，单击【确定】按钮，完成圆柱体的创建，如图 5.3.4 所示。

4）创建上法兰

（1）在【成型特征】工具栏中单击按钮，或选择菜单命令【插入】/【草图】，系统将弹出【创建草图】对话框，如图 5.3.5 所示。

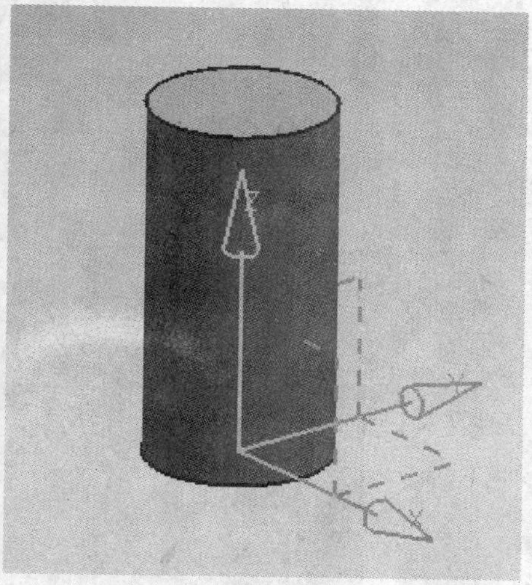

图 5.3.4 圆柱体

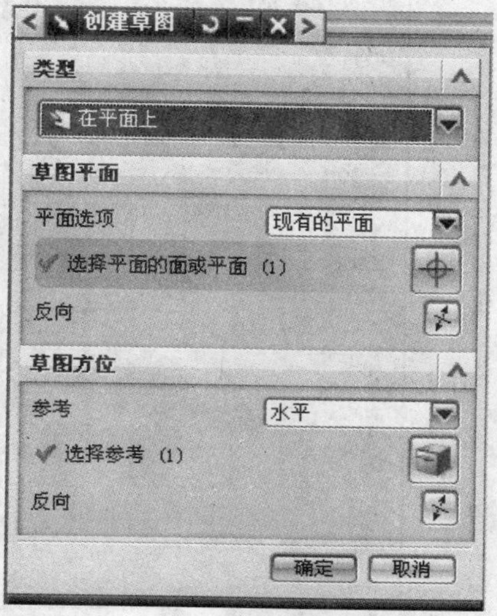

图 5.3.5 【创建草图】对话框

（2）选取圆柱体的上表面作为草图平面，单击【确定】按钮，进入草图操作功能模块。

（3）绘制草图并进行几何与尺寸约束。

（4）在【草图生成器】工具栏中单击按钮，完成草图绘制，如图 5.3.6 所示。

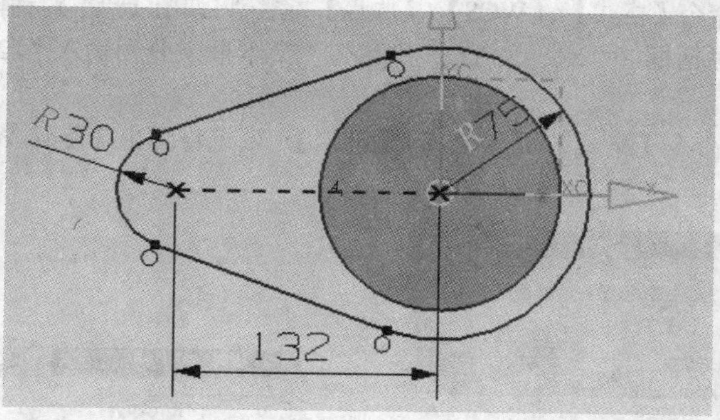

图 5.3.6 草图

（5）在【成型特征】工具栏中单击按钮，或选择菜单命令【插入】/【设计特征】/【拉伸】，系统将弹出【拉伸】对话框，如图 5.3.7 所示。

（6）选取草图作为拉伸对象，并在“开始”和“终点”文本框中分别输入“0”和“20”。然后在“布尔”下拉列表中选择“求和”，最后单击【确定】按钮，生成如图 5.3.8 所示的上法兰。

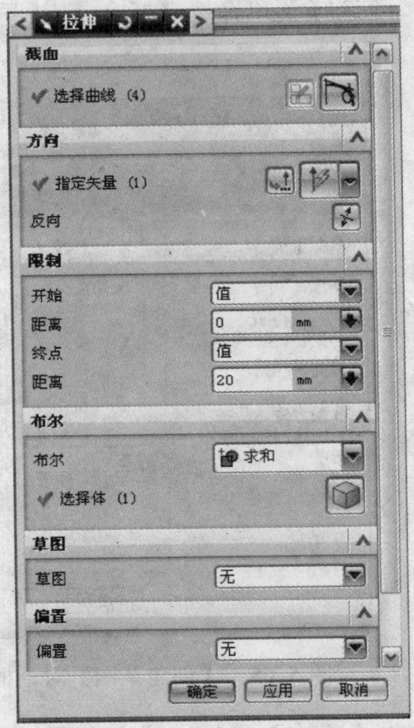

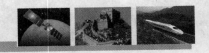

图 5.3.7 【拉伸】对话框

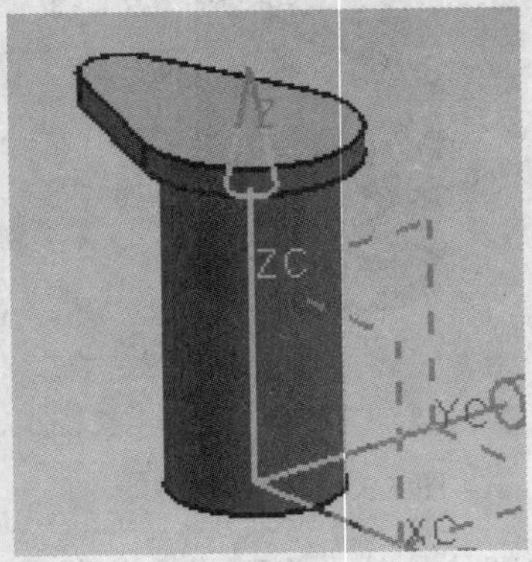

图 5.3.8 上法兰

5）创建斜法兰

（1）选择菜单命令【格式】/【WCS】/【原点】，系统将弹出【点】对话框，如图 5.3.9 所示。

（2）在【点】对话框的“XC”、“YC”和“ZC”文本框中分别输入“120”、“0”和“160”，单击【确定】按钮。

（3）选择菜单命令【格式】/【WCS】/【旋转】，系统将弹出【旋转 WCS 绕…】对话框，如图 5.3.10 所示。

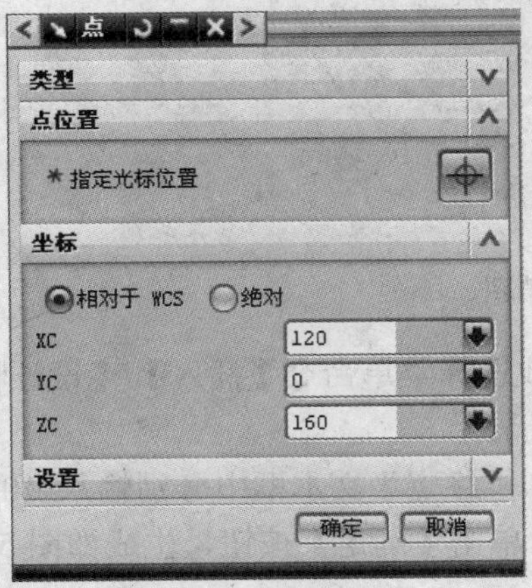

图 5.3.9 【点】对话框

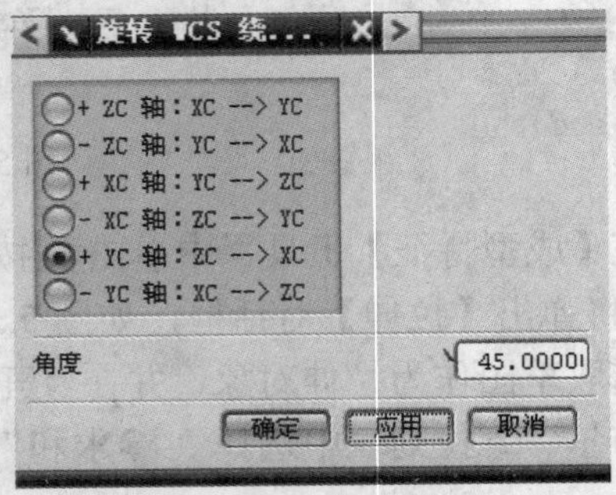

图 5.3.10 【旋转 WCS 绕…】对话框

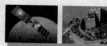

（4）在【旋转 WCS 绕…】对话框中选择“+YC 轴：ZC→XC”单选项，并在“角度”文本框中输入 45，单击【确定】按钮，完成坐标系的移动和旋转操作。

（5）在【特征操作】工具栏中单击□按钮，或选择菜单命令【插入】/【基准/点】/【基准平面】，系统将弹出【基准平面】对话框，如图 5.3.11 所示。

（6）在【基准平面】对话框的“类型”下拉列表中选择“XC-YC plane”选项，单击【确定】按钮。完成基准平面的创建操作，如图 5.3.12 所示。

（7）在【成型特征】工具栏中单击按钮，或选择菜单命令【插入】/【草图】，系统将弹出【创建草图】对话框。

（8）选择基准平面作为草图平面，绘制草图并进行几何约束和尺寸约束，如图 5.3.13 所示。

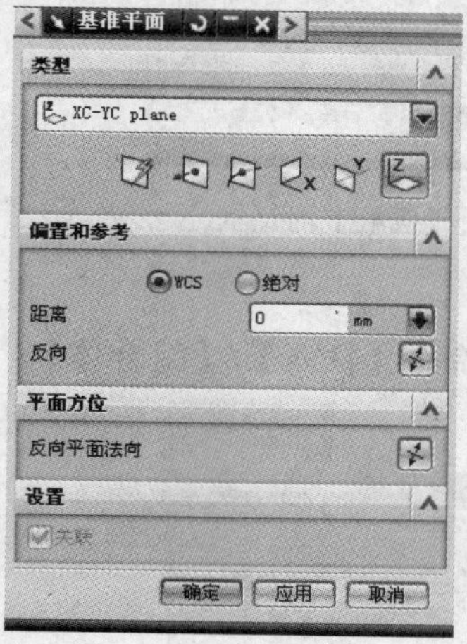

图 5.3.11　【基准平面】对话框

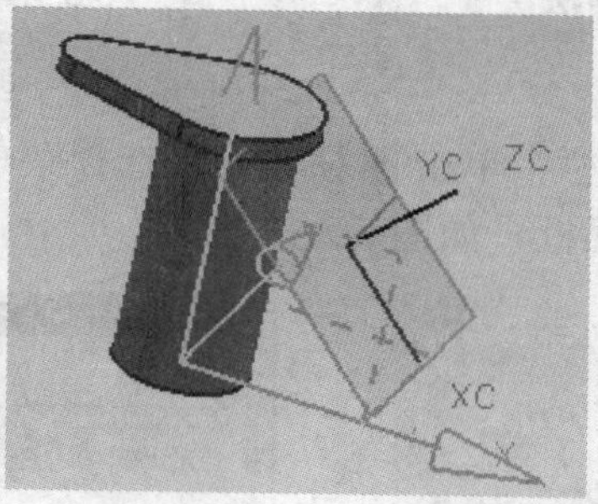

图 5.3.12　基准平面

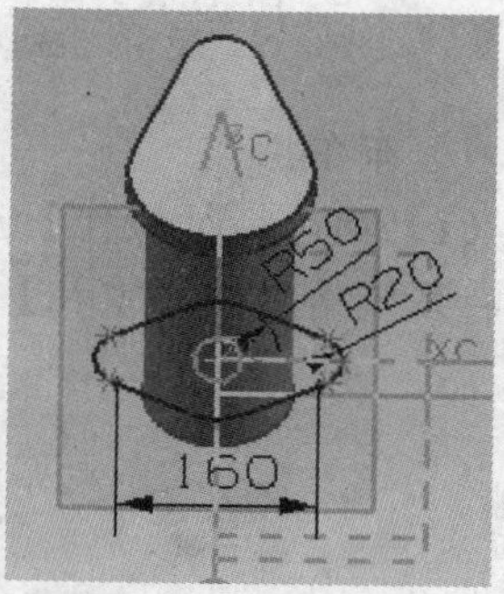

图 5.3.13　草图

（9）在【草图生成器】工具栏中单击按钮，完成草图绘制。

（10）在【成型特征】工具栏中单击按钮，或选择菜单命令【插入】/【设计特征】/【拉伸】，系统将弹出【拉伸】对话框。

（11）选取刚刚生成的草图作为拉伸对象，并在【拉伸】对话框的“开始”和“终点”文本框中分别输入“0”和“20”。然后在“方向”栏中选择“反向”，最后单击【确定】按钮，生成如图 5.3.14 所示的斜法兰。

6）创建斜圆柱

（1）在【成型特征】工具栏中单击按钮，或选择菜单命令【插入】/【设计特征】/【圆柱体】，系统将弹出【圆柱】对话框，如图 5.3.15 所示。

（2）在【圆柱】对话框的“类型”下拉列表中选择“圆弧和高度”选项。

（3）单击“反向”右侧的按钮。

（4）在【圆柱】对话框的“高度”文本框中输入“160”。

（5）在“布尔”下拉列表中选择“求和”，单击【确定】按钮，完成斜圆柱体的创建，如图 5.3.16 所示。

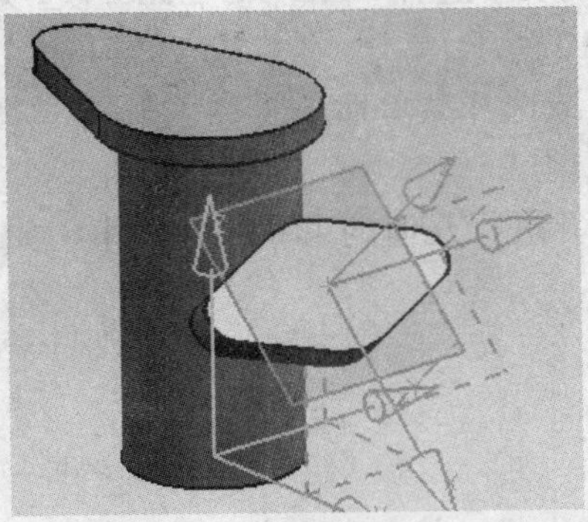

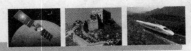

图 5.3.14　斜法兰

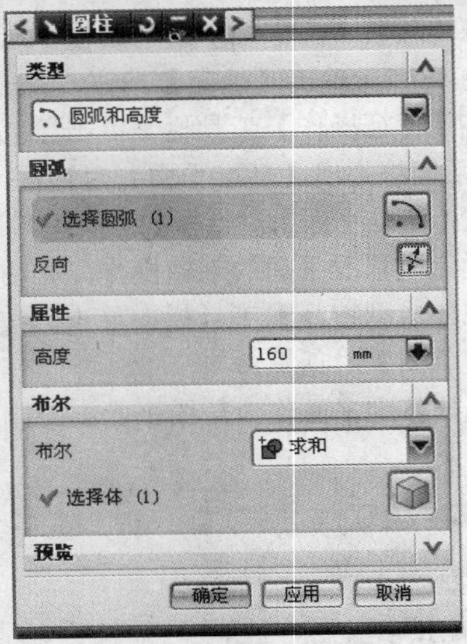

图 5.3.15　【圆柱】对话框

7）布尔操作

（1）在【特征操作】工具栏中单击按钮，或选择菜单命令【插入】/【组合体】/【求和】，系统将弹出【求和】对话框，如图 5.3.17 所示。

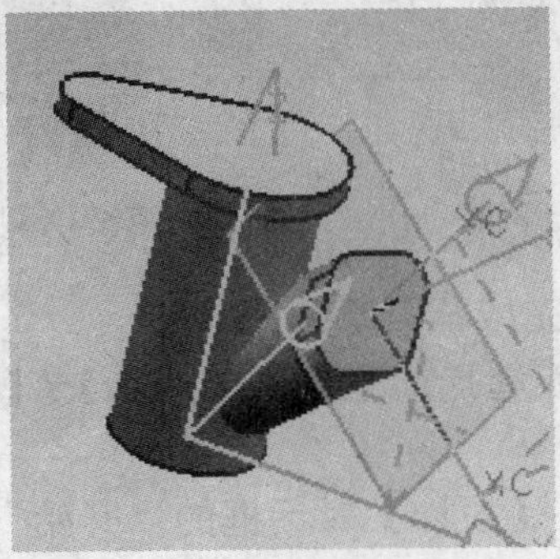

图 5.3.16　斜圆柱体

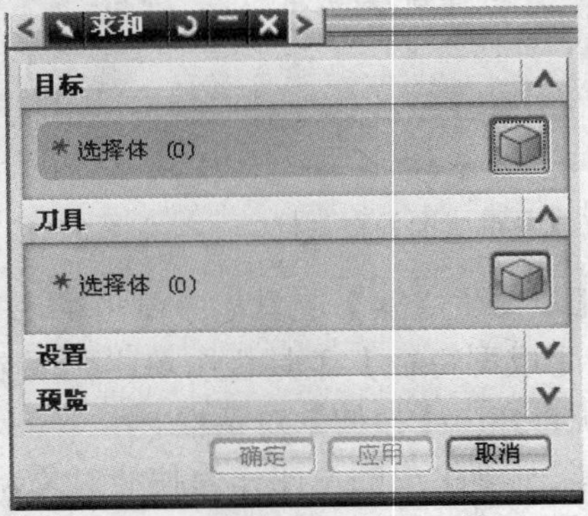

图 5.3.17　【求和】对话框

（2）按系统提示依次选取需要求和的对象，单击【确定】按钮，完成求和操作，如图 5.3.18 所示。

8）创建孔

（1）在【成型特征】工具栏中单击按钮，或选择菜单命令【插入】/【设计特征】/【孔】，系统将弹出【孔】对话框，如图 5.3.19 所示。

（2）按系统提示选取上法兰的上表面作为孔的放置面，直圆柱的下表面作为孔的通过面，则【孔】对话框的“深度”和“顶锥角”选项变为灰显。

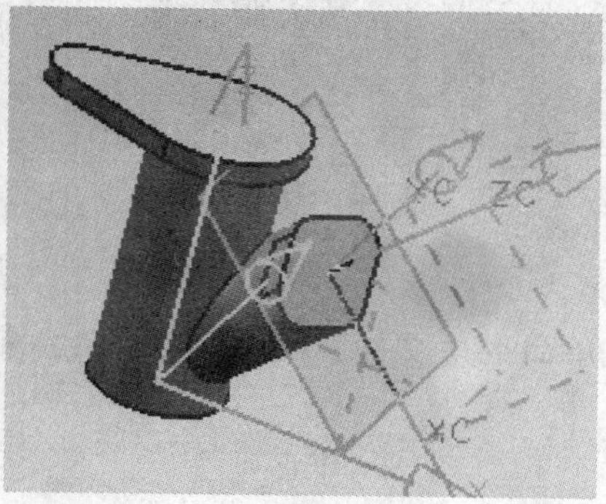

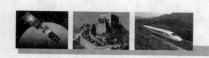

图 5.3.18　求和操作

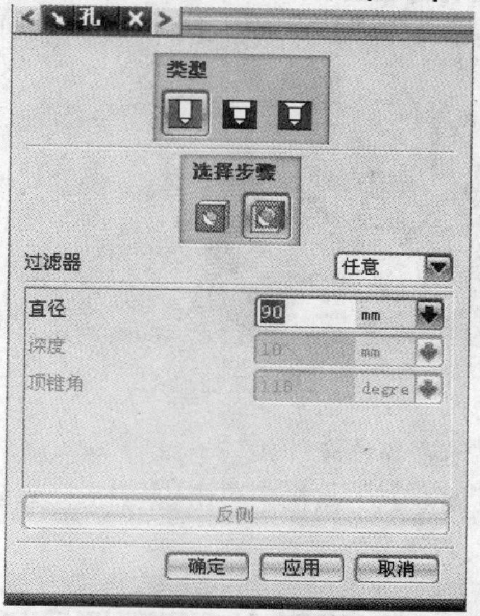

图 5.3.19　【孔】对话框

（3）在【孔】对话框的“直径”文本框中输入“90”，单击【确定】按钮，弹出【定位】对话框，如图 5.3.20 所示。

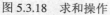

（4）在【定位】对话框中单击【点到点】按钮，并按系统提示选取上法兰上表面的大圆弧，弹出【设置圆弧的位置】对话框，如图 5.3.21 所示。

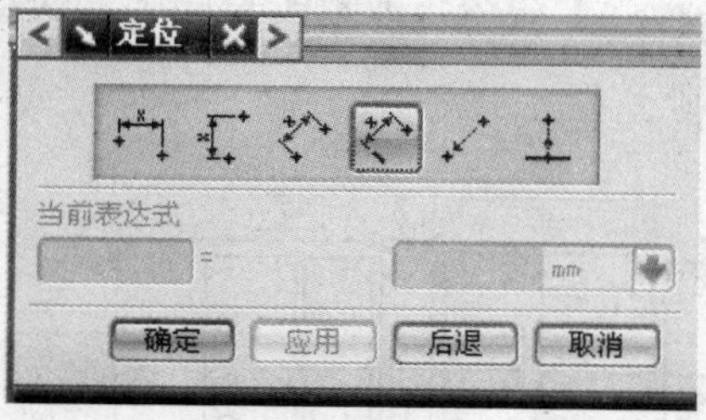

图 5.3.20　【定位】对话框

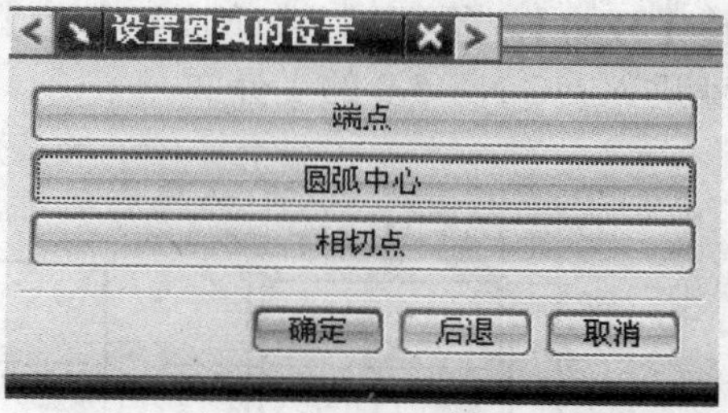

图 5.3.21　【设置圆弧的位置】对话框

（5）在【设置圆弧的位置】对话框中单击【圆弧中心】按钮，完成一个ϕ90 通孔的创建操作。

（6）用相同的方法创建上法兰和斜法兰的另外三个通孔。孔的直径分别为ϕ32 和 2-ϕ20。

（7）用相同的方法创建斜孔，孔的放置面为斜法兰上表面，直径为ϕ60，深度取160，角取 0°。创建的孔如图 5.3.22 所示。

9）图层操作

（1）利用【移动至图层】命令将基准轴和基准平面移动至 61 层，将草图曲线移动至 21 层。

（2）利用【图层设置】命令将 61 层和 21 层均设置为“不可见”。最后的模型如图 5.3.23 所示。

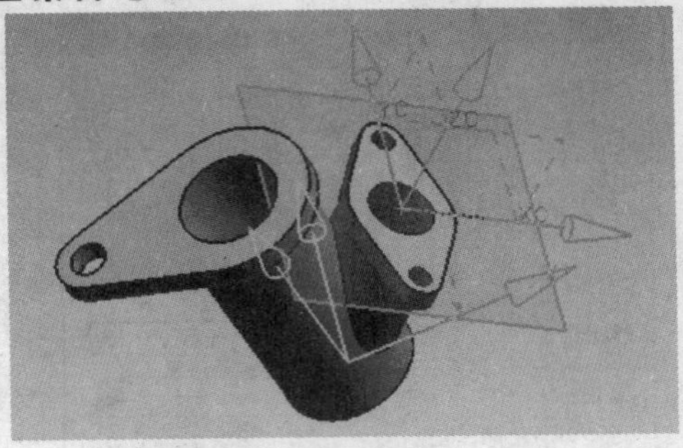

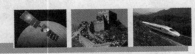

图 5.3.22　孔

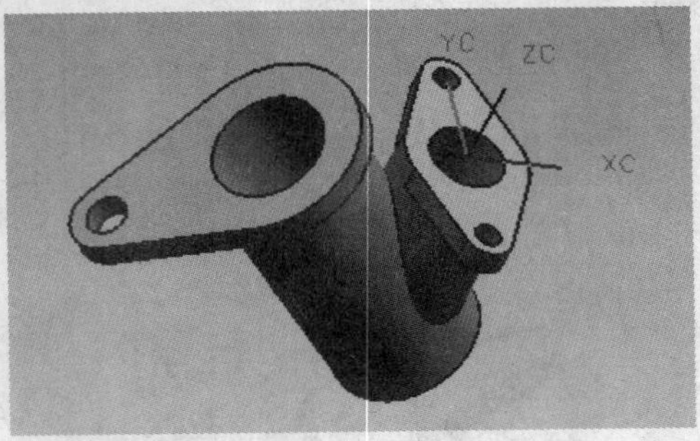

图 5.3.23　模型

10）保存部件文件

在【标准】工具栏中单击按钮，或选择菜单命令【文件】/【保存】，完成部件文件的保存。

案例 10　二级齿轮减速器低速轴设计

完成如图 5.3.24 所示二级齿轮减速器低速轴的建模。

本题涉及的知识面：圆柱、矢量构造器、点构造器、凸台、基准平面、键槽、孔、符号螺纹、移动至图层和图层设置等。具体的操作方法如下。

1）进入 UG NX 5.0 的主界面

选择【开始】/【程序】/【UGS NX 5.0】/【NX 5.0】命令，或双击桌面上的快捷方式图标，就进入 UG NX 5.0 的主界面。

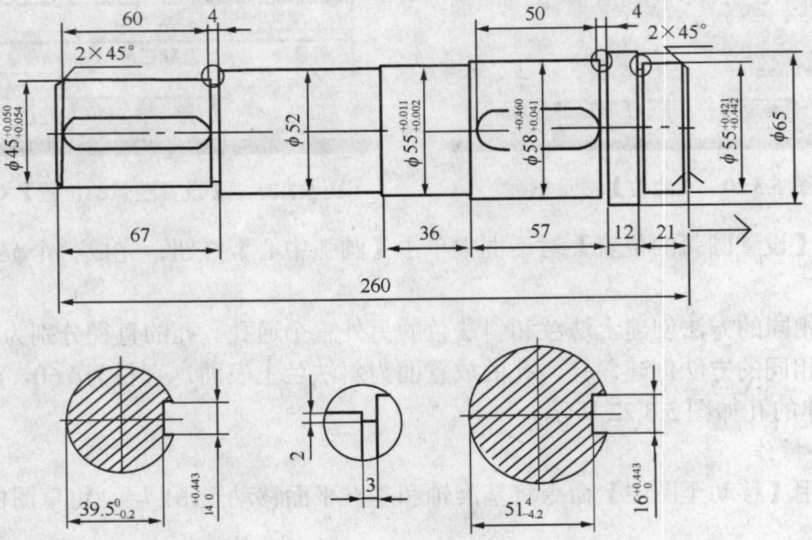

技术要求

1.材质处理HBS190-230；

2.未注尺寸偏差精度为IT12.

图 5.3.24　二级齿轮减速器低速轴

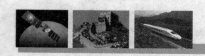

2）新建部件文件

选择菜单命令【文件】/【新建】，或单击【标准】工具栏中的按钮，系统将弹出【文件新建】对话框。

在【文件新建】对话框中选择【模型】选项卡，并在“名称”文本框中输入“disuzhou”，再确定文件的存储路径为“F:\gear-pump\”，然后单击【确定】按钮，新建部件文件后进入建模功能模块。

3）创建圆柱体

（1）在【成型特征】工具栏中单击按钮，或选择菜单命令【插入】/【设计特征】/【圆柱体】，系统将弹出【圆柱】对话框。

（2）在【圆柱】对话框的“类型”下拉列表中选择“轴、直径和高度”选项。

（3）在“指定矢量”下拉列表中选择 ZC 轴作为圆柱体的轴线方向。

（4）在“指定点”的右侧单击【点构造器】按钮，弹出【点】对话框。

（5）在【点】对话框的“XC“、”YC“和“ZC”文本框中均输入“0”，单击【确定】按钮，返回【圆柱】对话框。

（6）在【圆柱】对话框的“直径”和“高度”文本框中分别输入“65”和“12”，单击【确定】按钮，完成圆柱体的创建，如图 5.3.25 所示。

4）创建轴径

（1）在【成型特征】工具栏中单击按钮，或选择菜单命令【插入】/【设计特征】/【凸台】，系统将弹出【凸台】对话框，如图 5.3.26 所示。

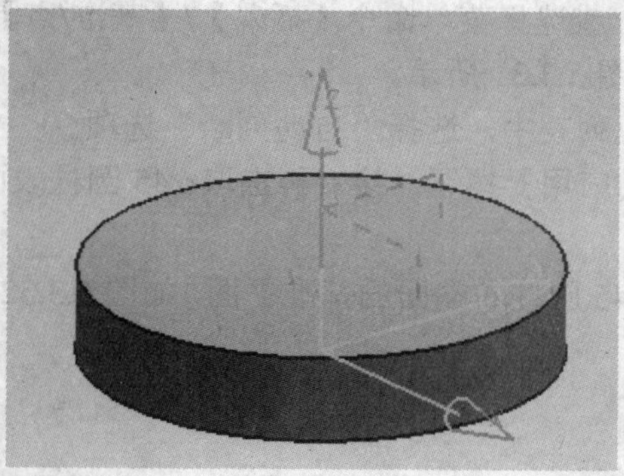

图 5.3.25　圆柱体

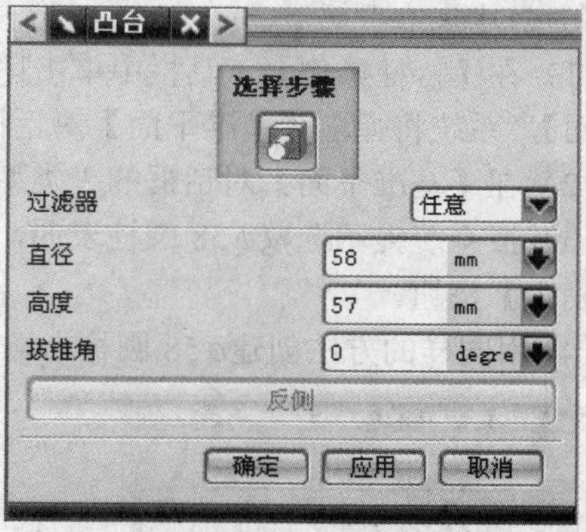

图 5.3.26　【凸台】对话框

（2）按系统提示选取圆柱体的上表面作为凸台的放置面。

（3）在【凸台】对话框的“直径”和“高度”文本框中分别输入“58”和“57”，单击【确定】按钮，弹出如图 5.3.27 所示的【定位】对话框。

（4）在【定位】对话框中单击【点到点】按钮，弹出如图 5.3.28 所示的【点到点】对话框。

（5）按系统提示选取圆柱体上表面的外圆弧，弹出如图 5.3.29 所示的【设置圆弧的位置】对话框。

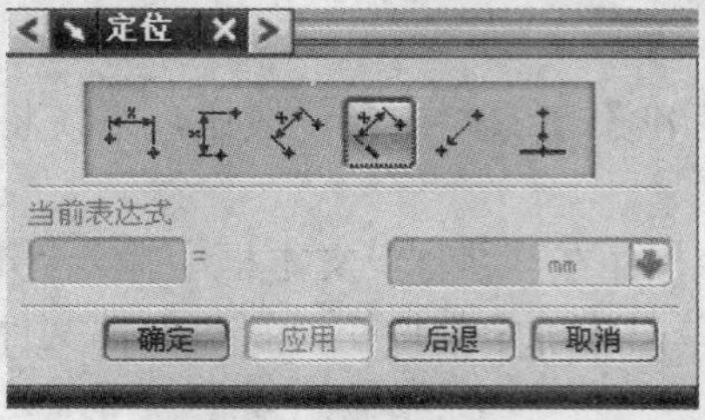

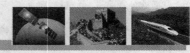

图 5.3.27 【定位】对话框

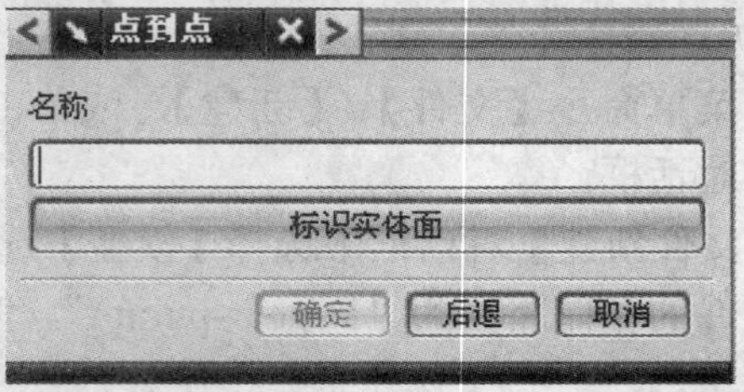

图 5.3.28 【点到点】对话框

（6）在【设置圆弧的位置】对话框中单击【圆弧中心】按钮，生成直径为ϕ58 长度为 57 的轴径。

（7）用相同的方法生成其他各段轴径，其直径和长度分别为：ϕ55 和 36、ϕ52 和 260-21-12-57-36-67、ϕ45 和 67、ϕ55 和 21。生成的轴径如图 5.3.30 所示。

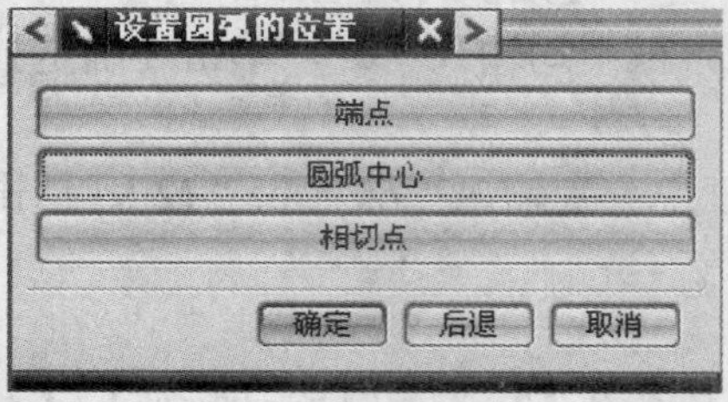

图 5.3.29 【设置圆弧的位置】对话框

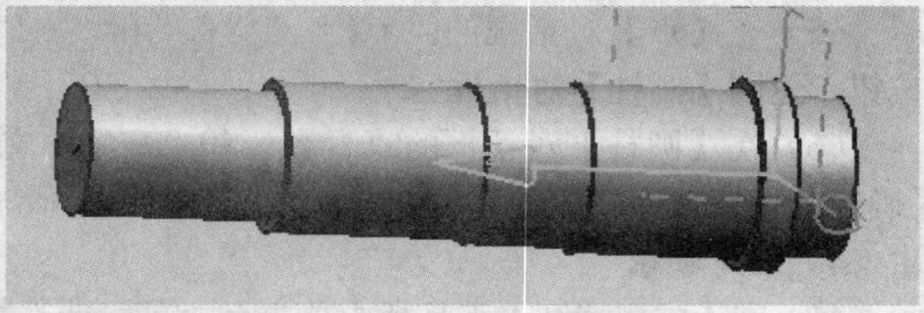

图 5.3.30 轴径

5）创建基准平面

（1）在【特征操作】工具栏中单击□按钮，或选择菜单命令【插入】/【基准/点】/【基准平面】，系统将弹出【基准平面】对话框，如图 5.3.31 所示。

（2）在【基准平面】对话框的“类型”下拉列表中，选择“自动判断”选项。

（3）按系统提示选取ϕ58 圆柱表面，单击【应用】按钮，接着再选取ϕ45 圆柱表面，单击【确定】按钮。

（4）用同样的方法创建ϕ58 圆柱右端面和ϕ45 圆柱右端面的基准平面，如图 5.3.32 所示。

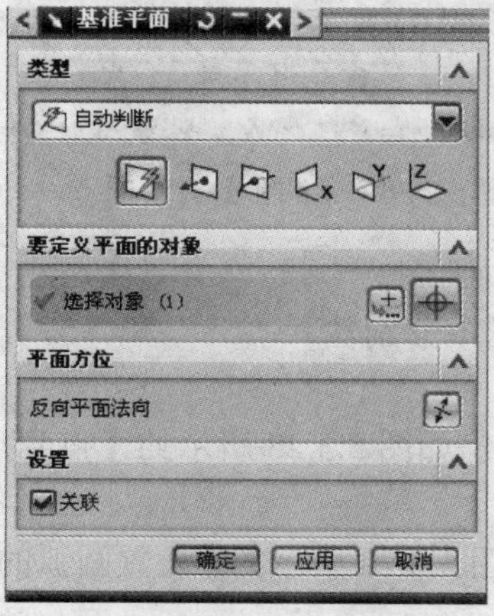

图 5.3.31 【基准平面】对话框

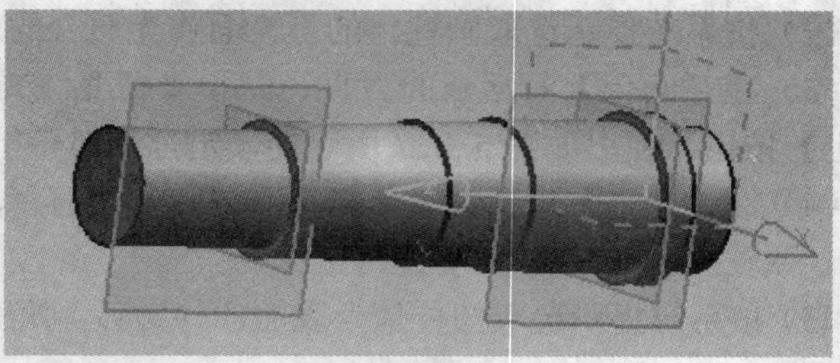

图 5.3.32 基准平面

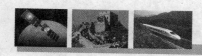

6）创建键槽

（1）在【成型特征】工具栏中单击按钮，或选择菜单命令【插入】/【设计特征】/【键槽】，系统将弹出【键槽】对话框。

（2）在【键槽】对话框中选择“矩形”单选项，单击【确定】按钮，弹出【矩形键槽】对话框，如图 5.3.33 所示。

（3）按系统提示选取与ϕ58 圆柱相切的基准平面作为键槽的放置平面，弹出如图 5.3.34 所示的对话框。

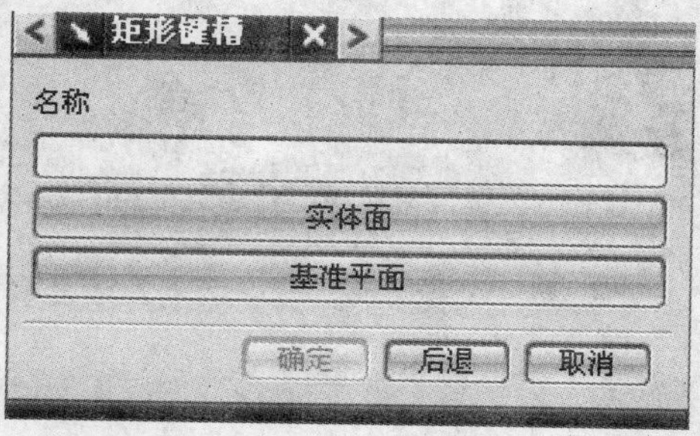

图 5.3.33　【矩形键槽】对话框

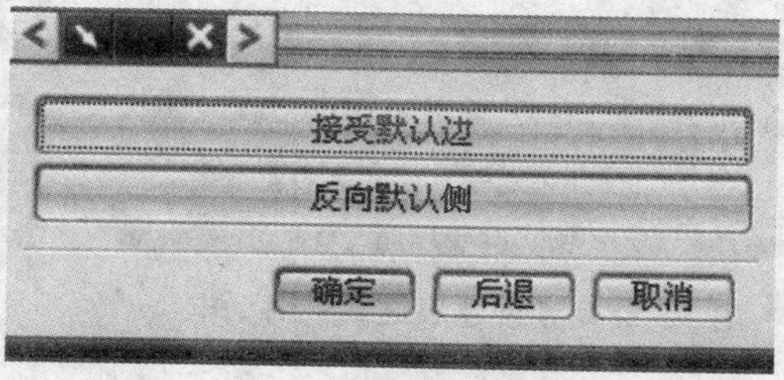

图 5.3.34　选择特征边

（4）在选择特征边对话框中单击【接受默认边】按钮，弹出【水平参考】对话框，如图 5.3.35 所示。

（5）选取 ZC 轴作为水平参考方向，弹出【矩形键槽】对话框，如图 5.3.36 所示。

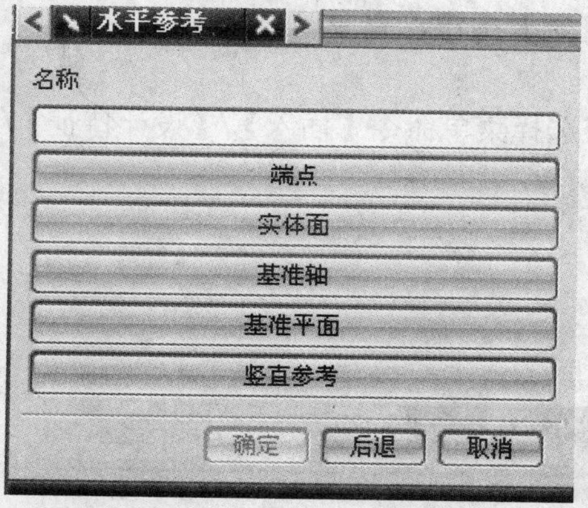

图 5.3.35　【水平参考】对话框

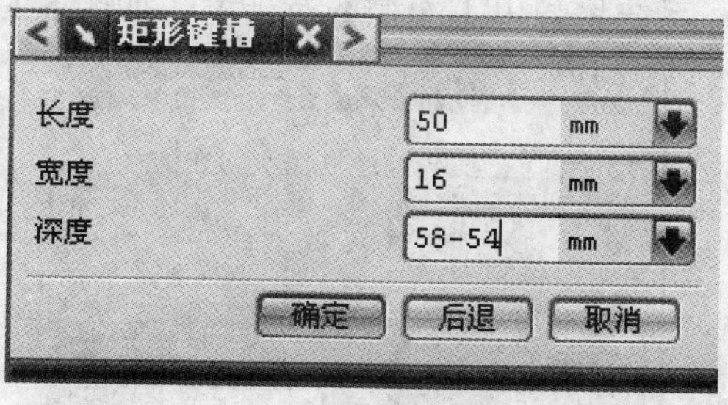

图 5.3.36　【矩形键槽】参数对话框

（6）在【矩形键槽】对话框的“长度”、“宽度”和“深度”中分别输入“50”、“16”和“58-54”，单击【确定】按钮，弹出【定位】对话框，如图 5.3.37 所示。

（7）在【定位】对话框中单击【垂直】按钮，并按系统提示选取ϕ58 圆柱右端面的基准平面作为目标边，选取键槽定位中线作为工具边，弹出如图 5.3.38 所示的【创建表达式】对话框。

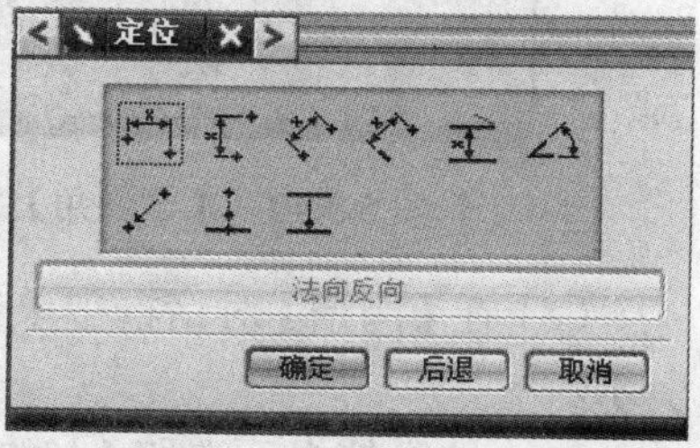

图 5.3.37　【定位】对话框

（8）在【创建表达式】对话框的文本框中输入

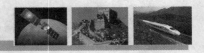

“4+50/2”，单击【确定】按钮，返回【定位】对话框。

（9）在【定位】对话框中单击“直线至直线”按钮，并按系统提示选取 ZC 轴作为目标边，选取与 ZC 轴平行的键槽定位中心线作为工具边，完成ϕ58 圆柱上键槽的创建操作。

（10）用相同的方法创建ϕ45 圆柱上的键槽。其长度、宽度和高度分别为“60”、“14”和“45−39.5”。创建的键槽如图 5.3.39 所示。

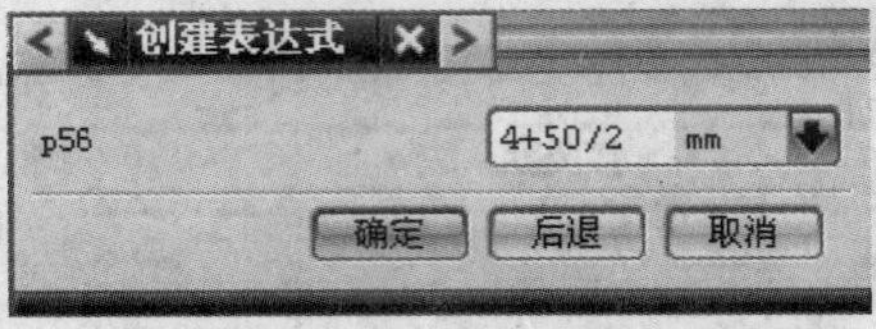

图 5.3.38　【创建表达式】对话框

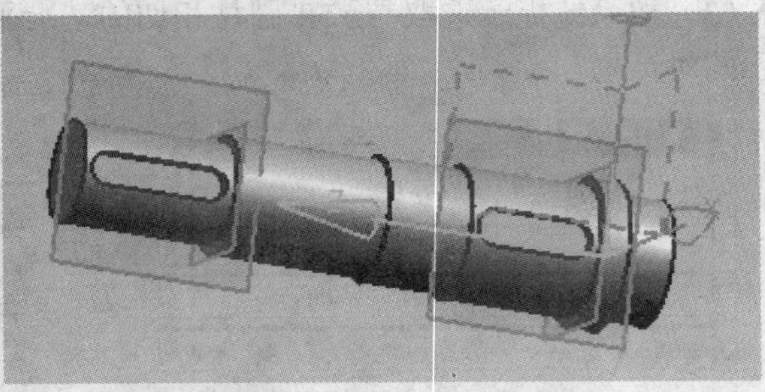

图 5.3.39　键槽

7）倒斜角

（1）在【特征操作】工具栏中单击按钮，或选择菜单命令【插入】/【细节特征】/【倒斜角】，系统将弹出【倒斜角】对话框，如图 5.3.40 所示。

（2）在【倒斜角】对话框的“横截面”下拉列表中选择“对称”，在“距离”文本框中输入“2”。

（3）按系统提示选取轴两端的外圆，单击【确定】按钮，完成倒斜角操作。

8）沟槽

（1）在【特征操作】工具栏中单击按钮，或选择菜单命令【插入】/【设计特征】/【沟槽】，系统将弹出【沟槽】对话框，如图 5.3.41 所示。

图 5.3.40　【倒斜角】对话框

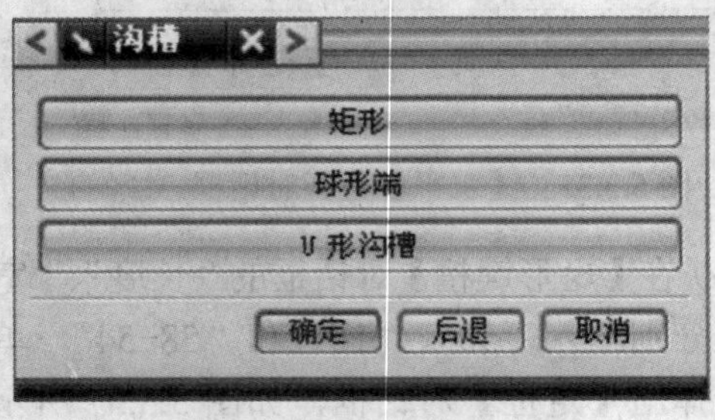

图 5.3.41　【沟槽】对话框

（2）在【沟槽】对话框中单击【矩形】按钮，系统将弹出【矩形沟槽】对话框，如图 5.3.42 所示。

（3）按系统提示选取ϕ45 外圆表面作为矩形沟槽的放置面，弹出【矩形沟槽】对话框，如图 5.3.43 所示。

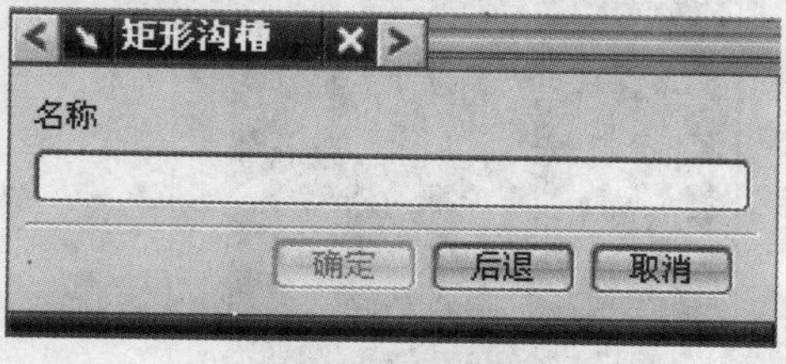

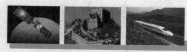

图 5.3.42　【矩形沟槽】对话框

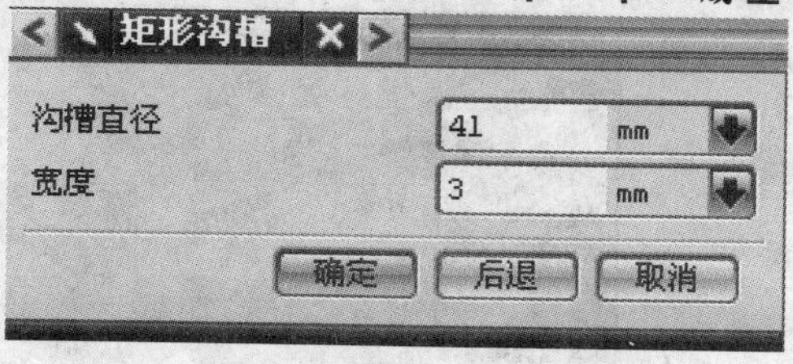

图 5.3.43　【矩形沟槽】对话框

（4）在【矩形沟槽】对话框的“沟槽直径”和“宽度”文本框中分别输入“41”和“3”，单击【确定】按钮，弹出【定位沟槽】对话框，如图 5.3.44 所示。

（5）按系统提示选取ϕ45 外圆左侧棱边作为目标边，选取预显沟槽右侧棱边作为工具边，弹出【创建表达式】对话框，如图 5.3.45 所示。

（6）在【创建表达式】对话框的文本框中输入“0”，单击【确定】按钮，完成一个沟槽的创建操作。

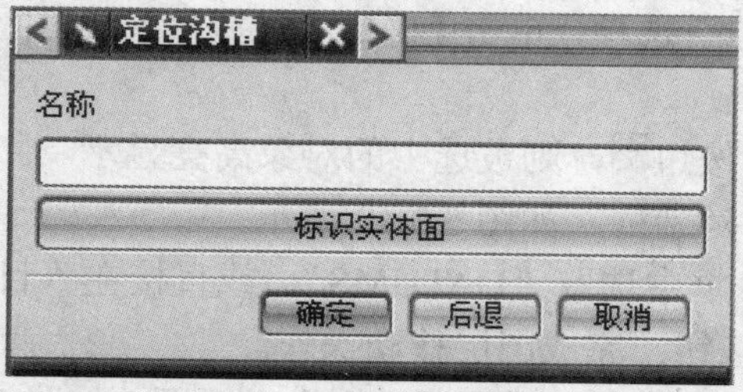

图 5.3.44　【定位沟槽】对话框

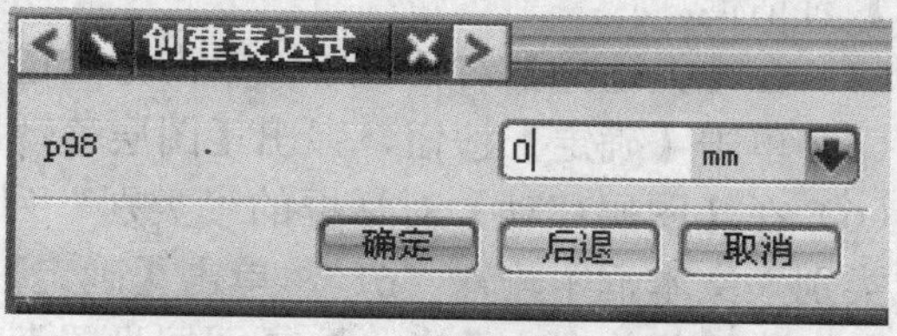

图 5.3.45　【创建表达式】对话框

（7）用相同的方法创建其他沟槽，如图 5.3.46 所示。

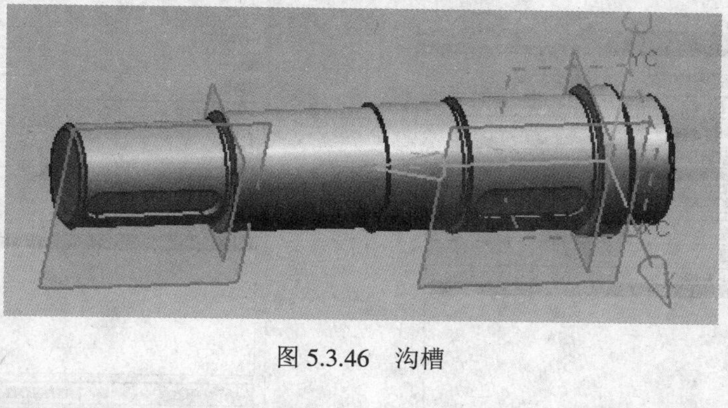

图 5.3.46　沟槽

9）图层操作

（1）选择菜单命令【格式】/【移动至图层】，系统将弹出【类选择】对话框，如图 5.3.47 所示。

（2）在【类选择】对话框中，单击【类型过滤器】按钮，弹出【根据类型选择】对话框，如图 5.3.48 所示。

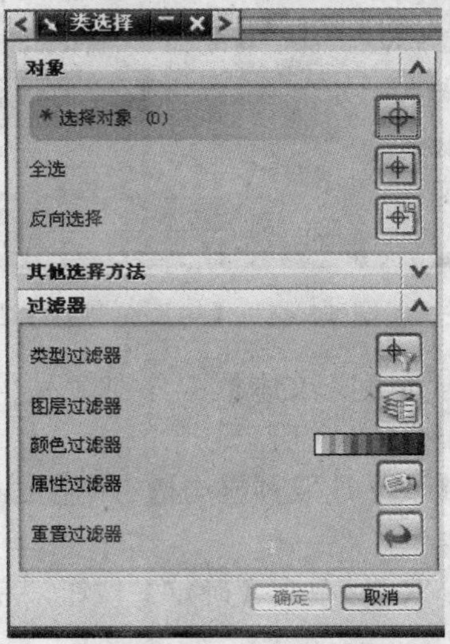

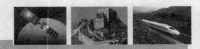

图 5.3.47 【类选择】对话框

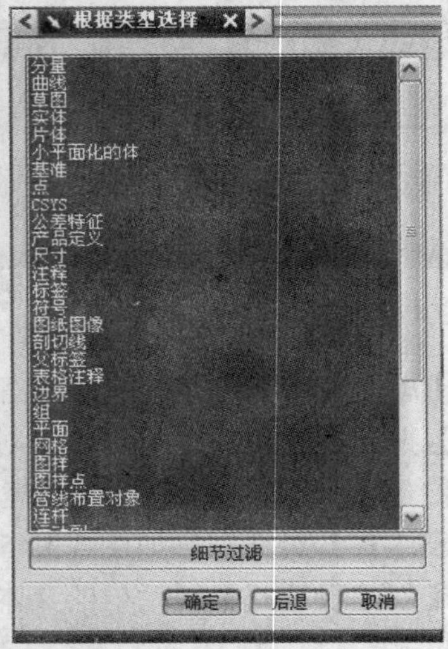

图 5.3.48 【根据类型选择】对话框

（3）在【根据类型选择】对话框中选择“基准”选项，单击【确定】按钮，系统返回【类选择】对话框。

（4）在【类选择】对话框中，单击【全选】按钮，则被选中的对象高亮显示。

（5）单击【确定】按钮，弹出【图层移动】对话框，如图 5.3.49 所示。

（6）在【图层移动】对话框的“类别”列表框中选取“DATUMS”，或直接在“目标图层或类别”文本框中输入“61”，单击【确定】按钮，完成图层移动操作。

（7）选择菜单命令【格式】/【图层设置】，系统将弹出【图层设置】对话框，如图 5.3.50 所示。

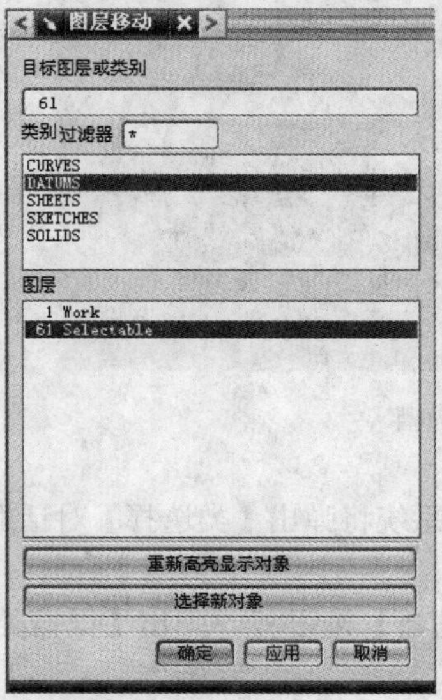

图 5.3.49 【图层移动】对话框

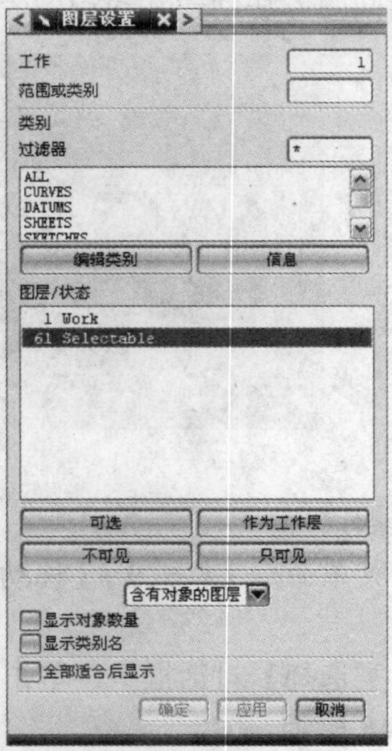

图 5.3.50 【图层设置】对话框

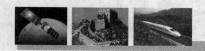

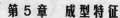

（8）在【图层设置】对话框的“图层/状态”列表框中选择“61 Selectable”选项，并单击【不可见】按钮，返回【图层移动】对话框。

（9）单击【确定】按钮，完成图层操作，生成的低速轴如图 5.3.51 所示。

10）保存部件文件

在【标准】工具栏中单击按钮，或选择菜单命令【文件】/【保存】，完成部件文件的保存。

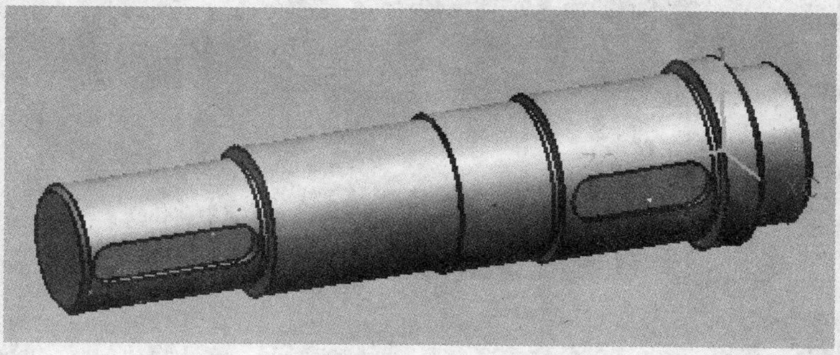

图 5.3.51 低速轴

知识梳理与总结

本章详细介绍了 UG NX 5.0 系统中三维实体建模的基准特征和从属特征。基准特征包括基准平面、基准轴，从属特征包括孔、凸台、腔体、凸垫、键槽、沟槽等。通过对本章的学习，读者应该掌握其中常用的建模操作方法及相关选项的用法，在后续的章节中许多操作实例的零部件都是利用这些建模功能创建的，而且创建的产品实体特征也将作为运动分析、有限元分析、装配、加工等操作的对象，所以读者应该熟练掌握本章中所涉及的三维实体建模相关操作功能，为后面更加深入地学习 UG 打下基础。

第6章 特征操作

教学导航

知识重点	1．细节特征； 2．关联复制
知识难点	1．拔模位置； 2．变半径边倒圆； 3．符号螺纹与详细螺纹
教学方式	在多媒体机房，教与练相结合
建议学时	10 课时

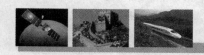

6.1 细节特征

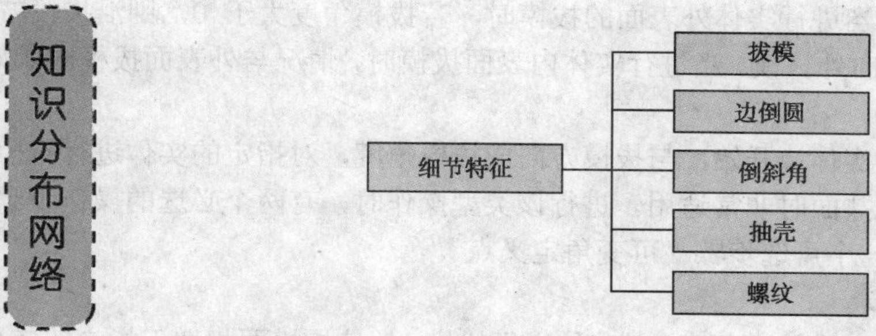

在建模过程中，当创建完基本的设计特征后，还可以利用系统提供的细节特征设计功能来对零件进行精加工，常用的细节特征操作有拔模、边倒圆、倒斜角等操作。

6.1.1 拔模

在零部件或模具设计中，为了拔模的方便，经常需要按照拔模的方向对相关的面进行角度处理，使它们有一定的斜度。拔模特征操作能够满足这种详细设计需求。它的原理是：给定一个拔模操作的拔模方向矢量，输入一个沿拔模方向的角度，使得要拔模的面按照这个角度值向内（正角度值）或向外（负角度值）变化。

在【特征操作】工具栏中单击按钮，或选择菜单命令【插入】/【细节特征】/【拔模】，系统会弹出如图 6.1.1 所示的【拔模】对话框。

该对话框上部的两个图标区分别用于选取实体拔模操作的类型和操作步骤，其他操作参数设置区用于设置操作时的相关参数选项。系统提供了四种拔模的操作类型。

1）从平面

该类型是从设置的参考点所在平面开始，与拔模方向成拔模角度，对指定的实体表面进行拔模。进行该类型操作时，有以下三个步骤。

（1）矢量选项：指定实体的拔模方向矢量。系统默认的拔模方向为 ZC 轴的正向。

（2）固定平面或拔模平面：指定实体拔模的拔模平面参考点。系统会通过参考点定义一个垂直于拔模方向的拔模平面，在拔模过程中实体在拔模平面上的截面曲线不发生变化，进行拔模操作时，可利用【点捕捉】工具栏或直接在绘图工作区中定义拔模的参考点。

（3）拔模面：用于选取一个或多个要进行拔模操作的拔模平面。

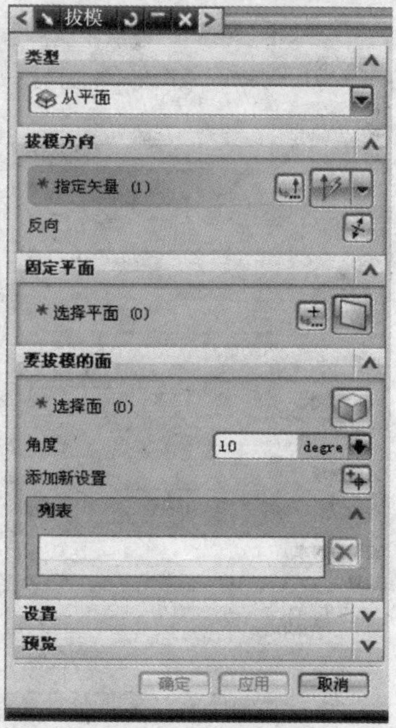

图 6.1.1　【拔模】对话框

在进行这三个步骤的设置并设置了拔模角度后，系统即可完成相关的拔模操作。

进行该类型操作时，所选取的拔模方向不能与任何拔模表面的法向平行。拔模后的特征与拔模平面参考点是相关联的，当删除包含参考点的对象时，则系统会自动以原参考点所在的位置点作为参考点。当进行实体外表面的拔模时，若拔模角度大于 0，则沿拔模方向向内拔模；否则沿拔模方向向外拔模。当进行实体内表面拔模时，情况与外表面拔模时刚好相反。

2）从边

该类型是从选取的实体边开始，与拔模方向成拔模角度，对指定的实体进行拔模。该类型对所选取的实体边不共面时非常适用。进行该类型操作时，有两个必选的操作步骤“矢量选项与参考边”，以及一个可选步骤“可变角定义点”。

3）与多个面相切

该类型是与拔模方向成拔模角度，对实体进行拔模，并使拔模面相切于指定的实体表面。该类型适用于对相切表面拔模后要求仍然相切的情况。进行该类型操作时，有以下两个操作选择步骤被激活。

（1）矢量选项：指定实体的拔模方向，其使用方法与前面介绍的相同。

（2）相切拔模面：选取一个或多个相切表面作为拔模平面。

4）至分型边

该操作类型是从参考点所在平面开始，与拔模方向成拔模角度，沿指定的分割边对实体进行拔模。该类型可使拔模实体在分割边具有分割边的形状。它适用于实体中部具有特殊形状的拔模情况。进行该操作时，有以下三个操作选择步骤被激活。

（1）矢量选项：指定实体的拔模方向，系统默认的拔模方向为 ZC 轴的正向。

（2）固定平面或拔模平面：指定实体拔模平面的参考点，系统通过参考点定义一个垂直于拔模方向的拔模平面，在拔模过程中实体在拔模平面上的截面曲线不发生变化。

（3）分割边/线上：用于选取一条或多条实体分割线作为进行拔模的参考边。

在进行相关步骤和拔模角度设置后，系统即可完成相关的拔模操作。

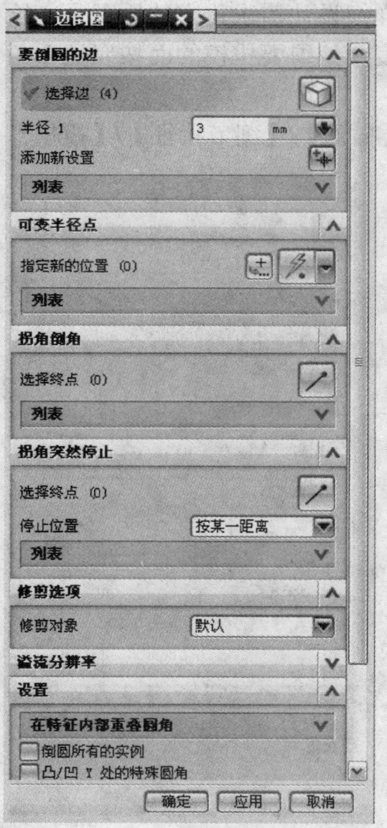

图 6.1.2 【边倒圆】对话框

6.1.2 边倒圆

边倒圆操作就是按照指定的半径值对所选取的实体棱边进行倒圆角操作，以产生平滑过渡。

在【特征操作】工具栏中单击 按钮，或选择菜单命令【插入】/【细节特征】/【边倒圆】，系统会弹出如图 6.1.2 所示的【边倒圆】对话框。

【边倒圆】对话框中各个选项和按钮的作用如下。

1）要倒圆的边

（1）选择边：用户调用【边倒圆】命令后，【选择边】按钮 默认为激活状态，用户可以直接选择需要倒圆角的边缘线。

（2）半径 1：定义第一个选择对象的倒圆角半径，随着选择对象的增加，该选项后面的数字也会递增。

（3）添加新设置：在同一次边倒圆操作中，单击【添加新设置】按钮 ，可以设置不同的选择对象，每个选择对象对应不同的倒圆角，并且所有的设置对象都会在此栏中的“列表”中显示出来。

2）可变半径点

（1）指定新的位置：用户通过捕捉或者点构造器来定义变化半径的位置点。

（2）V Radius1：定义第一个指定点位置的半径值，随着指定点数量的增加，该选项后面的数字也会增加。

（3）位置：用户可以定义半径点的位置方式，有“圆弧长”、“%圆弧长”和“通过点”三种方式。

3）拐角倒角

当用户选择的倒圆角边有三条以上并且有共同的端点时，可以单击该栏中的【选择终点】按钮 。选择倒圆角边缘线共同的端点，此时系统在绘图工作区中的拐角点沿各个边缘线方向回退一段距离，用户可以拖拽各个操作图柄改变回退值。

4）拐点突然停止

用户单击该栏中的【选择终点】按钮，然后选择一个点，可以将倒角终止在选择的点上。停止位置也有“圆弧长”、“%圆弧长”和“通过点”三种方式。

5）修剪选项

指定倒圆角产生的端盖面是使用系统“默认”或者“选定的面”进行修剪。

6）溢流分辨率

（1）在光顺边上滚动：允许系统将倒圆角面延伸至与倒角边相切的面上，此时创建的倒圆角与相邻面也相切。

（2）在边上滚动：设置在创建倒圆角时，是否将倒圆角滚动至与倒圆角面相切的边缘线上。

（3）保持圆角并移动尖锐边缘：保留创建的倒圆角面，并移动与倒圆角面相交的尖锐边缘线，创建的倒圆角将保留原有滚动的形状。

7）设置

（1）倒圆所有的实例：选择该复选框，可以对所有相关的阵列特征进行相同的倒圆角操作。

（2）凸/凹 Y 处的特殊圆角：当倒圆角操作中同时存在内侧与外侧的倒圆角时，可以选择该选项，在两侧相交的位置创建特殊的圆角。

（3）移除自相交：移除倒圆角过程中自相交的曲面，系统会自动运算出一个平滑的相切面来代替自相交处的倒圆角面。

（4）拐角倒角：用于设置拐角倒角的类型。选择“Include With Comor”选项，此时创建的回退拐角部分有一部分边界倒圆角。

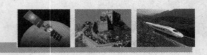

在机械零件设计中，最常用到的应该是边倒圆中的常规倒圆角，即等半径边倒圆。很少情况下会用到变半径倒圆角。而拐角倒圆角，一般用到的场合极少，用户了解即可。

如果用户不指定可变半径点，生成的就是等半径的常规倒圆角。

6.1.3 倒斜角

实体倒斜角操作功能是在选取的两组表面之间创建一个倒斜角操作，并可对表面进行裁剪操作。它可以处理比边倒圆更加复杂的斜角过渡情况。

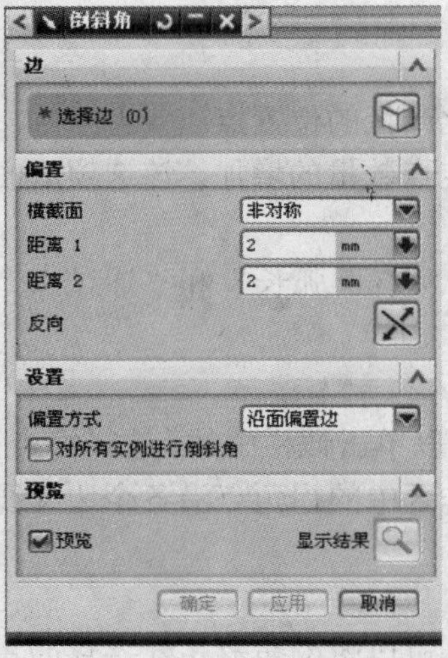

图 6.1.3 【倒斜角】对话框

在【特征操作】工具栏中单击 按钮，或选择菜单命令【插入】/【细节特征】/【倒斜角】，系统会弹出如图 6.1.3 所示的【倒斜角】对话框。

【倒斜角】对话框中各个选项和按钮的作用如下。

1）边

调用【倒斜角】命令后，【选择边】按钮默认为激活状态，用户可以直接选择需要倒斜角的边。

2）偏置

用户可以选择“横截面”下拉列表中的选项来控制倒斜角的方式。

（1）对称：该方式是按与倒角边邻接的两个面采用同一个偏置值方式来创建倒角。选取该方式后，系统提示选取倒角边，倒角边是指实体上需要斜削的边。完成了倒角边的选取后，在“距离”分组框中输入正数偏置值，系统即可完成对称偏置倒角操作。

（2）非对称：该方式是按与倒角边邻接的两个面分别采用不同偏置值方式来创建倒角。选取该方式后，系统提示选取倒角边，倒角边是指实体上需要斜削的边。完成了倒角边的选取后，在“距离”分组框中输入两个正数偏置值，系统即可完成非对称偏置倒角操作。

（3）偏置和角度：该方式是由一个偏置值和一个角度来定义倒角的形式。选取该方式后，系统提示选取倒角边，倒角边是指实体上需要斜削的边。完成了倒角边的选取后，在“距离”分组框中分别输入偏置值和角度，系统即可完成偏置和角度倒角操作。偏置值是在一个面上的偏置距离，角度值是从另一个面进行测量的。

（4）反向：单击【反向】按钮可以切换偏置斜角的方向。

3）设置

对所有实例进行倒斜角：选择该复选框，可以对所有相关的阵列特征进行相同的倒斜角操作。

6.1.4 抽壳

抽壳是指按指定厚度将一个实体变成一个薄壁壳体类零件。

在【特征操作】工具栏中单击 按钮，或选择菜单命令【插入】/【偏置/比例】/【抽壳】，系统会弹出如 6.1.4 所示的【抽壳】对话框。

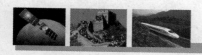

【抽壳】对话框中各个选项和按钮的作用如下。

1）类型

（1）移除面，然后抽壳：用户可以选择在抽壳操作后需要移除的面。操作时需要选择“要冲孔的面”。

（2）抽壳所有的面：对选择的实体进行抽壳。操作时只需选择需要抽壳的实体即可，抽壳后实体内部被挖空。

2）厚度

（1）厚度：在“厚度”栏中输入需要抽壳的厚度值。

（2）反向：单击该按钮，可以切换抽壳的方向，使抽壳后的实体在原有实体的外表面朝外长出材料厚度。

3）备选厚度

当用户在抽壳操作中需要设置不同的抽壳壁厚时，可以单击该栏中的【选择面】按钮，然后选择需要设置不同厚度的曲面即可。

4）设置

（1）相切边：在“相切边”下拉列表中有以下两个选项。

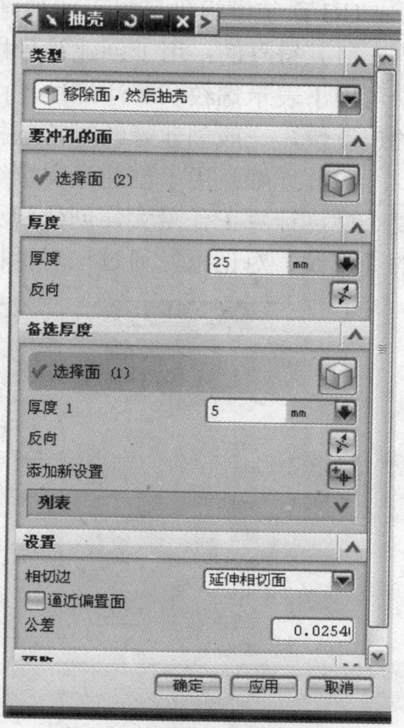

图 6.1.4　【抽壳】对话框

“在相切边缘添加支撑面”：允许选择的移除面与其他面相切，抽壳后在移除面的边缘处添加一个支撑面。

“延伸相切面”：沿着移除面延伸相切面对实体进行抽壳除料。

（2）逼近偏置面：选择该复选框，可以让系统自动修复因抽壳实体产生的自相交部分。

对于曲面实体的抽壳不一定会成功，这是由曲面实体的曲率半径决定的。加厚片体也是一样，都不能超过曲率半径值。

6.1.5　螺纹

在工业产品设计中，螺栓、螺柱和螺纹孔等特征结构都具有螺纹特征。因此在设计时需要在某些表面上创建螺纹特征。系统提供的螺纹特征可以在圆柱体、孔、圆台或回转体的表面上生成螺纹。

在【成型特征】工具栏中单击按钮，或选择菜单命令【插入】/【特征操作】/【螺纹】，系统会弹出图 6.1.5 所示的【螺纹】对话框。

在进行螺纹创建时，可根据创建螺纹的需要选择螺纹类型，再在绘图工作区中选择创建螺纹的实体表面和设置螺纹参数，就可以完成螺纹特征的创建。

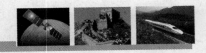

1）螺纹类型

UG系统中提供了以下两种螺纹类型。

（1）符号的：用于创建符号螺纹。符号螺纹用虚线表示，并不显示螺纹实体。在工程图中可用于表示螺纹和标注螺纹。由于这种螺纹只产生符号而不生成螺纹实体，因此生成螺纹的速度快，一般创建螺纹时都选择该类型。

（2）详细：用于创建真实螺纹。这种类型螺纹看起来更加真实，但由于螺纹几何形状的复杂性，计算工作量大，创建和更新的速度较慢。选择该单选项，系统弹出如图 6.1.6 所示的【螺纹】对话框，通过该对话框可设置详细螺纹的有关参数。

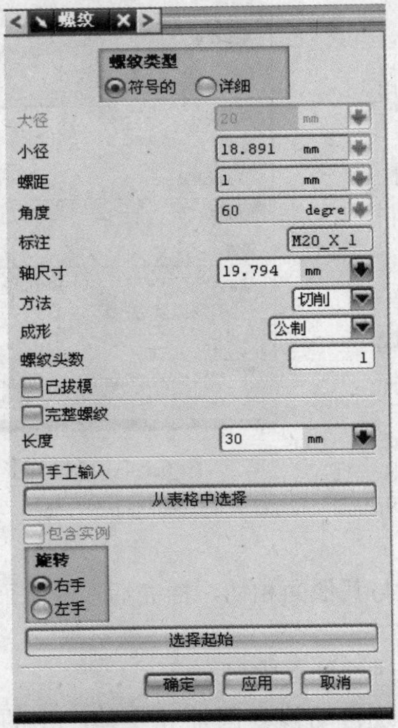

图 6.1.5 【螺纹】对话框

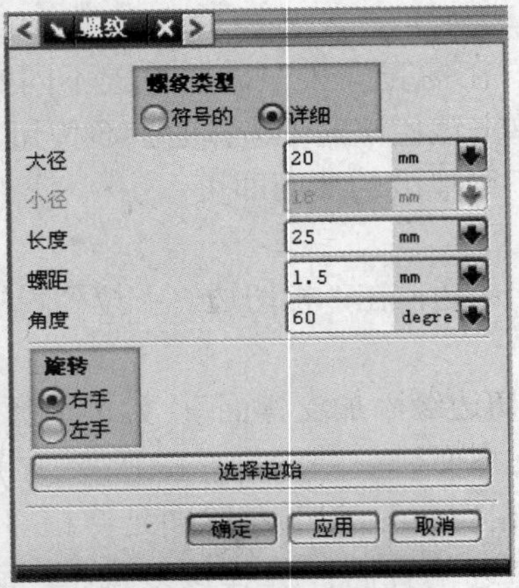

图 6.1.6 【螺纹】对话框

2）螺纹参数

（1）大径：用于设置螺纹大径。默认值是根据所选圆柱面直径和内外螺纹的形式查螺纹参数表得到的。

（2）小径：用于设置螺纹小径。默认值是根据所选圆柱面直径和内外螺纹的形式查螺纹参数表得到的。

（3）螺距：用于设置螺距，默认值是根据所选圆柱面查螺纹参数表得到的。

（4）角度：用于设置螺纹牙型角，默认的螺纹牙型角的标准值为60°。

（5）标注：用于标注螺纹，默认值是根据所选圆柱面查螺纹参数表得到的。

（6）轴尺寸：用于设置螺纹轴的尺寸或内螺纹的钻孔尺寸，查螺纹参数表得到。

（7）方法：用于指定螺纹的加工方法，其下拉列表中包含“切削”、“滚螺纹”、“磨螺纹”和“扎螺纹”四个选项。

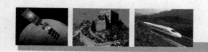

（8）成型：用于指定螺纹的标准，其下拉列表中包含了 12 种标准。

（9）螺纹头数：用于设置单头螺纹或多头螺纹的头数。

（10）已拔模：用于设置螺纹是否为拔模螺纹。

（11）完整螺纹：用于指定在整个圆柱上创建螺纹。如果圆柱长度改变，螺纹也随着改变。

（12）手工输入：用于设置从键盘输入螺纹的基本参数。

（13）长度：用于设置螺纹的长度，默认值是根据所选圆柱面查螺纹参数表得到的。螺纹长度从起始面进行计算。

（14）从表格中选择：用于指定螺纹参数从螺纹参数表中选择。

（15）包含实例：用于对引用特征中的一个成员进行操作，则该阵列中的所有成员全部被创建螺纹。

（16）旋转：用于指定螺纹的旋向，其中可供选择的有右旋螺纹和左旋螺纹两个选项。

（17）选择起始：用于指定一个实体平面或基准平面作为螺纹的起始位置。

在【螺纹】对话框中还可以设置螺纹外形的主要控制参数选项，包括“大径”、“小径”、“螺距”、“角度”和“轴尺寸”等参数。可以通过“手工输入”复选项来控制这些参数是让用户自行输入，还是由系统根据用户所选取表面自动计算。系统默认的螺纹参数值是根据用户选取的圆柱直径和内外螺纹的形式查询螺纹参数表得到的数据。

在进行创建螺纹操作时，如果选取的圆柱面为外表面，则产生外螺纹；如果选取的圆柱面为内表面，则产生内螺纹。另外，符号螺纹不能进行复制或引用操作，且与选取的圆柱面只是部分关联，即当符号螺纹修改时，圆柱面自动更新，而当修改圆柱面时，符号螺纹并不会更新。而详细螺纹可以进行复制或引用操作，且与选择的圆柱面完全关联，无论详细螺纹或者圆柱面修改时，另一对象都会自动更新。

6.2　关联复制

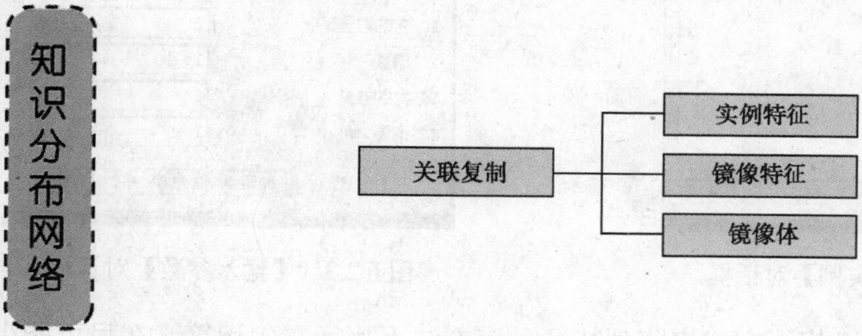

6.2.1　实例特征

实例特征操作可以对已有特征产生阵列、镜像和图样面等操作。实例操作功能对于具有规律分布的相同特征来说，可以大大地提高设计效率。实例操作产生的特征实际上是按照用户设置的特征分布位置实现已有特征的复制，这些引用对象被称为特征的成员，当修改其中

图 6.2.1 【实例】对话框

任何成员特征的参数时，所有成员特征的参数均会得到更新。

在【特征操作】工具栏中单击按钮，或选择菜单命令【插入】/【关联复制】/【实例】，系统会弹出如图 6.2.1 所示的【实例】对话框。

在该对话框中选择一种操作方式，再从弹出的对话框中选择需要阵列的特征，并设置好各阵列参数，即可完成实例特征的操作。

1）矩形阵列

该方式用于以矩形阵列的形式来复制所选取的实体特征。它使得阵列后的特征成矩形排列。选取该方式后，系统会弹出如图 6.2.2 所示的【实例】对话框。

可以在该对话框的列表框中选取需要进行阵列操作的特征名称，也可以直接在绘图工作区中选取操作特征。在选取特征后，系统会弹出如图 6.2.3 所示的【输入参数】对话框，其中包含有矩形阵列操作的相关参数选项。

【输入参数】对话框的“方法”栏用于设置矩形阵列操作的阵列方法，其中包含“常规”、“简单”和“相同的”三种操作方法。

（1）常规：用于以一般的方式来阵列特征。由于其计算以布尔运算为基础，并对所有的几何特征进行合法性验证，因此操作时阵列的范围可以超过原始实体的表面范围，其阵列可以和一个表面的边相交，也可以从一个面贯穿到另一个面。

（2）简单：用于以简易的方式来阵列特征。其计算方式与“常规”方法类似，但不进行合法性验证和数据优化验证，因此其创建速度更快。

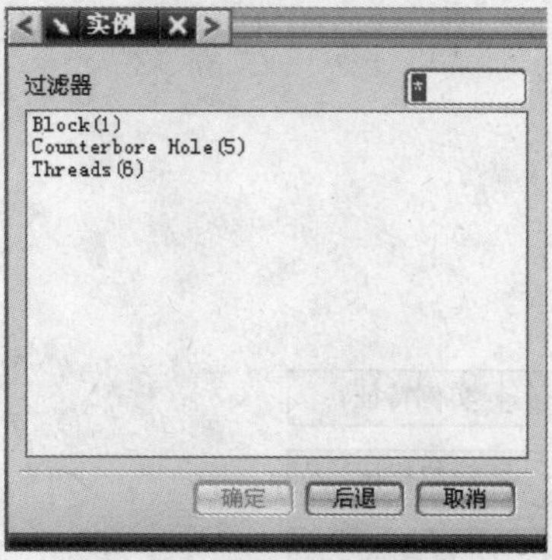

图 6.2.2 【实例】对话框

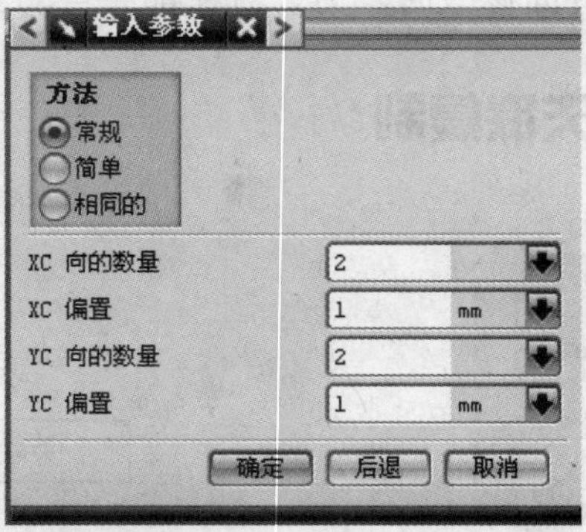

图 6.2.3 【输入参数】对话框

（3）相同的：用于以相同方式来阵列特征，该方法不执行布尔运算，在尽可能少的合法性验证下，复制和转换原始特征的所有面和边，因此每个阵列的成员都是原始特征的一个精确复制。在阵列特征较多以及能确定它们完全相同的情况下可用此选项，这种方法创建速度最快。

【输入参数】对话框下部的四个文本框用于设置操作时的阵列参数值。其中“XC 向的数量”和“YC 向的数量”用于设置矩形阵列操作时沿 XC 和 YC 方向上的特征个数，“XC 偏置”的“YC 偏置”用于设置矩形阵列操作时在 XC 和 YC 方向上相邻特征之间的偏置距离。

在选取阵列方法并设置好相关参数后，即可完成矩形阵列操作。

2）圆周阵列

该方式用于以圆周阵列的形式复制所选取的实体特征，使阵列后的特征成圆周排列。选取该方式后，系统会弹出与图 6.2.2 相似的【实例】操作对话框，可以在该对话框的列表框中选取需要进行阵列操作的特征名称，也可以直接在绘图工作区中选取操作特征。在选取特征后，系统会弹出如图 6.2.4 所示的圆周阵列【实例】对话框。其中包含有圆周阵列操作的相关参数选项。

该对话框中的“方法”栏的选项与矩形阵列的用法相同，“数量”和“角度”文本框用于设置圆周阵列时，沿环形圆周上的特征数量与相邻特征之间的角度。

设置完圆周阵列参数后，系统会弹出如图 6.2.5 所示的圆周阵列【实例】对话框，让用户设置圆周阵列旋转轴。

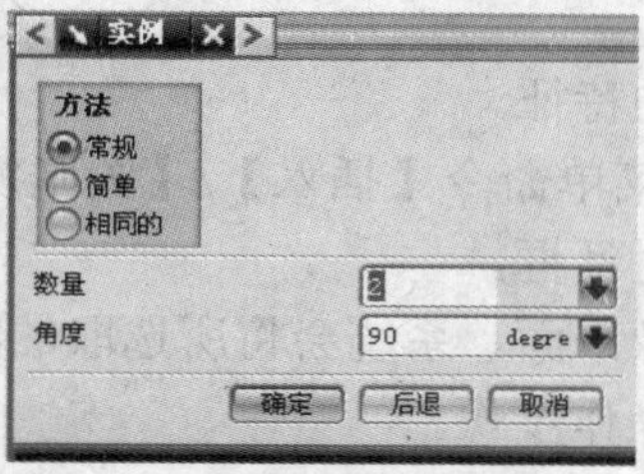

图 6.2.4 【实例】对话框

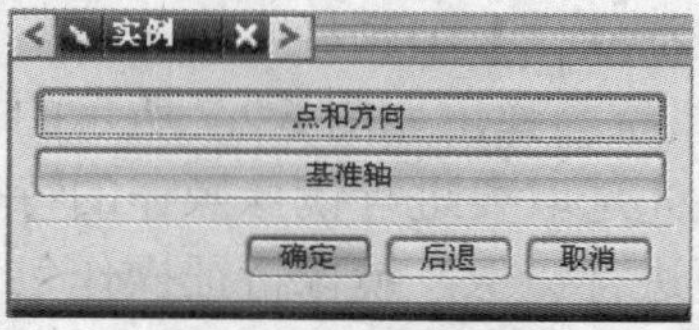

图 6.2.5 【实例】对话框

系统提供两种旋转轴定义方法：“点和方向”与“基准轴”。定义旋转轴后，系统会绕该轴按照设置的操作参数创建环形阵列特征。

3）图样面

该方式用于复制一个或一组指定的表面，这些表面必须是彼此相互连接的。这种操作方式比前两种引用方式更加方便，用户不必选取某些特征或实体对象，而是可以直接选取想要复制的表面。选取该方式，系统会弹出如图 6.2.6 所示的【图样面】对话框。

该对话框上部的“类型”栏提供了以下三种图样面操作类型。

（1）矩形：用于以矩形方式的形式来复制所选的表面，该类型使复制后的表面成矩形（行数列数）排列。选取该操作类型时，操作包括四个步骤：（种子）步骤用来选取进行复制操作的一个或一组相邻表面；（边界）步骤用来选取边界表面，用于定义要进行复制的表面区域，此步骤是可选的，在操作时可以跳过；（XC 轴）步骤用来指定操作时 XC 轴的方向，可以利用“矢量方式”选项来设置 XC 轴的方向；（YC 轴）步骤用来指定操作时 YC 轴的方向，可以利用“矢量方式”选项来设置 YC 轴的方向。完成了这四个操作步骤后，在【图样面】对话框下部的“XC 向的数量”、“YC 向的数量”、“XC 偏置”

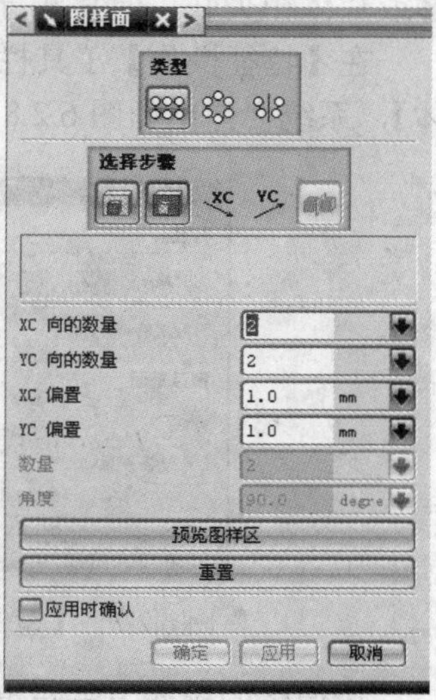

图 6.2.6 【图样面】对话框

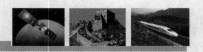

和“YC 偏置”四个文本框中输入相应的参数值，系统即可完成图样面操作。

（2）圆形：用于以圆环形方式的形式来复制所选的表面，该类型使复制后的表面成圆周排列。选取该操作类型时，操作包括三个步骤：前两个步骤与“矩形”操作类型相同，第三个步骤用来指定进行操作时的旋转轴，可以利用“矢量方式”选项来设置旋转轴的方向。在完成了这三个操作步骤后，在【图样面】对话框下部的“数量”和“角度”文本框中输入相应的参数值，系统即可完成图样面操作。

（3）反射：用于以选取的参考平面来镜像复制所选的表面。选取该操作类型时，操作包括三个步骤：前两个步骤与“矩形”操作类型相同，第三个步骤“平面参考”用来指定进行镜像复制操作时的参考平面。在完成了这三个操作步骤后，系统即可完成图样面操作。

6.2.2　镜像特征

该方式用于以选取的基准平面来镜像复制所选取的特征。

在【特征操作】工具栏中单击 按钮，或选择菜单命令【插入】/【关联复制】/【镜像特征】，系统会弹出如图 6.2.7 所示的【镜像特征】对话框。

操作时先选取要进行镜像操作的特征，再选取镜像平面。系统会将所选取的特征相对于指定的平面进行镜像。镜像特征操作包含了以下两个操作步骤。

（1）特征：用于选取实体中的特征作为要镜像的特征。单击该按钮，可在绘图工作区中直接选取需要镜像的特征。

（2）镜像平面：用于选取镜像平面。单击该按钮，可在绘图工作区中选取一个基准平面或实体平面作为镜像平面。

6.2.3　镜像体

该方式用于以选取的基准平面来镜像所选取的实体特征，其镜像后的实体或片体与原实体或片体相关联，但其本身没有可编辑的特征参数。

在【特征操作】工具栏中单击按钮，或选择菜单命令【插入】/【关联复制】/【镜像体】，系统会弹出如图 6.2.8 所示的【镜像体】对话框。

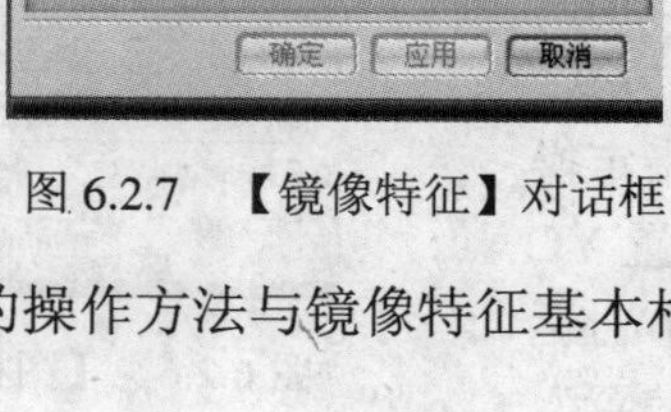

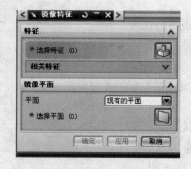

图 6.2.7　【镜像特征】对话框

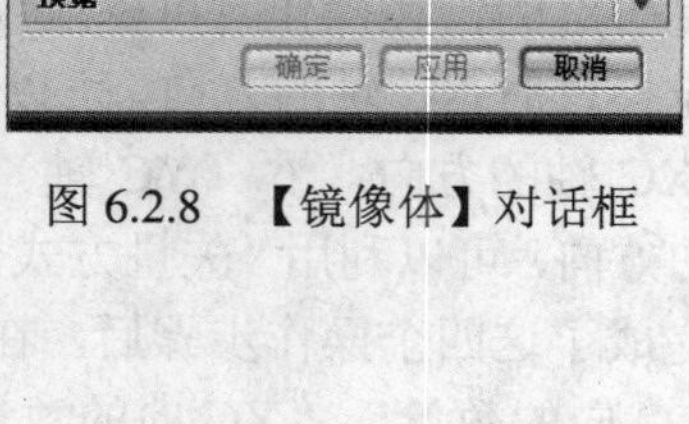

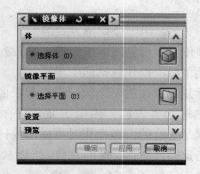

图 6.2.8　【镜像体】对话框

镜像体的操作方法与镜像特征基本相同。

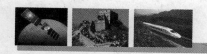

案例 11 齿轮油泵后盖设计

齿轮油泵后盖零件如图 6.3.1 所示。

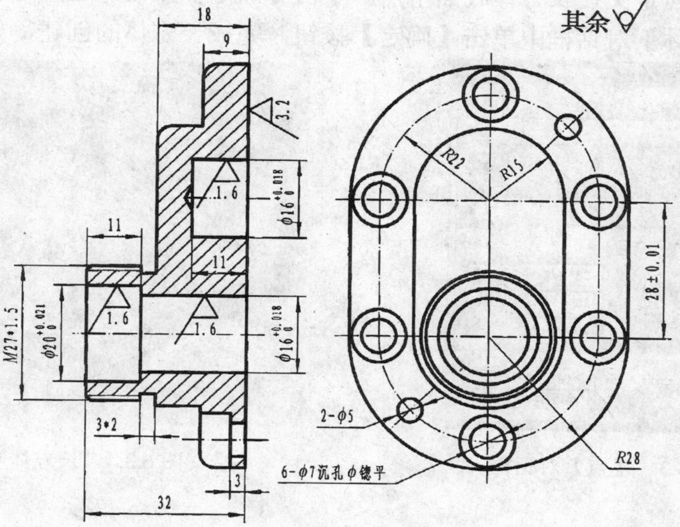

图 6.3.1 齿轮油泵后盖零件

本题涉及的知识面：长方体、点构造器、边倒圆、凸垫、静态线框显示视图、凸台、沟槽、详细螺纹、简单孔、沉头孔、圆周阵列、基准平面、镜像特征、移动至图层和图层设置等。具体的操作方法如下。

1）进入 UG NX 5.0 的主界面

选择【开始】/【程序】/【UGS NX 5.0】/【NX 5.0】命令，或双击桌面上的快捷方式图标，就进入 UG NX 5.0 的主界面。

2）新建部件文件

（1）选择菜单命令【文件】/【新建】，或单击【标准】工具栏中的按钮，系统将弹出【文件新建】对话框。

（2）在【文件新建】对话框中选择【模型】选项卡，并在“名称”文本框中输入“benghougai”，再确定文件的存储路径为“F:\gear-pump\”，然后单击【确定】按钮，新建部件文件后进入建模功能模块。

3）创建底板

（1）在【成型特征】工具栏中单击按钮，或选择菜单命令【插入】/【设计特征】/【长方体】，系统将弹出【长方体】对话框，如图 6.3.2 所示。

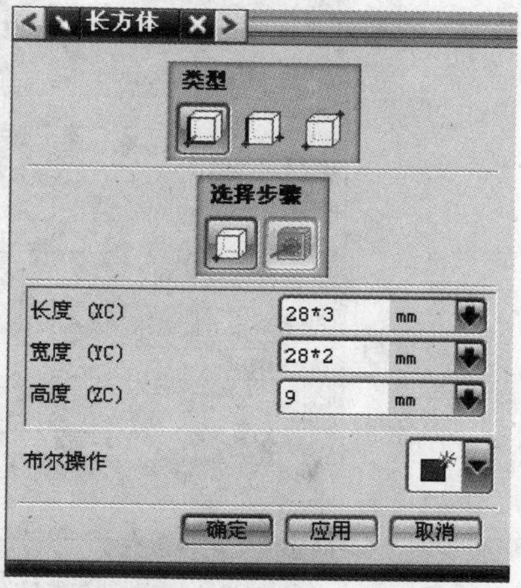

图 6.3.2 【长方体】对话框

（2）在【长方体】对话框的“类型”栏中单击【原点，边长】按钮。

（3）在【长方体】对话框的“长度”、“宽度”和“高度”文本框中分别输入“28*3”、“28*2”

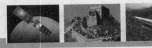

和“9”。

（4）在【点捕捉】工具栏中单击【点构造器】按钮，弹出【点】对话框，如图 6.3.3 所示。

（5）在【点】对话框的“XC”、“YC”和“ZC”文本框中分别输入“-28*3/2”、“-28”和“0”，将坐标原点定义在长方体底面中点。单击【确定】按钮，返回【长方体】对话框。

（6）在【长方体】对话框中单击【确定】按钮，完成长方体的创建，如图 6.3.4 所示。

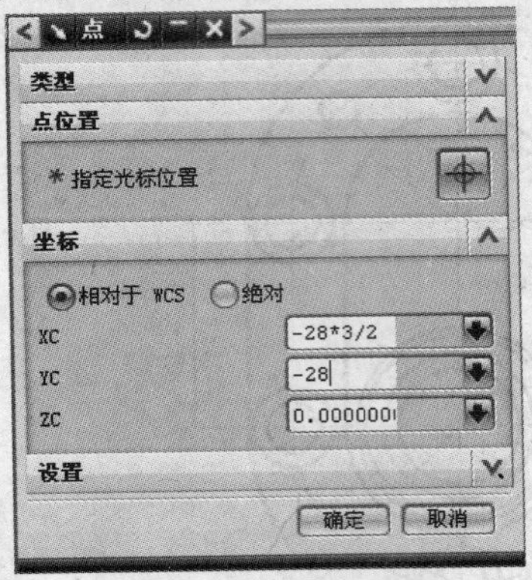

图 6.3.3 【点】对话框

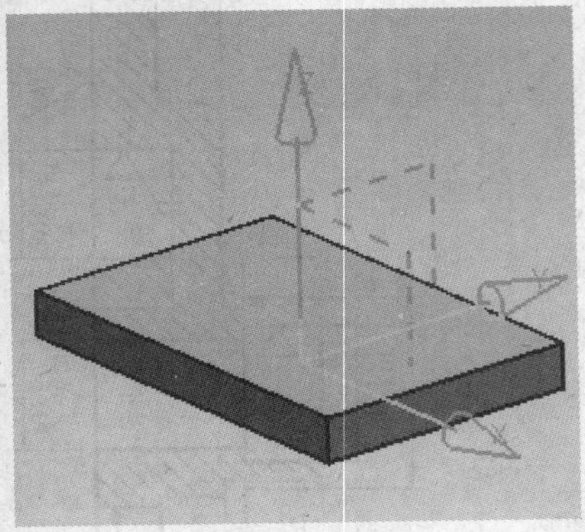

图 6.3.4 长方体

4）边倒圆

（1）在【特征操作】工具栏中单击按钮，或选择菜单命令【插入】/【细节特征】/【边倒圆】，系统将弹出【边倒圆】对话框，如图 6.3.5 所示。

（2）在【边倒圆】对话框的“半径 1”文本框中输入“28”。

（3）按系统提示依次选取长方体的四个竖直棱边，单击【确定】按钮，完成边倒圆操作，如图 6.3.6 所示。

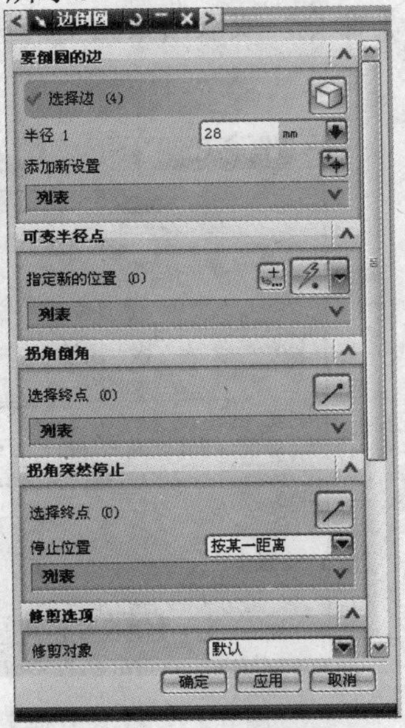

图 6.3.5 【边倒圆】对话框

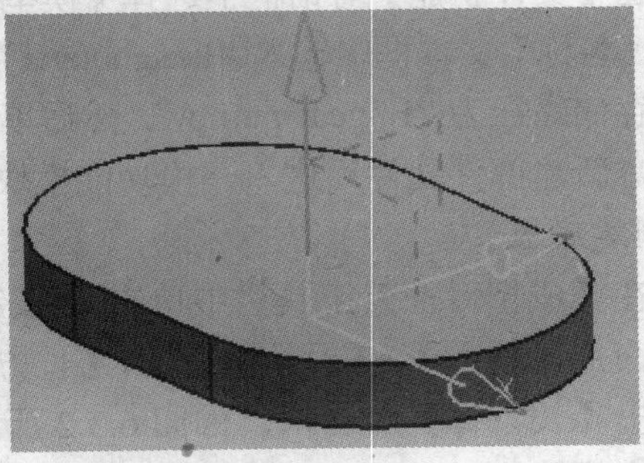

图 6.3.6 边倒圆

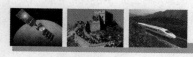

5）创建凸垫

（1）在【成型特征】工具栏中单击按钮，或选择菜单命令【插入】/【设计特征】/【凸垫】，系统将弹出【凸垫】对话框。

（2）在【凸垫】对话框中单击【矩形】按钮，系统将弹出【矩形凸垫】对话框，如图 6.3.7 所示。

（3）按系统提示选取长方体上表面作为矩形凸垫的放置面，弹出【水平参考】对话框，如图 6.3.8 所示。

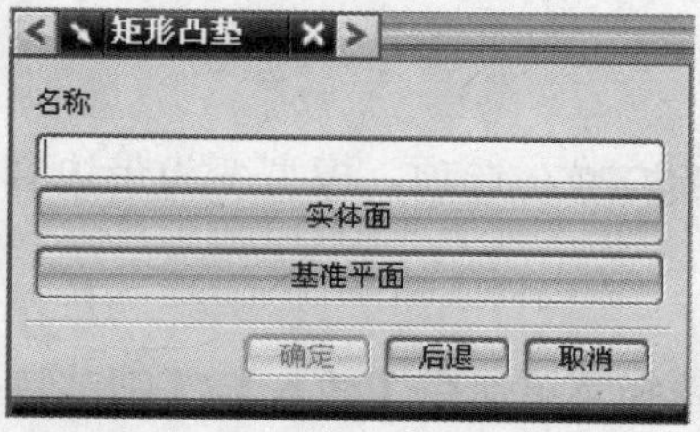

图 6.3.7　【矩形凸垫】对话框

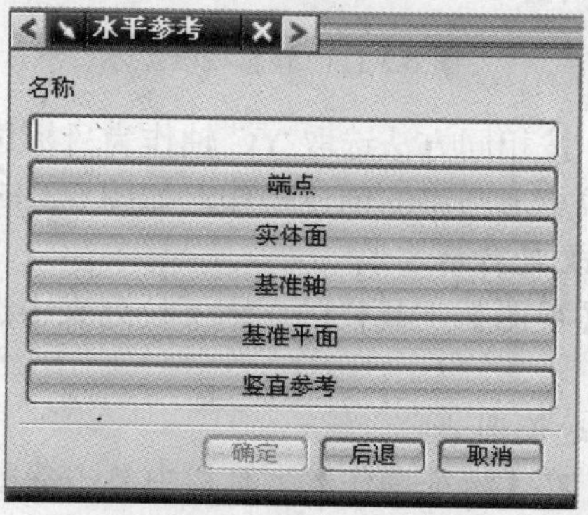

图 6.3.8　【水平参考】对话框

（4）选取 XC 轴方向作为水平参考方向，弹出如图 6.3.9 所示的【矩形凸垫】对话框。

（5）在【矩形凸垫】对话框的“长度”、“宽度”、“高度”、“拐角半径”和“拔锥角”文本框中分别输入“28+15*2”、“15*2”、“16−9”、“0”和“0”，单击【确定】按钮，弹出【定位】对话框，如图 6.3.10 所示。

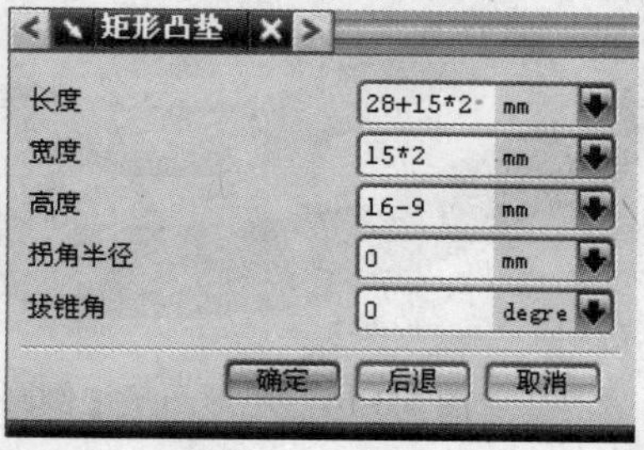

图 6.3.9　【矩形凸垫】对话框

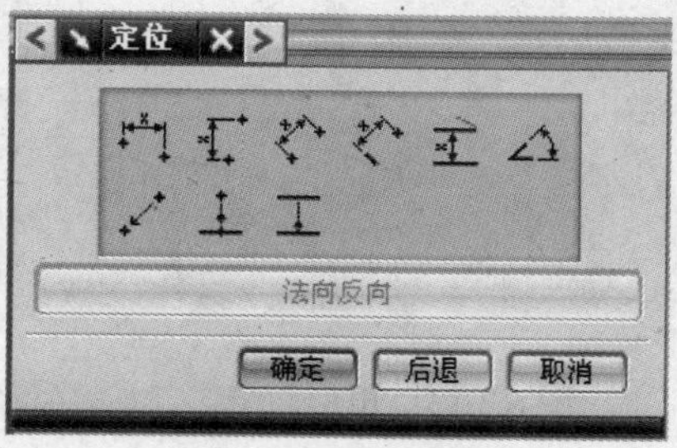

图 6.3.10　【定位】对话框

（6）在【视图】工具栏的下拉列表中选择 静态线框(W)选项，模型变为静态线框显示形式，如图 6.3.11 所示。

（7）在【定位】对话框中单击【直线至直线】按钮，弹出【直线至直线】对话框，如图 6.3.12 所示。

（8）按系统提示选取 XC 轴作为目标边，选取矩形凸垫 XC 轴方向上的定位线作为工具边，系统返回【定位】对话框。

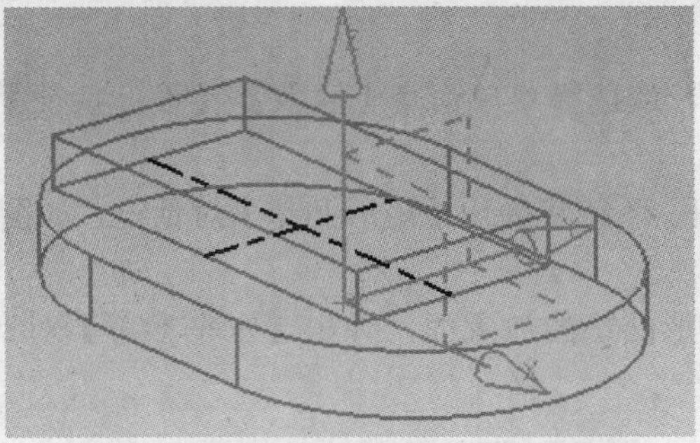

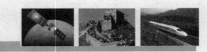

图 6.3.11　静态线框显示

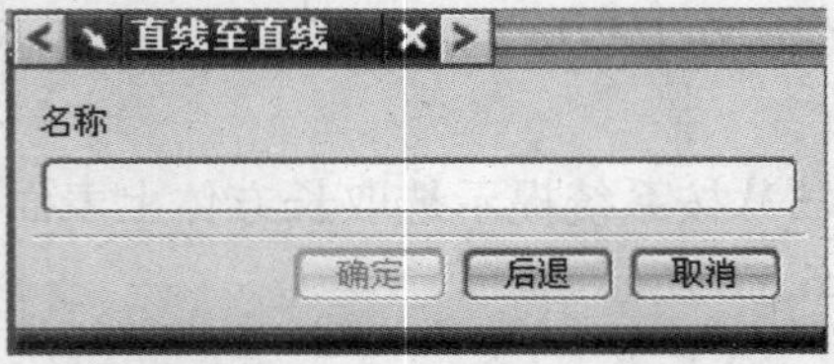

图 6.3.12　【直线至直线】对话框

（9）按相同方法选取 YC 轴作为目标边，选取矩形凸垫 YC 轴方向上的定位线作为工具边，完成矩形凸垫的创建操作，如图 6.3.13 所示。

6）改变显示方式

在【视图】工具栏的下拉列表中选择 带边着色 选项，模型变为带边着色显示形式。

7）边倒圆

（1）在【特征操作】工具栏中单击按钮，或选择菜单命令【插入】/【细节特征】/【边倒圆】，系统将弹出【边倒圆】对话框。

（2）在【边倒圆】对话框的“半径 1”文本框中输入“15”。

（3）按系统提示依次选取矩形凸垫的四个竖直棱边，单击【确定】按钮，完成矩形凸垫边倒圆操作，如图 6.3.14 所示。

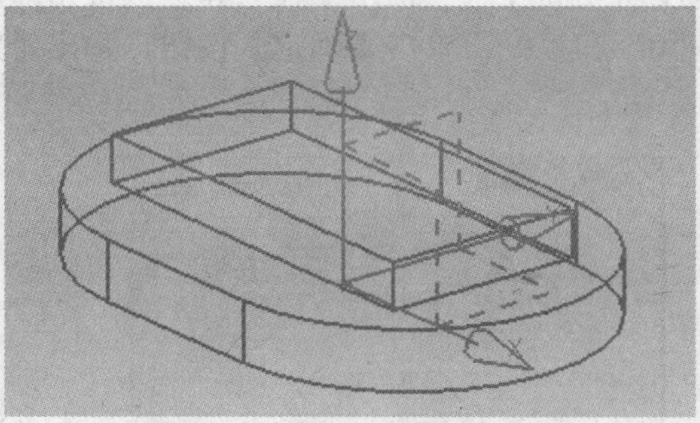

图 6.3.13　矩形凸垫

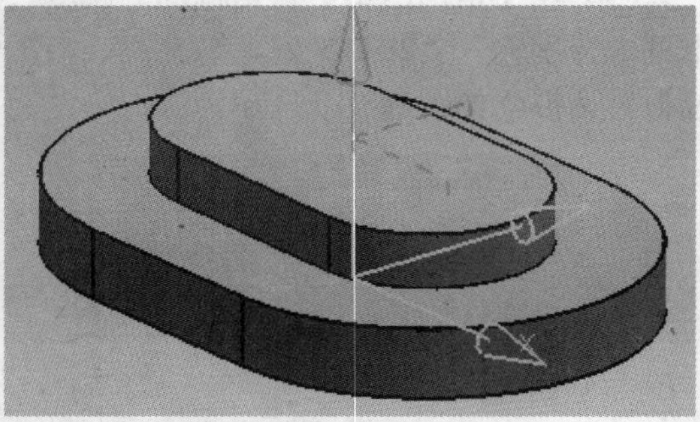

图 6.3.14　矩形凸垫边倒圆

8）创建凸台

（1）在【成型特征】工具栏中单击按钮，或选择菜单命令【插入】/【设计特征】/【凸台】，系统将弹出【凸台】对话框，如图 6.3.15 所示。

（2）选取凸垫上表面为放置面，并在【凸台】对话框的“直径”、“高度”和“拔锥角”文本框中分别输入“27”、“32-16”和“0”，单击【确定】按钮，弹出【定位】对话框，如图 6.3.16 所示。

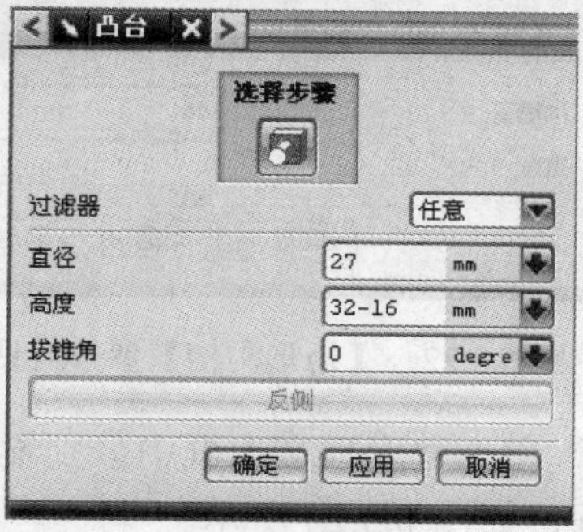

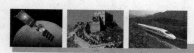

图 6.3.15　【凸台】对话框

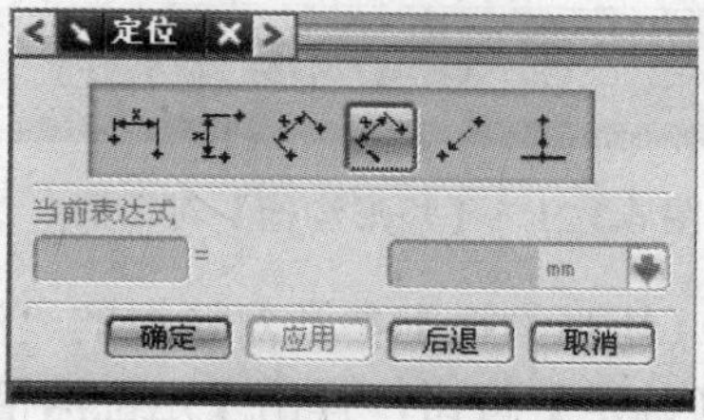

图 6.3.16　【定位】对话框

（3）在【定位】对话框中单击【点到点】按钮，弹出【点到点】对话框，如图 6.3.17 所示。

（4）按系统提示选取矩形凸垫上表面的圆弧，弹出【设置圆弧的位置】对话框，如图 6.3.18 所示。

图 6.3.17　【点到点】对话框

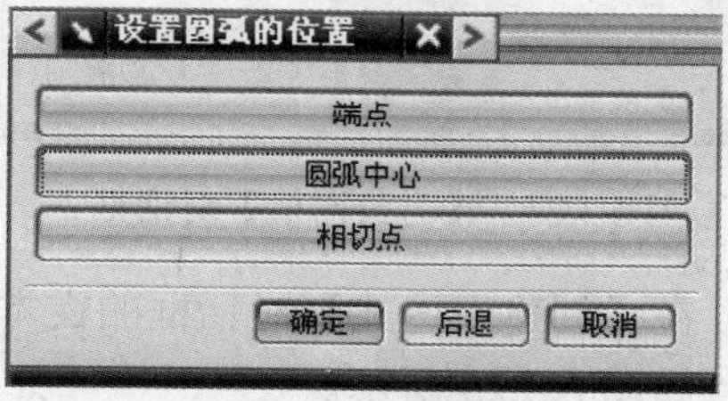

图 6.3.18　【设置圆弧的位置】对话框

（5）在【设置圆弧的位置】对话框中单击【圆弧中心】按钮，完成凸台的创建操作，如图 6.3.19 所示。

9）创建沟槽

（1）在【成型特征】工具栏中单击按钮，或选择菜单命令【插入】/【设计特征】/【沟槽】，系统将弹出【沟槽】对话框，如图 6.3.20 所示。

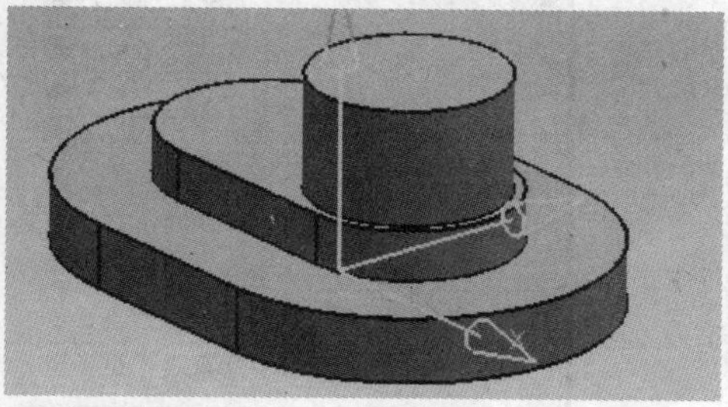

图 6.3.19　凸台

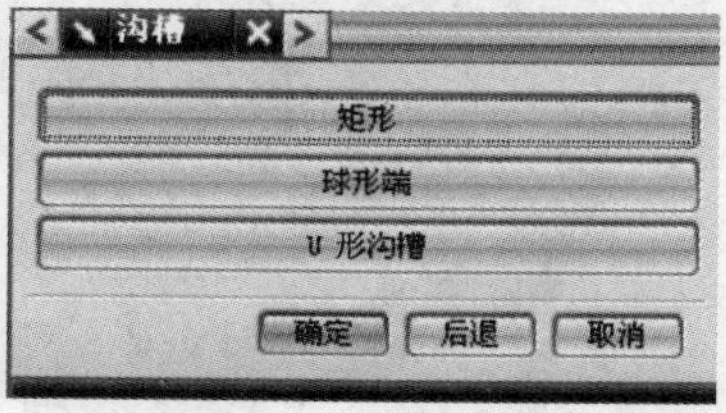

图 6.3.20　【沟槽】对话框

（2）在【沟槽】对话框中单击【矩形】按钮，系统将弹出【矩形沟槽】对话框，如图 6.3.21 所示。

（3）按系统提示选取凸台外圆表面作为矩形沟槽的放置面，弹出【矩形沟槽】参数对话框，如图 6.3.22 所示。

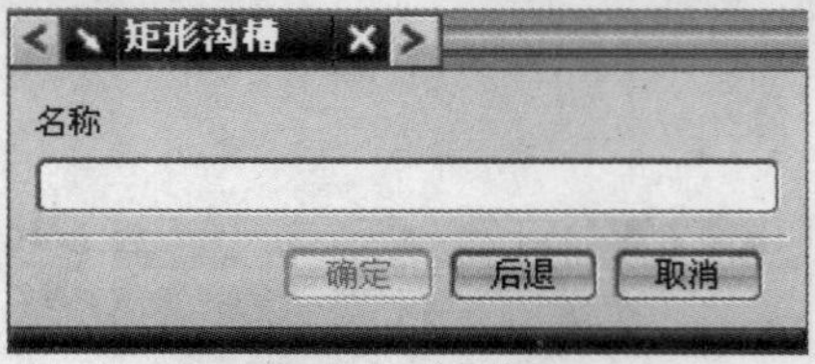

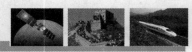

图 6.3.21　【矩形沟槽】对话框

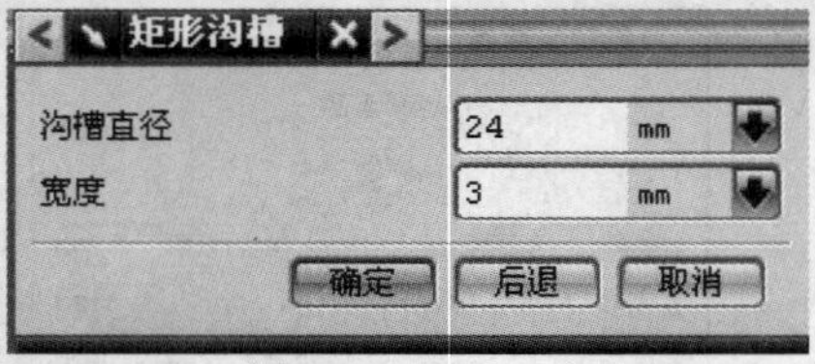

图 6.3.22　【矩形沟槽】参数对话框

（4）在【矩形沟槽】参数对话框的“沟槽直径”和“宽度”文本框中分别输入“24”和“3”，单击【确定】按钮，弹出【定位沟槽】对话框，如图 6.3.23 所示。

（5）按系统提示选取矩形凸台上表面的一个棱边作为目标边，选取预显沟槽下表面的棱边作为工具边，弹出【创建表达式】对话框，如图 6.3.24 所示。

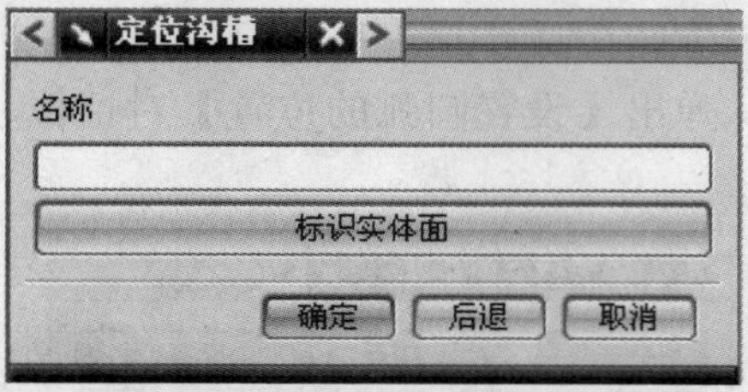

图 6.3.23　【定位沟槽】对话框

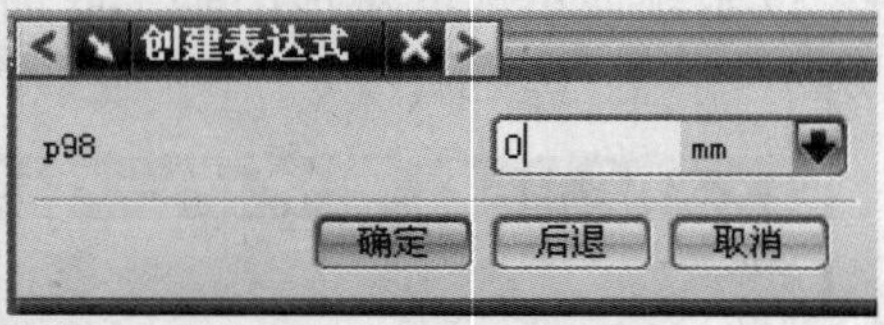

图 6.3.24　【创建表达式】对话框

（6）在【创建表达式】对话框的文本框中输入“0”，单击【确定】按钮，完成沟槽的创建操作，如图 6.3.25 所示。

10）创建螺纹

（1）在【特征操作】工具栏中单击按钮，或选择菜单命令【插入】/【设计特征】/【螺纹】，系统将弹出【螺纹】对话框，如图 6.3.26 所示。

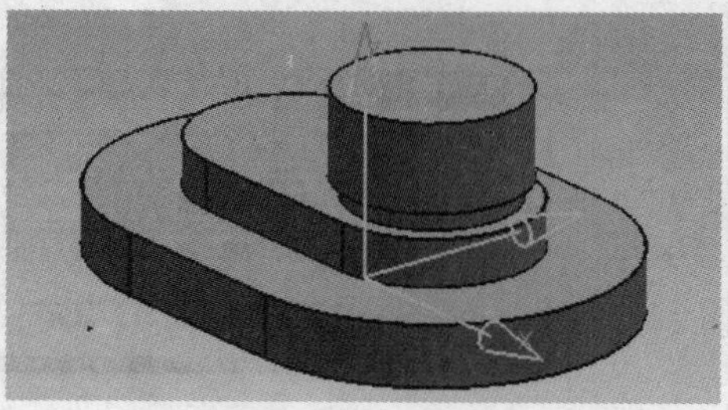

图 6.3.25　沟槽

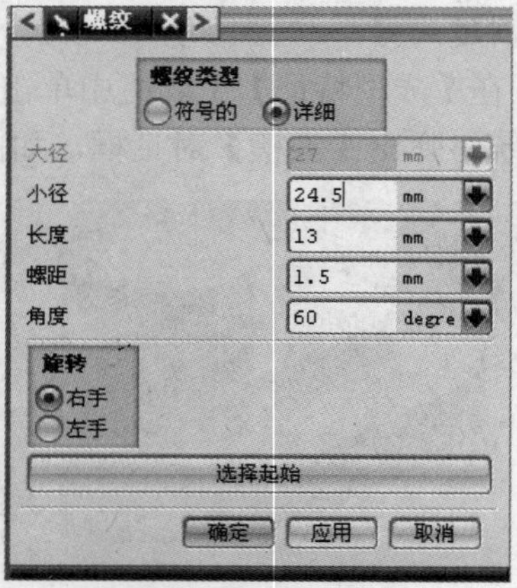

图 6.3.26　【螺纹】对话框

（2）在【螺纹】对话框的“螺纹类型”栏中选择【详细】单选项，并按系统提示选取凸台外圆表面，则螺纹的相应选项被激活。

（3）在【螺纹】对话框的“螺距”文本框中输入“1.5”，“小径”文本框中输入“24.5”，单击【确定】按钮，完成详细螺纹的创建操作，如图 6.3.27 所示。

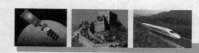

11）边倒圆

（1）在【特征操作】工具栏中单击按钮，或选择菜单命令【插入】/【细节特征】/【边倒圆】，系统将弹出【边倒圆】对话框，如图 6.3.28 所示。

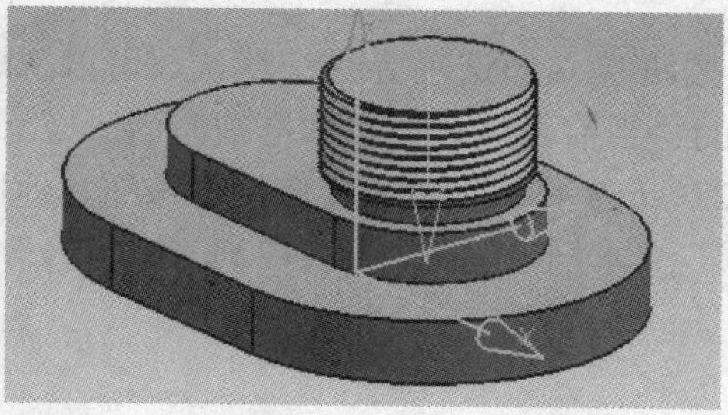

图 6.3.27　详细螺纹

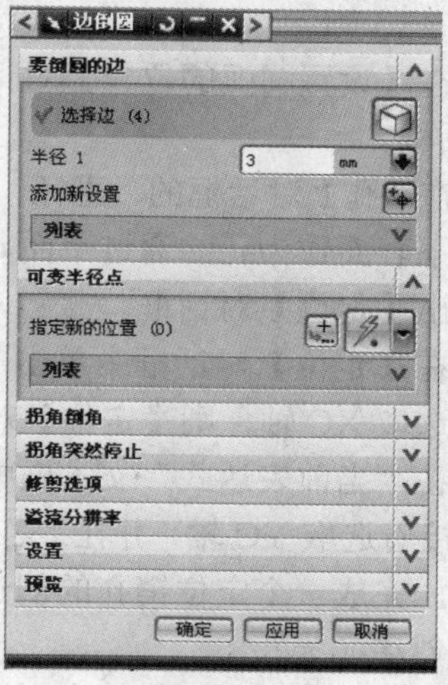

图 6.3.28　【边倒圆】对话框

（2）在【边倒圆】对话框的“半径 1”文本框中输入“3”。

（3）按系统提示选取需要边倒圆的棱边，单击【确定】按钮，完成边倒圆操作，如图 6.3.29 所示。

12）创建简单孔

（1）在【成型特征】工具栏中单击按钮，或选择菜单命令【插入】/【设计特征】/【孔】，系统将弹出【孔】对话框，如图 6.3.30 所示。

图 6.3.29　边倒圆

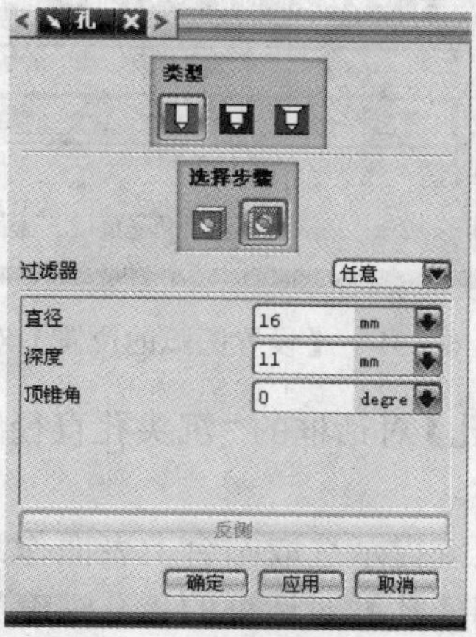

图 6.3.30　【孔】对话框

（2）在【孔】对话框的“直径”、“深度”和“顶锥角”文本框中分别输入“16”、“11”和“0”。

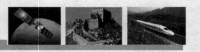

（3）按系统提示选取底板下表面作为孔的放置面，单击【应用】按钮，弹出【定位】对话框。

（4）在【定位】对话框中单击【点到点】按钮，弹出【点到点】对话框。

（5）按系统提示选取无凸台一侧的底面圆弧，弹出【设置圆弧的位置】对话框，如图 6.3.31 所示。

（6）在【设置圆弧的位置】对话框中单击【圆弧中心】按钮，完成简单孔的操作，返回【孔】对话框。

（7）在【孔】对话框的“直径”文本框中输入“5”，并选取底板上表面作为孔的放置面，选取底板下表面作为孔的通过平面，则“深度”和“顶锥角”自动变为灰显，单击【应用】按钮，弹出【定位】对话框。

（8）在【定位】对话框中单击【垂直】按钮（该选项为系统默认，可以忽略），并按系统提示选取 XC 轴，则【定位】对话框中的“当前表达式”文本框被激活。

（9）在“当前表达式”文本框中输入“22*sin（45）”，单击【应用】按钮，返回【定位】对话框。接着选取 YC 轴，并在“当前表达式”文本框中输入“28/2+22* cos（45）”，单击【确定】按钮，完成一个定位销孔的创建操作。

13）创建沉头孔

（1）在【孔】对话框的“类型”栏中单击【沉头孔】按钮，则【孔】对话框变为如图 6.3.32 所示形式。

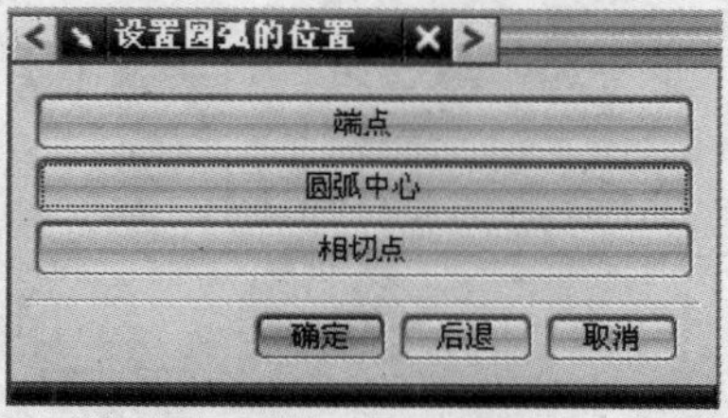

图 6.3.31 【设置圆弧的位置】对话框

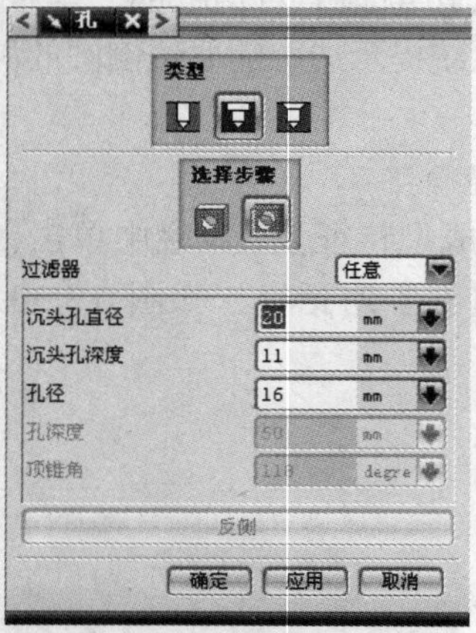

图 6.3.32 【孔】对话框

（2）在【孔】对话框的“沉头孔直径”、“沉头孔深度”和“孔径”文本框中分别输入“20”、“11”和“16”。

（3）按系统提示选取凸台上表面作为沉头孔的放置面，接着选取底板下表面作为沉头孔的通过面，则【孔】对话框的“孔深度”和“顶锥角”自动变为灰显。

（4）单击【应用】按钮，弹出【定位】对话框。

（5）按创建简单孔的步骤（4）～（6）的定位方法进行定位。操作时选取凸台一侧的底面圆弧，使沉头孔的中心与所选圆弧中心重合，完成凸台沉头孔的创建操作。

（6）在【孔】对话框的“沉头孔直径”、“沉头孔深度”和“孔径”文本框中分别输入“11”、

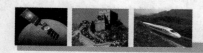

“9−3”和“7”。

（7）按系统提示选取底板上表面作沉头孔的放置面，接着选取底板下表面作为沉头孔的通过面，则【孔】对话框的“孔深度”和“顶锥角”自动变为灰显。

（8）单击【应用】按钮，弹出【定位】对话框。

（9）按创建简单孔的操作步骤（8）～（9）的定位方法进行定位。操作时选取与 XC 轴的定位尺寸为“22”，与 YC 轴的定位尺寸为“28/2”，创建的简单孔及沉头孔如图 6.3.33 所示。

14）圆周阵列

（1）在【成型特征】工具栏中单击按钮，或选择菜单命令【插入】/【关联复制】/【实例特征】，系统将弹出【实例】对话框，如图 6.3.34 所示。

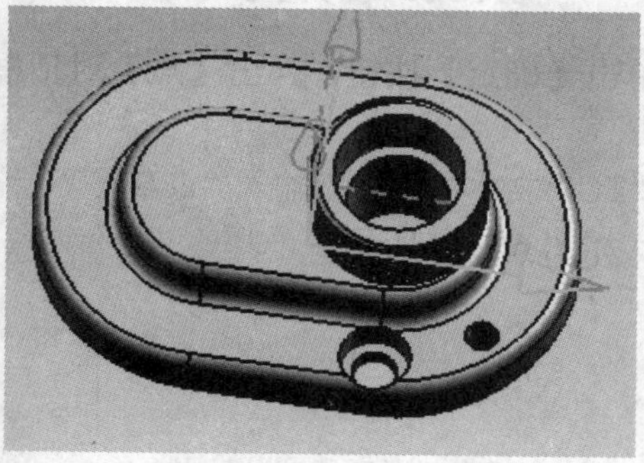

图 6.3.33　简单孔及沉头孔

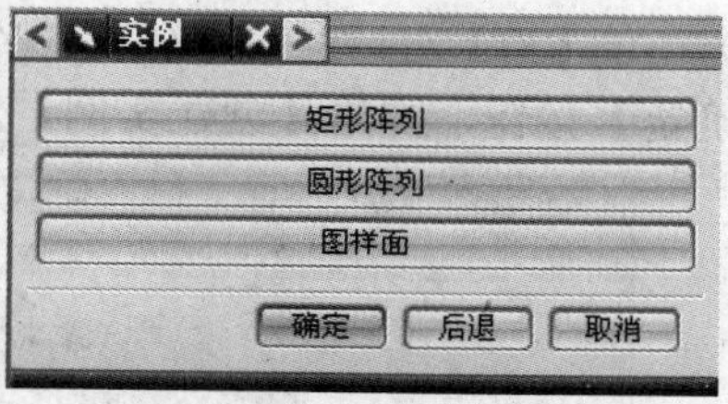

图 6.3.34　【实例】对话框

（2）在该【实例】对话框中单击【圆周阵列】按钮，弹出如图 6.3.35 所示的【实例】对话框。

（3）在该【实例】对话框中选择需要圆周阵列的沉头孔，或在绘图工作区直接选择需要圆周阵列的沉头孔，弹出如图 6.3.36 所示的【实例】对话框。

图 6.3.35　【实例】对话框

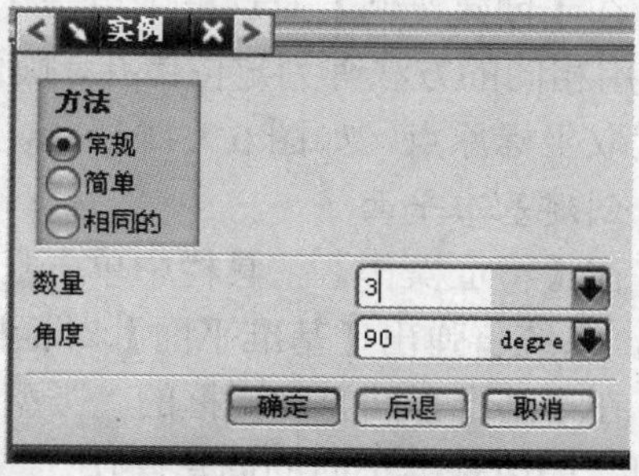

图 6.3.36　【实例】对话框

（4）在该【实例】对话框的“数量”和“角度”文本框中分别输入“3”和“90”，单击【确定】按钮，弹出如图 6.3.37 所示的【实例】对话框。

（5）在该【实例】对话框中单击【点和方向】按钮，弹出【矢量】对话框，如图 6.3.38 所示。

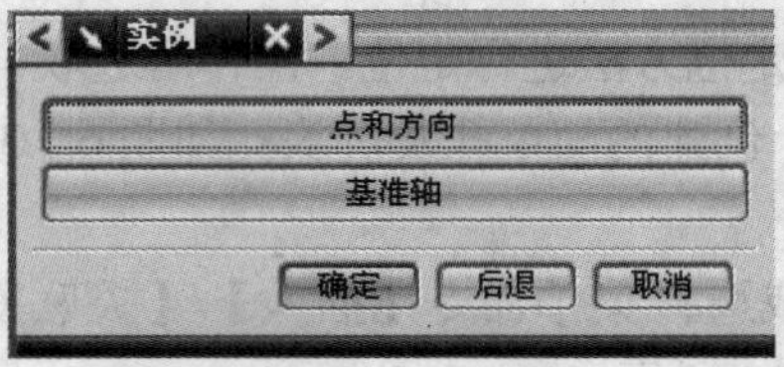

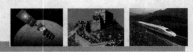

图 6.3.37 【实例】对话框

图 6.3.38 【矢量】对话框

（6）在【矢量】对话框中选择“ZC 轴”，单击【确定】按钮，弹出【点】对话框，如图 6.3.39 所示。

（7）在该【点】对话框的“XC”、“YC”和“ZC”文本框中分别输入“28/2”、“0”和“0”，单击【确定】按钮，弹出【创建实例】对话框，如图 6.3.40 所示。

图 6.3.39 【点】对话框

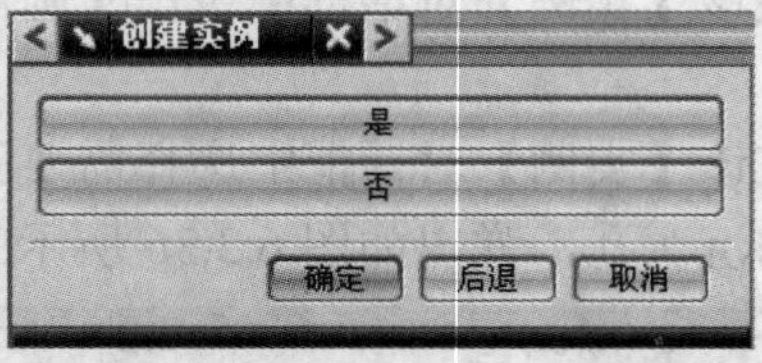

图 6.3.40 【创建实例】对话框

（8）在【创建实例】对话框中单击【是】按钮，完成沉头孔的圆周阵列操作。

（9）用相同的方法阵列定位销孔，操作时阵列数量取为 2，角度为 180°；矢量取 ZC 轴，点的位置取坐标原点，如图 6.3.41 所示。

15）创建基准平面

（1）在【特征操作】工具栏中单击□按钮，或选择菜单命令【插入】/【基准/点】/【基准平面】，系统将弹出【基准平面】对话框，如图 6.3.42 所示

（2）在【基准平面】对话框的“类型”下拉列表中选择“YC-ZC plane”选项，单击【确定】按钮，完成基准平面的创建操作。

16）镜像沉头孔

（1）在【特征操作】工具栏中单击按钮，或选择菜单命令【插入】/【关联复制】/【镜像特征】，系统将弹出【镜像特征】对话框，如图 6.3.43 所示

（2）按系统提示在绘图工作区直接选取需要镜像的沉头孔。

（3）在【镜像特征】对话框中单击【选择平面】按钮□，并按系统提示选取 YC-ZC 基

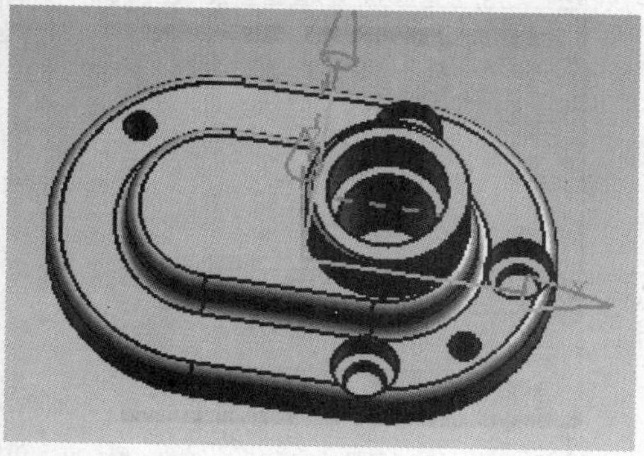

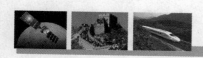

图 6.3.41　圆周阵列

图 6.3.42　【基准平面】对话框

图 6.3.43　【镜像特征】对话框

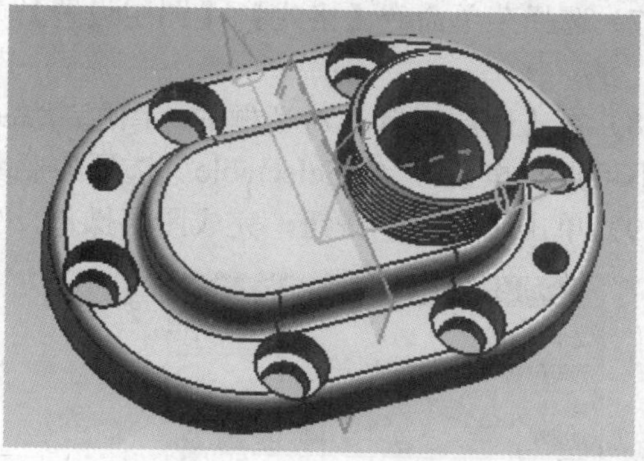

图 6.3.44　沉头孔镜像

准平面作为镜像平面，单击【确定】按钮，完成沉头孔的镜像操作，如图 6.3.44 所示。

17）图层操作

（1）选择菜单命令【格式】/【移动至图层】，系统将弹出【类选择】对话框，如图 6.3.45 所示。

（2）在【类选择】对话框中，单击【类型过滤器】按钮，弹出【根据类型选择】对话框。

（3）在【根据类型选择】对话框中选择“基准”选项，单击【确定】按钮，系统返回【类选择】对话框。

（4）在【类选择】对话框中，单击【全选】按钮，则被选中的对象高亮显示。

（5）单击【确定】按钮，弹出【图层移动】对话框，如图 6.3.46 所示。

（6）在【图层移动】对话框的“类别”列表框中选取“DATUMS”，或直接在“目标图层或类别”文本框中输入“61”，单击【确定】按钮，完成图层移动操作。

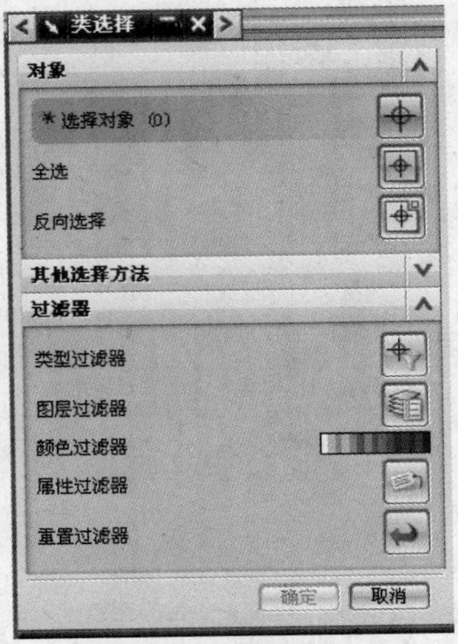

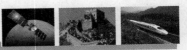

图 6.3.45 【类选择】对话框

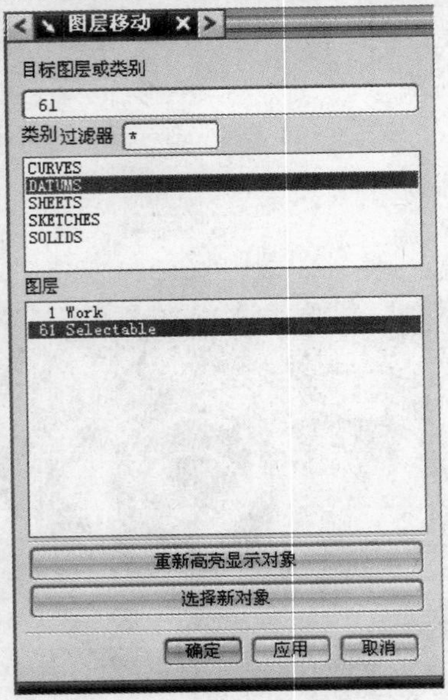

图 6.3.46 【图层移动】对话框

（7）选择菜单命令【格式】/【图层设置】，系统将弹出【图层设置】对话框，如图 6.3.47 所示。

（8）在【图层设置】对话框的“图层/状态”列表框中选择“61 Selectable”选项，并单击【不可见】按钮，“61 Selectable”选项的后缀消失。

（9）单击【确定】按钮，完成图层操作，生成的齿轮油泵后盖如图 6.3.48 所示。

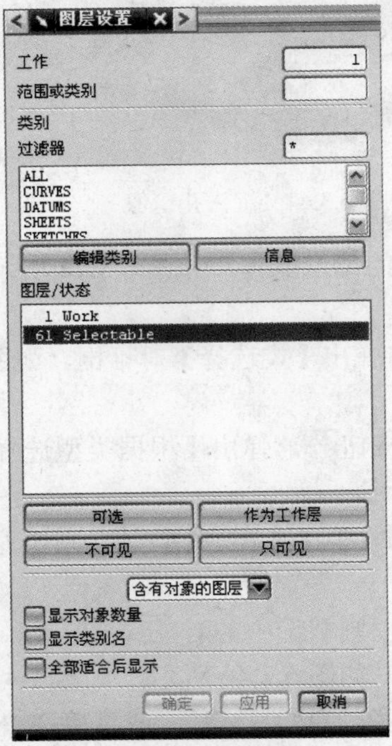

图 6.3.47 【图层设置】对话框

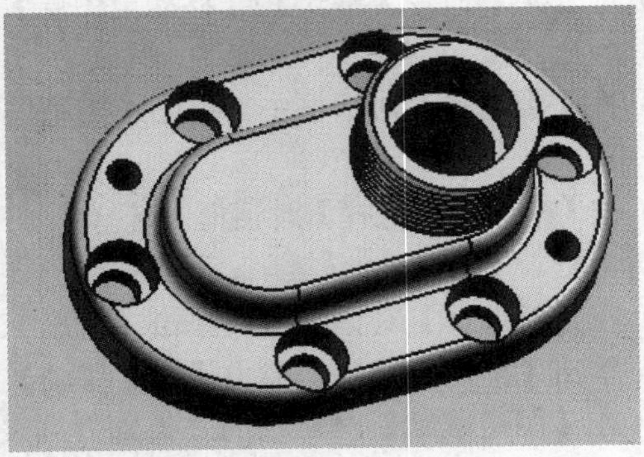

图 6.3.48 泵后盖

18）保存部件文件

在【标准】工具栏中单击按钮，或选择菜单命令【文件】/【保存】，完成部件文件的保存。

知识梳理与总结

本章详细介绍了 UG NX 5.0 系统中三维实体建模的细节特征和关联复制功能。细节特征包括拔模、边倒圆、倒斜角、抽壳、螺纹等；关联复制包括实例特征、镜像特征和镜像体。通过对本章的学习，读者可以掌握 UG NX 建模的各种方法和技巧，提高建模速度。

第7章 装配功能

教学导航

知识重点	1．部件的添加与配对条件； 2．装配爆炸图
知识难点	1．虚拟装配； 2．配对条件； 3．引用集； 4．装配爆炸
教学方式	在多媒体机房，教与练相结合
建议学时	8 课时

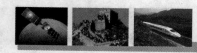

在完成产品零部件的建模后，需要通过装配功能模块将这些零部件进行装配操作，以得到完整的产品模型结构。通过装配操作，可以得到产品的总体结构，绘制装配图和检查部件之间是否发生干涉等，可以在计算机上进行虚拟装配仿真，及早发现部件配合之间存在的问题。装配模型生成后，还可以建立装配爆炸图，并将其引入到装配工程图中。

7.1　装配概述

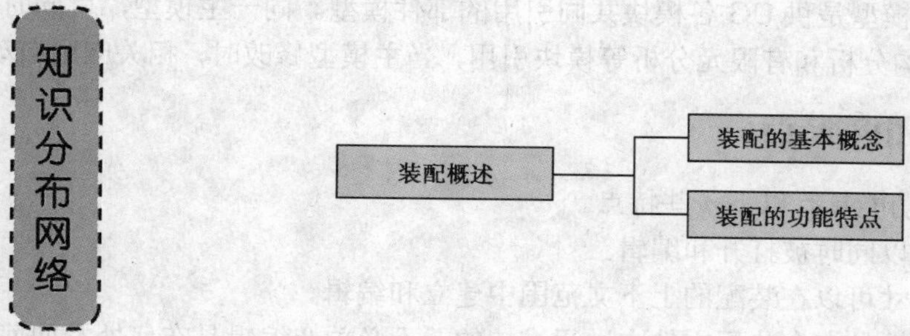

对部件进行装配的过程就是在装配环境中建立部件之间的配对关系。它是通过配对条件在部件间建立约束关系来确定部件在产品中的位置。在装配操作中，部件的几何体是被引用到装配环境中，而不是被复制到装配环境中。不管如何编辑部件和在何处编辑部件，整个装配部件保持相关性。如果某部件被修改，则引用它的装配部件自动更新，以反映部件的最新变化。

装配模块是进行产品设计的最终应用环节之一。通过该模块，可以将单独的零部件模型进行装配，得到完整的产品装配结构，并形成电子化的装配数据信息。

7.1.1　装配的基本概念

在学习装配操作之前，先要了解装配操作中经常会用到的一些基本概念。如装配部件、子装配、组件对象、组件、单个部件、自顶向下装配、自底向上装配、混合装配和主模型等。

（1）装配部件：它是由部件和子装配构成的部件。在 UG 系统中允许向任何一个 Part 文件中添加部件构成装配，因此任何一个 Part 文件都可以作为装配部件文件（在系统中，零件和部件不必严格区分）。当存储一个装配部件文件时，各部件的实际几何数据并不是存储在装配部件文件中，而是存储在其相应的各个部件（即零件文件）中。

（2）组件：组件是装配中由组件对象所指的部件文件，组件可以是单个部件（即零件）也可以是一个子装配，组件是由装配部件引用而不是复制到装配部件中。

（3）子装配：子装配是在高一级装配中被用做组件的装配，子装配也拥有自己的组件。子装配是一个相对的概念，任何一个装配部件都可以在更高级装配中用做子装配。

（4）组件对象：组件对象是一个从装配部件链接到部件主模型的指针实体。一个组件对象记录的信息有部件名称、层、颜色、线型、线宽、引用集和装配条件等。

（5）单个部件：单个部件是指在装配外存在的部件几何模型。它可以添加到装配中去，但不能含有下级组件。

（6）自顶向下装配：自顶向下装配是在装配级中创建与其他部件相关的部件模型，是在装配部件的顶级向下产生子装配和部件（即零件）的装配方法。

（7）自底向上装配：自底向上装配是先创建部件几何模型，再组合成子装配，最后生成装配部件的装配方法。

（8）混合装配：混合装配是将自顶向下装配和自底向上装配结合在一起的装配方法。例如先创建几个主要部件的几何模型，再将其装配在一起，然后在装配中设计其他部件，即为混合装配。在实际设计中，可根据需要在两种模式下切换。

（9）主模型：主模型是供 UG 各模块共同引用的部件模型。同一主模型，可同时被工程图、装配、加工、机构分析和有限元分析等模块引用，当主模型修改时，相关应用自动更新。

7.1.2 装配的功能特点

UG 系统的装配功能具有以下一些特点。

（1）多个部件可以同时被打开和编辑。

（2）组件几何尺寸可以在装配的上下文范围中建立和编辑。

（3）组件的相关性是在全装配文件中进行维护的，不必关心编辑是在何处及如何进行操作的。

（4）一个装配的图形表示可以得到简化，而不必去编辑下属的各个几何体。

（5）装配件会自动更新，以反映引用部件最后的效果。

（6）装配条件通过规定在组件间的约束关系，使其在装配中进行定位。

（7）装配导航器提供装配结构的图形显示，以利于其他功能中使用选择和操作组件。

（8）可以在其他应用中，特别是在制图和制造应用中利用装配功能（主模型方法）。

7.2 装配导航器

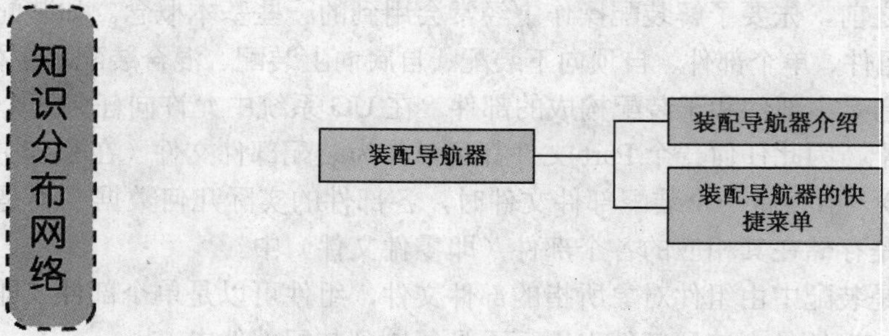

装配导航器是将部件的装配结构用图形表示，类似于树结构，在装配中每个组件在装配树上显示为一个结点。使用装配导航器能更清楚地表达装配关系，它提供了一种装配中选择组件和操作组件的简单方法。可以用装配导航器选择组件、改变工作部件、改变显示部件、隐藏与显示组件、替换引用集等。

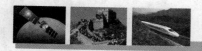

7.2.1 装配导航器介绍

在 UG 工作环境左侧的资源条中单击 按钮，系统就会展开一个窗口，如图 7.2.1 所示。

打开装配导航器后，可以看到在装配导航器中，系统用图形方式显示出各部件的装配结构，这是一种类似于树形的结构。在这种装配树形结构中，每一个组件显示为一个结点。在不同的装配操作功能中，可以通过选取装配导航器中的这些结点来选取对应的组件。

在【装配导航器】窗口的标题栏处单击鼠标右键，从中选择【属性】菜单命令，系统就会弹出如图 7.2.2 所示的【显示的部件属性】对话框。

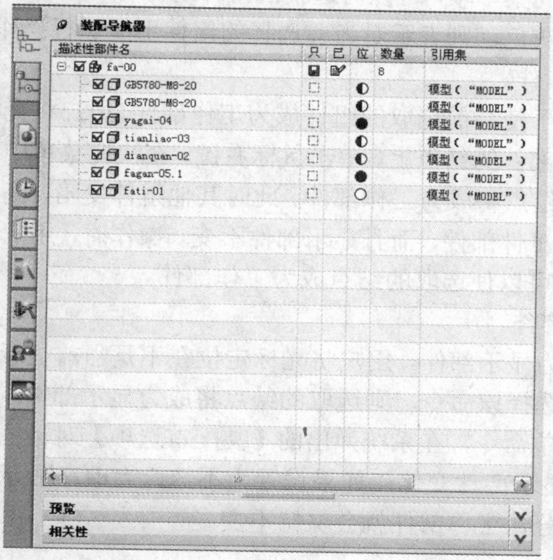

图 7.2.1 【装配导航器】窗口

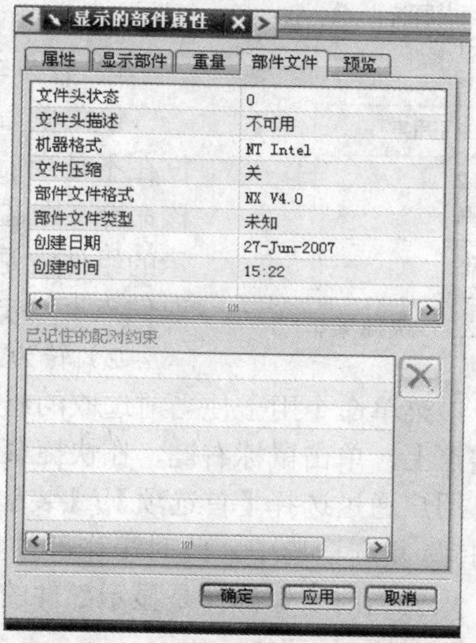

图 7.2.2 【显示的部件属性】对话框

其中【部件文件】选项卡主要用于显示部件文件的信息。

在【装配导航器】窗口中将部件的装配结构用类似于树状结构的图形来表示，非常清楚地表达了各个部件之间的装配关系。而在该树状结构图中，为了便于识别各个结点，装配中的子装配和部件都会用不同的图标来表示，同时，零部件的状态不同，其表示的图标也有差别。【装配导航器】窗口中各个图标的含义如下。

（1）⊟：单击减号表示折叠装配或子装配，不显示装配或子装配的下属部件，即把一个子装配折叠成一个结点。一旦单击它，减号就变为加号。

（2）⊞：单击加号表示展开装配或子装配，显示装配或子装配的所有下属部件。一旦单击它，加号就变为减号。

（3）：表示一个完全加载的装配或子装配。

（4）：表示一个完全加载的部件。

（5）：表示部件没有被加载。

（6）☑：如果检查框被选取，并且是红色，表示当前部件或装配处于显示状态。

（7）☑：如果检查框被选取，并且是灰色，表示当前部件或装配处于隐藏状态。

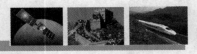

（8）口：如果检查框没有被选取，表示当前部件或装配处于关闭状态。

如果对装配中的某组件进行功能操作，可以在装配树上选取该结点。选取结点的方法有以下两种：一种方法是单击鼠标左键选择单个结点，另一种是按住 Shift 或 Ctrl 键并单击鼠标左键选取多个结点。

7.2.2 装配导航器的快捷菜单

将光标定位在装配树的选择结点处，单击鼠标右键，系统会弹出一个如图 7.2.3 所示的快捷菜单。

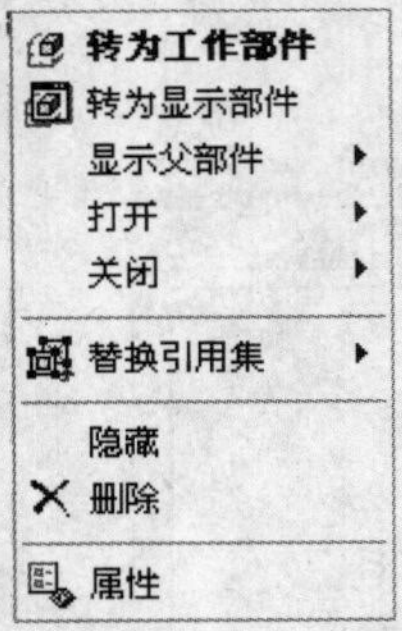

图 7.2.3　快捷菜单

通过快捷菜单的菜单项，可以对选择的组件进行各种操作。如果操作时某菜单项为灰色，则表示对当前选择的组件不能进行操作。

1）转为工作部件

该菜单命令用于使当前选取的组件成为工作部件。用户将光标定位在不是当前工作部件的结点上，单击鼠标右键，在快捷菜单中选择该命令，则选取的结点将成为工作部件。此时其他组件变暗，高亮显示的组件就是当前工件部件，而且显示部件不变。操作时，用户在选取结点上双击，也可以使选取的结点成为工作部件。

2）转为显示部件

该菜单命令用于使当前选取的组件成为显示部件。用户将光标定位在不是当前显示部件的结点上，单击鼠标右键，在快捷菜单中选择该命令，则选取的结点将成为显示部件。

用户通过选择【首选项】/【装配】菜单命令，在系统弹出的【装配首选项】对话框中将“保持”复选框选中，此时工作部件将随显示部件变化；如果设置为不选，当改变显示部件时，只要当前工作部件是显示部件的一部分，工作部件就会保持不变。

3）显示父部件

该菜单命令用于显示父部件。用户将光标定位在具有上级装配的组件结点上，单击鼠标右键，在快捷菜单中选择该命令，系统会根据该组件所具有的父部件数量，以级联菜单的方式列出所有的父部件名称。选取相应的父部件名称菜单命令，系统就会将显示部件变为该父部件。显示父部件时，当前的工作部件保持不变。

4）打开

该菜单命令用于在装配结构树中打开组件。如果一个装配已经打开，而其下级组件处于关闭状态，则当用户将光标定位在没有打开的组件上，单击鼠标右键，快捷菜单中的【打开】菜单命令会被激活。选取该命令，系统将弹出相应的级联菜单命令，选取其中相应的菜单命令，则可以打开相应的组件对象。根据光标定位组件对象的不同，其下级联菜单将有不同的菜单命令。

5）关闭

该菜单命令用于关闭组件，使组件数据不出现在装配中，以提高系统操作的速度。将光标定位在已打开的组件结点上，单击鼠标右键，快捷菜单中的【关闭】菜单命令会被激活。选取该命令，系统将弹出相应的级联菜单命令，选取其中相应的菜单命令，则可以打开相应的组件对象。根据光标定位组件对象的不同，其下级联菜单将有不同的菜单命令。

6）替换引用集

该菜单命令用于替换当前所选组件的引用集。将光标定位在选取的结点上，单击鼠标右键，从快捷菜单中选择该命令，根据需要在【替换引用集】命令的级联菜单中选取一个引用集来替换所选组件的现有引用集。

7）隐藏

该菜单命令用于隐藏或显示选取的组件。在处于显示状态下的组件结点上单击鼠标右键，从快捷菜单中选择【隐藏】命令，将隐藏所选取的组件。同时结点前检查框中的红钩变为灰色；反之，如果在处于隐藏状态下的组件结点上单击鼠标右键，从快捷菜单中选择【不隐藏】命令，可使所选取的组件重新显示在绘图工作区中，同时结点前检查框中出现红钩。

8）属性

该菜单命令用于列出组件特性。将光标定位在装配或子装配的结点上单击鼠标右键，从快捷菜单中选择【属性】命令，系统将列出当前所选取组件的相关特性，包括组件名称、所属装配名称、颜色、线型、引用集和所在图层等信息。

7.3　装配引用集

引用集是在零部件中定义的部分几何对象，它代表相应的零部件参加装配。引用集可包含零部件的名称、原点、方向、几何体、坐标系、基准轴、基准平面和属性等数据。引用集一旦产生，就可以单独装配到部件中。一个零部件可以有多个引用集。

在装配中，由于各部件含有草图、基准平面及其他辅助图形数据，如果要显示装配中各部件和子装配的所有数据，一方面容易混淆图形，另一方面由于引用零部件的所有数据需要占用大量的内存，因此不利于装配工作的进行。通过引用集可以减少这类数据，提高机器运行速度。

在装配结构中，每个零部件有两个系统默认的引用集：整个部件和空。

“整个部件”引用集表示引用部件的全部几何数据，在添加部件到装配中时，如果不选择其他引用集，默认是使用该引用集。

“空”引用集即不含任何几何对象的引用集，当部件以“空”引用集形式添加到装配中时，在装配中看不到该部件，如果部件几何对象不需要在装配模型中显示，可使用“空”引用集，以提高显示速度。

在操作时，还可以利用系统提供的引用集操作功能来创建和编辑引用集。

选择菜单命令【格式】/【引用集】，弹出如图 7.3.1 所示的【引用集】对话框。

应用该对话框中的功能选项，可进行引用集的创建、删除、重命名、信息查看、编辑属性以及修改内容等操作。

1）创建

该图标按钮用于创建新的引用集。在部件和子装配中都可以建立引用集，部件的引用集既可在部件中建立，也可在装配中建立。如果要在装配中为某部件建立引用集，应先使其成为工作部件。

在【引用集】对话框中单击【创建引用集】按钮，系统将弹出如图 7.3.2 所示的【创建引用集】对话框。

图 7.3.1 【引用集】对话框

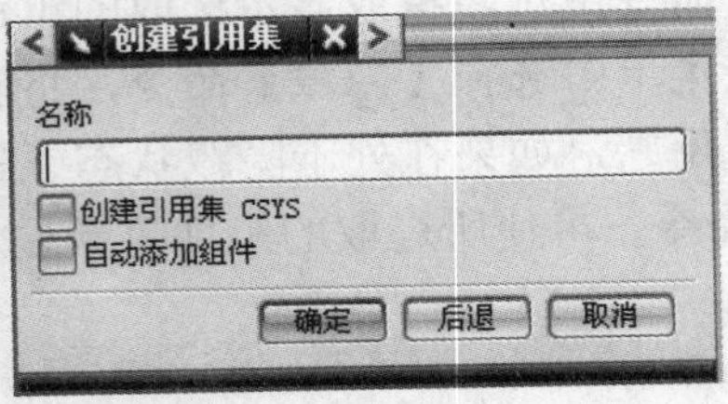

图 7.3.2 【创建引用集】对话框

该对话框用于指定引用集名称和设置引用集坐标系。在该对话框中可以输入引用集名称，但名称的长度不能超过 30 个字符，而且中间不允许有空格。

如果在【创建引用集】对话框中选中“创建引用集 CSYS”复选框，单击【确定】按钮后，系统就会弹出【CSYS】和【点】对话框，让用户设置引用集坐标系。如果不选取该复选框，系统将不建立引用集坐标系。

如果在【创建引用集】对话框中选中“自动添加组件”复选框，单击【确定】按钮后，系统就会自动选取所有部件对象作为所选组件。如果不选取该复选框，系统将让用户自己指定要选取的组件。

在完成以上操作后，系统就会建立用所选组件对象表达该部件的引用集。正如可以在部件中建立引用集一样，在包含部件的子装配中也可以建立引用集。其操作方法同上，只是在选择对象添加到引用集时，可以选择子装配中的所有部件。

2）删除

该图标按钮用于删除部件或子装配中已建立的引用集。在引用集列表框中选取需要删除的引用集，单击该按钮即可删除。

3）重命名

该图标按钮用于重新命名所选的引用集。在引用集列表框中选取某一引用集，同时单击该按钮，则在引用集列表框中该引用集名称将变为可写状态，可直接更改引用集的名称。

4）编辑属性

该图标按钮用于编辑引用集的属性。在引用集列表框中选取某一引用集，同时单击该按钮，系统就会弹出【引用集属性】对话框，在该对话框中可以编辑引用集的相关参数。

5）信息

该图标按钮用于查看当前零部件中已创建引用集的有关信息。在引用集列表框中选取某一引用集，并单击该按钮，系统就会弹出引用集【信息】窗口，其中列出了当前选取引用集的相关信息数据。

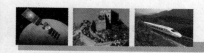

7.4 组件操作

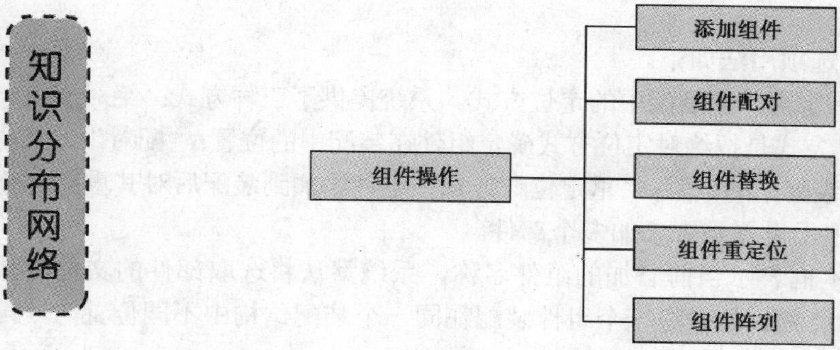

产品的整个装配模型是由单个部件或子装配进行装配而得到的，这些对象添加到装配模型中形成装配组件。可以对装配结构中的组件进行删除、编辑、阵列、替换和重新定位等组件操作，这些操作功能主要是通过【装配】/【组件】级联菜单中相应的菜单命令和系统基本的对象编辑操作命令来实现的。

7.4.1 添加组件

部件设计好以后，必须通过装配才能形成产品。建立装配结构是将部件添加到装配模型中，并按一定的层次结构组织在一起。装配结构可以在部件设计之前定义，例如定义装配结构是由哪些子装配和部件组成，每个部件的具体几何对象可在以后设计；也可在部件几何对象设计完以后定义，例如将已设计好的部件装配在一起。前者适合自顶向下的设计，后者适合自底向上的设计。针对这两种不同的装配建模方法，其装配结构中创建组件的操作过程也不相同，下面介绍应用不同装配建模方法时组件的添加方式。

1. 自底向上装配

自底向上装配就是先设计好装配中的部件，再将部件添加到装配中，从而使该部件成为一个装配组件。该装配操作方法在实际应用中使用范围较广，多数产品的装配设计均采用此装配建模方法。其中添加组件的具体步骤如下。

（1）分别根据零部件设计参数，创建装配产品中各个零部件的具体几何模型。

（2）新建一个装配文件或者打开一个已存在的装配文件。

选择菜单命令【装配】/【组件】/【添加组件】，或在【装配】工具栏中单击按钮，系统将弹出如图 7.4.1 所示的【添加组件】对话框。

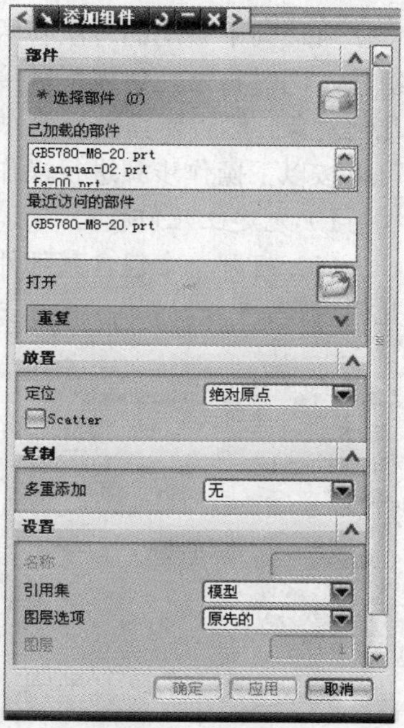

图 7.4.1 【添加组件】对话框

在该对话框中有两种选取部件的方式：一种是单

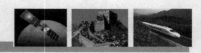

击【打开】按钮，从硬盘目录上调出原来创建的三维几何实体，添加后系统会将其自动生成为该装配中的组件；另一种是在“选择已加载的部件”列表中选取在当前工作环境中已经打开的部件文件。

该对话框的其他选项用法如下。

◆ 定位：用于指定组件在装配中的定位方式。系统提供了三种方式：绝对原点、配对和重定位。“绝对原点”方式是按绝对定位方式确定组件在装配中的位置；“配对”方式是按配对关联条件确定组件在装配中的位置；“重定位”方式在组件添加到装配后对其重新定位。

◆ 多重添加：用于设置是否添加多个部件。

◆ 名称：该文本框表示当前添加的组件名称，系统默认将选取部件的文件名作为组件名，该名称可以重新设置。如果将一个组件装配在同一个装配结构中不同位置时，可用该选项来区别不同位置的相同组件。

◆ 引用集：用于改变组件的引用集设置。系统提供了三种引用集的设置方式：模型、整个部件和空。

◆ 图层选项：用于指定部件放置的目标层。系统提供了三种层的类型：工作层、原先的和如指定的。“工作层”类型是将添加的组件放置到装配部件的工作层；“原先的”类型是仍保持组件原来的层位置；“如指定的”类型是将组件放置到指定层中。

（3）在【添加组件】对话框中设置完组件加入到装配中的相关信息后，利用随后弹出的【点】对话框指定组件在装配文件中的载入位置，即可完成选取部件的载入，完成组件的添加操作。

（4）利用组件操作中的“添加现有组件”操作功能，选取需要加入装配的相关零部件。

（5）设置部件加入到装配中的相关信息，即可完成装配结构中组件的添加操作。

2. 自顶向下装配

自顶向下装配的方法有两种：第一种是先在装配中建立一个几何模型，然后创建一个新组件，同时将该几何模型链接到新建组件中；第二种是先建立一个空的新组件，它不含任何几何对象，然后使其成为工作部件，再在其中建立几何模型。用这两种方法创建装配组件时，可以按以下操作步骤进行操作。

1）先建立几何模型

（1）打开一个包含某部件几何模型的装配模型文件或者先在装配模型文件中建立部件的几何模型。

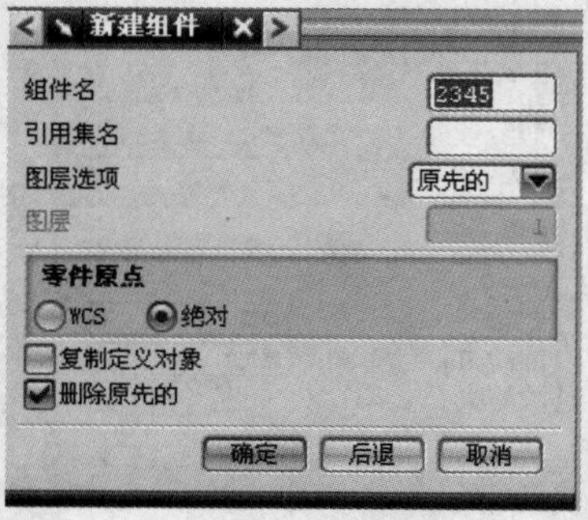

图 7.4.2 【新建组件】对话框

（2）利用组件操作中的“创建新的组件”功能，选取需要的几何模型，设置并保存部件名称。

（3）设置新组件的相关装配信息，即可完成装配结构中组件的添加操作。

（4）选择菜单命令【装配】/【组件】/【新建】或者在【装配】工具栏中单击 按钮，系统将弹出【类选择】对话框。按系统提示选取需要进行操作的几何模型后，系统将弹出【新建组件文件】对话框。让用户设置新的部件名称和保存位置来保存该几何模型，随后又弹出如图 7.4.2 所示的【新建组件】对话框，让用户设置新组件的相关装配信息。该对话框中各选项的含义如下。

- ◆ 组件名：用于指定组件名称。默认为部件存盘的文件名，该名称可以修改。
- ◆ 引用集名：用于指定引用集的名称。
- ◆ 图层选项：用于指定组件放置的目标层。
- ◆ 图层：该文本框只有在“图层选项”设置为“如指定的”时才被激活，用于指定图层号。
- ◆ 零件原点：用于指定组件原点采用的坐标系是工作坐标系还是绝对坐标系。
- ◆ 复制定义对象：表示是否在装配模型中复制所选几何模型对象到新组件中。
- ◆ 删除原先的：表示是否在装配模型中删除所选几何模型对象。

（5）在【新建组件】对话框中设置完各装配信息选项后，系统就会在装配结构中产生一个包含所选几何模型的新组件。这样就完成了在装配中建立几何模型，添加新组件，并把几何模型加入到新添加组件中的操作过程。

2）先建立新组件

（1）打开一个装配模型文件，该文件可以是一个不含任何几何模型和组件的新文件，也可以是一个含有几何模型或装配组件的文件。

（2）利用组件操作中的“创建新的组件”功能，但此时不选取任何几何模型，设置并保存部件名称。

（3）再设置新组件的相关装配信息，即可完成在装配结构中添加新组件操作。

（4）在新组件创建后，将其改为工作部件，再在其中创建相关的几何模型，系统提供了以下两种建立几何模型的方法。

◆ 直接建立几何模型：如果不要求组件间的尺寸相互关联，可以直接在新组件中利用 UG 建模功能模块建立和编辑对象几何模型。

◆ 建立关联几何模型：如果要求新组件与装配中的其他组件有几何模型的关联性，则应在组件间建立链接关系。在组件间建立链接关系的方法是：保持显示部件不变，使新组件成为当前工作部件，在【装配】工具栏中单击【链接】按钮，利用系统弹出的【WAVE 几何链接器】对话框，就可以链接其他组件中的点、线、面和体等对象到当前的工作部件中。

自顶向下装配主要用在上下文设计，即在装配过程中参照其他零件对当前工作部件进行几何模型设计。其显示部件为装配部件，而工作部件是装配中的组件，所做的任何工作都发生在工作部件上，而不是在装配部件上。可以利用间接关系建立从其他部件到工作部件的几何关联。利用这种关联，可引用其他部件中的几何对象到当前工作部件中，再用这些几何对象生成几何体。这样，一方面提高了设计效率，另一方面保证了部件之间的关联性，便于参数化设计。

7.4.2　组件配对

配对条件是指组件的装配关系，以确定组件在装配中的相关位置。在装配中，两个组件之间的位置关系分为关联和非关联关系。关联关系实现了装配参数化，当一个组件移动时，有关联关系的所有组件随之移动，始终保持相对位置，关联的尺寸值还可以灵活修改。非关联关系仅仅是将部件放置在某个位置，当一个部件移动时，其他部件并不随之移动。

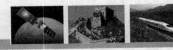

配对条件由一个或多个关联约束组成，关联约束限制了组件在装配中的自由度。如果组件的全部自由度均被限制，称为完全约束。如果组件自由度没有被完全限制，则称为欠约束。在装配中允许欠约束存在。

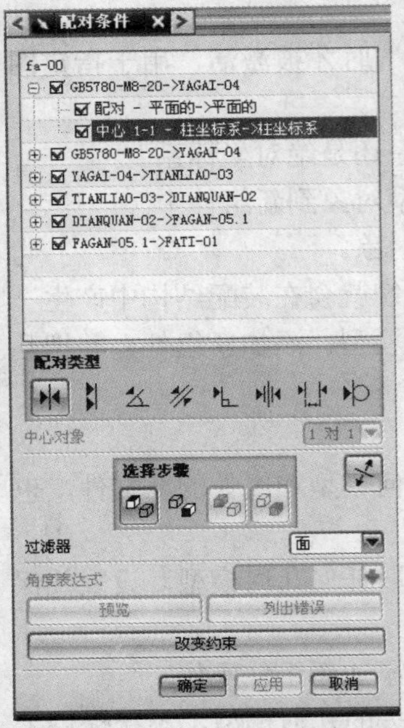

图 7.4.3 【配对条件】对话框

选择菜单命令【装配】/【组件】/【贴合组件】，或在【装配】工具栏中单击按钮，系统将弹出如图 7.4.3 所示的【配对条件】对话框。

在【配对条件】对话框上部显示的是当前装配模型中的配对条件树，它用图形表示装配中各组件的关联条件和约束关系。其中包含三种类型的结点：根结点、条件结点和约束结点。每类结点都有对应的弹出菜单，用于产生和编辑配对条件。

1）根结点

该结点由工作部分的名称组成，通常是装配和子装配的名称。由于工作部件是唯一的，因此根结点只有一个。

2）条件结点

该结点是根结点的子结点，显示装配组件的配对条件。条件结点由三部分组成：展开折叠框⊞、检查框☑和配对条件名。

3）约束结点

该结点显示组成配对条件的各个关联约束。在【配对条件】对话框中，系统提供了以下八种配对约束类型，选取某类型的约束形式，再在绘图工作区中选取相应的约束组件对象，系统即可完成组件配对操作。

（1）配对：该关联类型定位两个面的法线方向相反，并使两个面完全重合。对于平面对象，用配对约束时，它们共面且法线方向相反；对于圆锥面，使用配对约束时，系统首先检查其角度是否相等，如果相等，则对齐其轴线；对于环形曲面，使用配对约束时，系统首先检查两个面的内外直径是否相等，如果相等则对齐两个面的轴线和位置；对于圆柱面，使用配对约束时，则对齐轴线，但它们的直径必须相等；对于直线和边，使用配对约束时，类似于下面介绍的“对齐”方式。

（2）对齐：该关联类型是约束两个面的法线方向相同，并使两个面共面。当对齐圆柱、圆锥和圆环等对称实体时，系统会使其轴线相一致；当对齐边和直线时，系统会使两者共线。

（3）角度：该关联类型是约束两个对象的旋转角度，用于使选取组件到正确的方位上。角度约束可以在两个具有方向的矢量对象间产生，角度是两个矢量方向的夹角。该约束类型允许关联不同类型的对象，例如可以在面和边缘之间指定一个角度约束。角度约束有三种选项类型：平面、3D 和方向，可根据操作组件的相互关系来确定选用何种类型。

（4）平行：该关联类型是约束两个对象的矢量方向彼此平行。

（5）垂直：该关联类型是约束两个对象的矢量方向彼此垂直。

（6）中心：该关联类型是约束两个对象的中心，使其中心对齐。选择该约束方式时，选项被激活，其中包含四个参数选项：“1 对 1”方式是将相配对组件中的一个对象定位到基础组件中一个对象的中心上，其中一个对象必须是圆柱或轴对称实体；“1 对 2”方式是将相配对组件中的一个对象定位到基础组件中两个对象的对称中心上；“2 对 1”方式是将相配对组件中的两个对象定位到基础组件中一个对象上，并与其对称；“2 对 2”方式是将相配对组件中的两个对象定位到基础组件中两个对象成对称布置。在操作中，相配对组件是指需要添加约束进行定位的组件，基础组件是指位置固定的组件。

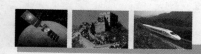

（7）距离：该关联类型是约束两个对象间的最小距离。距离可以是负值，正负号确定相关联对象是在目标对象的哪一侧。

（8）相切：该关联类型是约束两个对象彼此相切。

7.4.3　组件替换

组件替换操作功能用于以其他组件替换当前的选取组件。

选择菜单命令【装配】/【组件】/【替换组件】，或者在【装配】工具栏中单击 按钮，系统将会提示选取需要进行替换操作的组件。选取相关组件后，系统会给出警告提示，让用户确认替换组件操作是“维持配对关系”、“移除和添加”或“取消”。随后可以按照创建组件的方式重新载入一个新的部件来替换选取的组件。

“移除和添加”方式替换组件操作，新的组件会替换选取的组件，而且被替换的组件与装配模型中其他组件之间的配对关系将被删除。“维持配对关系”方式替换组件操作，新的组件将会保持被替换组件的所有配对关系。

7.4.4　组件重定位

组件重定位操作功能可以对装配模型中的组件位置进行重新设置。

选择菜单命令【装配】/【组件】/【重定位组件】，或者在【装配】工具栏中单击 按钮，系统将弹出【类选择】对话框，按系统提示选取需要进行重定位操作的组件。随后系统会弹出如图 7.4.4 所示的【重定位组件】对话框。

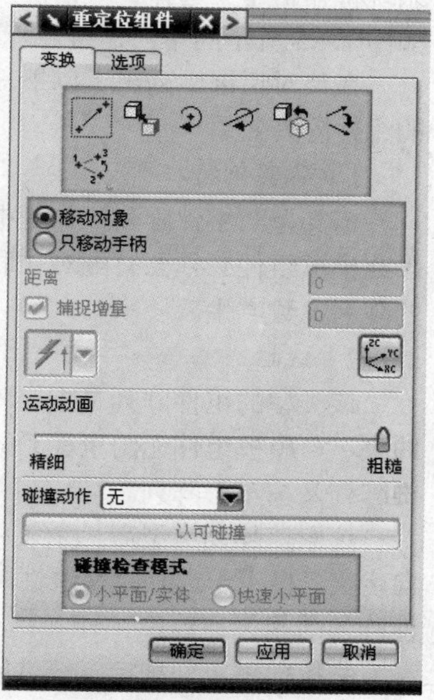

图 7.4.4　【重定位组件】对话框

该对话框包含【变换】和【选项】两个选项卡。【变换】选项卡中的功能选项用于重新定位装配中组件的位置。对话框上部是组件重新定位的方法功能图标，中部列出距离或角度变化大小的设置，下部是变换的其他参数选项。系统提供了以下七种组件重定位的操作方式。

（1）点到点：用于将所选取的组件从一点移动到另一点。操作时先在组件上设置一个基点，然后再指定移动的目标点，系统即可完成组件的定位。

（2）平移：用于平移所选取的组件。设置组件沿各坐标轴方向的增量值，系统即可完成组件的平移定位。如果输入值为正，则沿坐标轴正向移动；反之，则沿负向移动。

（3）绕点旋转：用于绕点旋转所选取的组件。先设置一个旋转中心点，然后设置旋转的角度值，系统即可完成组件的旋转定位。

（4）绕直线旋转：用于绕轴线旋转所选取的组件。先设置一个旋转中心点和旋转矢量，然后设置旋转的角度值，系统即可完成组件的旋转定位。

（5）重定位：用于移动坐标方式重新定位所选取的组件。操作时需要指定参考坐标系和目标坐标系，系统将组件从参考坐标系的相对位置移动到目标坐标系中的对应位置。

（6）在轴之间旋转：用于在选择的两轴间旋转所选取的组件。先设置一个参考点，然后再设置参考轴和目标轴的方向，并设置旋转的角度值，系统会将组件在选取的两轴间旋转指定的角度。

（7）在点之间旋转：用于在选择的两点间旋转所选取的组件。先设置一个旋转的中心点，然后再设置参考点和目标点，并设置旋转的角度值，系统会将组件绕旋转中心点，旋转从参考点到目标点的角度值。

7.4.5 组件阵列

组件阵列是一种在装配中用对应关联条件快速生成多个组件的方法。组件阵列是模板组件的多个实例，所有实例都与模板组件相关联。任何组件都可以指定为模板组件，阵列操作后也可重新指定模板组件。如果重新指定模板组件，不会影响基于它的其他组件。只对以后生成的组件阵列有影响。

选择菜单命令【装配】/【组件】/【创建阵列】，或在【装配】工具栏中单击按钮，系统将弹出【类选择】对话框，按系统提示选取需要进行阵列操作的组件。随后系统会弹出如图 7.4.5 所示的【创建组件阵列】对话框。

在该对话框中列出了以下三种组件阵列定义的类型，可以选择不同的阵列方式得到不同的组件阵列效果。

1）从实例特征

该类型的组件阵列操作是根据模板组件的配对关联约束，生成各组件的配对关联约束，因此模板组件必须要有配对关联约束。操作后，基础组件与模板组件相关联的特征会按指定的阵列参数产生。

2）线性

该类型的组件阵列是指定阵列部件按照线性或矩形排列。产生的阵列组件只与基础组件约束，与模板组件无约束关系。线性阵列分为一维和二维阵列。一维阵列又称线性阵列，二维阵列又称矩形阵列。

选取该阵列类型后，系统将弹出如图 7.4.6 所示的【创建线性阵列】对话框，其中“方向定义”栏用于选择定义线性阵列 XC、YC 方向的方法。对话框下部的参数文本框是指定线性阵列的相关参数。

系统提供了四种定义线性阵列方向的方式。

（1）面的法向：由基于选取表面的法线方向来确定阵列的 XC、YC 方向。

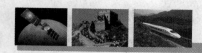

（2）基准平面法向：由基于选取基准平面的法线方向来确定阵列的 XC、YC 方向。
（3）边：由基于选取实体边缘来确定阵列的 XC、YC 方向。
（4）基准轴：由基于选取基准轴来确定阵列的 XC、YC 方向。

操作时先选取一种定义方法，再在绘图工作区中选择相应的对象来确定 XC、YC 的方向。然后分别输入 XC 和 YC 方向的阵列数量和偏置距离，则系统即可产生线性阵列。如果只指定一个方向，则系统将产生一维阵列；如果指定了两个方向，则系统将产生二维阵列。

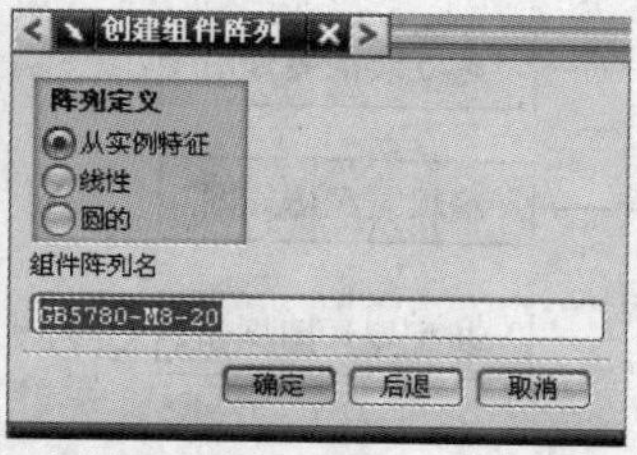

图 7.4.5　【创建组件阵列】对话框

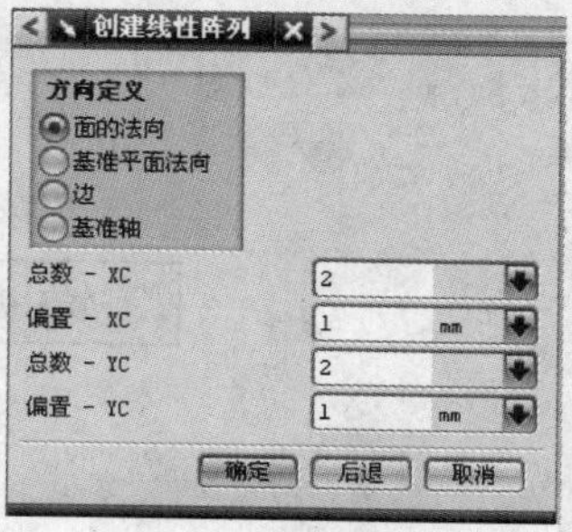

图 7.4.6　【创建线性阵列】对话框

3）圆的

选取该阵列类型后，系统将会弹出如图 7.4.7 所示的【创建圆周阵列】对话框。

其中“轴定义”栏用于定义圆周阵列中心轴的方法。下部的参数文本用于指定圆周阵列的相关参数。

系统提供了三种定义圆周阵列中心轴的方式。
（1）圆柱面：指定所选圆柱面的轴线为圆周阵列的中心轴。
（2）边：指定所选实体的边缘为圆周阵列的中心轴。
（3）基准轴：指定所选基准轴为圆周阵列的中心轴。

操作时应先选择一种定义阵列中心轴的方法，再在绘图工作区中选择相应的对象确定阵列中心轴，然后指定圆周阵列的组件数量和角度参数，系统即可产生圆周阵列。

在进行组件阵列操作后，还可以选择菜单命令【装配】/【编辑组件阵列】，来实现对组件阵列的修改、替换和删除操作。

选择菜单命令【装配】/【编辑组件阵列】，系统会弹出如图 7.4.8 所示的【编辑组件阵列】对话框。

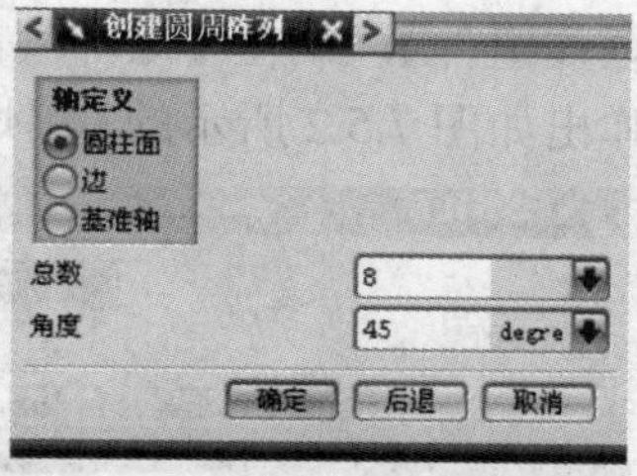

图 7.4.7　【创建圆形阵列】对话框

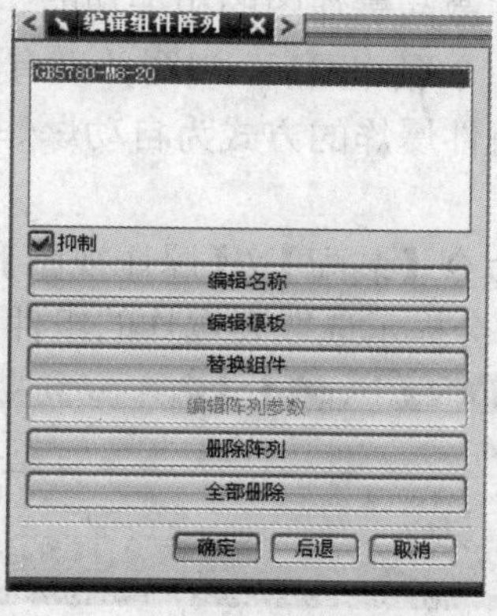

图 7.4.8　【编辑组件阵列】对话框

该对话框的上部是当前装配中组件阵列名称列表框，下部是阵列编辑功能选项。

编辑组件阵列操作时，先在阵列名称列表框中选取需要编辑阵列的名称（此时该阵列的对应组件会在绘图工作区中高亮显示），然后再选取相应的编辑方法即可。

7.5 装配爆炸图

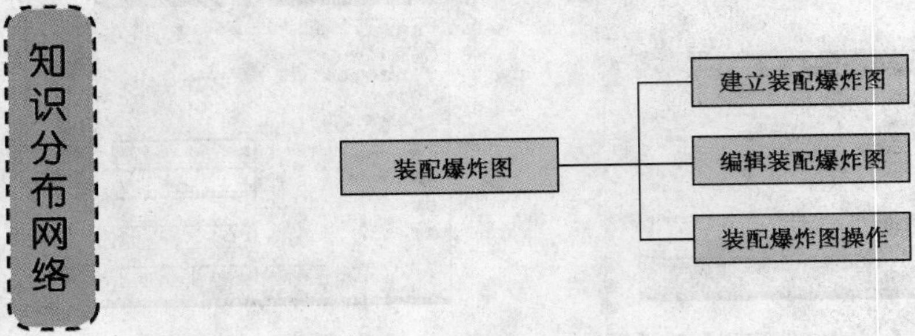

装配爆炸图是在装配模型中组件按照装配关系偏离原来位置的拆分图形。装配爆炸图的创建可以方便查看装配中的零件及其相互之间的装配关系。

装配爆炸图与显示模型相关联，并存储在显示的装配模型中。在对装配爆炸图中的组件进行操作时，该操作也将同时影响到非爆炸图中的组件。装配爆炸图一般用于表现各个零件的装配过程以及整个部件或者机器的工作原理。

对于一个装配模型，系统允许创建多个装配爆炸图，UG 系统使用“序号”作为爆炸图的默认名称。在系统中，装配爆炸图的相关操作功能主要通过【装配】/【爆炸视图】级联菜单中的菜单命令或【爆炸图】工具栏中的功能图标来实现。

7.5.1 建立装配爆炸图

在完成组件装配后，可建立爆炸图来表达装配组件内部各组件之间的相互关系。

选择菜单命令【装配】/【爆炸视图】/【创建爆炸视图】，或在【爆炸视图】工具栏中单击按钮，系统会弹出如图 7.5.1 所示的【创建爆炸图】对话框。

在该对话框中设定爆炸视图的名称或接受默认名称，单击【确定】按钮，即可创建一个新的爆炸图，并激活爆炸图的相关功能。

在新创建一个爆炸图后，视图并没有发生什么变化，接下来就必须使装配中的组件炸开。在 UG 系统中组件爆炸的方式为自动爆炸，即基于组件关联条件，沿表面的正交方向自动爆炸组件。

选择菜单命令【装配】/【爆炸视图】/【自动爆炸组件】，或在【爆炸视图】工具栏中单击按钮，系统会提示选取要爆炸的组件，随后会弹出如图 7.5.2 所示的【爆炸距离】对话框。

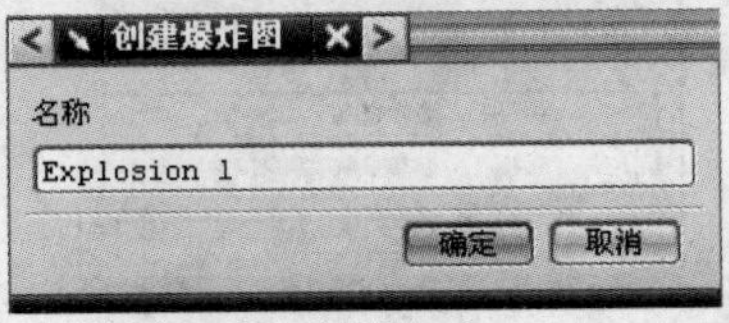

图 7.5.1 【创建爆炸图】对话框

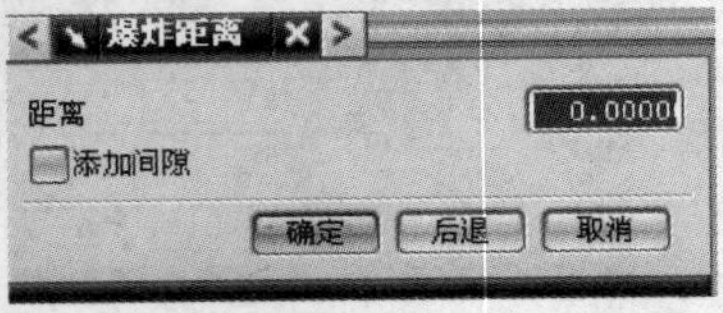

图 7.5.2 【爆炸距离】对话框

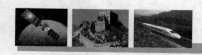

该对话框用于设置产生自动爆炸时组件之间炸开的距离参数。自动爆炸时组件的移动方向由输入距离数值的正负来控制。

【爆炸距离】对话框的“添加间隙”复选框用于控制自动爆炸的方式。如果不选中该选项，则指定的距离为绝对距离，即组件从当前位置移动指定的距离；如果选中该选项，则指定的距离为组件相对于关联组件移动的相对距离。

7.5.2 编辑装配爆炸图

采用自动爆炸得到的爆炸图，有时不能得到理想的爆炸效果，通常还需要对爆炸图进行调整。编辑爆炸图是对所选取的部件输入分离参数或者对已存在的爆炸视图中的部件分离参数进行修改。如果选取的部件是子装配，则系统默认设置它的所有子结点均被选中，如果想取消某个子结点，需要用户自己设置。

选择菜单命令【装配】/【爆炸视图】/【编辑爆炸视图】，或在【爆炸视图】工具栏中单击按钮，系统会弹出如图 7.5.3 所示的【编辑爆炸图】对话框，该对话框可以实现单个或多个组件位置的调整。

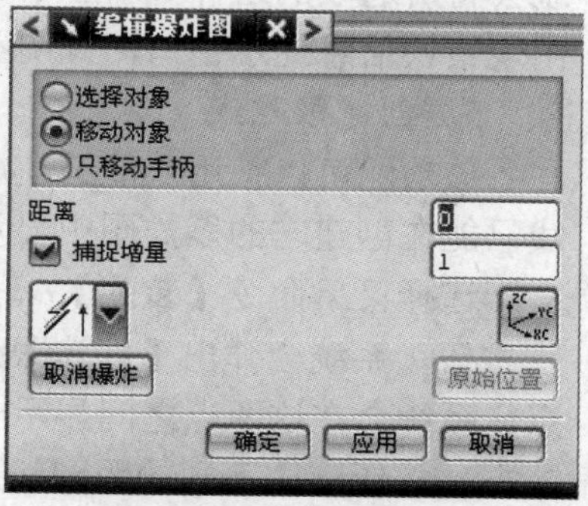

图 7.5.3 【编辑爆炸图】对话框

操作时先选取“选择对象”单选项，并在爆炸图中选取需要编辑的组件对象，然后再选取“移动对象”或“只移动手柄”单选项，来控制编辑操作是用鼠标在绘图工作区中拖动选取对象，还是用于在操作时只移动选取对象的手柄而不移动该对象。

“距离”或“角度”文本框的显示取决于用户的操作方式。平移拖动手柄时，显示“距离”文本框，旋转拖动手柄时，显示“角度”文本框。

7.5.3 装配爆炸图操作

在创建装配爆炸图后，还可以利用系统提供的爆炸图操作功能，对其进行如下的常规操作。

1）取消爆炸组件

选择菜单命令【装配】/【爆炸视图】/【取消爆炸组件】，或在【爆炸视图】工具栏中单击按钮，系统会提示选取要取消爆炸操作的组件，随后系统即可使已爆炸的组件回到其原来的装配位置。

2）删除爆炸图

选择菜单命令【装配】/【爆炸视图】/【删除爆炸视图】，或在【爆炸视图】工具栏中单击按钮，系统会弹出【删除爆炸图】对话框，其中显示当前装配模型中所有爆炸图的名称，可以在列表中选择要删除的爆炸图，则系统会删除这个已建立的爆炸图。

3）显示爆炸图与隐藏爆炸图

（1）显示爆炸图是将已建立的爆炸图显示在图形区中。

选择菜单命令【装配】/【爆炸视图】/【显示爆炸视图】，如果已经建立了多个爆炸图，则系统会打开一个对话框，可以在列表框中选择要显示的爆炸图。

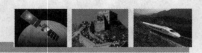

（2）隐藏爆炸图是将当前爆炸图隐藏，使绘图工作区中的组件回到爆炸前的装配状态。

选择菜单命令【装配】/【爆炸视图】/【隐藏爆炸视图】，如果此时绘图工作区中存在爆炸图，则该爆炸图隐藏，并恢复到原来位置；如果此时绘图工作区中没有爆炸图，则会出现错误信息提示，说明没有爆炸图存在，不能进行此项操作。

4）显示组件与隐藏组件

（1）隐藏组件是将当前绘图工作区中的组件隐藏。

选择菜单命令【装配】/【爆炸视图】/【隐藏组件】，或在【爆炸视图】工具栏中单击按钮，系统会提示选取要隐藏的组件，最后系统会将所选取的组件在绘图工作区中隐藏。

（2）显示组件是将已隐藏的组件重新显示在图形窗口中。

选择菜单命令【装配】/【爆炸视图】/【显示组件】，或在【爆炸视图】工具栏中单击按钮，系统会弹出一个对话框，其中列出了当前隐藏的所有组件，选择要显示的组件后，系统会将所选取的组件重新显示在绘图工作区中。如果没有组件被隐藏，执行此项操作时，会出现错误信息提示窗口，说明不能进行本项操作。

5）创建跟踪线

该功能可以使用户能够在爆炸图中创建一条跟踪线，以表示爆炸组件的装配路径。跟踪线只能在创建它的爆炸图中显示，一旦用户关闭了爆炸图，创建的跟踪线也将消失。

选择菜单命令【装配】/【爆炸视图】/【创建跟踪线】，或在【爆炸视图】工具栏中单击按钮，系统会弹出【创建跟踪线】对话框。通过“选择步骤”栏来指定跟踪线的起点和终点，系统会在这两点之间显示一条跟踪线。如果两点之间的跟踪线存在多种创建形式，可以单击按钮，在不同的跟踪线形式之间进行切换。

7.6 装配的其他操作功能

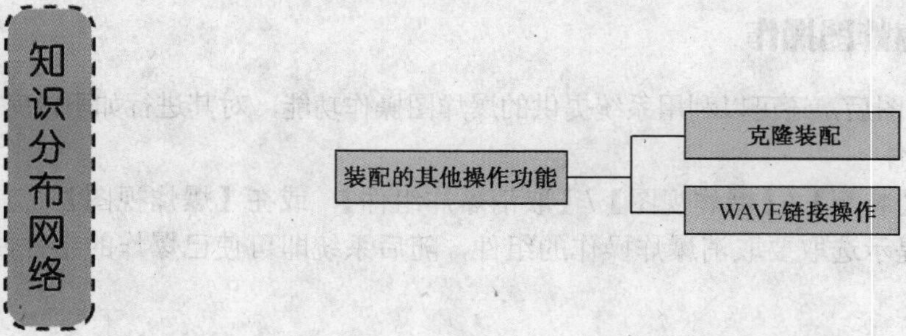

7.6.1 克隆装配

克隆装配操作是在原有装配结构的基础上，保留部分零部件，创建一个新的装配结构。

克隆装配可以保持装配组件的相互关系不发生变化，如配对关联条件、组件交叉表达式、提升实体和装配中的特征等。应用克隆装配操作可以快速开发装配结构和组件相似的系列产品，提高装配速度和质量。

选择菜单命令【装配】/【克隆】/【创建克隆装配】，系统将弹出【克隆装配】对话框，如图 7.6.1 所示。利用该对话框可以完成装配的克隆操作。

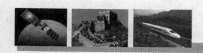

1）添加克隆对象

添加克隆组件的方法有两种，可以通过单击 添加装配 按钮或单击 添加部件 按钮来实现。选取添加方法后，接着选取当前已打开的装配组件或没有打开的装配组件作为操作对象。如果是选取已打开的装配组件，并且该组件已被修改，则应先存盘，否则将出现警告信息。

2）指定克隆方式

在【克隆装配】对话框的“默认克隆操作”下拉列表中，系统提供了以下两种克隆方式。

（1）保留：将保留对克隆组件的引用。克隆装配将保持装配中所有组件之间的装配关系，如果修改克隆装配中的保留组件，则克隆装配也将发生变化。

（2）克隆：对克隆装配中的指定组件进行克隆，并用一个新的文件名存盘，可以单独修改而不影响克隆装配。

3）指定默认的文件名和位置

克隆装配时，还应为新的克隆组件指定文件名称和存放的位置。在【克隆装配】对话框中选择【命名】选项卡，即可进行相关的设置操作。

4）执行克隆操作

完成相关设置后，在【克隆装配】对话框中单击 执行 按钮，系统即可按指定的克隆方式和组件名称产生克隆装配。

在创建克隆装配后，还可以选择菜单命令【装配】/【克隆】/【编辑已有的装配】，来对克隆装配进行编辑操作。此时系统将弹出与【克隆装配】对话框相似的【编辑装配】对话框。其操作方法也与克隆装配相同，用户根据需要重新设置相关选项即可。

7.6.2　WAVE 链接操作

在建立关联几何模型时，可以使用 WAVE 几何链接器操作功能。

在【装配】工具栏中单击 按钮，系统将弹出如图 7.6.2 所示的【WAVE 几何链接器】对话框。

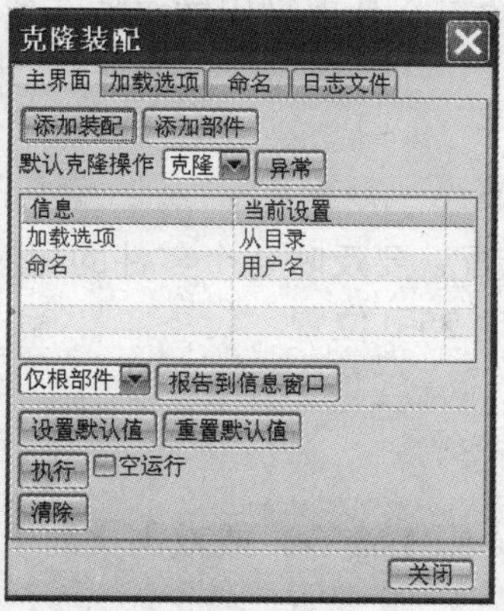

图 7.6.1　【克隆装配】对话框

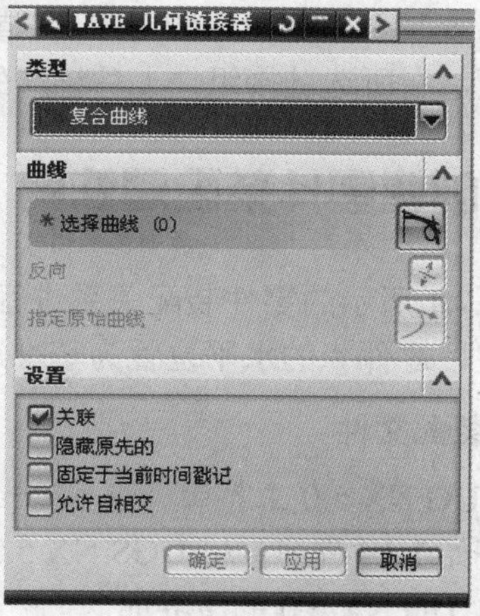

图 7.6.2　【WAVE 几何链接器】对话框

利用该对话框可以链接其他组件中的点、线、面和体等对象到当前的工作部件中，以创建相关联的几何模型。

【WAVE 几何链接器】对话框的上部用于指定链接几何体的类型，中部为与所选对象类型相对应的参数功能选项，下部为各类对象的共同参数选项。各选项的主要用法如下。

（1）十点：用于建立链接点。选择该选项，对话框中部将显示此对象类型下的功能选项，按照一定的点选取方式从其他组件上选择一点，则所选点或由所选点连成的线将链接到工作部件中。

（2）复合曲线：用于建立链接曲线。选择该选项，再从其他组件上选取曲线或边缘，则所选对象将链接到工作部件中。

（3）基准：用于建立链接基准平面或基准轴。选择该选项，按照一定的基准选取方式从其他组件上选取基准平面或基准轴，则所选对象将链接到工作部件中。

（4）面：用于建立链接面。选择该选项，按照一定的面选取方式从其他组件上选取一个或多个实体表面，则所选对象将链接到工作部件中。

（5）面区域：用于建立链接区域。选择该选项后，在对话框中部的参数选项区中，先单击 按钮，并从其他组件上选取操作的种子面，然后再单击 按钮，指定各边界面。则由指定边界面包围的区域将链接到工作部件中。

（6）体：用于建立链接实体。选择该选项，再从其他组件上选取实体对象，则所选对象将链接到工作部件中。

（7）镜像体：用于建立链接镜像实体。选择该选项后，在对话框中部的参数选项区中，先单击 按钮，并从其他组件上选取实体，然后再单击 按钮，指定镜像表面。则所选实体将沿所选表面镜像链接到工作部件中。

（8）管线布置对象：用于建立链接管路。选择该选项，再从其他组件上选取管路对象或管路分段，则所选管路将链接到工作部件中。

另外，【WAVE 几何链接器】对话框中的“关联”复选项用于表示是否建立关联特征，选取该复选框，则产生的链接特征与原对象关联。“隐藏原先的”复选项用于表示在产生链接特征后，系统是否隐藏原来的对象。“固定于当前时间戳记”复选项用于表示时间标记，选取该复选项，在所选链接组件上后续产生的特征将不会体现到用链接特征建立的对象上。

案例 12　创建零件装配爆炸图

根据图 7.7.1 所示的零件装配关系进行零件的装配。要反映 4 个零件的配对关系，零件 4 的转动位置在以零件 4 的水平位置为基准逆时针转动 25° 位置。

1．创建装配文件

1）进入 UG NX 5.0 主界面

选择【开始】/【程序】/【UGS NX 5.0】/【NX 5.0】命令，或双击桌面上的快捷方式图标，就进入 UG NX 5.0 的主界面。

2）新建部件文件

选择菜单命令【文件】/【新建】，或单击按钮，弹出【文件新建】对话框。

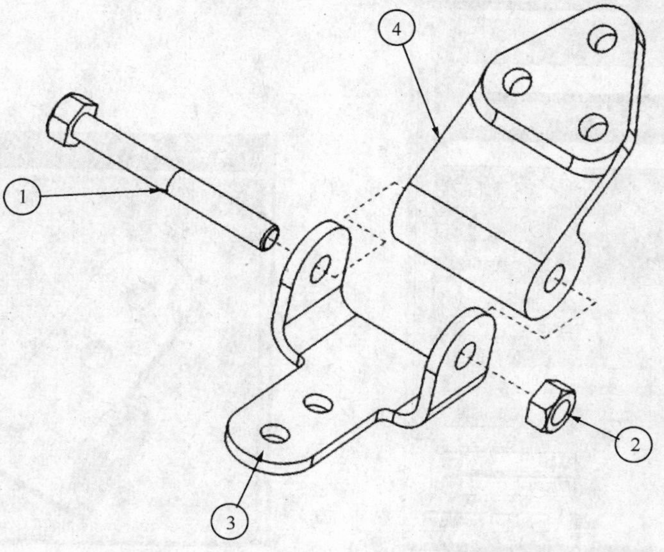

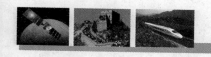

图 7.7.1　零件装配关系

在【文件新建】对话框中选择【建模】操作方式，并在“名称”文本框中输入“zhuangpei”，再确定存放的路径为“F:\gear-pump\”，然后单击【确定】按钮，新建部件文件后进入建模功能模块。

3）进入【装配】功能

选择【开始】/【装配】命令，在绘图工作区的左下方弹出【装配】工具栏，如图 7.7.2 所示。

图 7.7.2　【装配】工具栏

2. 添加组件

1）添加零件 3

（1）选择菜单命令【装配】/【组件】/【添加组件】，或在【装配】工具栏中单击按钮，系统将弹出如图 7.7.3 所示的【添加组件】对话框。

（2）在【添加组件】对话框中单击【打开】按钮，弹出【部件名】对话框。

（3）在【部件名】对话框的“查找范围”下拉列表中找到“chapert7”文件夹，并选择零件 3 文件“3.prt”，单击【确定】按钮，在绘图工作区出现零件模型的预览框,如图 7.7.4 所示。

（4）在“定位”下拉列表中选择“绝对原点”，在“引用集”下拉列表中选择“模型”，单击【应用】按钮，零件 3 被添到绘图工作区中，并以绝对原点作为定位点。

2）添加零件 4

（1）在【添加组件】对话框中单击【打开】按钮，并在弹出的【部件名】对话框中选择零件 4 文件“4.prt”，单击【确定】按钮。

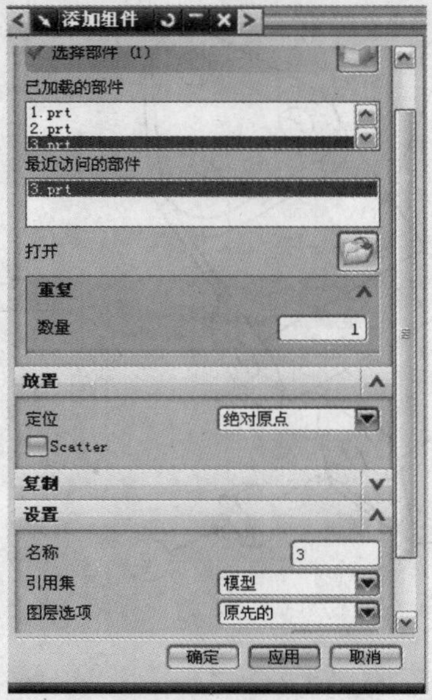

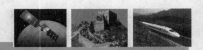

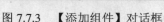

图 7.7.3 【添加组件】对话框

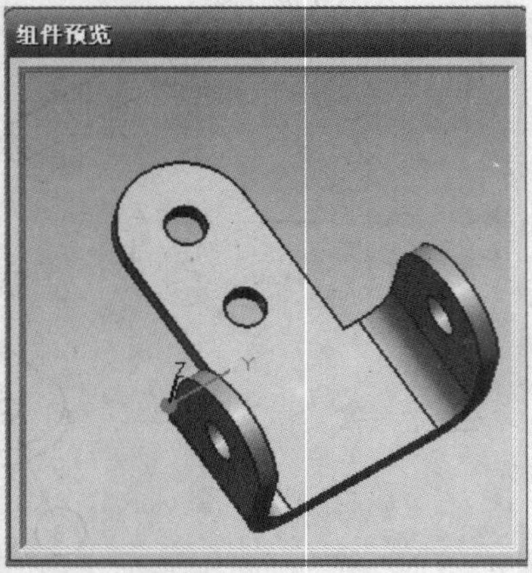

图 7.7.4 组件预览

（2）在“定位”下拉列表中选择“配对”，在“引用集”下拉列表中选择“模型”，单击【应用】按钮，弹出【配对条件】对话框，如图 7.7.5 所示。

（3）在【配对条件】对话框的“配对类型”栏单击【配对】按钮，并按系统提示首先在预览框中选取零件 4 的一个侧面，然后在绘图工作区中选取零件 3 与零件 4 相贴合的侧面，如图 7.7.6 所示。

图 7.7.5 【配对条件】对话框

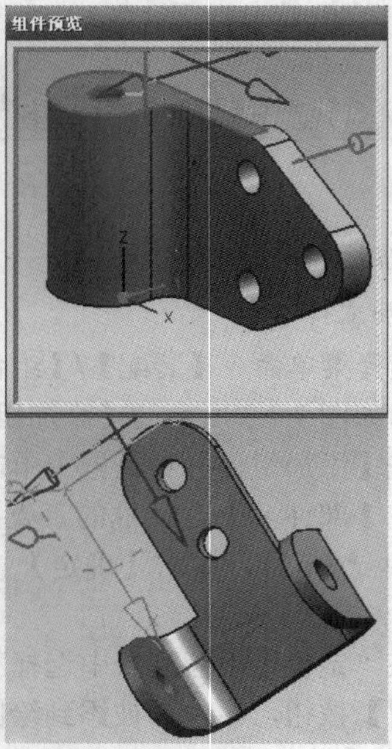

图 7.7.6 配对选择

（4）在【配对条件】对话框的“配对类型”栏中单击【中心】按钮，并在“中心对象”

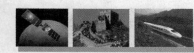

下拉列表中选择“1 对 1”。按系统提示在预览框中选取零件 4 的内孔表面，接着在绘图工作区中选取零件 3 与零件 4 同心的内孔。

（5）在【配对条件】对话框的“配对类型”栏中单击【角度】按钮，按系统提示在预览框中选取零件 4 的上表面，接着在绘图工作区中选取零件 3 的上表面，此时“角度表达式”变为可选。

（6）在“角度表达式”文本框中输入“-25”，单击【应用】按钮，完成零件 4 的添加。

（7）用相同的方法，完成零件 1 和零件 2 的添加，添加组件后的装配体如图 7.7.7 所示。

3. 创建爆炸视图

（1）选择菜单命令【装配】/【爆炸视图】/【创建爆炸视图】，或在【爆炸视图】工具栏中单击按钮，系统将弹出如图 7.7.8 所示的【创建爆炸图】对话框。

图 7.7.7　装配体

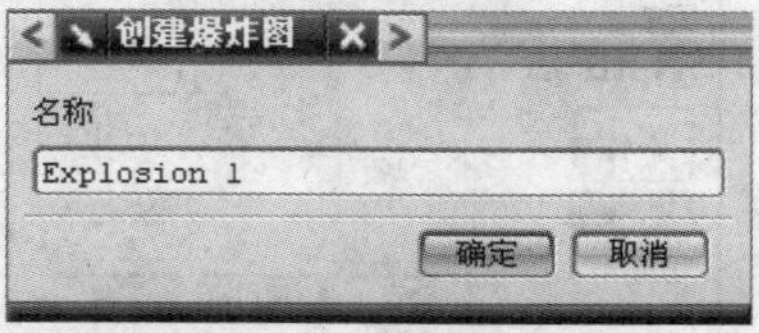

图 7.7.8　【创建爆炸图】对话框

（2）接受系统默认的名称，单击【确定】按钮，即可创建一个新的爆炸图，并激活爆炸图的相关功能。

4. 自动爆炸组件

（1）选择菜单命令【装配】/【爆炸视图】/【自动爆炸组件】，或在【爆炸视图】工具栏中单击按钮，弹出如图 7.7.9 所示的【类选择】对话框。

（2）在【类选择】对话框中单击【全选】按钮，被选中的整个装配体高亮显示。

（3）单击【确定】按钮，弹出如图 7.7.10 所示的【爆炸距离】对话框。

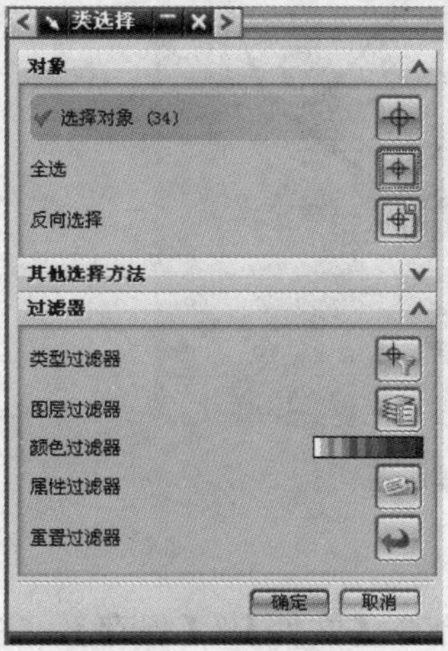

图 7.7.9　【类选择】对话框

图 7.7.10　【爆炸距离】对话框

（4）在【爆炸距离】对话框的“距离”文本框中输入“0”，单击【确定】按钮。由于输入的距离为 0，装配组件并未移动。

5．编辑爆炸图

（1）选择菜单命令【装配】/【爆炸视图】/【编辑爆炸视图】，或在【爆炸视图】工具栏中单击按钮，系统会弹出如图 7.7.11 所示的【编辑爆炸图】对话框。

（2）在【编辑爆炸图】对话框中选取“选择对象”单选项，并按系统提示在绘图工作区的爆炸图中选取需要移动位置的组件对象，被选中的组件对象高亮显示。

（3）在【编辑爆炸图】对话框中选取“移动对象”单选项，则在绘图工作区将弹出动态坐标系图标，如图 7.7.12 所示。

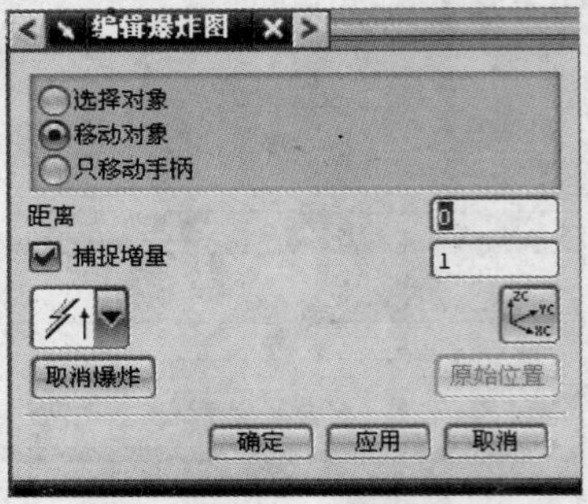

图 7.7.11 【编辑爆炸图】对话框

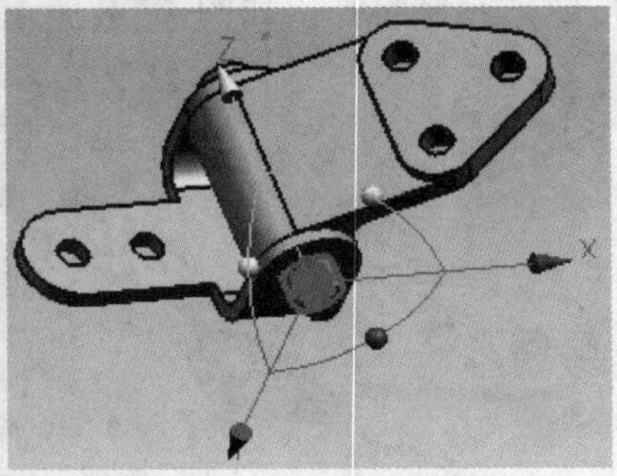

图 7.7.12 动态坐标系

（4）用鼠标在绘图工作区中拖动动态坐标系的相应操作手柄，即可将选取的对象移动到理想的位置。

（5）按装配相反的顺序将各装配组件拖动到合适的位置，编辑后的装配体爆炸图如图 7.7.13 所示。

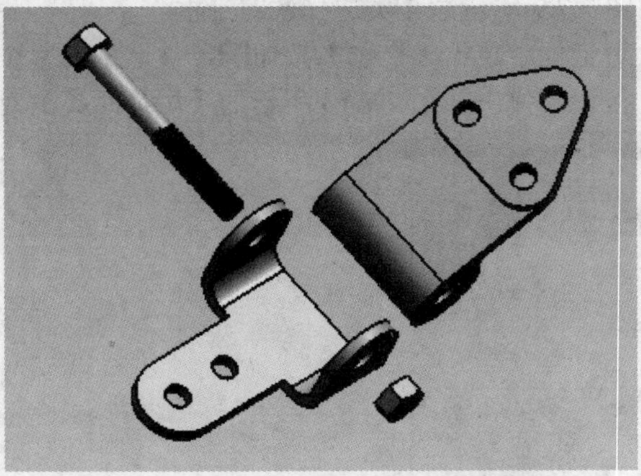

图 7.7.13 装配体爆炸图

6．保存部件文件

在【标准】工具栏中单击按钮，或选择菜单命令【文件】/【保存】，完成文件的保存操作。

知识梳理与总结

本章向读者详细介绍了 UG NX 5.0 软件中装配功能模块的使用，然后通过综合实例练习来加强读者对装配功能的应用和零件装配的设计技巧。通过对本章的学习，读者应该对装配的概念和分类、如何实现零部件的装配、如何管理装配对象、如何生成装配爆炸图和装配工程图等有更加深入的了解，但在掌握操作方法的同时，应该重点理解装配的设计思路和技巧。

用户使用 UG 软件的最终目的是利用它来完成一个复杂机构的设计，所以在应用实体建模功能建立了零部件模型后，需要对其进行装配，这样才能进行后续的仿真和分析优化等操作。

第8章 创建工程图

教学导航

知识重点	1．创建视图； 2．工程图标注
知识难点	1．创建图纸； 2．创建视图； 3．工程图标注； 4．编辑工程图
教学方式	在多媒体机房，教与练相结合
建议学时	12 课时

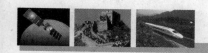

利用 UG 实体建模模块创建的零件和装配体主模型，可以引用到 UG 工程图（Drafting）模块中，通过投影快速地生成二维工程图。由于 UG 工程图功能基于创建的三维实体模型投影得到，因此工程图与三维实体模型是完全相关的，实体模型进行的任何编辑操作，都会在二维工程图中引起相应的变化。这是基于主模型的三维造型系统的重要特征，也是区别于纯二维参数化工程图的重要特点。

对于一个系列化的产品，如果仅仅是尺寸的变换，则不需要为每个零件绘制工程图，而是利用一个工程图通过修改主模型的参数即可完成。

利用 UG 创建了三维模型后，进入制图模块可以建立模型的二维工程图。

在【应用程序】工具栏中单击按钮，或选择菜单命令【开始】/【制图】，即可进入制图模块。

创建工程图一般有以下几个步骤。

（1）进入工程图模块。

（2）制定工程图纸。

（3）添加视图。

（4）进行尺寸、形位公差和表面粗糙度等的标注。

8.1 工程图参数设置

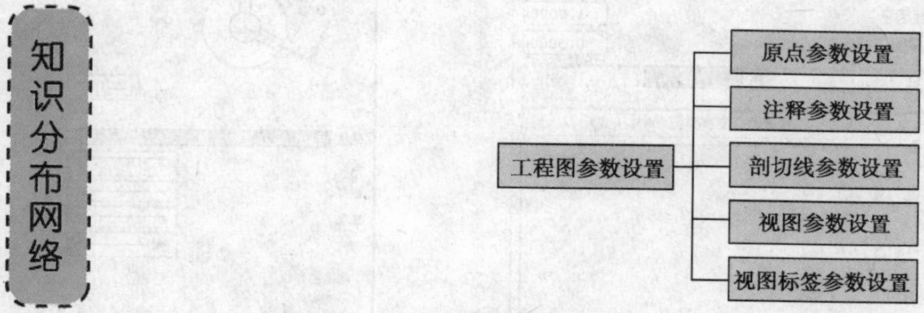

当进入工程图模块后，在【首选项】菜单下会新出现一些关于工程图的参数设置菜单命令，系统提供了以下五种与工程图模块有关的参数预设置操作。

1. 原点参数设置

在【制图首选项】工具栏中单击按钮，或选择菜单命令【首选项】/【原点】，系统将弹出如图 8.1.1 所示的【原点工具】对话框。用于设置工程图中对象原点或尺寸的对齐方式。

在该对话框中，系统提供了七种原点对齐方式的功能图标按钮，可以选取其中的一种作为系统默认的对齐方式。

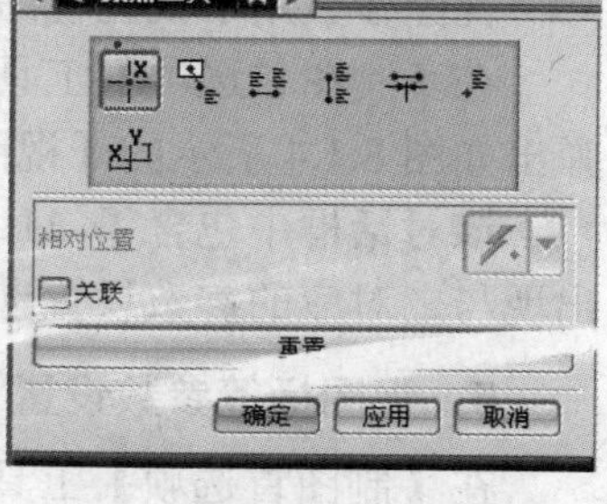

图 8.1.1 【原点工具】对话框

2. 注释参数设置

注释参数设置包括尺寸参数、文字参数、尺寸线与箭头参数、单位和径向参数等制图注释参数的预设置。

在【制图首选项】工具栏中单击 按钮，或选择菜单命令【首选项】/【注释】，系统将弹出如图 8.1.2 所示的【注释首选项】对话框。

该对话框中包含了 13 种注释参数设置选项卡，选取相应的参数设置选项卡，就会出现与之对应的参数设置选项，可以根据实际情况来设置工程图注释的相关默认参数。

3．剖切线参数设置

在【制图首选项】工具栏中单击 按钮，或选择菜单命令【首选项】/【剖切线】，系统将弹出如图 8.1.3 所示的【剖切线首选项】对话框。

该对话框用于设置制图时剖切线的箭头、颜色、线型和文字等参数。

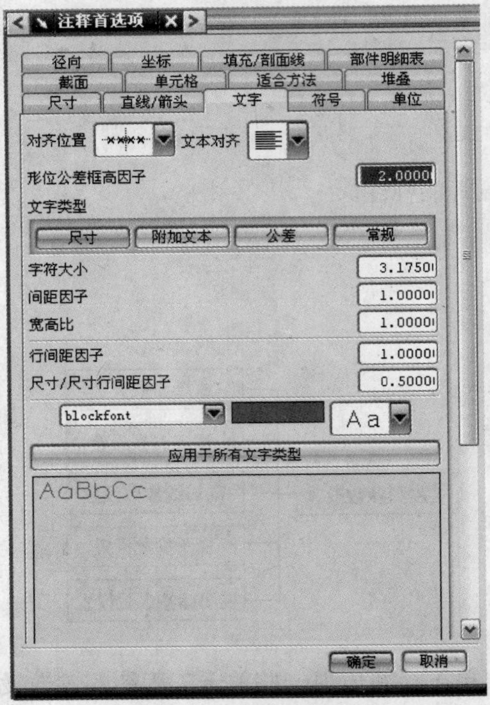

图 8.1.2 【注释首选项】对话框

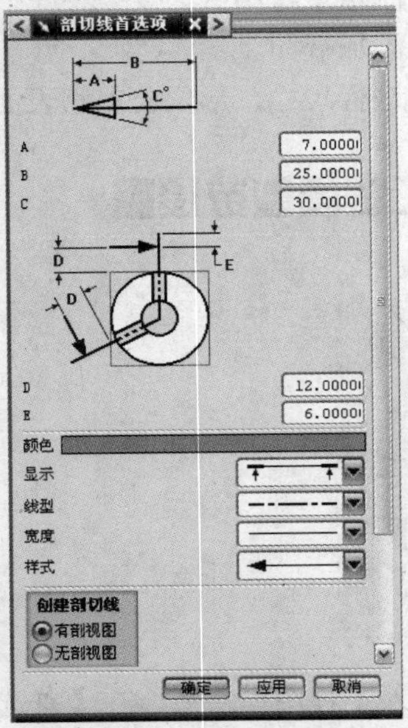

图 8.1.3 【剖切线首选项】对话框

4．视图参数设置

视图参数用于设置视图中隐藏线、可见线和光顺边等视图对象的显示方式。

在【制图首选项】工具栏中单击 按钮，或选择菜单命令【首选项】/【视图】，系统将弹出如图 8.1.4 所示的【视图首选项】对话框。

该对话框中包含了 11 种视图显示参数设置选项卡，选取相应的参数设置选项卡，就会出现与之对应的参数设置选项，可以根据需要修改系统中的默认参数。

5．视图标签参数设置

在【制图首选项】工具栏中单击 按钮，或选择菜单命令【首选项】/【查看标签】，系统将弹出如图 8.1.5 所示的【视图标签首选项】对话框。

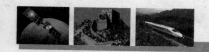

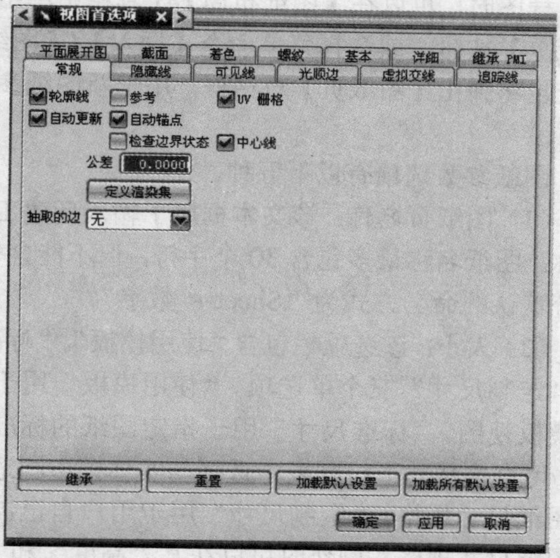

图 8.1.4　【视图首选项】对话框

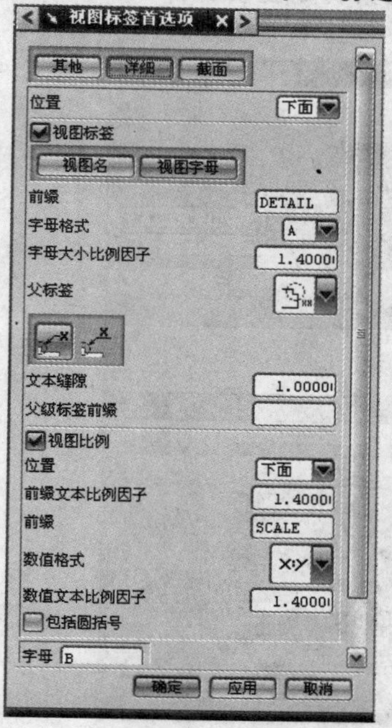

图 8.1.5　【视图标签首选项】对话框

该对话框用于设置制图操作时创建的各种视图标签的相关参数。

8.2　创建工程图纸

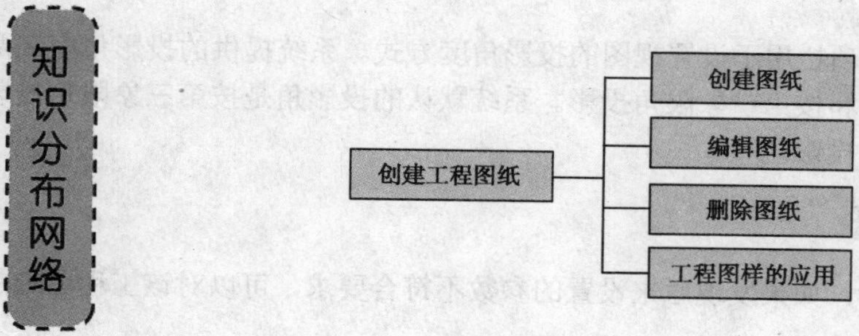

在进行工程图操作时，任何对象都是存在于工程图纸上的，因此，首先要进行工程图纸的相关操作。其中包括"新建工程图"、"打开工程图"、"删除工程图"和"编辑工程图"等，可以通过【图纸布局】工具栏中相应的图标按钮进入这些操作功能模块。

8.2.1　创建图纸

进入工程图应用模块后，如果操作部件没有建立过任何工程图纸，则系统将自动弹出如图 8.2.1 所示的【图纸页】对话框。

系统按默认设置自动新建一张工程图，图名为"Sheet 1"。默认设置不一定符合具体要求，因此可以根据需要对默认的图纸页名称、图幅大小、单位、比例和投影角等图纸参数选

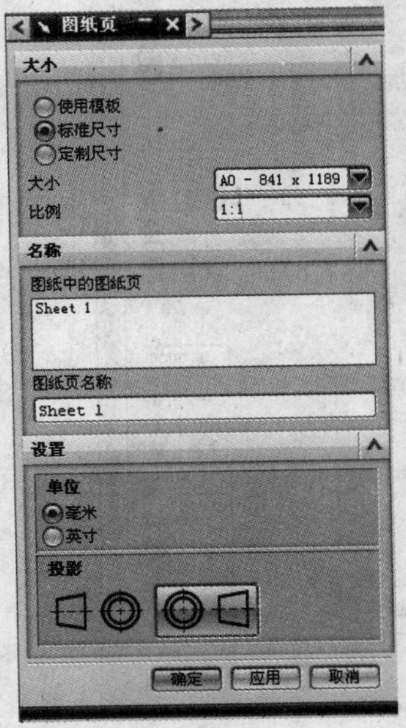

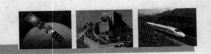

图 8.2.1 【图纸页】对话框

项进行重新设置。

如果操作部件已经有了工程图，而还要再创建另外的工程图时，可以在【图纸布局】工具栏中单击【插入图纸页】按钮，或选择菜单命令【插入】/【图纸页】，系统也将弹出【图纸页】对话框，用于新图纸参数的设置。

图纸参数选项有以下五种。

（1）图纸页名称：该文本框用于输入新建工程图的名称。图纸名称最多包含 30 个字符，但不能含有空格，系统默认的命名方式为“Sheet + 数字”。

（2）大小：该选项栏包含“使用模板”、“标准尺寸”和“定制尺寸”三个单选项。“使用模板”用于直接生成模板视图。“标准尺寸”用于指定图纸的标准尺寸规格，可直接从其下拉列表中选择与实体模型相适应的标准图纸尺寸规格。“定制尺寸”用于用户自己制定非标准图纸尺寸规格。操作时可以在其“高度”和“长度”文本框中输入图纸的高度和长度值来制定非标准图纸尺寸。

（3）单位：该选项栏用于设置工程图纸尺寸的单位。图纸规格随所选工程图单位的不同而不同。选择“毫米”为公制规格，选择“英寸”为英制规格，系统默认的单位是“毫米”。

（4）比例：该下拉列表框用于设置工程图中各类视图的比例大小。系统默认的设置比例为“1∶1”

（5）投影角：该选项栏用于设置视图的投影角度方式。系统提供的投影角度有两种，分别为按第三象限角投影和按第一象限角投影。系统默认的投影角是按第三象限角投影。国家标准规定用第一象限角投影。

8.2.2 编辑图纸

在创建工程图纸后，如果发现原来设置的参数不符合要求，可以对该工程图纸的相关参数进行编辑操作。

在【制图编辑】工具栏中单击按钮，或选择菜单命令【编辑】/【图纸页】，系统将弹出如图 8.2.1 相同的【图纸页】对话框。

在该对话框中，可以对工程图的图纸页名称、图幅大小、单位、比例和投影角等参数进行编辑修改。

8.2.3 删除图纸

如果要删除某张图纸，可以利用删除工程图操作功能。

在【图纸布局】工具栏中单击按钮，或选择菜单命令【编辑】/【删除图纸】，系统将弹出【类选择】对话框，在绘图工作区直接选取要删除的视图，系统将删除该视图。

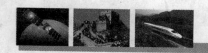

在绘图工作区直接选取要删除的视图，单击鼠标右键，在弹出的快捷菜单中选择【删除】命令项，或者在键盘上按 Delete 键，也可删除该视图。

8.2.4　工程图样的应用

当绘制一张完整的工程图时，按国家标准规定必须有标准的图框。国家标准针对不同的图纸图幅尺寸，对图框的样式和参数都有详细的规定。为了节省时间，减少重复性工作，可预先将图框制作成图样文件进行存储，在需要时将其引入到工程图中。

1. 创建图样

在 UG 系统中，制作图样的方法如下。

（1）新建一个 UG 文件，并用与其对应的标准图幅尺寸来命名，如 A0、A1、A2 或 A3 等。

（2）在新建文件后直接进入制图模块，在该模块中先设置图样的颜色、线型和图层等参数，并根据图样的图幅尺寸创建工程图纸。

（3）利用系统的曲线创建功能，按照国家标准的参数规定，在图纸上创建图框的线条，并根据需要在相关栏目中插入一些通用文本。

（4）选择菜单命令【文件】/【选项】/【保存选项】，在【保存选项】对话框的“保存图样数据”栏中选取“仅图样数据”单选项，并在“部件族成员目录”文本框中确定存储路径，单击【确定】按钮。

（5）选择菜单命令【文件】/【保存】，或单击【标准】工具栏中的 按钮，保存图样文件，则当前的 UG 文件将以图样方式进行存储，这样就建立了一个可供其他工程图引用的图样文件。

2. 图样操作

在创建图样文件后，就可以在其他的工程图中对这些图样文件进行操作了。

选择菜单命令【格式】/【图样】，系统将弹出如图 8.2.2 所示的【图样】对话框。该对话框提供了八个功能按钮，下面介绍这些按钮的用法。

（1）调用图样：该按钮用于添加已存在的图样到当前工程图中。

在【图样】对话框中单击该按钮，系统将弹出如图 8.2.3 所示的【调用图样】对话框。该对话框用于设置调用图样的比例、目标坐标系、是否自动缩放比例和图样显示等参数。

图 8.2.2　【图样】对话框

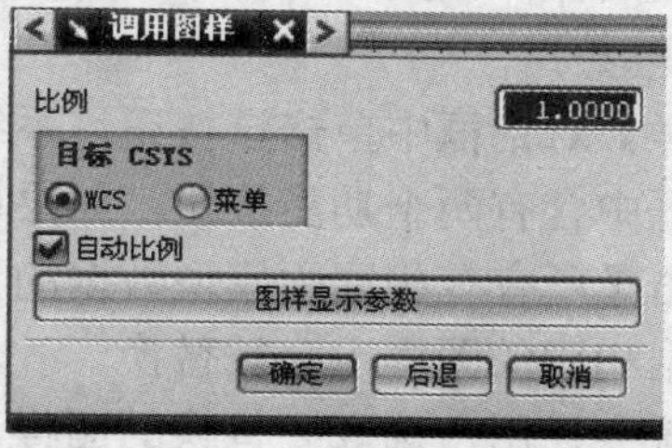

图 8.2.3　【调用图样】对话框

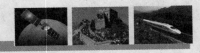

在完成参数设置后，系统将弹出【文件选取】对话框，让用户选取已创建好的适合当前工程图纸的图样文件。选取图样文件后，系统又将弹出一个【输入图样名】对话框，用户可根据需要为图样指定一个新的名称，一般可延用系统提供的默认名称。最后系统还将弹出【点】对话框，让用户在工程图纸中指定图样的放置位置。一般应选取工程图纸的坐标原点作为图样的放置位置。这样就完成了在工程图纸中调用图样的操作。

（2）图样扩展：该按钮用于将添加到图纸中的图样对象拆散释放。用户添加到工程图纸中的图样是一个整体对象，与原图样文件相关联。如果要将组成图样的图素对象变为当前工程图中的一部分，则需要拆散并扩展图样。图样扩展操作以后，可以在工程图中单独编辑图样中的各图素对象。但是，这些图素对象不再与原图样文件相关联，不能对图样再进行更新等操作。

在【图样】对话框中单击该按钮，系统会让用户选取当前添加到工程图纸中的图样。选取图样后，系统将将弹出如图 8.2.4 所示的【图样扩展】对话框。

该对话框用于设置图样的扩展模式、目标图层的位置、是否恢复视图和部件明细表等参数。设置各参数后，则添加的图样将被释放，其各组成图素对象会变为当前工程图纸中的一部分，用户可单独进行编辑操作。

（3）更新图样：该按钮用于更新工程图纸中已调用的图样。如果在多张图纸中都引用了同一个图样，当要修改图样图框中的某项内容时，虽然可以进行图样扩展操作，再修改每张工程图纸中的相关联对象，但这样的效率很低。此时可以先修改图样文件，然后再对各工程图纸进行更新，以达到修改图样图框中某项内容的目的。

在【图样】对话框中单击该按钮，系统将将弹出如图 8.2.5 所示的【更新图样】对话框。

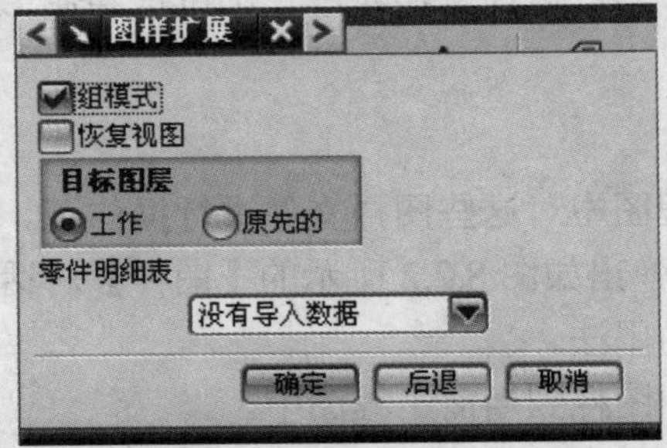

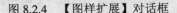

图 8.2.4 【图样扩展】对话框

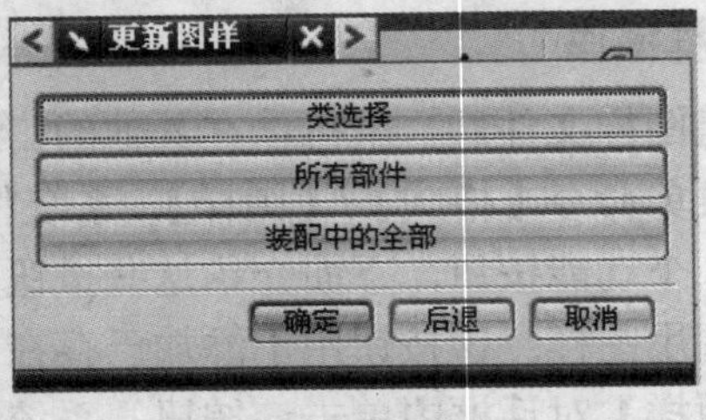

图 8.2.5 【更新图样】对话框

该对话框中的按钮用于设置选取图样的操作类型。系统默认的选取方式为【类选择】方式。选取需要更新的图样后，系统就会自动更新所有选取的图样。

（4）替换图样：该按钮将用一个图样替换当前工程图纸中调用的图样，并保持比例、原点和方向不变。

在【图样】对话框中单击该按钮，系统将弹出如图 8.2.6 所示的【替换图样】对话框。

该对话框中含有两个功能按钮。如果单击【仅所选图样】按钮，则系统只替换选取的图样；如果单击【所有有相同主模型数据的】按钮，则系统在替换图样的同时，所有与选取图样主模型数据相同的图样也会被替换。

随后系统会让用户选取要替换的图样。选取图样后，系统将弹出一个对话框，让用户输入新的替换图样的名称或通过文件选取对话框选择用于替换的新图样文件，确定新替换图样后，系统即可用该图样来替换当前工程图纸中选取的图样。

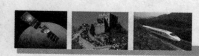

（5）编辑显示参数：该按钮用于编辑图样的显示参数。

在【图样】对话框中单击该按钮，系统会让用户选取当前添加到工程图纸中的图样。选取图样后，系统将弹出如图 8.2.7 所示的【编辑图样显示】对话框。

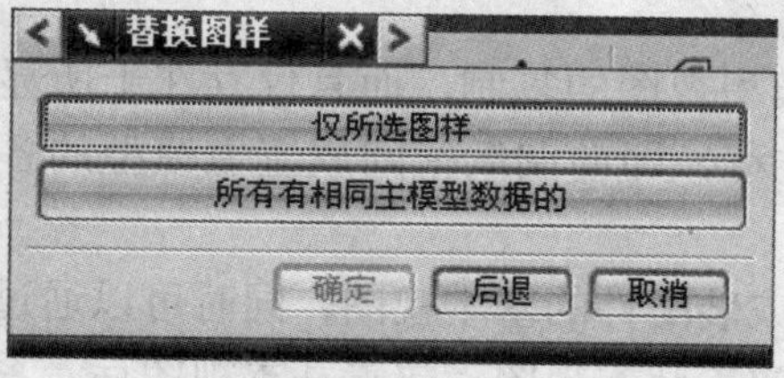

图 8.2.6　【替换图样】对话框

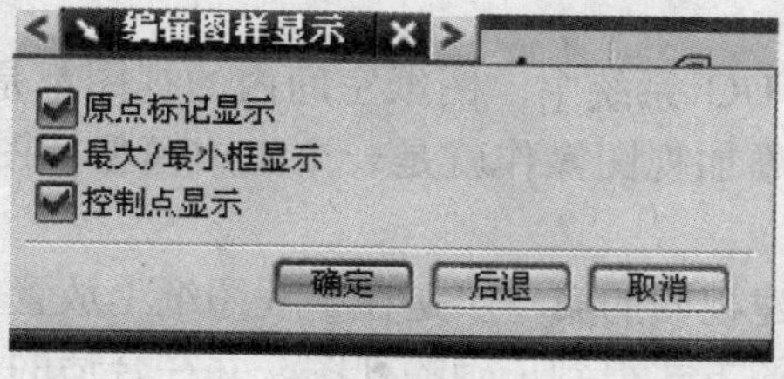

图 8.2.7　【编辑图样显示】对话框

该对话框中含有三个功能选项，用于指定图样要显示的项目内容。“原点标记显示”用于显示图样原点的标记；“最大/最小框显示”用于显示最大或最小的图框曲线；“控制点显示”用于显示图样的控制点。

（6）列出关联的部件：该按钮用于显示当前部件中图样的相关数据信息。

在【图样】对话框中单击该按钮，系统将弹出信息窗口，其中列出了当前部件所调用的图样信息。

（7）列出图样错误：该按钮用于显示前一个图样操作时的出错信息。

在【图样】对话框中单击该按钮，系统将弹出信息窗口，其中列出了在进行前一个图样操作时产生的出错信息。

（8）创建图样点：该按钮用于创建一个新的图样点。

在【图样】对话框中单击该按钮，系统将弹出【点】对话框，让用户在工程图纸中指定一个位置，创建新的图样点。

8.3　视图操作

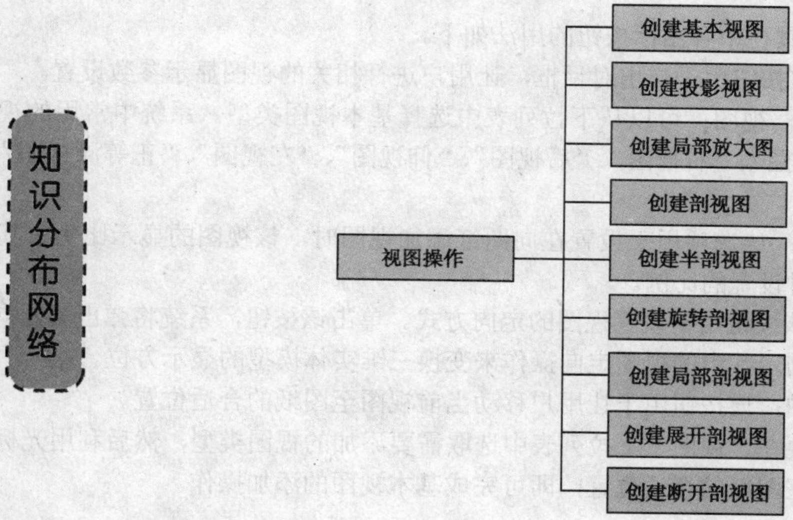

在创建工程图纸后，就可以在图纸上添加视图，这是制图模块最核心的功能。

视图一般是用二维图形来表示零件的形状信息，而且也是尺寸标注和符号标注的载体，从不同方向投影得到的多个视图就可以清晰完整地表示零件的信息。如果零件的内部结构比较复杂，为了在工程图中更清晰地描述零件的内部结构特点，还可以在工程图中添加剖视图。

在 UG 系统中，图纸空间内的视图都是主模型视图的复制，而且仅存在于所显示的图纸上。添加视图操作就是一个生成模型视图的过程，即向图纸空间放置主模型的各种投影视图。

创建视图的第一步是在工程图纸上放置零件或装配件的基本视图，同时可以通过修改视图式样的方式得到正确的视图，并在合适的位置放置基本视图。放置基本视图后，系统将立刻更改为投影视图模式。系统从自动定义的铰链线自动判断出正交视图，其中的帮助线帮助对齐视图。此外，还可以手工定义铰链线，这样就可以投影视图。当图纸有了基本视图后，也可以创建其他的视图类型。

UG 系统提供了多种视图操作功能，如创建基本视图、投影视图、局部放大视图、简单剖视图、半剖视图、阶梯剖视图、旋转剖视图和局部剖视图等形状。

8.3.1 创建基本视图

基本视图是导入到图纸上的建模视图，可以是独立的视图，也可以是其他图纸类型（如剖视图）的父视图。

在【图纸布局】工具栏中单击 按钮，或选择菜单命令【插入】/【视图】/【基本视图】，系统将弹出如图 8.3.1 所示的【基本视图】工具栏。

图 8.3.1 【基本视图】工具栏

【基本视图】工具栏中各图标按钮的用法如下。

（1）设置：该按钮用于弹出对话框，让用户进行相关的视图显示参数设置。

（2）前视图 视图：可以从下拉列表中选择基本视图类型。系统中常用的视图类型有“俯视图”、“前视图”、“右视图”、“后视图”、“仰视图”、“左视图”、“正等测视图”和“正二测视图”。

（3）1:1 比例：该选项用于设置在向图纸添加视图时，该视图的显示比例。其默认比例值等于创建图纸时设置的比例。

（4）预览：该按钮用于设置视图的定向方式。单击该按钮，系统将弹出【定向视图】对话框。用户可以利用其中的视图定向操作来变换三维实体模型的显示方位。

（5）移动视图：该按钮用于让用户移动当前视图至图纸的合适位置。

在操作时，只要在“视图”下拉列表中选取需要添加的视图类型，然后利用光标将系统预显示的视图定位在图纸的合适位置，即可完成基本视图的添加操作。

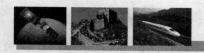

8.3.2 创建投影视图

投影视图功能可以从任何父视图中创建投影视图。以父视图为中心移动光标，系统会自动判断出投影正交视图和向视图。在放置视图之前，出现的虚线为辅助线。系统会自动判断：（1）使用铰链线作为参考，将视图旋转至正交空间。（2）投影的矢量方向与铰链线垂直，而视图是以矢量箭头相反的方向显示。

在图纸中添加基本视图后，系统将自动进行添加投影视图操作。对于形状复杂的部件，如果需引入某个特定视角的模型视图到工程图中，则要通过投影视图或局部放大视图等操作来实现。

在【图纸布局】工具栏中单击按钮，或选择菜单命令【插入】/【视图】/【投影视图】，系统将在绘图工作区的左上角弹出如图 8.3.2 所示的【投影视图】工具栏。

图 8.3.2 【投影视图】工具栏

该工具栏中大部分图标按钮的用法与创建基本视图的用法相同，只是增加了如下几个操作功能按钮。

（1）基本视图：用于选取指定的基本视图作为父视图。该选项在图纸中有多个基本视图时才可用。

（2）自动定义铰链线：用于自动定义铰链线，铰链线的方向是任意的。

（3）定义铰链线：用于定义一个固定方向的投影铰链线。铰链线是与投影方向垂直的参考线。

（4）自动判断的矢量：用于指定铰链线的法线矢量方向。

（5）反向：用于使投影方向反向。

操作时可以通过设置铰链线的法线方向来创建任意位置的投影视图，包括父视图的正交投影视图及其在其他位置上的投影视图。

在创建投影视图时，应先选取产生投影视图的父视图，再设置铰链线位置和法线方向，然后指定投影视图创建的位置，系统即可完成投影视图的创建操作。

8.3.3 创建局部放大图

局部放大视图是用于对模型的某一特定区域进行放大后产生的局部视图。

利用局部放大视图选项可以创建由圆形、矩形或由用户自定义的曲线为边界的局部放大视图。

在【图纸布局】工具栏中单击 按钮，或选择菜单命令【插入】/【视图】/【局部放大视图】，系统将弹出如图 8.3.3 所示的【局部放大图】工具栏。

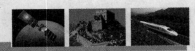

图 8.3.3 【局部放大图】工具栏

该工具栏中大部分图标按钮的用法与创建基本视图的用法基本相同，只是增加了如下几个操作功能按钮。

（1）矩形边界：用于创建矩形边界的局部视图。

（2）圆形边界：用于创建圆形边界的局部视图。

（3）父标签：用于设置矢量在父视图中局部视图标签的显示方式。

与创建投影视图相同，在创建局部视图时，用户也必须要先创建基本视图作为它的父视图。

操作时先选取父视图，再设置局部视图边界方式，并在父视图中确定放大区域，然后指定视图的创建位置，系统即可完成局部放大视图的操作。

8.3.4 创建剖视图

剖视图功能是使用一个或多个直的剖切平面来剖切整个零部件实体而得到的剖视图，以查看零部件的内部结构。利用该功能可以创建全剖视图和阶梯剖视图。

1. 全剖视图

全剖视图是使用单个剖切平面来剖切整个零部件实体而得到的剖视图。

在【图纸布局】工具栏中单击按钮，或选择菜单命令【插入】/【视图】/【剖视图】，系统将弹出如图 8.3.4 所示的【剖视图】工具栏。

图 8.3.4 【剖视图】工具栏

该工具栏中大部分图标按钮的用法与创建投影视图的用法基本相同，只是增加一个【剖切线样式】操作功能按钮。该按钮用于打开对话框，在该对话框中用户可以编辑剖切线的各项显示参数。

创建全剖视图的操作步骤如下。

（1）调用剖视图命令：在【图纸布局】工具栏中单击按钮，或选择菜单命令【插入】/【视图】/【剖视图】。

（2）选择父视图：选择一个基本视图或投影视图作为剖视图的父视图，如果有必要，还可以单击按钮和按钮来设置视图样式和剖切线样式。

（3）定义剖切方向：选择父视图后，可以单击按钮，利用矢量选项来指定剖切方向。也可以在指定剖切位置后，通过光标方向来直接设置剖切的投影方向，还可以单击按钮来自动调整相反的方向。

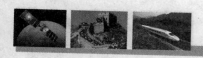

（4）定义剖切位置：可以根据需要利用点捕捉功能，直接在父视图中选取剖切位置，系统则将在该位置按照已设置的剖切方向来创建剖切平面。

（5）放置剖视图：完成以上操作后，可以利用光标将剖视图的预显示边框拖动到工程图纸的合适位置上。

2. 阶梯剖视图

阶梯剖视图是采用多个剖切段、折弯段和箭头组成的阶梯状剖切平面来剖切整个零部件实体而得到的剖视图。所创建的全部折弯段和箭头都与剖切段垂直。

创建阶梯剖视图的操作步骤与全剖视图的操作步骤基本相同，即首先在工程图纸中选择需要剖切的父视图，再定义剖切方向，指定剖切位置的折弯位置，最后将其放置到工程图纸的合适位置上。

在操作时可以按照创建简单剖视图的操作步骤进行，只是【剖视图】操作工具栏中的【剖切线】按钮被激活，可以通过单击该按钮来添加多段剖切段。

8.3.5　创建半剖视图

半剖视图操作在工程上常用于创建对称零部件的剖视图，一半为剖视图，另一半为一般视图。

在【图纸布局】工具栏中单击按钮，或选择菜单命令【插入】/【视图】/【半剖视图】，系统将弹出如图 8.3.5 所示的【半剖视图】工具栏。

图 8.3.5　【半剖视图】工具栏

该工具栏中各图标按钮的用法与前面介绍的用法相同。

创建半剖视图的操作步骤与创建全剖视图的操作步骤基本相同。即首先在工程图纸中选择需要剖切的父视图，再定义剖切方向，指定剖切位置，最后利用光标将其放置到工程图纸的合适位置上。

8.3.6　创建旋转剖视图

旋转剖视图功能可创建绕轴旋转的视图，该功能常用于生成多个旋转截面上的零部件剖切结构。旋转剖视图包含一个或两个旋转支架，每个支架可由若干个剖切段、折弯段和箭头段组成，它们相交于旋转中心点。剖切线都绕该点旋转，而且所有的剖切面将展开在一个公共面上。

在【图纸布局】工具栏中单击按钮，或选择菜单命令【插入】/【视图】/【旋转剖视图】，系统将弹出如图 8.3.6 所示的【旋转剖视图】工具栏。

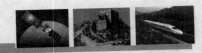

图 8.3.6 【旋转剖视图】工具栏

该工具栏中各图标按钮的用法与前面介绍的用法基本相同。

创建旋转剖视图的操作步骤与创建阶梯剖视图的操作步骤相类似，只是在指定剖切位置前需要先指定旋转中心点的位置。

操作时首先在工程图纸中选择需要剖切的父视图，然后在父视图上设置旋转中心点的位置，接着设置剖切方向和指定剖切位置，最后利用光标将其放置到工程图纸的合适位置上。

8.3.7 创建局部剖视图

在绘制工程图时，经常需要将某些视图中某一部分的内部结构进行剖切放大显示，这时就可以采用局部剖视图操作。局部剖视图通过移去部件的一个区域来表示零件在该区域内的内部结构。它是在已有的视图基础上创建的，通过一条封闭的曲线来定义剖切区域。因此，在创建局部剖视图之前，首先要创建与该视图相关的剖切曲线。

1．创建视图相关几何体

用户可以在某视图上创建与该视图相关的几何体，例如曲线。这些几何体与该视图相关，并且只在该视图中显示。

创建相关的几何体有以下两种方法。

1）在成员视图中创建

（1）选择一个已有视图，单击鼠标右键，在弹出的快捷菜单中选择“扩展成员视图”命令项，则该视图扩展到成员视图状态。

（2）在成员视图上建立几何体。选择菜单命令【插入】/【曲线】，利用样条或工艺样条作剖切曲线。

（3）完成曲线后，单击鼠标右键，在弹出的快捷菜单中选择【扩展】命令项，则该视图回到正常视图状态。

2）通过制图中的草图创建

在制图中应用草图可以在不进入成员视图的条件下创建草图曲线。草图曲线可以与视图中的几何体建立相关的约束，并且草图与选择的视图相关联。

（1）在制图模块中，选择菜单命令【插入】/【草图】，弹出【创建草图】对话框。

（2）在绘图工作区选择一个视图，单击【确定】按钮。

（3）类似于建模模块，创建草图对象。

（4）单击【草图生成器】工具栏中的 完成草图 按钮，完成草图操作。

在【图纸布局】工具栏中单击 按钮，或选择菜单命令【插入】/【视图】/【局部剖视图】，系统将弹出如图 8.3.7 所示的【局部剖】对话框。

该对话框中上部的三个单选项分别对应于局部剖视图的三种操作方式，利用这三个单选项可以进行局部剖视图的创建、编辑和删除操作。

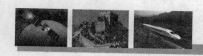

2．创建局部剖视图

创建局部剖视图时有以下五个操作按钮。

（1）选择视图：当进行创建局部剖视图操作时，可以在工程图中选择已有的视图作为父视图，也可以在【局部剖】对话框的视图列表框中直接选取已有的视图名称。选取父视图后，【局部剖】对话框中的【指出基点】、【指出拉伸矢量】和【选择曲线】按钮自动被激活，如图 8.3.8 所示。

（2）指出基点：用于指定剖切的位置点。基点是局部剖视图剖切边界沿着拉伸方向扫掠的参考点。

（3）指出拉伸矢量：在指定了基点位置后，在【局部剖】对话框中部也将显示与矢量操作相关的三个功能项为【自动判断矢量】、【矢量反向】和【视图法向】。用户可以利用这些选项按钮来设置局部剖视图的拉伸方向，如图 8.3.9 所示。

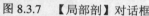

图 8.3.7　【局部剖】对话框

图 8.3.8　激活操作按钮

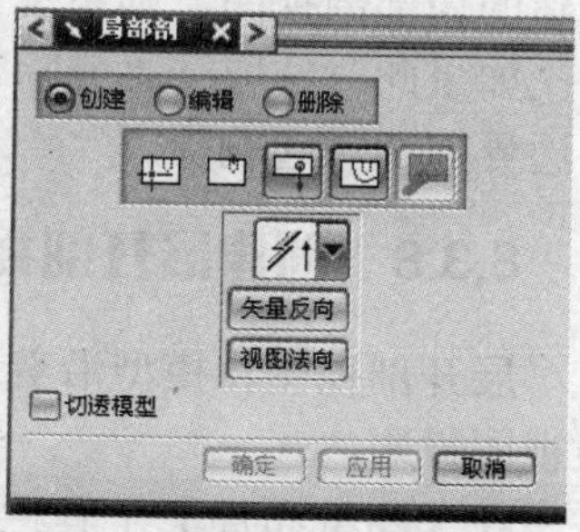

图 8.3.9　矢量操作功能选项

（4）选择曲线：边界曲线用来定义局部剖视图的剖切范围。在基点和拉伸方向确定后，用户可以选取所需的局部剖视图边界曲线。如果选取的第二条曲线与第一条曲线不相连，则当用户将光标放在第二条曲线上时，系统会以橡皮筋选取模式显示其连接线，用户可以根据该预览的连接线形式在正确的位置选取第二条曲线，使选取的曲线能够无交叉地包围一个局部剖视图区域。

（5）修改边界曲线：如果用户选取的边界曲线不理想，可利用该操作功能对其进行编辑修改。当选取该操作时，系统会自动显示已设置的局部剖视图边界曲线，用户可根据需要对其进行相关的修改。

创建局部剖视图的基本操作步骤如下。

（1）创建用做局部剖视图相关的剖切曲线，该曲线可以封闭，也可以不封闭。

（2）选择菜单命令【插入】/【视图】/【局部剖视图】。

（3）选择用做局部剖视图并且添加了剖切曲线的视图。

（4）利用功能选择一个点作为基点。基点是剖切曲线沿着拉伸方向扫掠的参考点。

（5）指出拉伸矢量。系统显示一个默认的矢量方向，用户可以接受或修改该矢量方向。

（6）选择曲线。曲线定义局部剖视图的边界，只有与视图相关的曲线才可选。

（7）修改边界曲线。若选择的曲线不封闭，在本步操作中曲线将首尾相连，或拖动边界定义剖视图的边界。该操作步骤是可选的。

（8）单击【确定】按钮，完成局部剖视图的创建。

局部剖视图与其他视图的操作是不同的，局部剖视图是在存在的视图中产生，而不是产生新的剖视图。

3．编辑局部剖视图

在【局部剖】对话框中选取“编辑”单选项，系统就进入局部剖视图编辑操作功能。编辑局部剖视图的操作步骤，与创建局部剖视图时的操作步骤基本相同，只是在视图选取时要求选取已有的局部剖视图。

用户可以编辑局部剖视图中的基点、拉伸方向和边界曲线等内容。完成局部剖视图的编辑后，局部剖视图会按修改后的内容得到更新。

4．删除局部剖视图

要删除已创建的局部剖视图，可在【局部剖】对话框中选取“删除”单选项，再选取已创建的局部剖视图，则系统会删除所选的局部剖视图。

如果此时选取了“删除断开曲线”复选框，则在删除局部剖视图时，也会将局部剖视图的边界曲线一起删除。

8.3.8 创建展开剖视图

展开剖视图将模型沿着连续的剖切段进行剖切，并在铰链线方向展开拉直剖切段，最后做视图投影。

在【图纸布局】工具栏中单击 按钮，或选择菜单命令【插入】/【视图】/【展开剖视图】，系统将弹出如图 8.3.10 所示的【展开剖视图-线段和角度】对话框。

创建展开剖视图的基本操作步骤如下。

（1）在【图纸布局】工具栏中单击 按钮，或选择菜单命令【插入】/【视图】/【展开剖视图】。

（2）在绘图工作区选取父视图。

（3）定义铰链线，将显示一个矢量箭头，该矢量方向为铰链线和剖面线箭头所指的方向，如果方向与箭头方向相反，可单击【矢量反向】按钮改变矢量方向。

（4）单击【应用】按钮，弹出【剖切线创建】对话框，通过该对话框指定连接点。

（5）在【剖切线创建】对话框中单击【确定】按钮。

（6）拖动光标将其放置到工程图纸的合适位置上，完成创建展开剖视图操作。放置的展开视图与选择的第一个旋转点对齐。

8.3.9 创建断开视图

断开视图用多个边界组成一定的区域去显示视图，应用该选项可以创建、修改及更新这些区域。启动该选项并选择一个视图后，视图将进入成员视图。当图纸只有一个视图时，启动该选项可使视图自动进入成员视图。

在【图纸布局】工具栏中单击按钮，或选择菜单命令【插入】/【视图】/【断开视图】，系统将弹出【断开视图】对话框。当选择了一个视图后，对话框各选项才可用，如

图 8.3.11 所示。

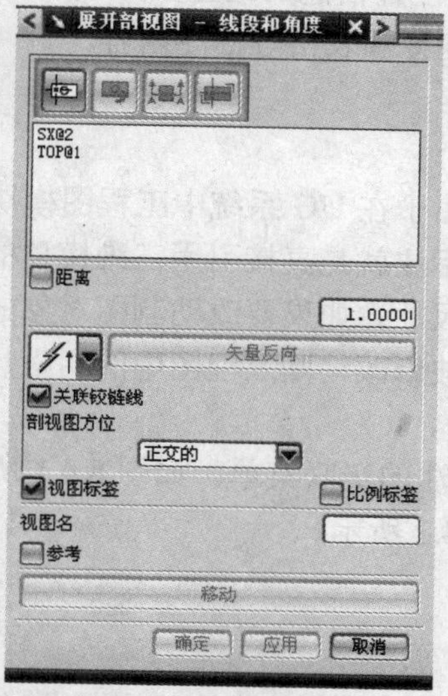

图 8.3.10　【展开剖视图-线段和角度】对话框

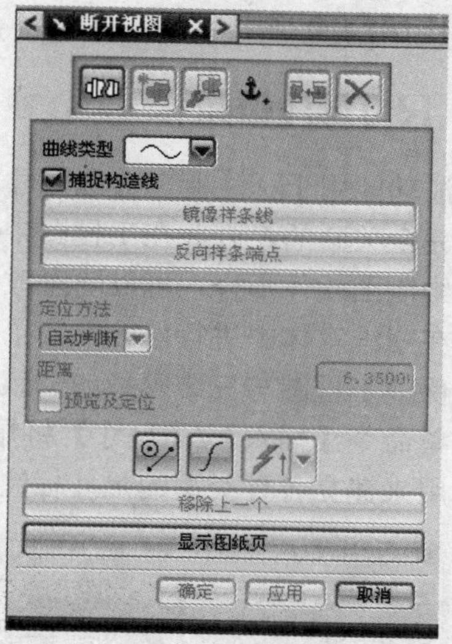

图 8.3.11　【断开视图】对话框

创建断开视图的基本操作步骤如下。

（1）在【图纸布局】工具栏中单击 按钮，或选择菜单命令【插入】/【视图】/【断开视图】。

（2）在绘图工作区选取父视图，进入成员视图。

（3）添加主断开区域。在“曲线类型”下拉列表中选择～，利用点捕捉功能选择封闭边界的起点及端点，此时“曲线类型”自动变为构造曲线—。

（4）继续定义主区域，使曲线围成封闭的区域，单击【应用】按钮，系统自动定义一个锚点。

（5）重复以上操作步骤，定义另一个断开区域。

（6）完成断开区域设置后，单击【显示图纸页】按钮，建立断开视图。

8.4　工程图标注

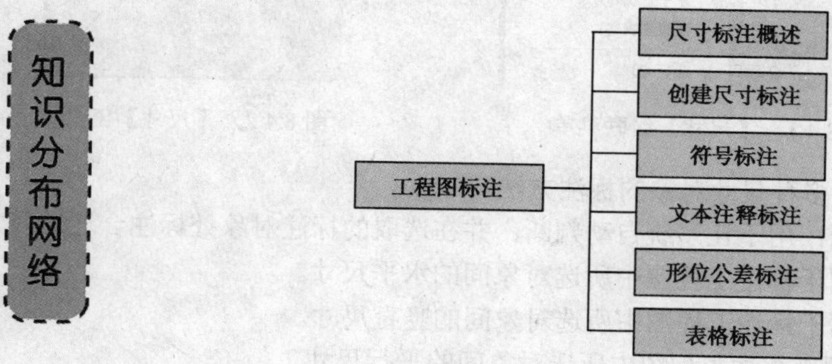

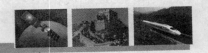

工程图的标注是反映零件尺寸、公差信息和相关注释信息的最重要方式。利用标注功能，可以向工程图中添加符号、尺寸、形位公差、文本注释和表格等标注内容。

8.4.1　尺寸标注概述

尺寸标注功能用于标注制图对象尺寸的大小。由于在 UG 系统中工程图模块和三维实体建模模块是完全关联的，因此在工程图中进行尺寸标注就是直接引用三维模型的真实尺寸。它无法像二维制图软件那样，可以随意改动对象的尺寸。如果要改动制图对象的某个尺寸参数，需要先在三维实体中进行修改。如果三维模型被修改，则工程图中的相应尺寸也会自动更新，从而保证工程图与三维模型的一致性。

选择菜单命令【插入】/【尺寸】将显示尺寸标注的级联菜单，如图 8.4.1 所示。【尺寸】工具栏也可用来建立各种类型的尺寸标注，如图 8.4.2 所示。

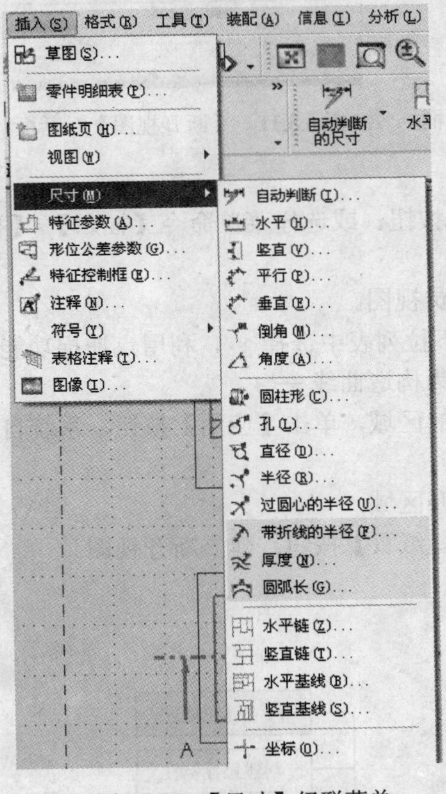

图 8.4.1　【尺寸】级联菜单

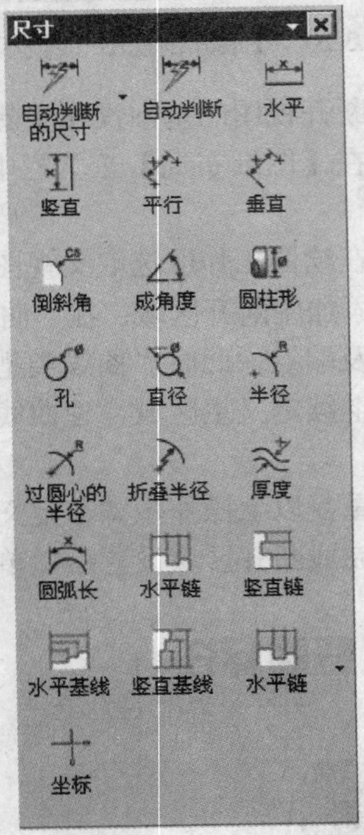

图 8.4.2　【尺寸】工具栏

系统提供了以下多种尺寸对象的标注方法。

（1）自动判断：用于让系统自动判断，并在选取的标注对象处标注合适的尺寸。

（2）水平：用于标注工程图中所选对象间的水平尺寸。

（3）竖直：用于标注工程图中所选对象间的竖直尺寸。

（4）平行：用于标注工程图中所选对象间的平行尺寸。

（5）垂直：用于标注工程图中所选点到直线（或中心线）的垂直尺寸。

（6）倒角：用于标注工程图中所选倒斜角的尺寸。

（7）角度：用于标注工程图中所选两直线间的角度。

（8）圆柱形：用于标注工程图中所选圆柱对象间的直径尺寸。

（9）孔：用于标注工程图中所选孔特征的尺寸。

（10）直径：用于标注工程图中所选圆或圆弧的直径尺寸。

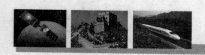

（11）半径：用于标注工程图中所选圆或圆弧的半径尺寸，但标注不过圆心。

（12）过圆心的半径：用于标注工程图中所选圆或圆弧的半径尺寸，但标注过圆心。

（13）带折线的半径：用于标注工程图中所选大圆弧的半径尺寸，并用折线来缩短尺寸线的长度。

（14）厚度：用于标注工程图中所选两曲线间的法向距离尺寸。

（15）圆弧长：用于标注工程图中所选圆弧的弧长尺寸。

（16）坐标：用于标注工程图中定义一个原点的位置作为一个距离的参考点位置，进而可以用于在工程图中生成对象的水平或垂直距离。

（17）水平链：用于在工程图中生成一个水平（XC 轴）方向上的尺寸链，即生成一系列首尾相连的水平尺寸。

（18）竖直链：用于在工程图中生成一个竖直（YC 轴）方向上的尺寸链，即生成一系列首尾相连的竖直尺寸。

（19）水平基线：用于在工程图中生成一个水平（XC 轴）方向上的尺寸系列，该尺寸系列分享同一条基准线。

（20）竖直基线：用于在工程图中生成一个竖直（YC 轴）方向上的尺寸系列，该尺寸系列分享同一条基准线。

单击【尺寸】工具栏中相应的图标按钮，系统将进入相应的尺寸标注功能。

在进行各种尺寸标注操作时，系统均会弹出与其对应的【尺寸标注】工具栏，如图 8.4.3 所示，包含了相应的尺寸标注参数设置选项，可以通过它们对标注的尺寸参数进行设置，以控制其显示形式。其中各选项的含义如下。

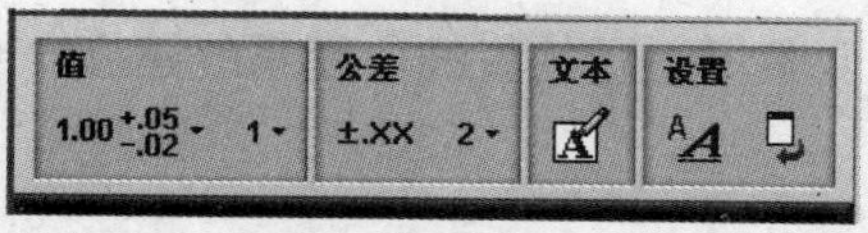

图 8.4.3 【尺寸标注】工具栏

（1）设置：用于打开对话框，进行尺寸参数的详细设置。

（2）名义尺寸：用于设置名义尺寸值的显示精度，即控制其小数点后的显示位数。

（3）公差精度：用于设置尺寸公差值的显示精度和显示方式。

（4）±.XX 公差：用于设置尺寸公差值。

（5）文本：用于打开【文本编辑器】对话框，让用户添加尺寸注释信息。

（6）重置：用于对尺寸参数的设置进行重置操作，恢复其默认设置。

（7）基准线：用于打开【基准线】对话框，设置基准线对象，该功能仅用于圆柱形的尺寸标注。

（8）直线：用于选取各种直线的设置方法，该功能仅用于角度尺寸标注。

（9）备选角度：用于显示向前角度参数的补角，该功能仅用于角度尺寸标注。

在进行各种尺寸标注时，操作过程都大致相同。先选取一种尺寸标注方法，然后在工程图纸中选取相应的标注对象，并通过【尺寸标注】工具栏设置尺寸参数的文字大小和显示精度等控制参数，最后利用光标即可将尺寸值标注到图纸的合适位置上。

8.4.2 创建尺寸标注

创建尺寸标注的基本操作步骤如下。

（1）为创建的尺寸选择尺寸类型，例如水平、竖直、平行等。

（2）利用【尺寸标注】工具栏设置尺寸样式，该步骤为可选项。

（3）利用【选择】工具栏和【点捕捉】工具栏选择要标注尺寸的对象（点或线）。

（4）利用【注释放置】工具栏或单击鼠标右键，在弹出的快捷菜单中设置文本的放置格式，该步骤为可选项。

（5）指定位置，在绘图工作区选择适当的位置来放置尺寸。

1．自动判断的尺寸

在【尺寸】工具栏中单击按钮，根据用户选择的几何对象或光标所在的位置，系统自动捕捉尺寸类型建立尺寸标注。

（1）直线：若选择的几何对象为水平的或竖直的直线，系统则自动建立相应的水平或竖直的尺寸标注。若选择的几何对象不是水平的或竖直的直线，则系统根据用户拖拽尺寸线的方向自动建立水平的、竖直的或平行的尺寸标注。

（2）弧或圆：若选择的几何对象为圆弧，则系统自动建立半径尺寸；若选择一个圆，则系统自动建立直径尺寸。

（3）点、弧、圆和椭圆的组合：若选择点、弧、圆和椭圆其中两个对象的组合，则根据光标拖拽的方向，系统自动判断建立水平的、竖直的或平行的尺寸标注。

（4）直线和点、弧、圆及椭圆：若选择的对象为直线和点、弧、圆及椭圆，则系统自动建立一个正交的尺寸标注。

（5）直线和直线：选择两条不平行的直线，则系统建立一个角度尺寸标注。

2．带公差的尺寸标注

选择尺寸标注的几何对象后，或利用【尺寸标注】工具栏设置公差。首先确定公差类型及精度，然后输入公差值。最后选择放置位置，完成带公差的尺寸标注。

3．直径与半径尺寸标注

在【尺寸】工具栏中单击或按钮，可建立直径或半径尺寸标注。选择圆或圆弧后，将尺寸线拖拉到合适的位置，即可建立直径或半径尺寸标注。

4．倒角尺寸

在【尺寸】工具栏中单击按钮，可建立倒角尺寸标注，该选项只支持等边长的倒角。

5．尺寸链标注

尺寸链标注包括水平链、竖直链、水平基准线及竖直基准线四种，标注时首先选择第一个对象或点，然后依次选择构成链或基准线的其他对象，最后选择合适的位置放置尺寸链。

8.4.3　符号标注

在创建完各种视图后，需要在视图上标注一些相关符号，以反映某些视图对象的加工信息或者为其他标注信息提供参考对象符号。常用的符号标注功能有以下几种。

1．标注实用符号

实用符号标注功能为用户提供了多种中心线以及交点的标注操作功能。

在【制图注释】工具栏中单击按钮，或选择菜单命令【插入】/【符号】/【实用符号】，系统将弹出如图 8.4.4 所示的【实用符号】对话框。

该对话框上部图标为各种符号的类型；中部为点位置选取选项，用来确定产生实用符号创建的位置；下部是可变显示区，其中将显示与各种实用符号相对应的参数选项。

应用该对话框中的操作功能，可以在视图中插入以下 12 种类型的实用符号。

（1）线性中心线：该类型用来在所选的共线点或圆弧中产生中心线，或者在所选取的单个点或圆弧上插入线性中心线。

（2）完整螺纹圈：该类型用来为沿圆周分布的螺纹孔或控制点插入带孔标记的完整环形中心线。系统提供了两种产生完整螺纹圈中心线的方法："通过 3 点"和"中心点"。"通过 3 点"是指定三个点或更多的点，中心线或螺纹圈通过这些点。该选项无须指定中心就可以生成螺纹圈。对于不完整的螺纹圈，系统按选择点的逆时针方向生成螺纹圈。"中心点"是首先在螺纹圈上指定中心位置，然后指定螺纹圈的圆心位置。螺纹圈半径由中心点和第一圈上的点来确定。

（3）不完整螺纹圈：该类型用来为沿圆周分布的螺纹孔或控制点插入带孔标记的部分环形中心线。其参数和选项与完整螺纹圈中心线的用法是相同的。值得注意的是，该方式产生的中心线只在选择的圆弧或控制点之间，不生成一个完整的圆。

（4）偏置中心点：该类型用来在所选取的圆弧上产生新的定义点并产生中心线，利用该点作为较大圆弧的圆心。在标注大半径圆弧尺寸时，一般不将尺寸直接标注到其中心点，而是需要用偏置中心点的方法产生一个半径尺寸的标注位置。

（5）圆柱中心线：该类型用来在圆柱面或非圆柱面的对象上产生圆柱中心线。可以对其中的偏置方式参数进行设置，系统提供了两种偏置方式：偏置距离和偏置对象。

（6）长方体中心线：该类型用来在长方体对象上产生中心线。在进行操作时应注意选取体对象而不是面对象。

（7）不完整的圆形中心线：该类型用来在所选取的沿圆周分布的对象上产生不完整的圆形中心线，其中各参数的含义和其生成方式的用法与不完整螺纹圈相同。

（8）完整的圆形中心线：该类型用来在所选取的沿圆周分布的对象上产生完整的圆形中心线，其中各参数的含义和其生成方式的用法与完整螺纹圈相同。

（9）对称中心线：该类型用来在所选取的对象上产生对称的中心线，其中各参数的含义和其生成方式的用法与圆柱中心线相同。

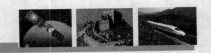

（10）目标点：该类型用来设置生成目标点标记符号的形式。可用鼠标在工程图中选取任意的点，如果选取的目标点靠近视图中的几何对象，则在几何对象中产生一个目标点；如果所选取的目标点远离视图中的几何对象，则直接在屏幕中产生一个目标点，和绘图过程中点的捕捉类似。

（11）交点：该类型用来在选取对象上产生交点符号作为交点的标志。可以用鼠标在视图中选取两条曲线（可以是直线也可是圆弧），则系统会在选择的两条曲线的交点位置产生一个标记。交点标记与选择的曲线相关联，如果曲线位置发生变化，则交点标记也跟着移动，如果两条曲线的交点关系不存在，交点将自动移除。

（12）自动中心线：该类型用来在选取的视图上自动创建中心线对象，但不能选取展开剖视图和旋转剖视图。

2. 标注 ID 符号

ID 符号的全称为 Identification Symbol，常用于在工程图中标注对象的基准符号。

在【制图注释】工具栏中单击按钮，或选择菜单命令【插入】/【符号】/【ID 符号】时，系统将弹出如图 8.4.5 所示的【ID 符号】对话框。

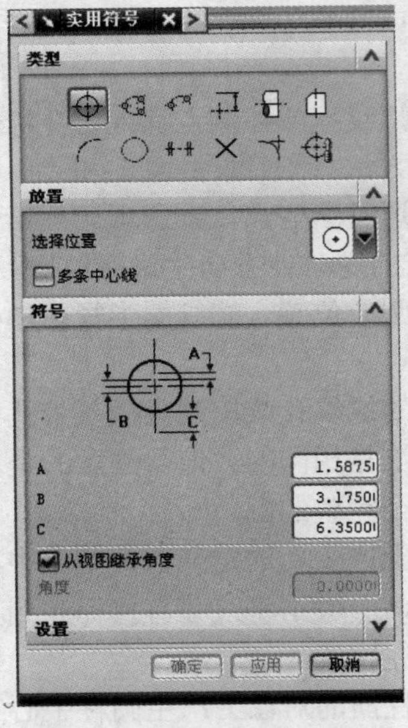

图 8.4.4 【实用符号】对话框

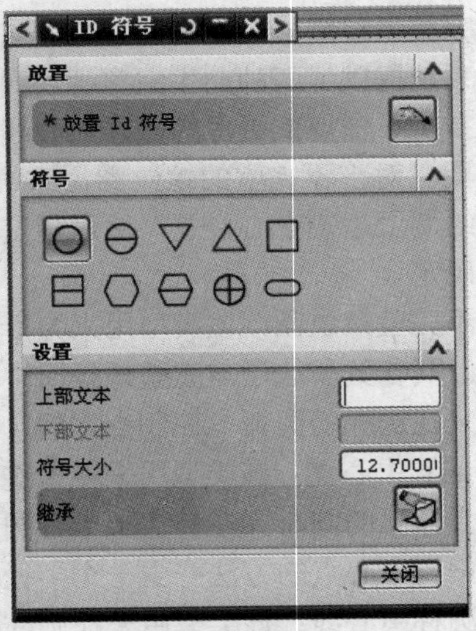

图 8.4.5 【ID 符号】对话框

对话框的上部是 ID 符号类型图标，下部是 ID 符号的相关设置。

（1）ID 符号类型：【ID 符号】对话框上部的 ID 符号图标用于选取插入 ID 符号的类型。系统提供了 10 种符号类型，分别是“圆”、“分割圆”、“下三角”、“上三角”、“正方形”、“分割正方形”、“六边形”、“分割六边形”、“象限圆”和“圆角框”。

（2）ID 符号的设置：每种符号类型可以配合该符号的文本选项，在 ID 符号中放置文本参数。如果选择了上下型的 ID 符号类型，则可在“上部文本”和“下部文本”文本框中输入上下两行文本内容。如果选择了独立型的 ID 符号类型，则只能在“上部文本”文本框中输入文本内容。各类ID符号都可以通过“符号大小”文本框的设置来改变符号的显示比例。

3. 标注表面粗糙度符号

表面粗糙度符号可以用于表示工程图中零件表面的粗糙度指标。表面粗糙度符号的方向由相关的几何对象确定，它与视图可以是不相关的，也可以是相关的。

在首次应用表面粗糙度符号功能时，要检查工程图模块中的【插入】/【符号】菜单中的【表面粗糙度符号】菜单命令是否为灰显。如果该菜单命令为灰显，要在UG安装目录的“UGII”子目录中找到环境变量设置文件“ugii-env.dat”，并用写字板将其打开，将环境变量“UGII-SURFACE-FINISH”的默认设置“OFF”改为“ON”。保存环境变量设置文件后，重新进入UG系统，才能进行表面粗糙度的标注操作。

打开表面粗糙度标注功能，选择菜单命令【插入】/【符号】/【表面粗糙度符号】，系统将弹出如图8.4.6所示的【表面粗糙度符号】对话框。

对话框上部的图标用于选择表面粗糙度类型；中部可变显示区用于显示所选表面粗糙度类型的标注参数和表面粗糙度单位及文本尺寸；下部选项用于指定表面粗糙度的符号方向、指引线类型和符号位置等。

1）表面粗糙度参数

根据零件表面的不同要求，在对话框上部可选取合适的粗糙度参数标注符号类型，随着所选取粗糙度符号类型单位的不同，在可变显示区中粗糙度的各参数列表中也会显示不同的参数。使用时既可以在下拉列表中选取粗糙度数值，也可以直接输入粗糙度数值。

2）R_a单位

该选项用于设置表面粗糙度的单位。在UG系统中，表面粗糙度的单位有两种：“毫米”和“粗糙度等级”。

3）符号方位

该选项用于设置粗糙度符号的标注方位。其中包含了水平和竖直两个方向。在放置表面粗糙度符号时，系统会根据所选取的对象自动推断在当前方向上的正确标注位置，使其与国家标准相符合。

4）指引线类型

该选项用于选取指引线的类型。系统提供了六种指引线类型，可以根据需要选择其中的一种。

5）标注对象类型

在标注表面粗糙度符号时，系统提供了五个按钮用于设置与表面粗糙度符号标注相关的对象类型。

（1）在延伸线上创建：用于在尺寸延伸线上产生表面粗糙度符号。

（2）在边上创建：用于在边缘上产生表面粗糙度符号。

（3）在尺寸上创建：用于在尺寸线上产生表面粗糙度符号。

（4）在点上创建：用于在指定的位置点上产生表面粗糙度符号。

（5）创建带指引线的注释：用于产生带指引线的表面粗糙度符号，指引线的类型可通过“指引线类型”下拉列表进行选择。

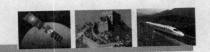

8.4.4 文本注释标注

文本注释标注功能用于在工程图纸中标注一些常规说明、备注信息和其他相关注释信息。

在【制图注释】工具栏中单击 按钮，或选择菜单命令【插入】/【文本】时，系统将弹出如图 8.4.7 所示的【文本】对话框。

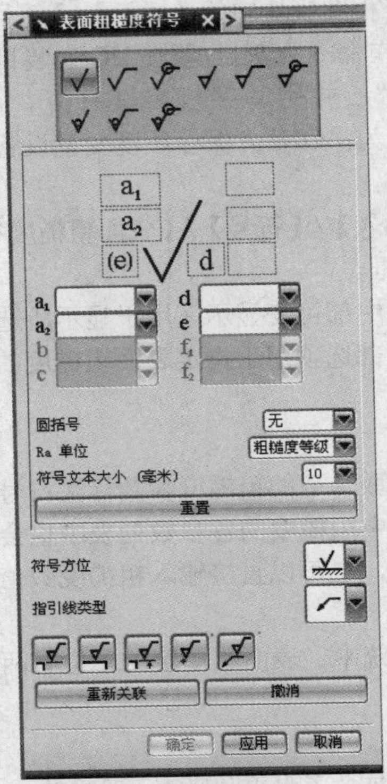

图 8.4.6 【表面粗糙度符号】对话框

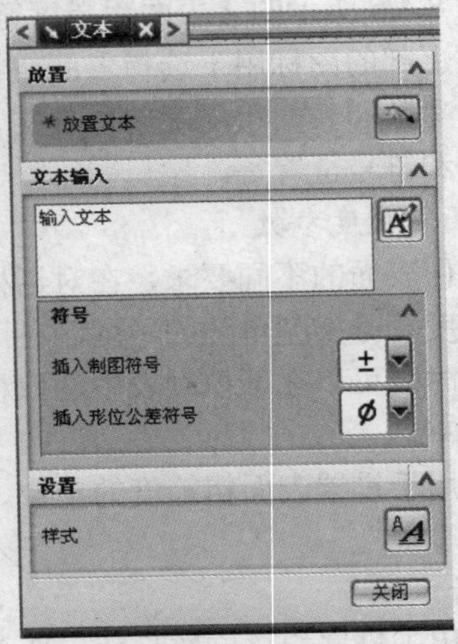

图 8.4.7 【文本】对话框

【文本】对话框用于在其中直接输入要标注的注释信息，操作工具栏中包含了五个功能选项，通过这些选项可以对要标注的注释进行相关的参数设置。

（1）文本编辑器：用于打开【文本编辑器】对话框，让用户在其中进行形位公差标注的详细设置。

（2）注释样式：用于打开【注释样式】对话框，让用户在其中对显示效果进行详细设置。

（3）± 插入制图符号：用于让用户选取在标注时用到的各种制图符号。

（4）Ø 插入形位公差符号：用于让用户选取在标注时用到的各种形位公差符号。

（5）A 基准符号：用于让用户选取在形位公差标注时用到的各种基准符号。

在进行文本标注操作时，直接在【文本编辑器】对话框中输入注释信息，然后利用光标将其放置到图纸中的合适位置，即可完成操作。如果注释想要标注到某个制图对象上，则输入注释信息后，利用光标先选取某制图对象，然后按住鼠标左键，即可拉出一个箭头指引线，最后再将注释放置到图纸中的合适位置即可。

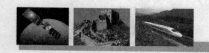

如果想对注释操作参数进行相关设置时，也可以在其操作工具栏中单击按钮，系统将弹出如图 8.4.8 所示的【文本编辑器】对话框，可以对其中的相关注释参数进行设置。例如，要在图纸上标注中文注释信息，就需要在【文本编辑器】对话框的“字体”下拉列表中选取“chinesef”和“chineset”字体类型，否则标注汉字时会出现乱码。

利用【文本编辑器】对话框，不但能够标注文本注释，还可以在图纸上标注图面符号、形位公差符号和用户自定义符号等，该功能相当于一个通用的制图符号标注功能。

8.4.5　形位公差标注

形位公差是将几何尺寸和公差符号组合在一起形成的组合符号，用于表示标注对象的形状参数与参考基准之间的位置和形状关系。可以通过以下两种操作功能来标注形位公差。

1．利用注释标注功能

在进行注释标注操作时，如果打开了【文本编辑器】对话框，选取其中的【形位公差符号】选项卡，则【文本编辑器】对话框将变为如图 8.4.9 所示的形式，其中列出了各种形位公差标准符号选项，可以设置需要创建的形位公差参数。

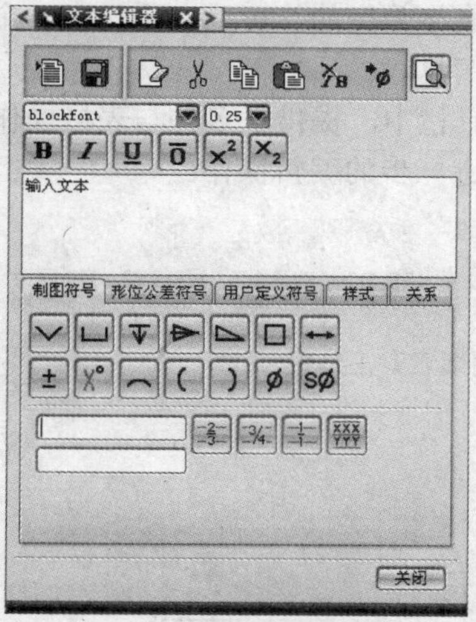

图 8.4.8　【文本编辑器】对话框

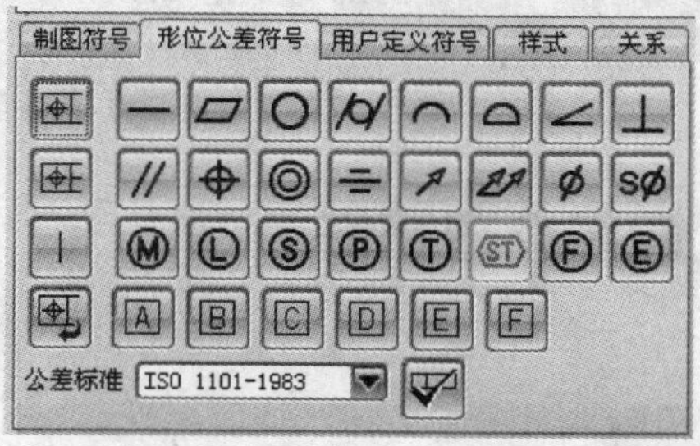

图 8.4.9　形位公差符号

在进行注释标注功能操作时，在【文本编辑器】对话框中首先选取公差框架形式，可根据需要选取单个框架或组合框架按钮，然后选取形位公差类型符号按钮，并输入公差数值和选取公差的标准。如果是位置公差，还应选取基准符号按钮。设置完成后，系统将在光标位置显示形位公差的预览效果。如果不符合要求，可再进行相关修改。

2．利用特征控制框功能

在【制图注释】工具栏中单击 按钮，或选择菜单命令【插入】/【特征控制框】，系统将弹出如图 8.4.10 所示的【特征控制框】对话框。通过该对话框可以更加方便地创建多种形式的形位公差符号。由于利用该方式创建形位公差符号是一种可视化的方式，系统会随时在光标处预显示设置的形位公差符号效果，因此可以直观地在对话框中对相关参数进行修

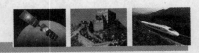

图 8.4.10 【特征控制框】对话框

改，以控制形位公差符号的显示效果。

在【特征控制框】对话框中设置相关选项，然后在绘图工作区中选择适当的放置位置，即可完成型位公差标注操作。

8.4.6 表格标注

表格标注功能允许用户以表格的形式在工程图中为制图对象插入相关的注释。在 UG 系统中有【表格与零件明细表】工具栏，另外在【工具】/【表格】级联菜单中也包含了许多表格操作相关的菜单命令。

在【表格与零件明细表】工具栏中单击【表格与零件明细表】按钮，或选择菜单命令【插入】/【表格注释】时，系统会在光标处预显示表格轮廓的预览效果，只要将其放置到图纸的合适位置上即可完成表格标注操作。这时新插入的表格是空的，可以双击任意一个单元格，通过弹出的浮动文本框在单元格中输入相关的文本信息。

在如图 8.4.11 所示的【表格与零件明细表】工具栏中，提供了多种与表格操作相关的通用操作功能，可以通过这些功能对插入的表格进行进一步的编辑操作。

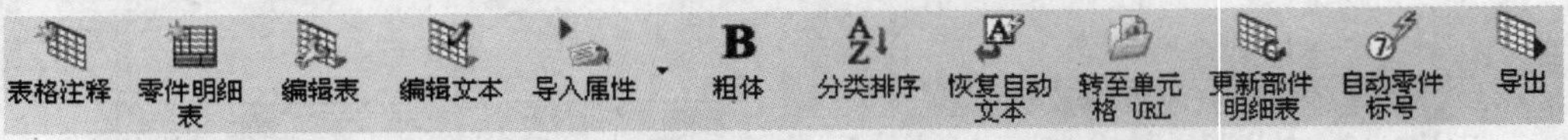

图 8.4.11 【表格与零件明细表】工具栏

8.5 工程图编辑操作

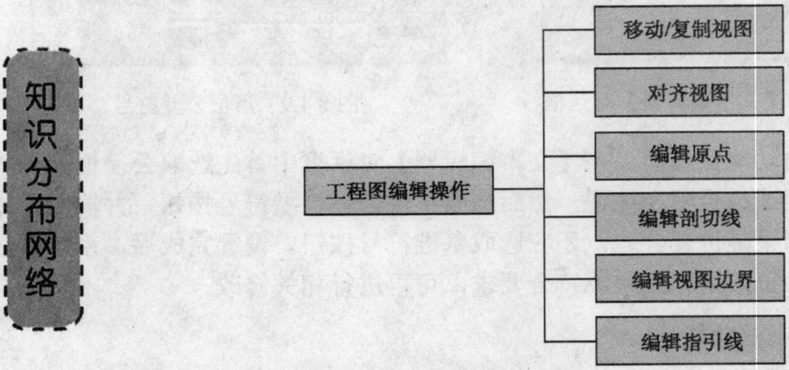

在完成各种视图和标注对象的创建后，还可以利用工程图的编辑功能对已创建视图对象的位置、形状和属性等参数进行相关的编辑操作。

8.5.1 移动/复制视图

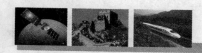

在【制图编辑】工具栏中单击 按钮，或选择菜单命令【编辑】/【视图】/【移动/复制视图】时，系统将弹出如图 8.5.1 所示的【移动/复制视图】对话框。

该对话框包含了视图列表框和移动/复制视图方式图标等参数选项，应用该对话框可以完成视图的移动/复制操作。系统提供了五种移动/复制视图的操作方式。

在【移动/复制视图】对话框中还有其他一些操作选项参数，用于设置操作后视图的效果。

用户在进行移动/复制视图操作时，应先在视图列表框或工程图中选取要移动/复制的视图，再确定视图的操作方式，然后设置视图移动/复制的方式，并拖曳视图边框到理想位置，则系统会将视图按指定方式移动到工程图中的指定位置。

8.5.2 对齐视图

对齐视图用于将不同的视图按照用户的要求进行对齐。其中有一个为静止视图，与之对齐的称为对齐视图。

在【制图编辑】工具栏中单击 按钮，或选择菜单命令【编辑】/【视图】/【对齐视图】时，系统将弹出如图 8.5.2 所示的【对齐视图】对话框。

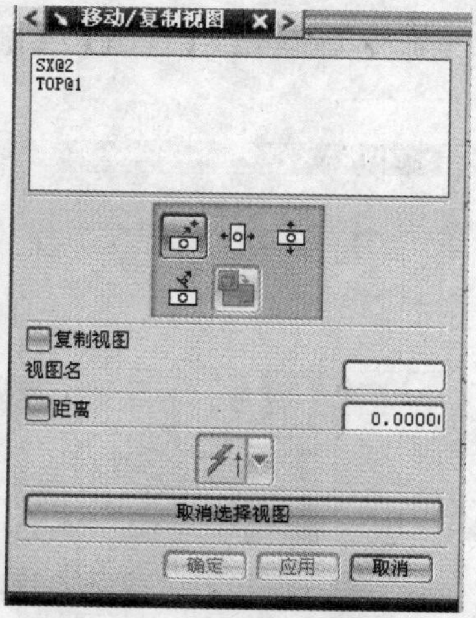

图 8.5.1 【移动/复制视图】对话框

图 8.5.2 【对齐视图】对话框

该对话框中包含了视图列表框、视图对齐方式、点创建功能和矢量创建功能等参数选项。系统提供了五种视图对齐方式。

进行对齐视图操作时，首先要选择视图对齐的基准点方式，并用点创建功能选项在视图中指定一个点作为对齐视图的基准点，然后在视图列表框或工程图中选择要对齐的视图，接着在对齐方式中选择一种视图的对齐方式，则选择的视图将按所选择的对齐方式自动与基准点对齐。

【对齐视图】对话框的视图列表框用于显示当前工程图纸中所有视图的名称，用户可以在其中选取进行操作的视图。另外，在【对齐视图】对话框中，系统还提供了 3 种点创建功能选项："模型点"选项用于选取模型中的一点作为基准点，"视图中心"选项用于选取视图中心作为基准点，“点到点”选项用于按点到点的方式对齐各视图中所选取的点，选取该选项时，需要在各对齐视图中指定对齐参考点。

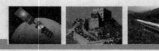

8.5.3 编辑原点

在【制图编辑】工具栏中单击 按钮，或选择菜单命令【编辑】/【注释】/【原点】时，系统将弹出如图 8.5.3 所示的【原点工具】对话框。

该对话框中有七个原点操作类型功能图标选项，用户可以根据需要选取相应的图标按钮进行操作。

在编辑对象原点操作时，首先要在工程图纸中选取要移动的尺寸、注释和符号等制图标注对象，再利用该对话框中的图标功能按钮设置移动的目标位置、目标参考对象或原点操作类型，系统即可完成制图对象原点的编辑操作。

编辑对象原点操作与对齐视图和移动视图操作，都可以对工程图纸中的对象进行移动操作，不同之处在于编辑原点操作常用于移动标注对象的移动，如尺寸、公差和文本注释等，而对齐视图和移动视图操作常用于移动视图对象。

8.5.4 编辑剖切线

在【制图注释】工具栏中单击按钮，或选择菜单命令【编辑】/【视图】/【剖切线】时，系统将弹出如图 8.5.4 所示的【剖切线】对话框。

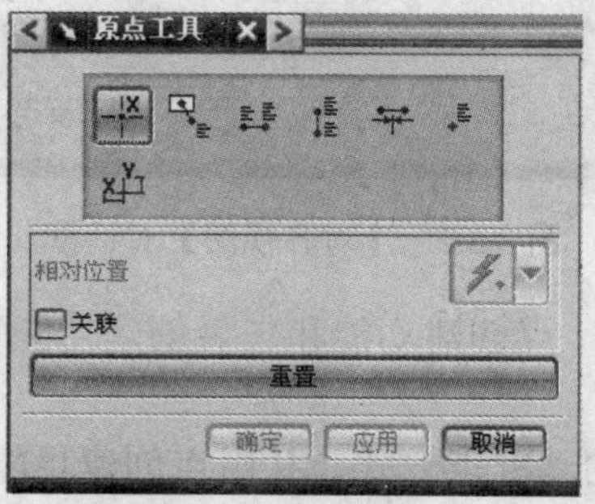

图 8.5.3 【原点工具】对话框

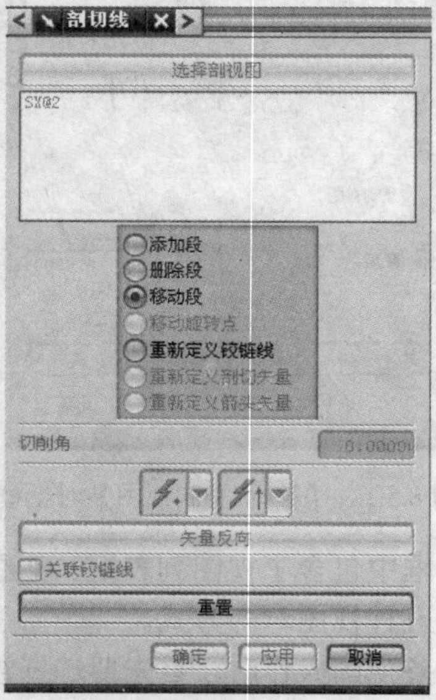

图 8.5.4 【剖切线】对话框

利用该对话框可以修改已存在剖切线的位置，如增加、删除和移动剖切线及重新定义折页线等操作。

修改剖切线的属性时，需要先选择剖切线。在【剖切线】对话框中单击【选择剖视图】按钮来激活剖视图列表框，在其中选取剖视图，系统就将自动选取该视图中的所有剖切线。

选取剖切线后，系统会激活【剖切线】对话框中部相应的“添加段”、“删除段”、“移动段”和“移动旋转点”等功能选项，可根据需要选择一种编辑方法对剖切线进行编辑操作。

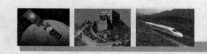

另外，【切削角】选项用于为展开剖视图指定一个新的剖切角度。该选项只有在编辑展开视图的剖切线，并选择了“添加段”或“移动段”编辑操作时才会被激活。

8.5.5　编辑视图边界

视图边界允许用户选择不同的边界类型来定义视图的边界。

在【制图编辑】工具栏中单击按钮，或选择菜单命令【编辑】/【视图】/【视图边界】，系统将弹出如图 8.5.5 所示的【视图边界】对话框。

该对话框用于编辑已存在的视图边界，用户可以对其进行替换、添加和删除等编辑操作。

8.5.6　编辑指引线

在【制图编辑】工具栏中单击按钮，或选择菜单命令【编辑】/【注释】/【指引线】时，系统将弹出如图 8.5.6 所示的【指引线】对话框。

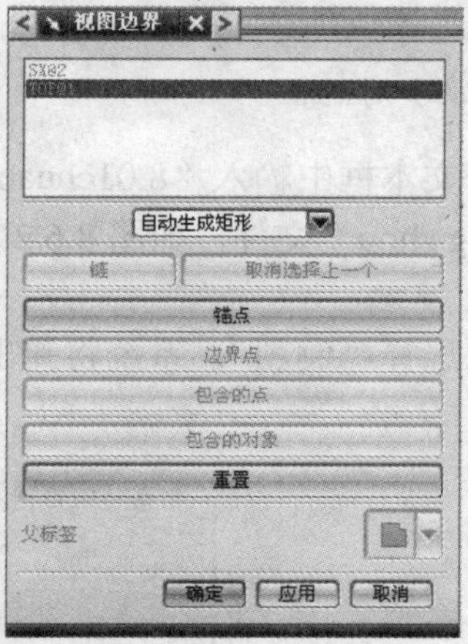

图 8.5.5　【视图边界】对话框

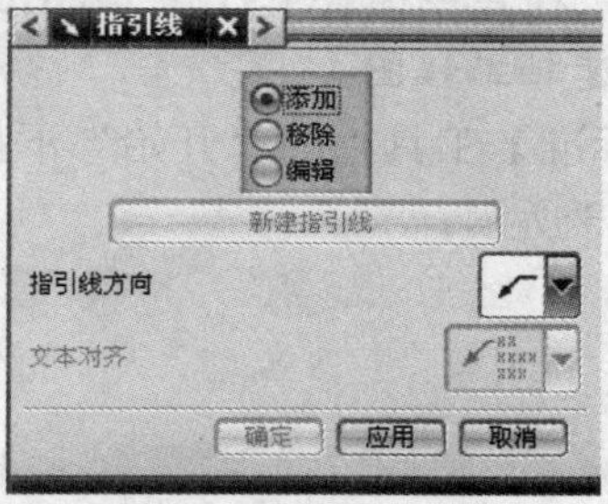

图 8.5.6　【指引线】对话框

该对话框用于添加、删除和编辑文本注释、形位公差符号或 ID 符号中的指引线对象。

编辑指引线时，首先选取编辑操作的类型，然后在工程图纸中选取要编辑的指引线，接着在对话框中选择要修改的参数选项，则指引线会按编辑后的样式显示在工程图纸中。

案例 13　创建传动轴工程图

创建传动轴工程图的操作步骤如下。

1）打开传动轴模型文件

（1）选择【开始】/【程序】/【UGS NX 5.0】/【NX 5.0】命令，或双击桌面上的快捷方式图标，就进入 UG NX 5.0 的主界面。

（2）选择菜单命令【文件】/【打开】，或单击【标准】工具栏中的按钮，弹出【打开部件文件】对话框，如图 8.6.1 所示。

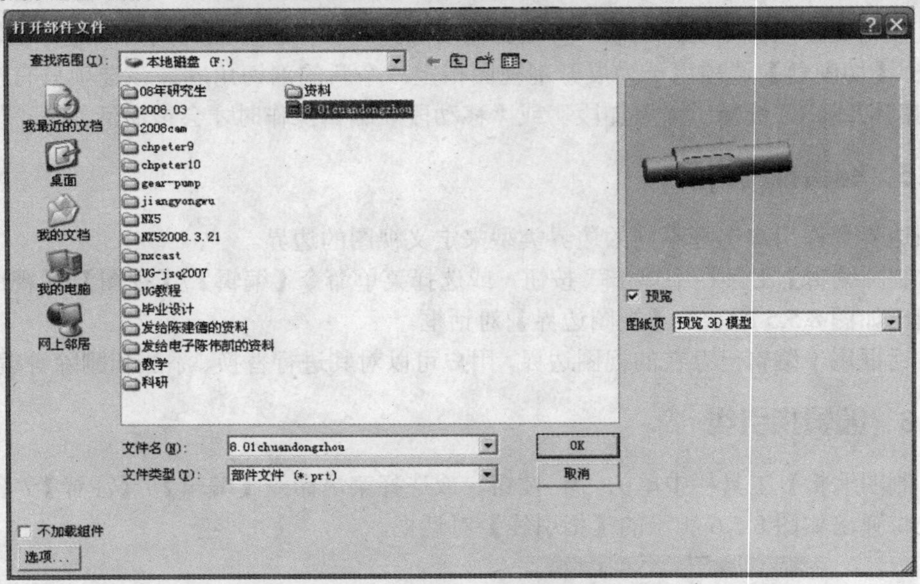

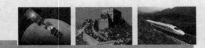

图 8.6.1 【打开部件文件】对话框

（3）在【打开部件文件】对话框的【文件名】文本框中输入“8.01chuandongzhou”，单击【OK】按钮，在建模模式下打开“8.01chuandong zhou”文件，如图 8.6.2 所示。

2）创建低速轴工程图

（1）在【标准】工具栏的“开始”下拉列表中选择“制图”，系统将弹出【图纸页】对话框，如图 8.6.3 所示。

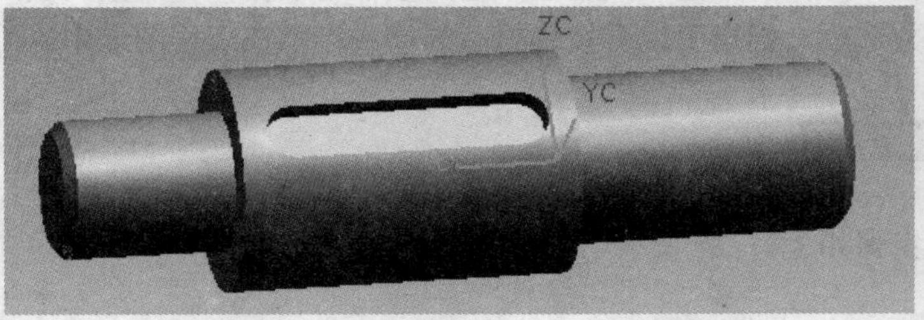

图 8.6.2 传动轴

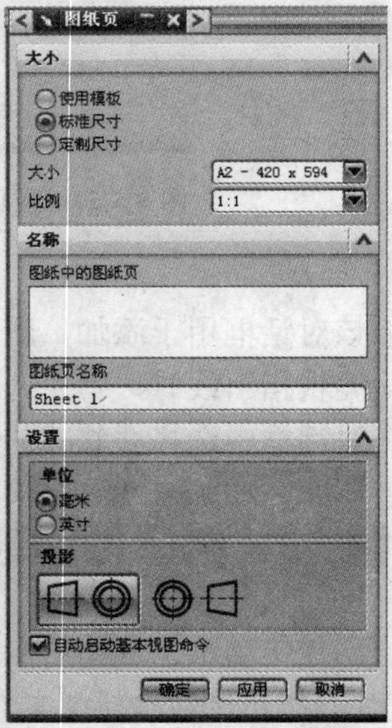

图 8.6.3 【图纸页】对话框

（2）在【图纸页】对话框中选择“标准尺寸”单选项，在“大小”下拉列表中选择“A2－420×594”，在“比例”下拉列表中选择“1∶1”，在“单位”栏选择“毫米”单选项，在

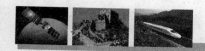

“投影”栏选择“第一象限角投影” ，单击【确定】按钮，完成工程图的创建，新建的制图模式界面如图 8.6.4 所示。

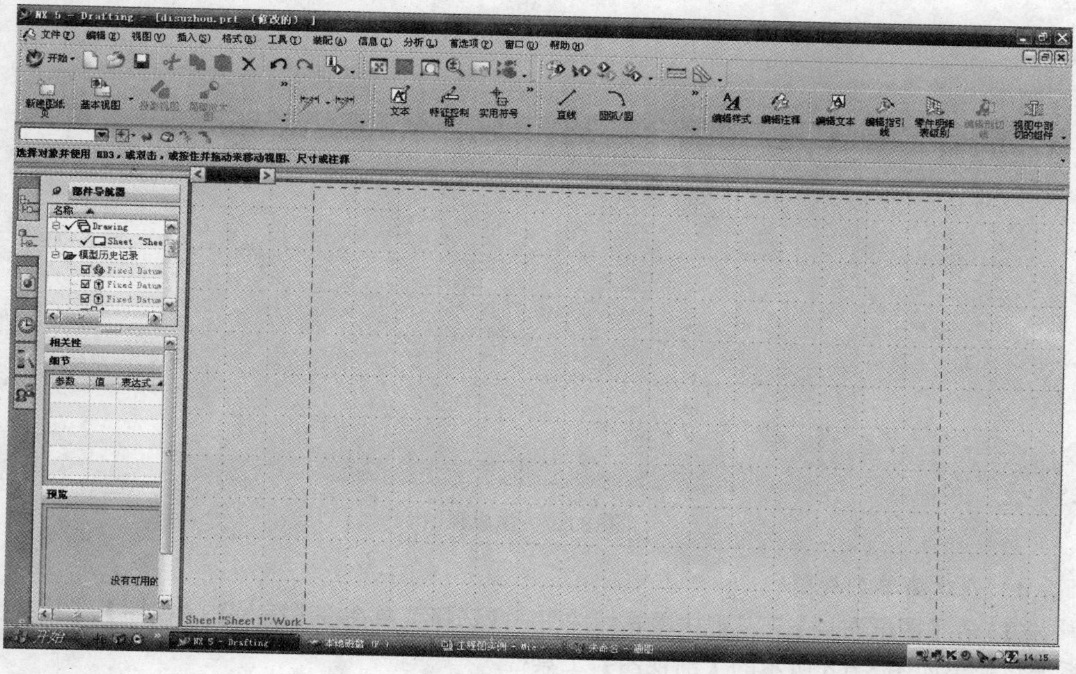

图 8.6.4　制图界面

3）创建视图

（1）在【图纸布局】工具栏中单击【基本视图】按钮，或选择菜单命令【插入】/【视图】/【基本视图】，系统将在绘图工作区的左上角弹出如图 8.6.5 所示的【基本视图】工具栏，在绘图工作区出现基本视图预览。

（2）在【基本视图】工具栏的“视图”下拉列表中选择“俯视图”选项，并用光标在绘图工作区选择合适的位置放置俯视图。

（3）在【图纸布局】工具栏中单击按钮，或选择菜单命令【插入】/【视图】/【投影视图】，系统将在绘图工作区的左上角弹出如图 8.6.6 所示的【投影视图】工具栏。

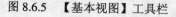

图 8.6.5　【基本视图】工具栏

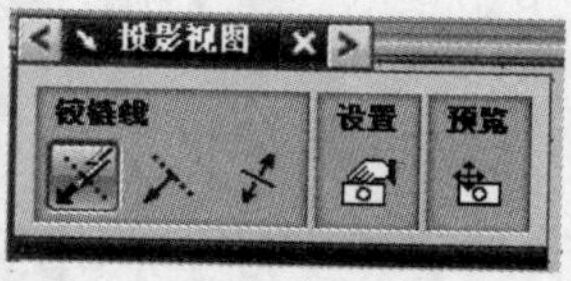

图 8.6.6　【投影视图】工具栏

（4）在绘图工作区选取刚刚生成的基本视图作为投影视图的父视图，沿水平方向拖动光标并将视图放置在合适位置。

（5）在【图纸布局】工具栏中单击【基本视图】按钮，弹出【基本视图】工具栏。

（6）在【基本视图】工具栏的“视图”下拉列表中选择“正等测视图”选项，在绘图工作区出现基本视图预览。

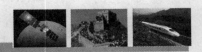

（7）用光标在绘图工作区选择合适的位置放置正等测视图，生成的各视图如图 8.6.7 所示。

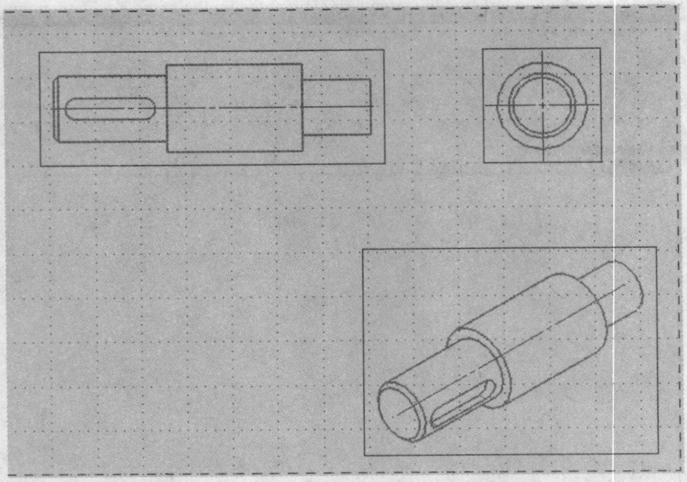

图 8.6.7　生成视图

4）创建简单剖视图

（1）在【图纸布局】工具栏中单击按钮，或选择菜单命令【插入】/【视图】/【剖视图】，系统将弹出如图 8.6.8 所示的【剖视图】工具栏。

（2）按系统提示选取【基本视图】作为简单剖视图的父视图，并利用点捕捉功能在基本视图中选取键槽线的中点作为剖切点的位置，并沿水平方向拖动光标，放置剖视图。

（3）将光标放在刚刚生成的剖视图的边框处，待光标处出现小箭头时，按住鼠标左键，将剖视图移到剖切线的正下方。

（4）用同样的方法创建另一键槽的剖视图，添加剖视图后的视图如图 8.6.9 所示。

图 8.6.8　【剖视图】工具栏

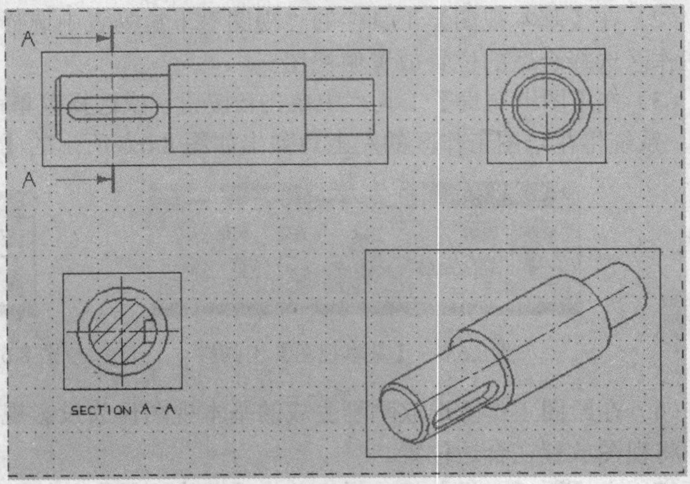

图 8.6.9　简单剖视图

5）编辑简单剖视图

（1）在绘图工作区的基本视图中双击剖切线，弹出【剖切线样式】对话框，如图 8.6.10 所示。

（2）在【剖切线样式】对话框中输入剖切线尺寸，使 A=5，B=15，其他尺寸保持默认值。

（3）在对话框的“显示”下拉列表中选择最后一项，单击【确定】按钮，完成剖切线的编辑操作，基本视图中的剖切线将主动更新。

（4）将光标放置在剖视图标签处，待光标处出现小箭头时，双击鼠标左键，弹出【视图标签样式】对话框，如图 8.6.11 所示。

（5）在【视图标签样式】对话框中将“前缀”文本框中的默认字符 SECTION 删除，其他参数保持系统默认值，单击【确定】按钮，完成视图标签的编辑操作。

（6）选取编辑后的视图标签，待光标处出现小箭头时，按住鼠标左键，将视图标签移到剖视图的正上方。

（7）选取剖视图，将光标放置在剖视图边框附近，待光标处出现小箭头时，单击鼠标右键，在弹出的快捷菜单中选择【样式】命令，弹出【视图标签样式】对话框。

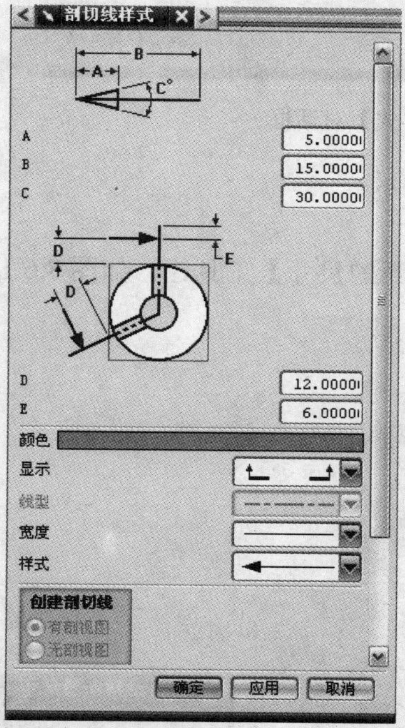

图 8.6.10 【剖切线样式】对话框

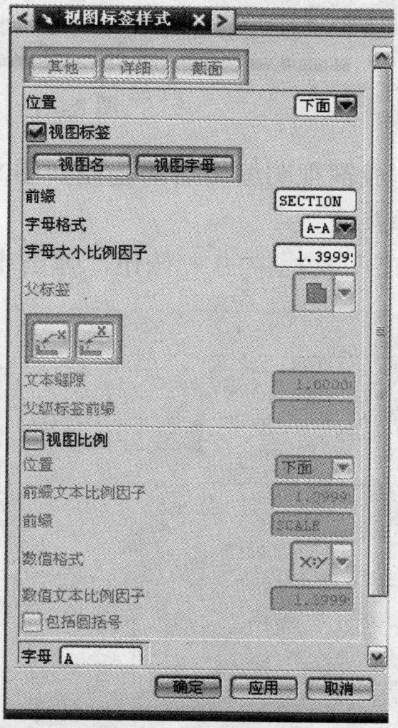

图 8.6.11 【视图标签样式】对话框

（8）将光标放置在剖视图附近时，将弹出【视图样式】对话框，如图 8.6.12 所示。

（9）在【视图样式】对话框中选择【截面】选项卡，并将其中的“背景”复选框取消。

（10）单击【确定】按钮，则剖视图不显示背景投影线框。

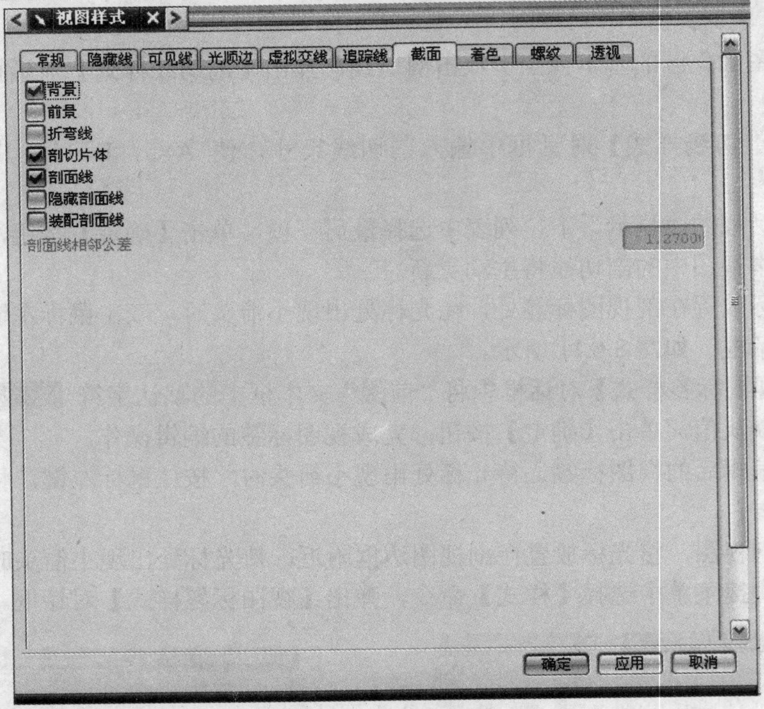

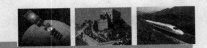

图 8.6.12　【视图样式】对话框

（11）完成剖视图编辑后的视图如图 8.6.13 所示。

6）标注尺寸

（1）单击工具栏中的按钮，弹出【自动判断的尺寸】工具栏，如图 8.6.14 所示。

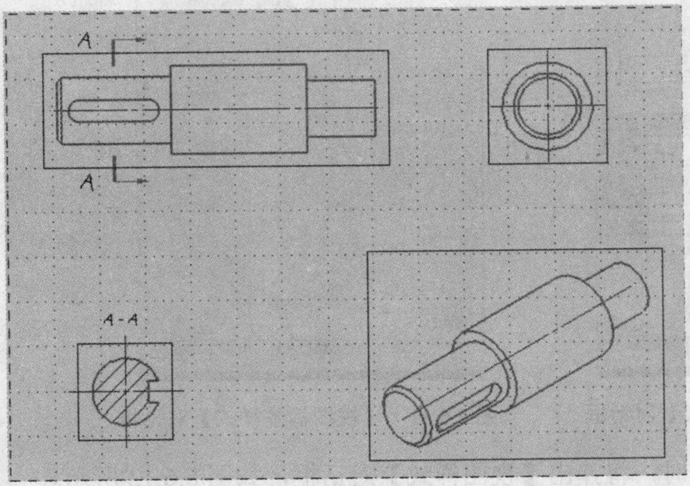

图 8.6.13　编辑后的视图

图 8.6.14　【自动判断的尺寸】工具栏

（2）在【自动判断的尺寸】工具栏“值”的下拉列表中选择“无公差”，“名义尺寸”下拉列表中选择，将名义尺寸小数点位数设置为 0。利用点捕捉功能，进行无公差要求的长度尺寸的标注。

（3）在“值”的下拉列表中选择“双向公差”，“名义尺寸”下拉列表中选择，将名义尺寸小数点位数设置为 0，“公差”的下拉列表中选择，将公差的小数点位数设置为 3。然后再单击按钮，并在弹出的上限文本框中输入上偏差值，在下部文本框中输入下偏差值，进行有公差要求的长度尺寸的标注。

（4）在“尺寸”下拉列表中选择【柱坐标系】，用与长度尺寸标注相同的方法进行圆尺寸的标注。

（5）在“尺寸”下拉列表中选择【倒斜角】，弹出【倒斜角尺寸】工具栏，工具栏的设置与长度尺寸标注方法相同。选取需要进行倒角标注的倒角线，拖动倒角尺寸到合适的位置，单击鼠标左键，完成倒角标注，如图 8.6.15 所示。

7）标注表面粗糙度

在首次应用表面粗糙度符号功能时，要检查工程图模块中的【插入】/【符号】菜单中的【表面粗糙度符号】菜单命令，只有在此命令可用时才能进行表面粗糙度的标注操作。

（1）选择菜单命令【插入】/【符号】/【表面粗糙度符号】，系统将弹出如图 8.6.16 所示的【表面粗糙度符号】对话框。

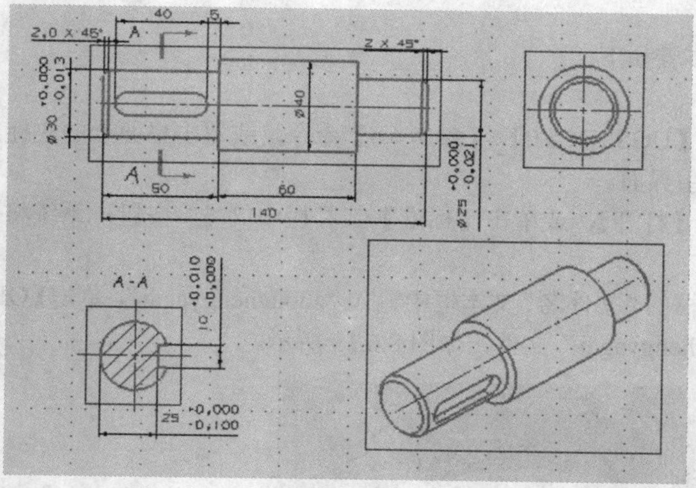

图 8.6.15　尺寸标注

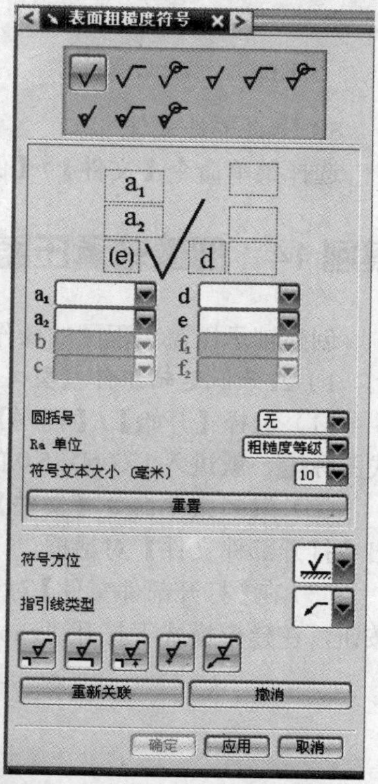

图 8.6.16　【表面粗糙度符号】对话框

（2）在上部的符号类型组合框中选择 选项，在“a_2”文本框中直接输入表面粗糙度值。

（3）在“符号文本大小”下拉列表中选择“3.5”。

（4）在下部单击相应的【标注对象类型】按钮，弹出选择边或尺寸的对话框，如图 8.6.17 所示。

（5）在图样中选择表面粗糙度标注的位置和方向，即可生成表面粗糙度符号，如图 8.6.18 所示。

图 8.6.17　选择边或尺寸

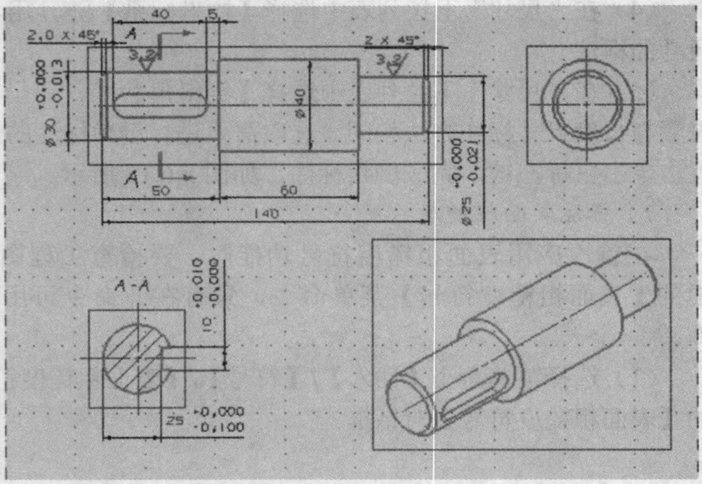

图 8.6.18　表面粗糙度标注

8）保存部件文件

选择菜单命令【文件】/【保存】，保存零件的所有数据信息。

案例 14　创建轴承压盖工程图

创建轴承压盖工程图的操作步骤如下。

1）打开低速轴组件模型文件

（1）选择【开始】/【程序】/【UGS NX 5.0】/【NX 5.0】命令，或双击桌面上的快捷方式图标，就进入 UG NX 5.0 的主界面。

（2）选择菜单命令【文件】/【打开】，或单击【标准】工具栏中的 按钮，系统将弹出【打开部件文件】对话框。

（3）在【打开部件文件】对话框的“文件名”文本框中输入“zhouchengyagai”，单击【OK】按钮，在建模模式下打开“zhouchengyagai”文件，如图 8.6.19 所示。

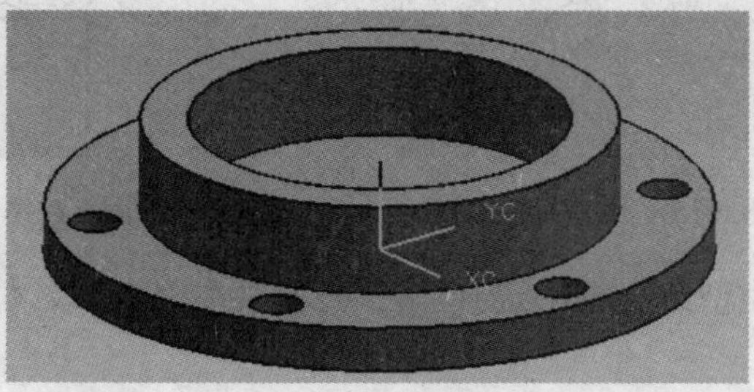

图 8.6.19　轴承压盖

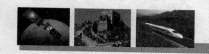

2）创建工程图

（1）在【标准】工具栏的“开始”下拉列表中选择“制图”，系统将弹出【图纸页】对话框。

（2）在【图纸页】对话框中选择“标准尺寸”单选项，在“大小”下拉列表中选择“A2-420×594”，在“比例”下拉列表中选择“1：1”，在“单位”栏选择“毫米”单选项，在“投影”栏选择“第一象限角投影”，单击【确定】按钮，完成工程图的创建。

3）创建视图

（1）在图样中添加基本视图和轴测图，操作步骤同案例 13。

（2）在【图纸布局】工具栏中单击 按钮，或选择菜单命令【插入】/【视图】/【旋转剖视图】，系统将弹出如图 8.6.20 所示的【旋转剖视图】工具栏。

（3）按系统提示选取基本视图作为旋转剖视图的父视图，系统将弹出如图 8.6.21 所示的【旋转剖视图】工具栏。

图 8.6.20　【旋转剖视图】工具栏

图 8.6.21　【旋转剖视图】工具栏

（4）利用点捕捉功能在基本视图中选取轴承压盖的中点作为铰链线的中心位置，选取大外圆的上象限点和左下方小圆孔的中心点作为剖切线的折线点，并沿水平方向拖动光标，放置好旋转剖视图。

（5）在【图纸布局】工具栏中单击 按钮，或选择菜单命令【插入】/【视图】/【半剖视图】，系统将弹出如图 8.6.22 所示的【半剖视图】工具栏。

（6）按系统提示选取基本视图作为旋转剖视图的父视图，系统将弹出如图 8.6.23 所示的【半剖视图】工具栏。

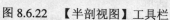

图 8.6.22　【半剖视图】工具栏

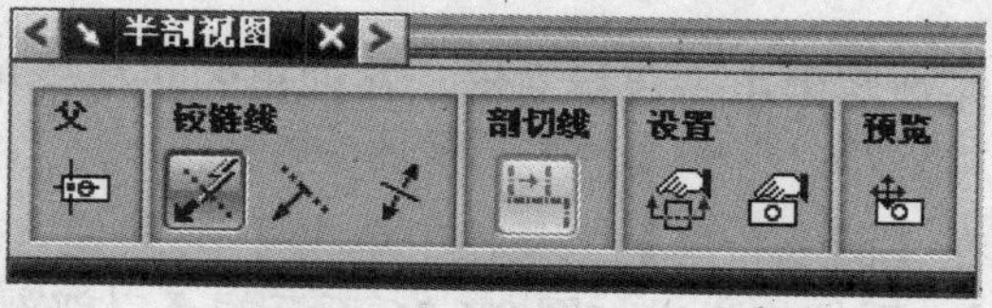

图 8.6.23　【半剖视图】工具栏

（7）利用点捕捉功能在基本视图中选取轴承压盖的中点作为铰链线的中心位置，选取大外圆的上象限点和中心点作为剖切线的折线点，并沿竖直方向拖动光标，放置好半剖视图。

（8）编辑视图标签样式和剖切线样式，方法同案例 13，创建的视图如图 8.6.24 所示。

4）创建局部剖视图

（1）在图样中选择半视图，单击鼠标右键，在弹出的快捷菜单中选择【扩展成员视图】命令，则该视图扩展到成员视图状态。

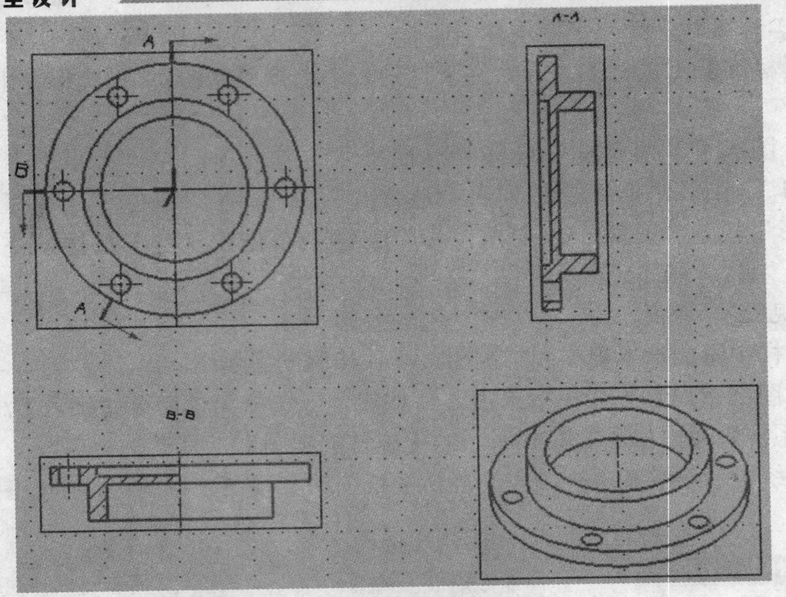

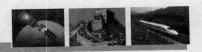

图 8.6.24　创建视图

（2）选择菜单命令【插入】/【曲线】/【样条】，在扩展成员视图中绘制两条样条曲线。再选择菜单命令【插入】/【曲线】/【直线】，绘制两条直线段，连接两条样条曲线的起点和终点，形成一个封闭的边界线，效果如图 8.6.25 所示。

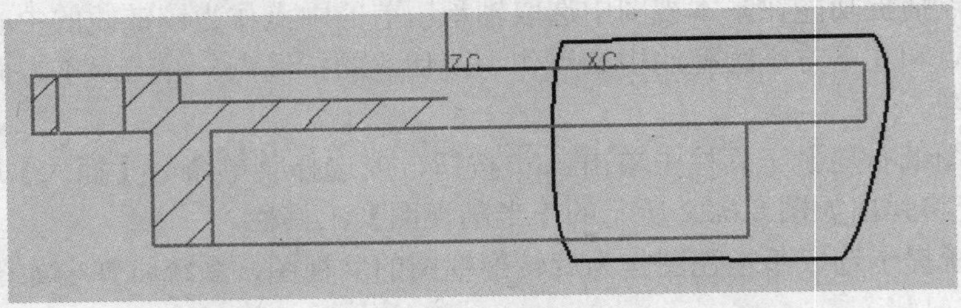

图 8.6.25　绘制的封闭边界线

（3）在视图中单击鼠标右键，在弹出的快捷菜单中选择【扩展】命令，恢复到工程图状态。

（4）在【图纸布局】工具栏中单击 按钮，或选择菜单命令【插入】/【视图】/【局部剖视图】，系统将弹出如图 8.6.26 所示的【局部剖】对话框。

（5）在绘图工作区中选择半剖视图作为局部剖视图的父视图。选取父视图后，【局部剖】对话框中的【指出基点】、【指出拉伸矢量】和【选择曲线】图标按钮自动被激活，如图 8.6.27 所示。

（6）在基本视图中选取右侧小圆孔的中心点作为局部剖切位置的基点，并接受系统默认的矢量方向。

（7）单击【局部剖】对话框中的【选择曲线】按钮，并按顺时针方向选取刚刚绘制的封闭边界曲线。

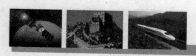

图 8.6.26　【局部剖】对话框

图 8.6.27　激活操作按钮

（8）单击【确定】按钮，完成局部剖视图的创建，效果如图 8.6.28 所示。

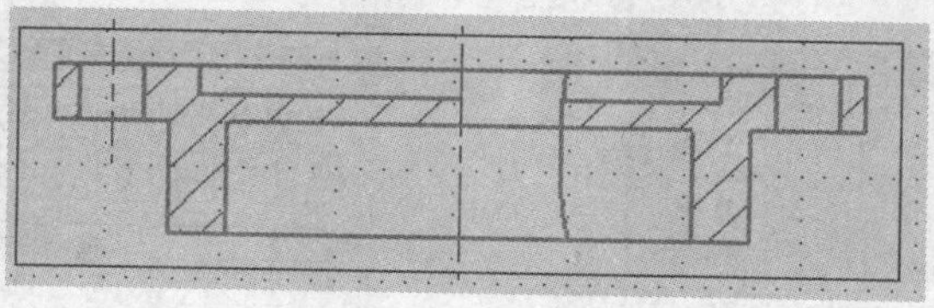

图 8.6.28　局部剖视图

5）删除和添加中心线

（1）在视图中选取六个小圆孔的十字中心线，并将其删除。

（2）在【制图注释】工具栏中单击 按钮，或选择菜单命令【插入】/【符号】/【实用符号】，系统将弹出如图 8.6.29 所示的【实用符号】对话框。

（3）在【实用符号】对话框的“类型”栏中选择“完整螺纹圈”，在“选择位置”下拉列表中选择“捕捉圆心”，按顺时针方向依次选取六个小圆孔，单击【确定】按钮，完成中心线的添加，效果如图 8.6.30 所示。

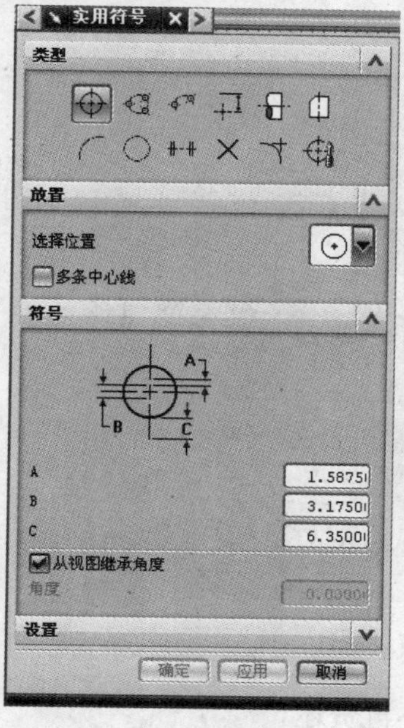

图 8.6.29　【实用符号】对话框

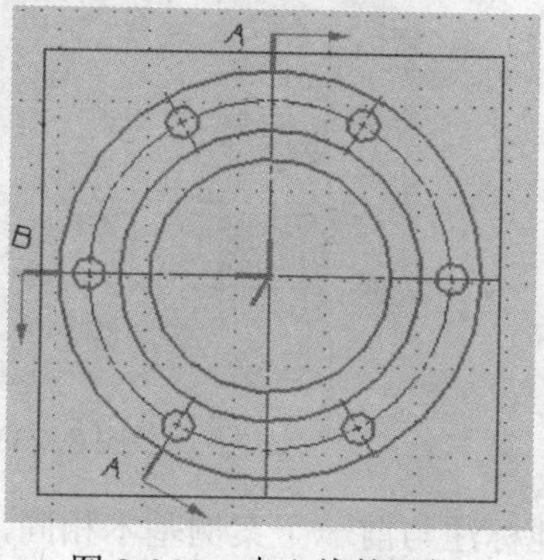

图 8.6.30　中心线的添加

6）标注技术要求

（1）在【制图注释】工具栏中单击 按钮，或选择菜单命令【插入】/【文本】时，系统将弹出如图 8.6.31 所示的【文本】对话框。

（2）在【文本】对话框中单击【编辑文本】按钮 ，打开【文本编辑器】对话框，如图 8.6.32 所示。

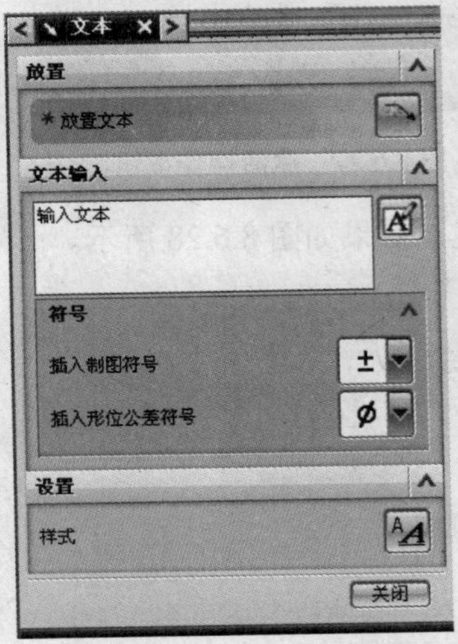

图 8.6.31 【文本】对话框

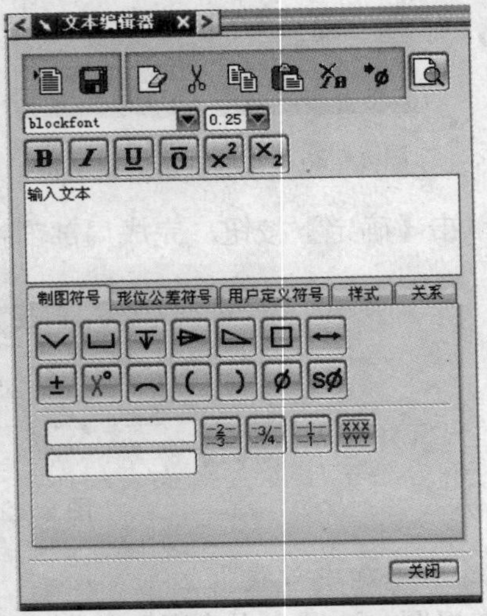

图 8.6.32 【文本编辑器】对话框

（3）在【文本编辑器】对话框中的“字体”下拉列表中选取“chinesef”或“chineset”字体类型。

（4）直接在【文本编辑器】对话框中输入注释信息，然后利用光标将其放置到图纸中的合适位置，即可完成技术要求的标注操作，如图 8.6.33 所示。

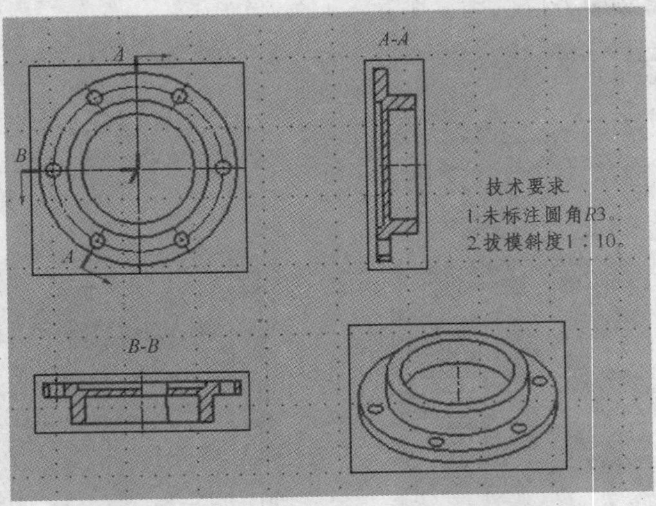

图 8.6.33 技术要求标注

（5）其他标注与前一个案例基本相同，这里不再赘述。

知识梳理与总结

本章详细介绍了 UG NX 5.0 系统工程图模块中的常用功能。通过对本章的学习，读者应该掌握工程图纸的创建、视图与剖视图的操作、尺寸和工程图符号的标注以及工程图对象的编辑等操作功能。应用工程图模块可以自动由三维零件生成二维工程图，然后进行必要的修改和增删，就可以获得最终的工程图。应用时还要注意将工程图模块与实体建模模块结合起来加以运用，因为工程图中的模型参数与实体模型参数是相关联的，用户可以通过修改实体模型参数来更改工程图中的相关参数信息。

第9章 综合实例——齿轮油泵设计

教学导航

知识重点	1．零部件设计； 2．齿轮油泵装配
知识难点	1．六角螺母； 2．渐开线齿轮； 3．泵体； 4．装配
教学方式	在多媒体机房，教与练相结合
建议学时	36 课时（课外完成）

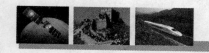

9.1 创建标准件

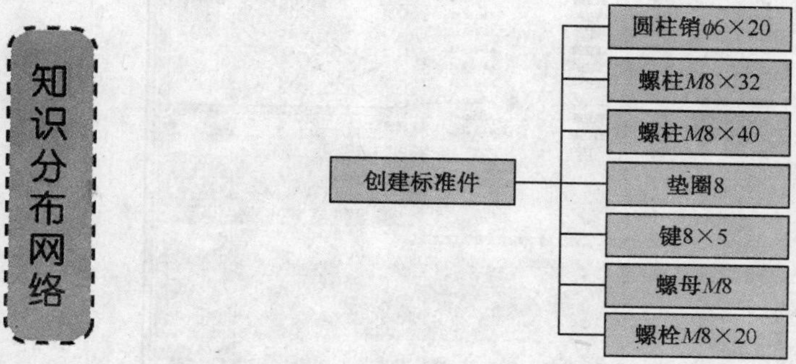

9.1.1 圆柱销φ6×20

本题涉及的知识面：进入 UG 主界面、新建部件文件、圆柱体、点构造器、倒斜角、保存部件文件。具体操作步骤如下。

1）进入 UG NX 5.0 主界面

选择【开始】/【程序】/【UGS NX 5.0】/【NX 5.0】命令，或双击桌面上的快捷方式图标，就进入 UG NX 5.0 的主界面，如图 9.1.1 所示。

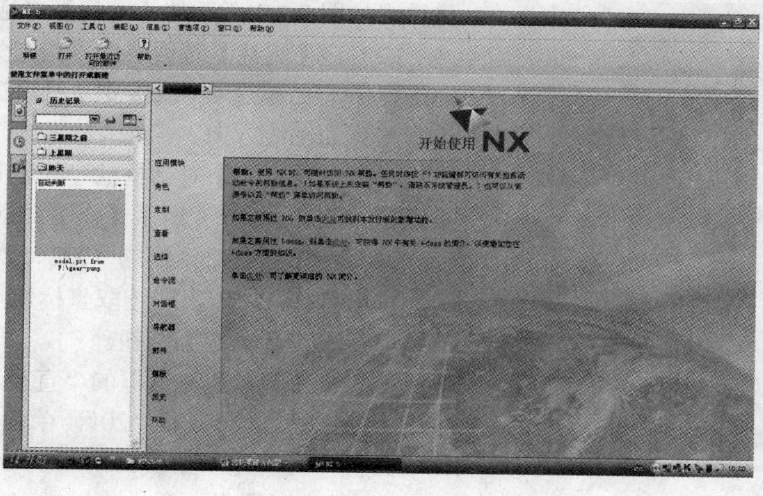

图 9.1.1 UG 主界面

2）新建部件文件

（1）选择菜单命令【文件】/【新建】，或单击按钮，弹出【文件新建】对话框，如图 9.1.2 所示。

（2）在【文件新建】对话框中选择【建模】选项卡，并在“名称”文本框中输入“xiao6-20”，再确定存放的路径为“E:\gear-pump\”，然后单击【确定】按钮，新建部件文件后进入建模模块。

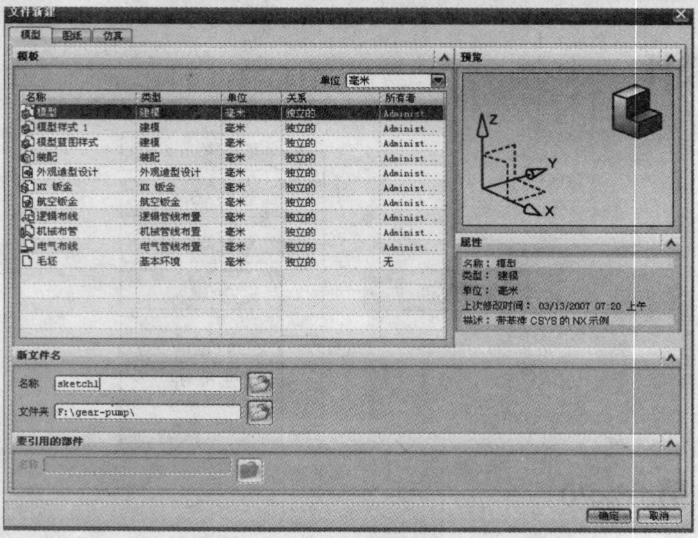

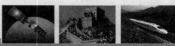

图 9.1.2 【文件新建】对话框

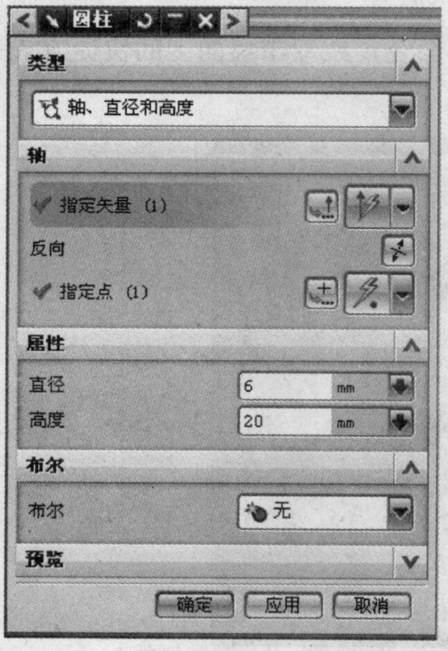

图 9.1.3 【圆柱】对话框

3）创建圆柱体

（1）在【成型特征】工具栏中单击按钮，或选择菜单命令【插入】/【设计特征】/【圆柱体】，系统将弹出如图 9.1.3 所示的【圆柱】对话框。

（2）在【圆柱】对话框中“指定矢量”下拉列表中选择 ZC 轴选项，或接受系统默认的矢量方向作为圆柱体的轴线方向。

（3）在【圆柱】对话框的“指定点”右侧单击按钮，弹出如图 9.1.4 所示【点】对话框。

（4）在【点】对话框的“XC”、“YC”和“ZC”文本框中均输入“0”，即选取坐标原点作为圆柱体的放置点，单击【确定】按钮。

（5）在【圆柱】对话框的“直径”和“高度”文本框中分别输入“6”和“20”，单击【确定】按钮，完成圆柱体的创建，如图 9.1.5 所示。

4）创建倒斜角

（1）在【特征操作】工具栏中单击按钮，或选择菜单命令【插入】/【细节特征】/【倒斜角】，系统会弹出如图 9.1.6 所示的【倒斜角】对话框。

（2）在【倒斜角】对话框的“偏置”栏的“距离”文本框中输入“0.5”，然后选取圆柱体的两个棱边，单击【确定】按钮，完成倒斜角操作，创建的圆柱销如图 9.1.7 所示。

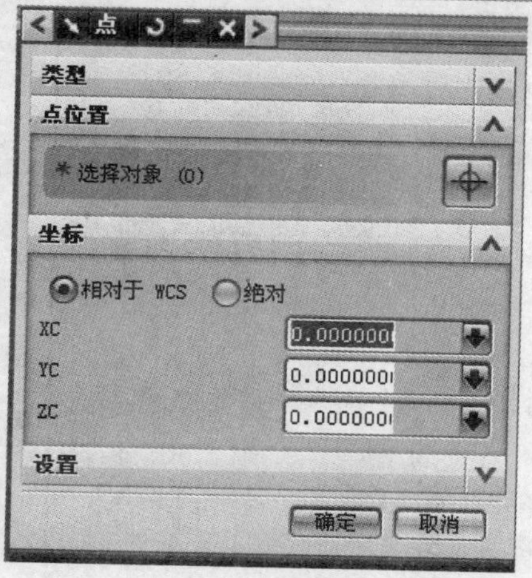

图 9.1.4　【点】对话框

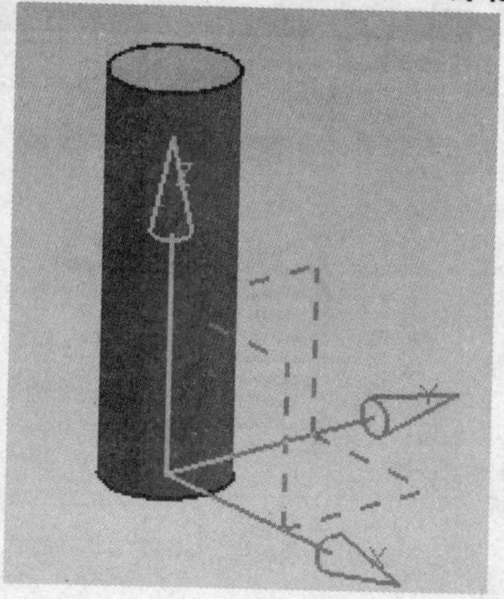

图 9.1.5　圆柱体

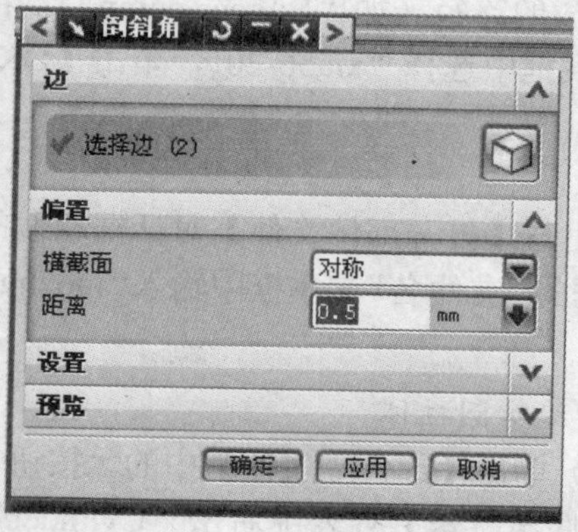

图 9.1.6　【倒斜角】对话框

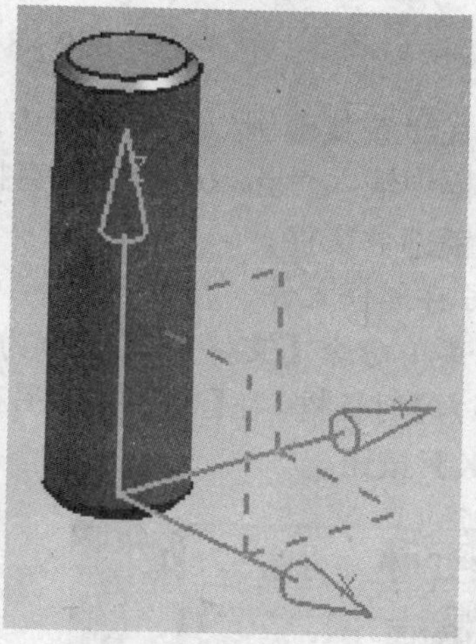

图 9.1.7　圆柱销

5）保存部件文件

在【标准】工具栏中单击按钮，或选择菜单命令【文件】/【保存】，完成部件文件的保存。

9.1.2　螺柱 *M*8×32

本题涉及的知识面：打开部件文件、另存部件文件、编辑圆柱体、详细螺纹、保存部件文件。具体操作步骤如下。

1）打开部件文件

（1）在【标准】工具栏中单击按钮，或选择菜单命令【文件】/【打开】，打开如图 9.1.8 所示的【打开部件文件】对话框。

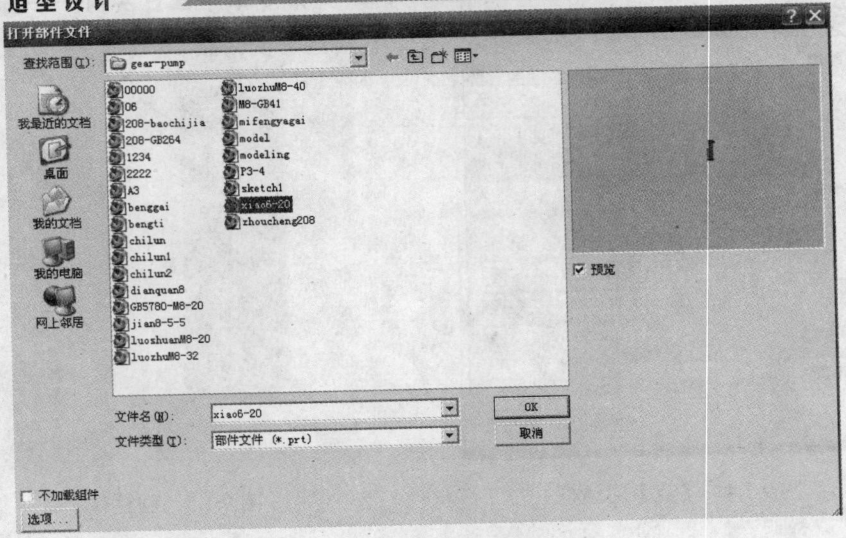

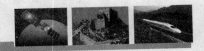

图 9.1.8 【打开部件文件】对话框

（2）在“查找范围”下拉列表中选择文件存放的路径（如“E:\gear-pump”），在“文件名”文本框中输入“xiao6-20”，或直接在文件列表框中选择“xiao6-20”，单击【OK】按钮，打开圆柱销部件文件。

2）另存部件文件

选择菜单命令【文件】/【另存为】，系统弹出与【打开部件文件】对话框相似的【部件文件另存为】对话框。在【部件文件另存为】对话框的“文件名”文本框中输入“luozhuM8-32”，单击【OK】按钮。

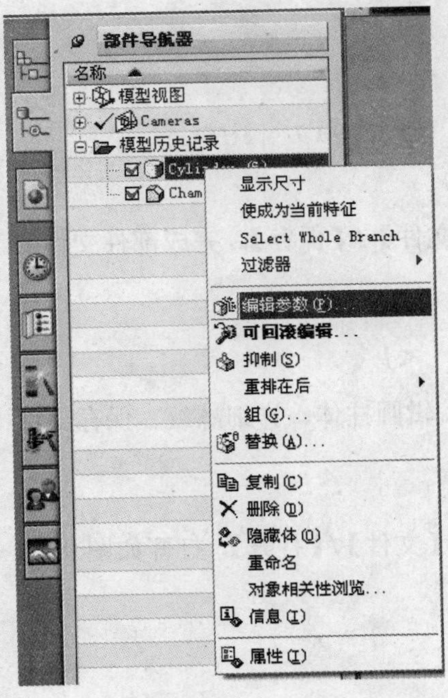

图 9.1.9 快捷菜单

3）编辑圆柱体

（1）单击【部件导航器】中的按钮，在展开的【部件导航器】列表中右击“Cylinder”项，弹出的快捷菜单如图 9.1.9 所示。

（2）在快捷菜单中选择【编辑参数】命令项，弹出【圆柱】对话框。

（3）在【圆柱】对话框的“直径”和“高度”文本框中分别输入“8”和“32”，单击【确定】按钮，完成圆柱体的编辑操作。

4）创建螺纹

（1）在【特征操作】工具栏中单击按钮，或选择菜单命令【插入】/【设计特征】/【螺纹】，系统将弹出如图 9.1.10 所示的【螺纹】对话框。

（2）按系统提示在绘图工作区直接选取圆柱体的外表面，激活【螺纹】对话框中的各选项。

（3）在【螺纹】对话框的“螺纹类型”栏选择“详细”单选项，并在“长度”文本框中输入“10”，其他选项保持系统默认值，单击【应用】按钮，生成一端螺纹。

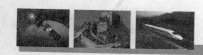

（4）选取另一端圆柱体外表面，并在“长度”文本框中输入“12”，其他选项保持系统默认值，单击【确定】按钮，生成螺柱，如图 9.1.11 所示。

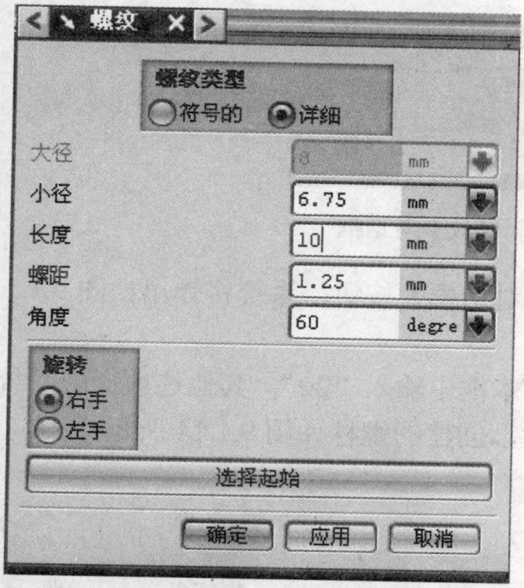

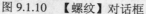

图 9.1.10　【螺纹】对话框

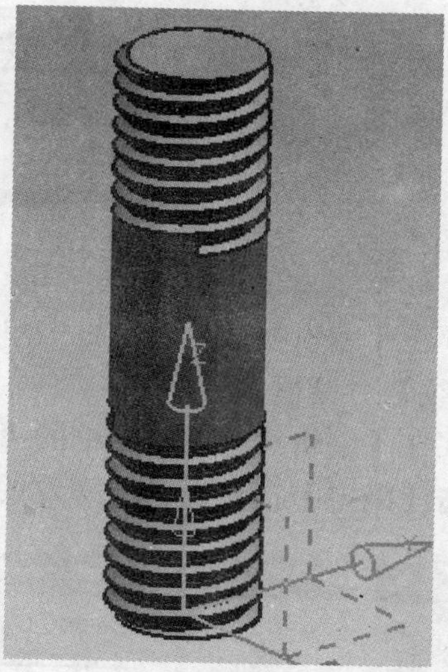

图 9.1.11　螺柱

5）保存部件文件

在【标准】工具栏中单击 按钮，或选择菜单命令【文件】/【保存】，完成部件文件的保存。

9.1.3　螺柱 *M*8×40

本题涉及的知识面：打开部件文件、另存部件文件、编辑圆柱体、编辑螺纹、保存部件文件。具体操作步骤如下。

1）打开部件文件

（1）在【标准】工具栏中单击按钮，或选择菜单命令【文件】/【打开】，系统弹出【打开部件文件】对话框。

（2）在“查找范围”下拉列表中选择文件存放的路径（如“E:\gear-pump”），在“文件名”文本框中输入“luozhuM8-32”，或直接在文件列表框中选择“luozhuM8-32”，单击【OK】按钮，打开螺柱 *M*8×32 部件文件。

2）另存部件文件

选择菜单命令【文件】/【另存为】，弹出【部件文件另存为】对话框。在对话框的“文件名”文本框中输入“luozhuM8-40”，单击【OK】按钮。

3）编辑圆柱体

（1）在绘图工作区直接双击螺柱的圆柱体外表面，弹出【圆柱】对话框。

（2）在【圆柱】对话框的“直径”和“高度”文本框中分别输入“8”和“40”，单击【确定】按钮，完成圆柱体的编辑操作。

4）编辑螺纹

（1）按系统提示在绘图工作区直接双击螺柱两端螺纹，弹出如图 9.1.12 所示的【编辑参数】对话框。

图 9.1.12　【编辑螺纹】对话框

（2）在【编辑参数】对话框中单击【特征对话框】按钮，系统将弹出如图 9.1.13 所示的【编辑螺纹】对话框。

（3）在【编辑螺纹】对话框的“长度”文本框中输入“20”，其他选项保持系统默认值，连续单击【确定】按钮，完成螺纹的编辑操作，创建的螺柱如图 9.1.14 所示。

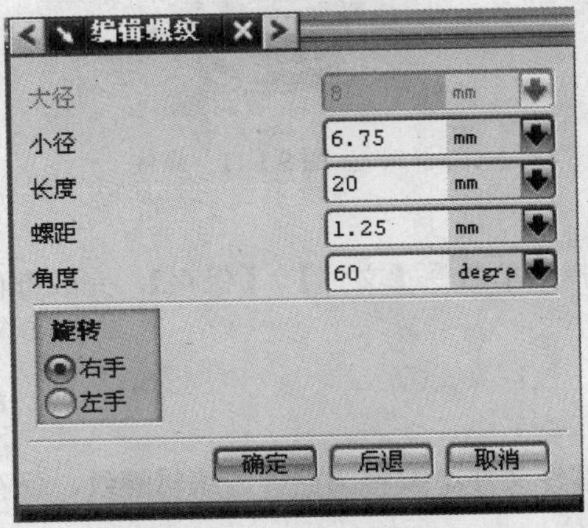

图 9.1.13　【编辑螺纹】对话框

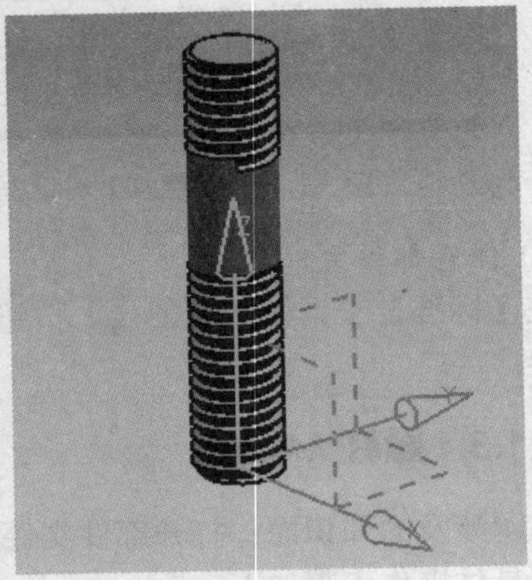

图 9.1.14　螺柱

5）保存部件文件

在【标准】工具栏中单击按钮，或选择菜单命令【文件】/【保存】，完成部件文件的保存。

9.1.4　垫圈 8

本题涉及的知识面：进入 UG 主界面、新建部件文件、圆柱体、布尔求差、保存部件文件。具体的操作步骤如下。

1）进入 UG NX 5.0 主界面

选择【开始】/【程序】/【UGS NX 5.0】/【NX 5.0】命令，或双击桌面上的快捷方式图标，就进入 UG NX 5.0 的主界面。

2）新建部件文件

（1）选择菜单命令【文件】/【新建】，或单击按钮，弹出【文件新建】对话框。

（2）在【文件新建】对话框中选择【建模】选项卡，并在“名称”文本框中输入“dianquan8”，再确定存放的路径为“F:\gear-pump\”，然后单击【确定】按钮，新建部件文件后进入建模模块。

3）创建圆片

（1）在【成型特征】工具栏中单击按钮，或选择菜单命令【插入】/【设计特征】/【圆柱体】，弹出【圆柱】对话框，如图 9.1.15 所示。

（2）在【圆柱】对话框的“直径”和“高度”文本框中分别输入“16”和“1.6”，其他选项接受系统默认设置，单击【确定】按钮，完成圆片的创建，如图 9.1.16 所示。

4）创建内孔

（1）在【成型特征】工具栏中单击按钮，或选择菜单命令【插入】/【设计特征】/【圆柱体】，弹出【圆柱】对话框。

（2）在【圆柱】对话框的“直径”和“高度”文本框中分别输入“9”、和“1.6”。

（3）在“布尔”下拉列表中选取“求差”项，其他选项接受系统默认设置，单击【确定】按钮，完成内孔的创建，生成的垫圈如图 9.1.17 所示。

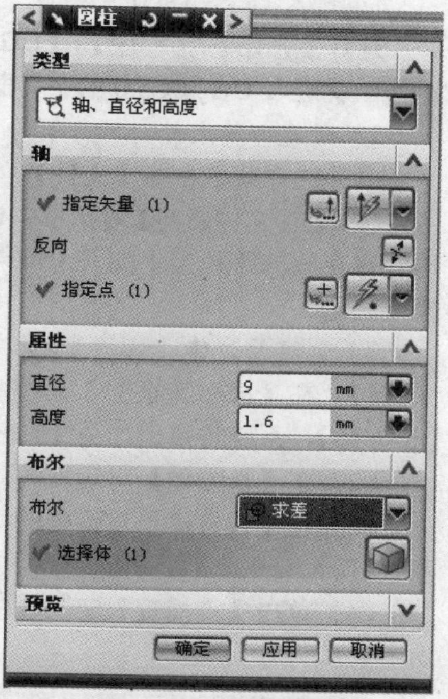

图 9.1.15　【圆柱】对话框

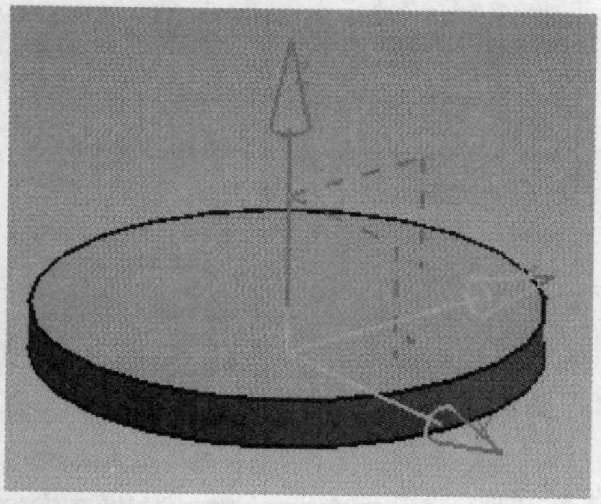

图 9.1.16　圆片

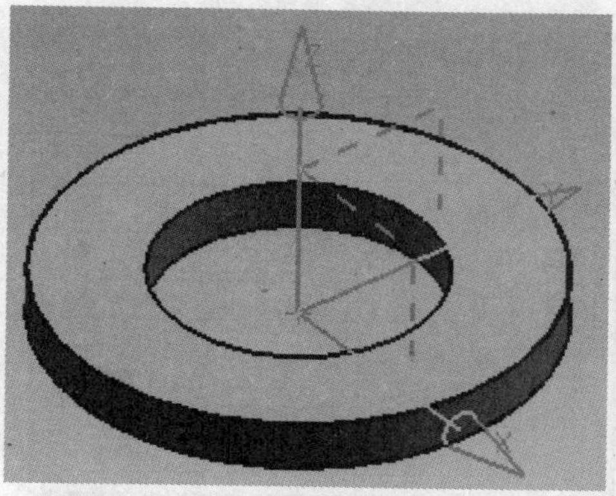

图 9.1.17　垫圈

5）保存部件文件

在【标准】工具栏中单击按钮，或选择菜单命令【文件】/【保存】，完成部件文件的保存。

9.1.5　键 8×5

本题涉及的知识面：进入 UG 主界面、新建部件文件、长方体、边倒圆、倒斜角、保存部件文件。具体的操作步骤如下。

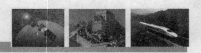

1）进入 UG NX 5.0 主界面

选择【开始】/【程序】/【UGS NX 5.0】/【NX 5.0】命令，或双击桌面上的快捷方式图标，就进入 UG NX 5.0 的主界面。

2）新建部件文件

（1）选择菜单命令【文件】/【新建】，或单击按钮，弹出【文件新建】对话框。

（2）在【文件新建】对话框中选择【建模】选项卡，并在“名称”文本框中输入“jian8-5”，再确定存放的路径为“如 F:\gear-pump\”，然后单击【确定】按钮，创建部件文件后进入建模模块。

3）创建长方体

（1）在【成型特征】工具栏中单击 按钮，或选择菜单命令【插入】/【设计特征】/【长方体】，系统将弹出如图 9.1.18 所示的【长方体】对话框。

（2）在【长方体】对话框的“类型”栏中选择“原点，边长”选项。

（3）在【长方体】对话框的“长度”、“宽度”和“高度”文本框中分别输入“8”、“5”和“5”。

（4）单击【点捕捉】工具栏中的【点构造器】按钮，弹出【点】对话框，如图 9.1.19 所示。

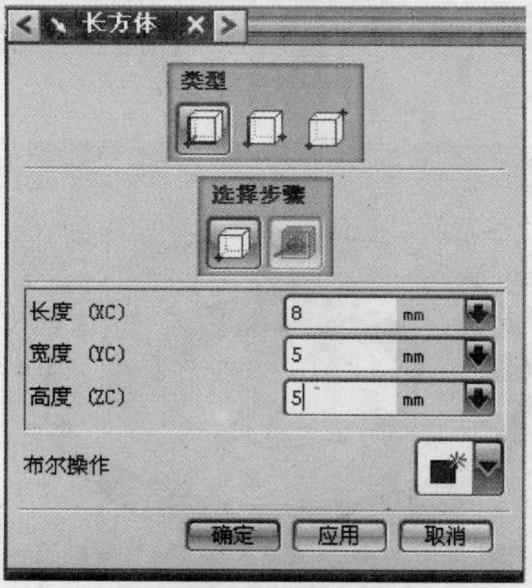

图 9.1.18 【长方体】对话框

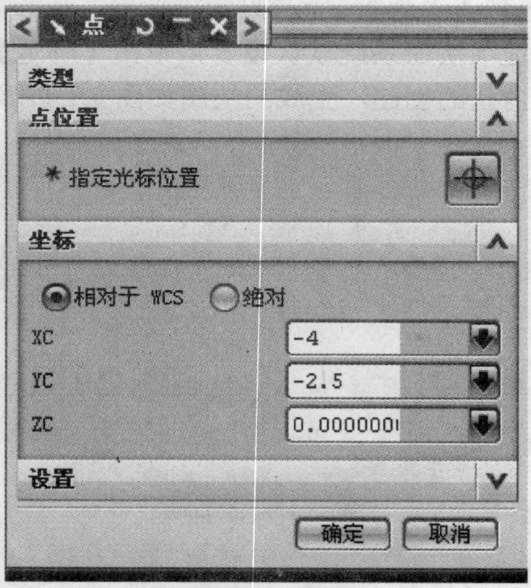

图 9.1.19 【点】对话框

（5）在【点】对话框的“XC”、“YC”和“ZC”文本框中分别输入“-4”、“-2.5”和“0”，将长方体底面中心点定位在坐标原点。

（6）单击【确定】按钮，生成长方体。

4）创建边倒圆

（1）在【特征操作】工具栏中单击按钮，或选择菜单命令【插入】/【细节特征】/【边倒圆】，系统会弹出如图 9.1.20 所示的【边倒圆】对话框。

（2）在【边倒圆】对话框的“半径 1”文本框中输入“2.5”，按系统提示选取长方体的四个竖直棱边，单击【确定】按钮，完成边倒圆操作，如图 9.1.21 所示。

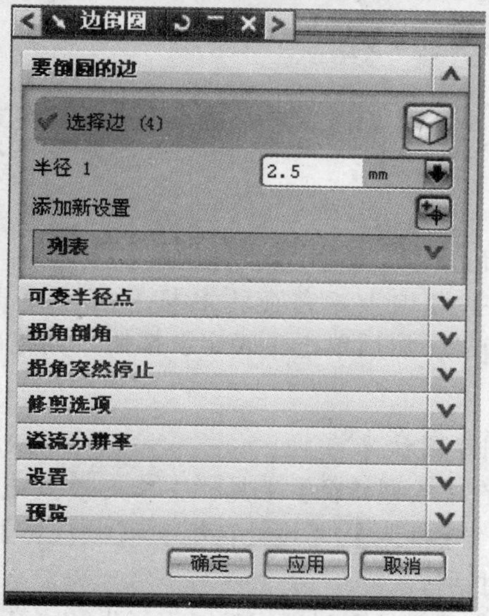

图 9.1.20　【边倒圆】对话框

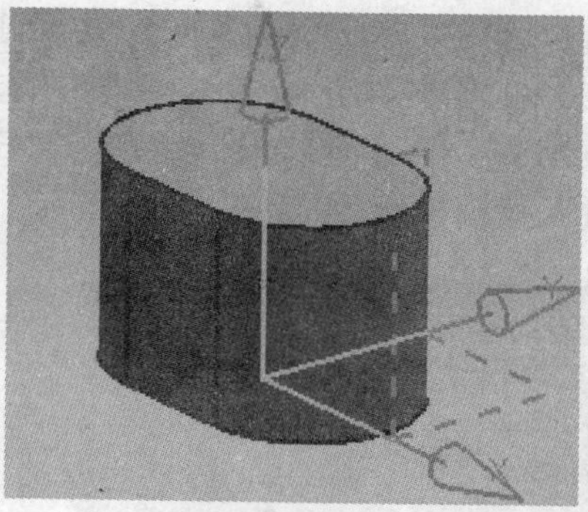

图 9.1.21　边倒圆

5）创建倒斜角

（1）在【特征操作】工具栏中单击按钮，或选择菜单命令【插入】/【细节特征】/【倒斜角】，系统将弹出如图 9.1.22 所示的【倒斜角】对话框。

（2）在【倒斜角】对话框的“距离”文本框中输入“0.3”。

（3）按系统提示依次选取倒圆后长方体的上、下两条环形棱边，单击【确定】按钮，完成倒斜角操作，生成如图 9.1.23 所示的键。

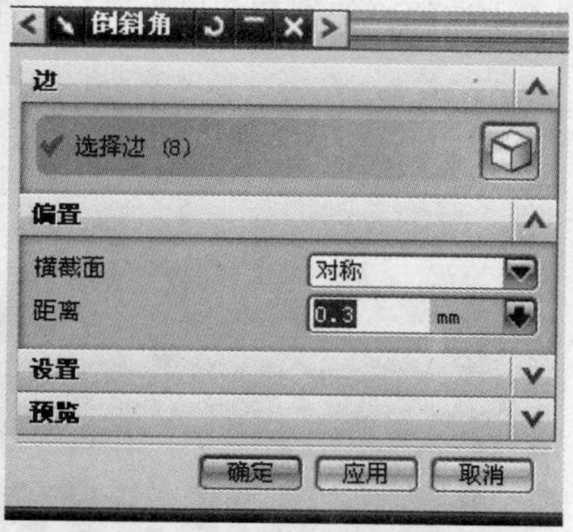

图 9.1.22　【倒斜角】对话框

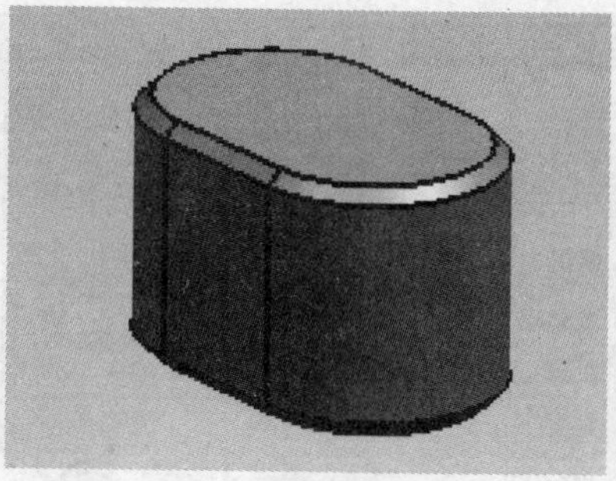

图 9.1.23　键

6）保存部件文件

在【标准】工具栏中单击按钮，或选择菜单命令【文件】/【保存】，完成部件文件的保存。

9.1.6　螺母 *M8*

本题涉及的知识面：新建部件文件、圆柱体、倒斜角、多边形、拉伸、布尔求交、钻孔、符号螺纹、移动至图层、图层设置和保存部件文件等。具体的操作步骤如下。

1）进入 UG NX 5.0 主界面

选择【开始】/【程序】/【UGS NX 5.0】/【NX 5.0】命令，或双击桌面上的快捷方式图标，就进入 UG NX 5.0 的主界面。

2）新建部件文件

（1）选择菜单命令【文件】/【新建】，或单击按钮，弹出【文件新建】对话框。

（2）在【文件新建】对话框中选择【建模】选项卡，并在“名称”文本框中输入“luomuM8”，再确定存放的路径为“E:\gear-pump\”，然后单击【确定】按钮，创建部件文件后进入建模模块。

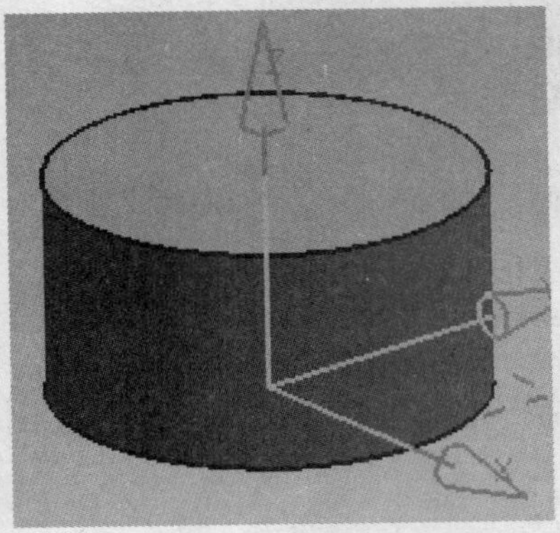

图 9.1.24　圆柱体

3）创建圆柱体

（1）在【成型特征】工具栏中单击按钮，或选择菜单命令【插入】/【设计特征】/【圆柱体】，弹出【圆柱】对话框。

（2）在【圆柱】对话框的“直径”和“高度”文本框中分别输入“15”、和“7.9”，其他选项接受系统默认的设置，单击【确定】按钮，生成圆柱体，如图 9.1.24 所示。

4）创建倒斜角

（1）在【特征操作】工具栏中单击按钮，或选择菜单命令【插入】/【细节特征】/【倒斜角】，系统将弹出如图 9.1.25 所示的【倒斜角】对话框。

（2）在【倒斜角】对话框的“横截面”下拉列表中选择“偏置和角度”选项，在“偏置”和“角度”文本框中分别输入“2”和“30”。

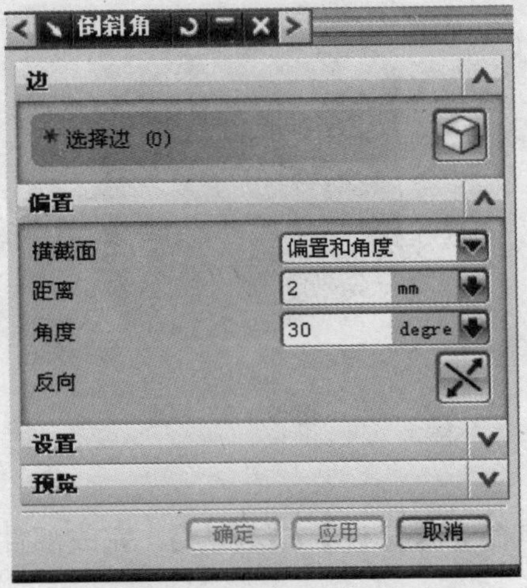

图 9.1.25　【倒斜角】对话框

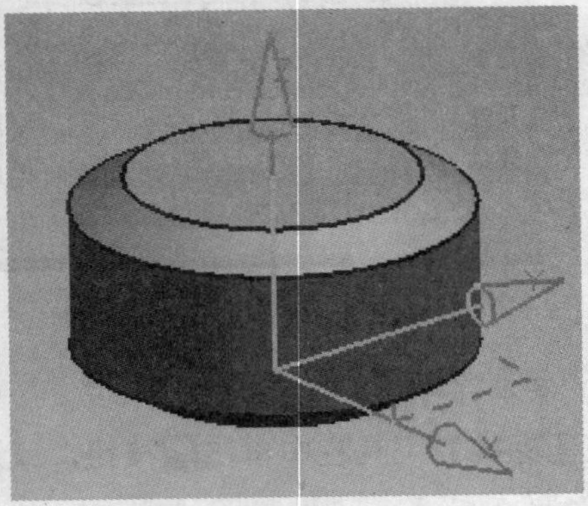

图 9.1.26　倒斜角

（3）按系统提示选取圆柱体的两个棱边，此时用户可以在绘图工作区观察到倒斜角的效果是否符合要求。

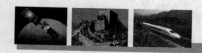

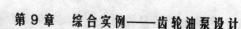

（4）如果对预览效果不满意，可单击【反向】按钮，对倒斜角的偏置方向进行切换。

（5）对预览效果满意后，单击【确定】按钮，完成倒斜角操作，如图 9.1.26 所示。

5）绘制正六边形

（1）在【成型特征】工具栏中单击按钮，或选择菜单命令【插入】/【曲线】/【多边形】，系统将弹出如图 9.1.27 示【多边形】对话框。在该对话框的“侧面数”文本框中输入“6”，单击【确定】按钮。

（2）系统将弹出如图 9.1.28 示【多边形】对话框，在该对话框中单击【外接圆半径】按钮。

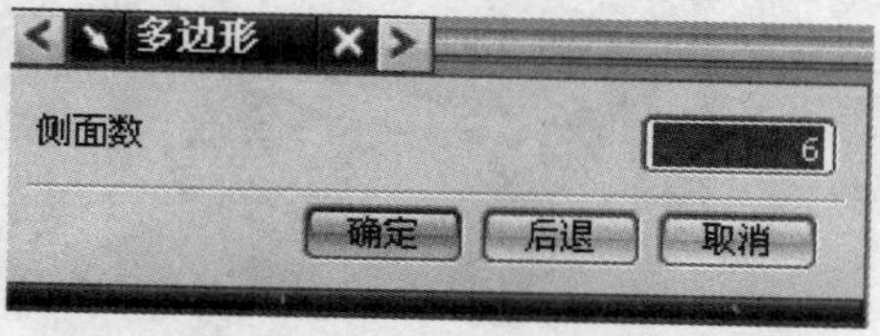

图 9.1.27 【多边形】对话框

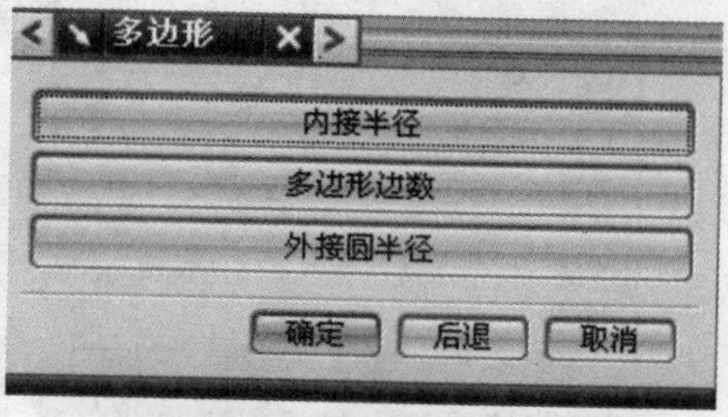

图 9.1.28 【多边形】对话框

（3）系统将弹出如图 9.1.29 所示的【多边形】对话框，在该对话框的“圆半径”和“方位角”文本框中输入“7.5”和“0”，单击【确定】按钮，弹出【点】对话框。

（4）按系统提示取坐标原点作为多边形的放置点，单击【确定】按钮，生成如图 9.1.30 所示的正六边形。

图 9.1.29 【多边形】对话框

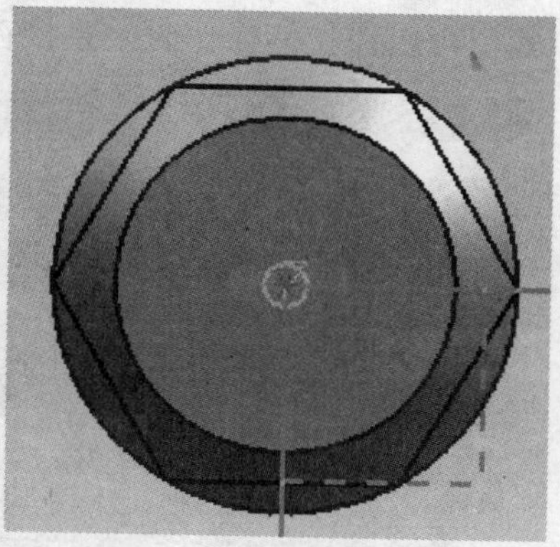

图 9.1.30 正六边形

6）拉伸操作

（1）在【成型特征】工具栏中单击按钮，或选择菜单命令【插入】/【设计特征】/【拉伸】，系统将弹出如图 9.1.31【拉伸】对话框。

（2）在【拉伸】对话框的“开始”和“终点”文本框中分别输入“0”和“7.9”。

（3）在绘图工作区中选取正六边形曲线，单击【确定】按钮，完成拉伸操作，生成的模型如图 9.1.32 所示。

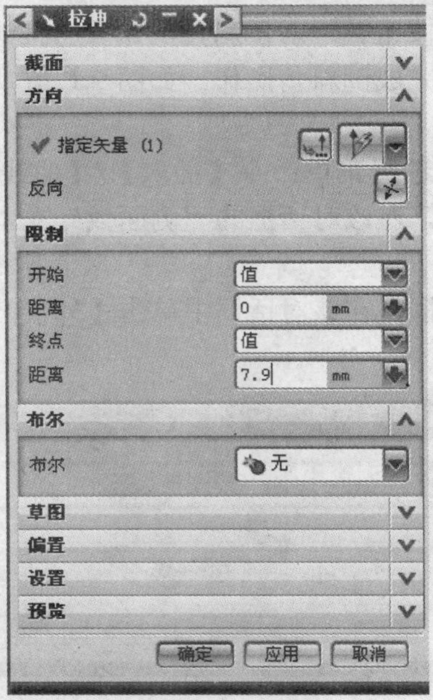

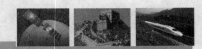

图 9.1.31 【拉伸】对话框

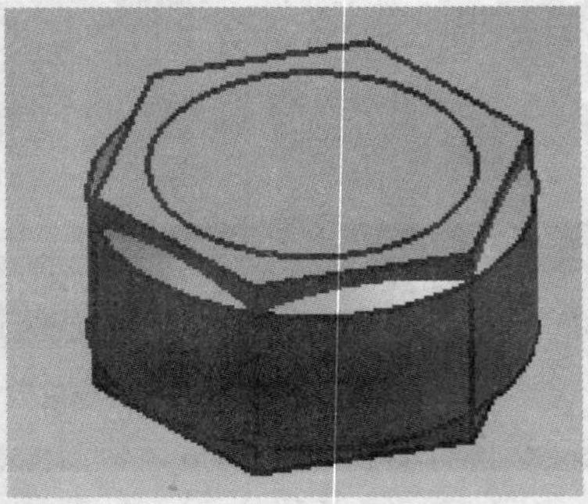

图 9.1.32 拉伸模型

7）布尔操作

在【特征操作】工具栏中单击按钮，或选择菜单命令【插入】/【联合体】/【求交】，系统将弹出如图 9.1.33 所示的【求交】对话框。依次选取六棱体与倒角后的圆柱体进行布尔交运算，生成的实体模型如图 9.1.34 所示。

该步骤也可以在拉伸操作时，直接在对话框的“布尔”下拉列表中选择项来完成。

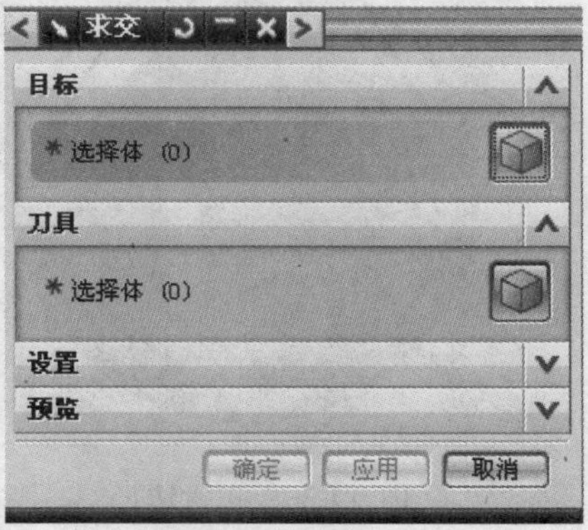

图 9.1.33 【求交】对话框

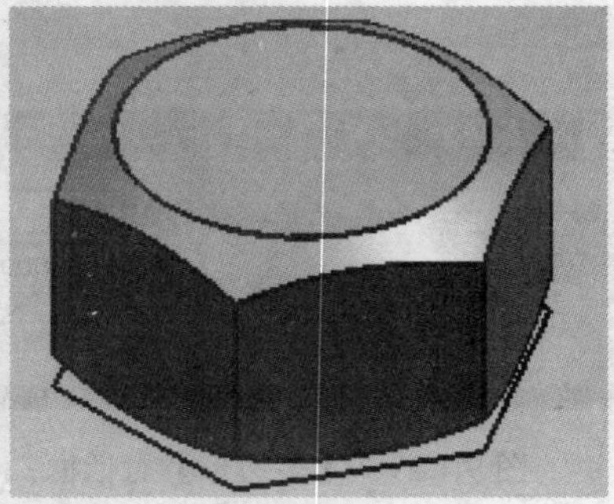

图 9.1.34 求交模型

8）创建螺纹底孔

（1）在【成型特征】工具栏中单击按钮，或选择菜单命令【插入】/【设计特征】/【孔】，系统将弹出如图 9.1.35 所示的【孔】对话框。

（2）在【孔】对话框的“类型”栏选择“简单孔”，并按系统提示依次选取模型的上、下表面作为孔的放置面和通过面，此时“深度”和“顶锥角”下拉列表框自动变为灰显。

（3）在【孔】对话框的“直径”文本框中输入“7”，单击【确定】按钮，弹出如图 9.1.36

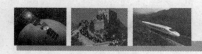

所示的【定位】对话框。

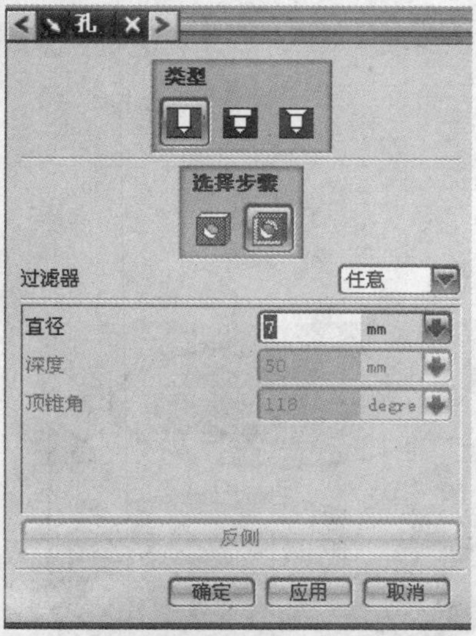

图 9.1.35　【孔】对话框

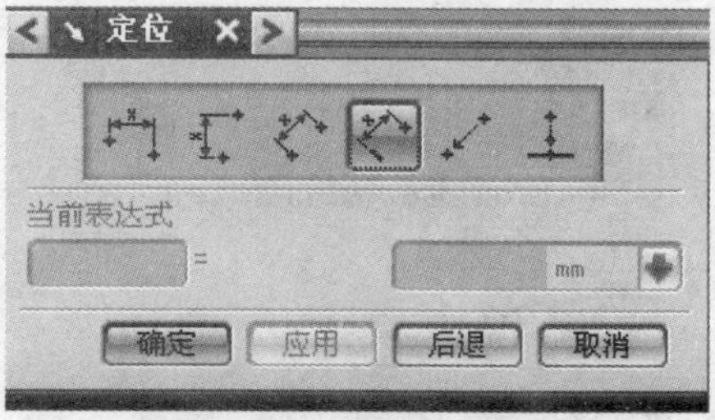

图 9.1.36　【定位】对话框

（4）在【定位】对话框中单击【点到点】按钮，系统将弹出【点到点】对话框。

（5）按系统提示选取模型上表面的圆弧，系统将弹出【设置圆弧的位置】对话框，如图 9.1.37 所示。

（6）在【设置圆弧的位置】对话框中单击【圆弧中心】按钮，完成螺纹底孔的创建操作，如图 9.1.38 所示。

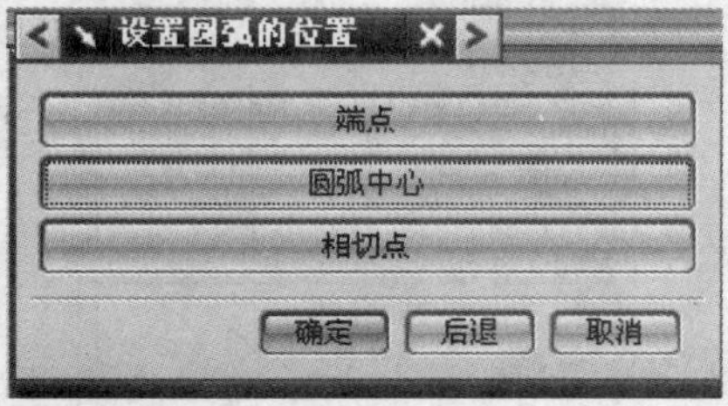

图 9.1.37　【设置圆弧的位置】对话框

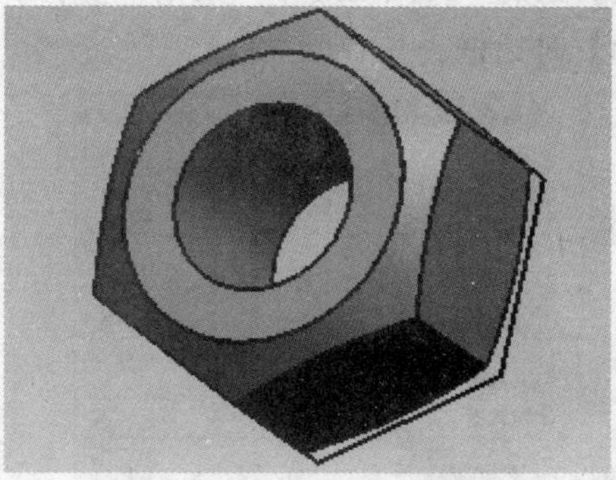

图 9.1.38　螺纹底孔

9）创建内螺纹

（1）在【特征操作】工具栏中单击按钮，或选择菜单命令【插入】/【设计特征】/【螺纹】，系统将弹出如图 9.1.39 所示【螺纹】对话框。

（2）选取模型中螺纹底孔的内表面，激活【螺纹】对话框中的各选项。

（3）在【螺纹】对话框中选择“符号的”单选项，其他选项保持系统默认值，单击【确定】按钮，生成符号螺纹，如图 9.1.40 所示。

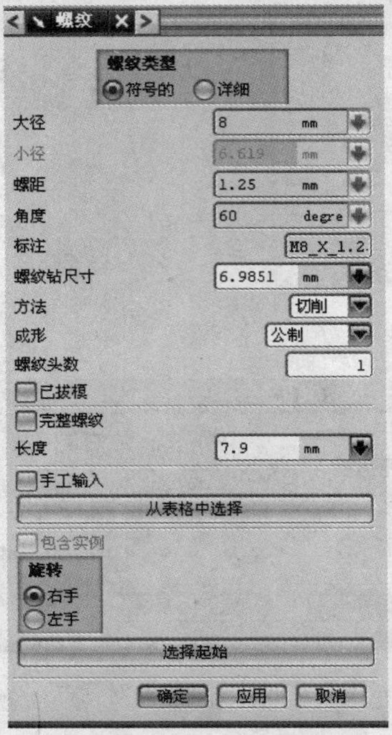

图 9.1.39　【螺纹】对话框

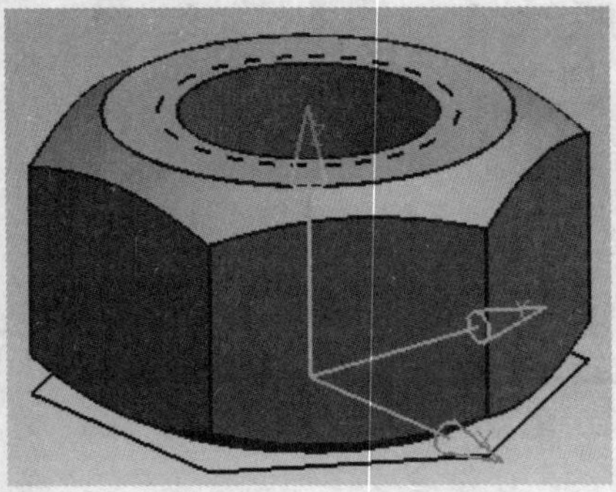

图 9.1.40　符号螺纹

10）图层操作

（1）选择菜单命令【格式】/【移动至图层】，系统将弹出【类选择】对话框，如图 9.1.41 所示。

（2）按系统提示选取正六边形曲线，单击【确定】按钮，系统弹出如图 9.1.42 所示的【图层移动】对话框。

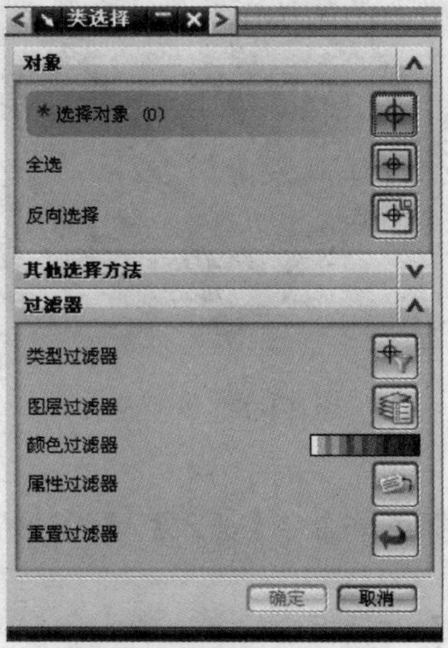

图 9.1.41　【类选择】对话框

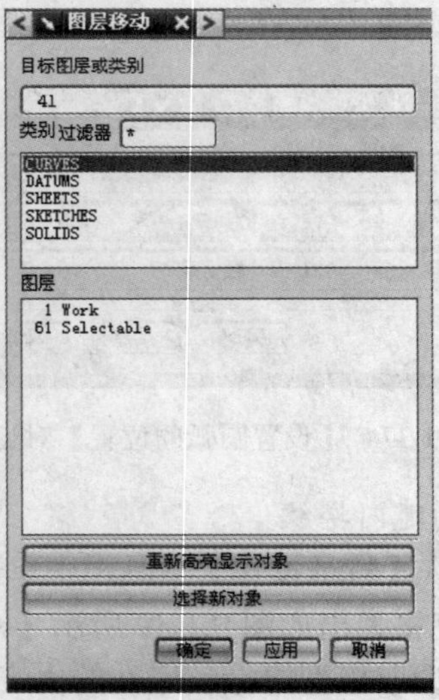

图 9.1.42　【图层移动】对话框

（3）在【图层移动】对话框的“类别”列表框中选择“CURVES”或直接在“目标图层或类别”文本框中输入“41”，单击【确定】按钮，完成图层移动操作。

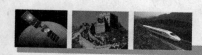

（4）选择菜单命令【格式】/【图层设置】，系统将弹出【图层设置】对话框，如图 9.1.43 所示。

（5）在【图层设置】对话框的“图层/状态”列表框中依次选取“41 Selectable”和“61 Selectable”，则被选取图层的后缀自动消失，该图层变为不可见图层。

（6）单击【确定】按钮，完成图层操作，生成的螺母如图 9.1.44 所示。

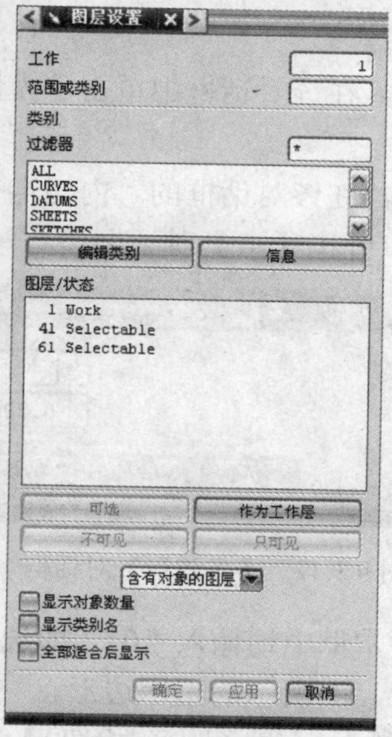

图 9.1.43　【图层设置】对话框

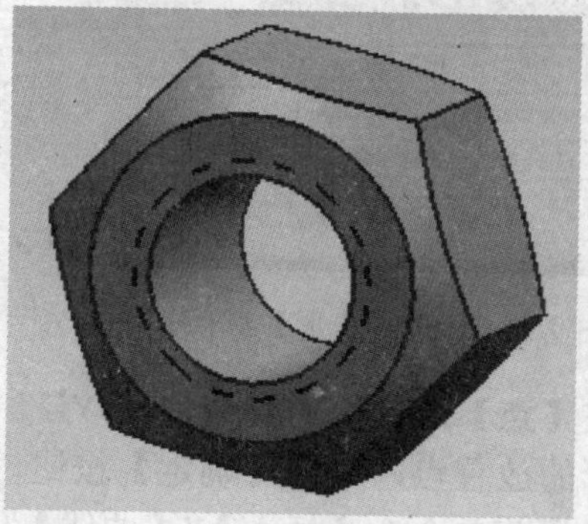

图 9.1.44　螺母

11）保存部件文件

在【标准】工具栏中单击按钮，或选择菜单命令【文件】/【保存】，完成部件文件的保存。

9.1.7　螺栓 *M*8×20

本题涉及的知识面：进入 UG 主界面、新建部件文件、多边形、拉伸、拔模角、布尔求交、凸台、详细螺纹、移动至图层、图层设置和保存部件文件等。具体的操作步骤如下。

1）进入 UG NX 5.0 主界面

选择【开始】/【程序】/【UGS NX 5.0】/【NX 5.0】命令，或双击桌面上的快捷方式图标，就进入 UG NX 5.0 的主界面。

2）新建部件文件

（1）选择菜单命令【文件】/【新建】，或单击按钮，弹出【文件新建】对话框。

（2）在【文件新建】对话框中选择【建模】选项卡，并在“名称”文本框中输入“luoshuanM8-20”，再确定存放的路径为“E:\gear-pump\”，然后单击【确定】按钮，新建部件文件后进入建模模块。

3）绘制正六边形及其内切圆

（1）在【成型特征】工具栏中单击按钮，或选择菜单命令【插入】/【曲线】/【多边形】，系统将弹出如图 9.1.45 所示【多边形】对话框。在该对话框的“侧面数”文本框中输入“6”，单击【确定】按钮。

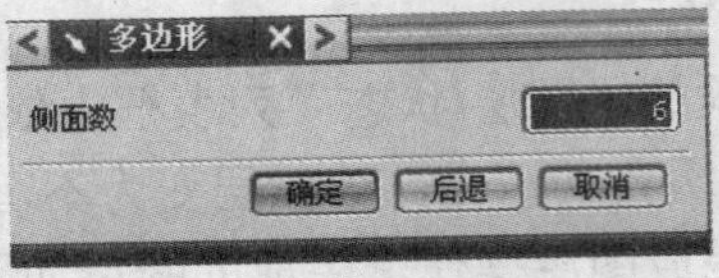

图 9.1.45 【多边形】对话框

（2）系统将弹出如图 9.1.46 所示【多边形】对话框，在该对话框中单击【内切圆半径】按钮。

（3）系统将弹出如图 9.1.47 所示【多边形】对话框，在该对话框的“内切半径”和“方位角”文本框中输入“6”和“0”，单击【确定】按钮，弹出【点】对话框。

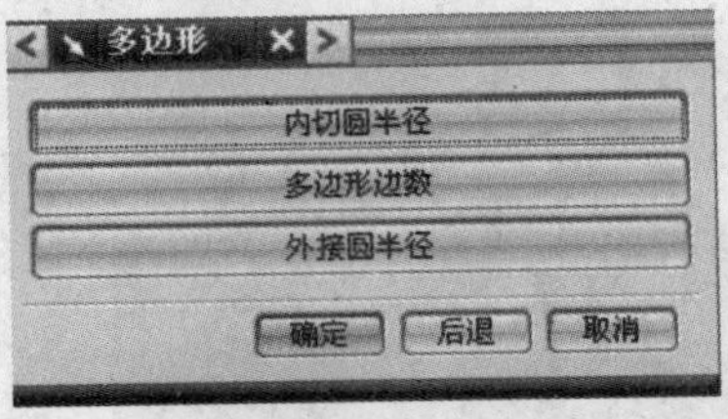

图 9.1.46 【多边形】对话框

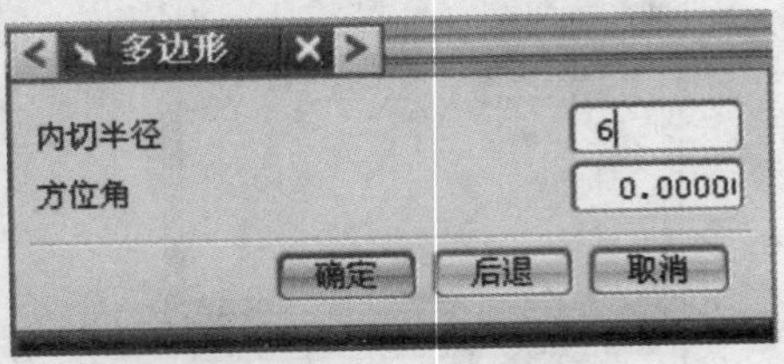

图 9.1.47 【多边形】对话框

（4）在【点】对话框的“XC”、“YC”和“ZC”文本框中均输入“0”，即选取坐标原点作为多边形的放置点，单击【确定】按钮，生成如图 9.1.48 所示的正六边形。

（5）选择菜单命令【插入】/【曲线】/【直线和圆弧】/【圆（圆心-相切）】。

（6）利用点捕捉功能或【点】对话框将内切圆的圆心定义在坐标原点，接着再按系统提示选取正六边形的任意一条边，单击鼠标中键，完成内切圆的创建操作，如图 9.1.49 所示。

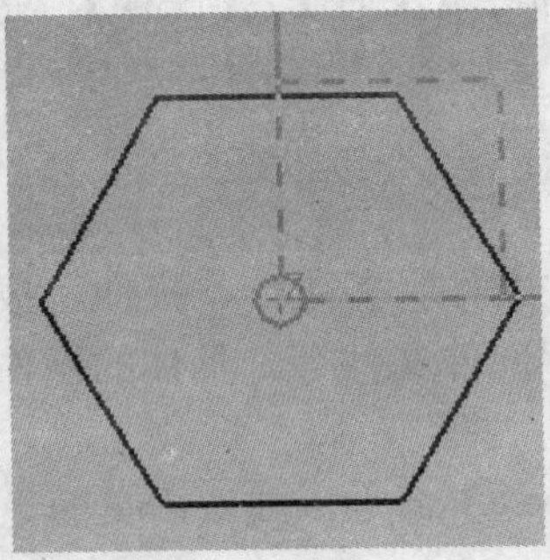

图 9.1.48 正六边形

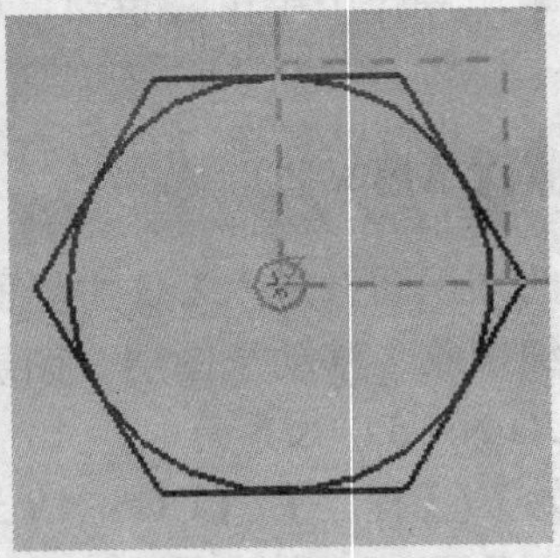

图 9.1.49 内切圆

4）拉伸操作

（1）在【成型特征】工具栏中单击按钮，或选择菜单命令【插入】/【设计特征】/【拉伸】，系统将弹出【拉伸】对话框，如图 9.1.50 所示。

（2）在【拉伸】对话框的“开始”和“终点”文本框中分别输入“0”和“5.3”。

（3）在绘图工作区直接选取正六边形曲线，单击【应用】按钮，生成正六棱体，如图 9.1.51 所示。

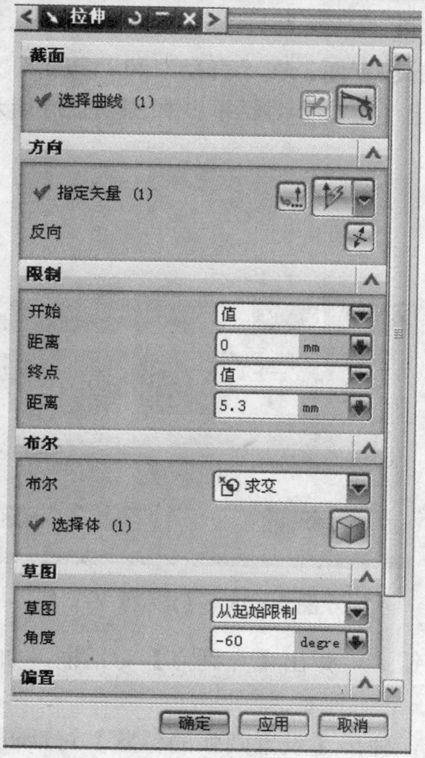

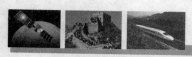

图 9.1.50 【拉伸】对话框

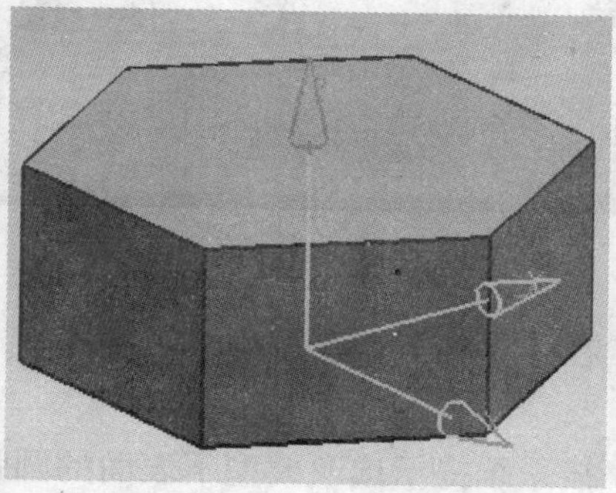

图 9.1.51　正六棱体

（3）保持【拉伸】对话框的“开始”和“终点”文本框中的参数值不变，并选取内切圆曲线。

（4）选择“草图”下拉列表中的“从起始限制”选项，并在“角度”文本框中输入“-60”，即形成圆锥半角为 60°，上大下小的倒圆锥，并在绘图工作区预览显示模型效果，如图 9.1.52 所示。

（5）在对话框的“布尔”下拉列表中选择“求交”，单击【确定】按钮，生成的模型如图 9.1.53 所示。

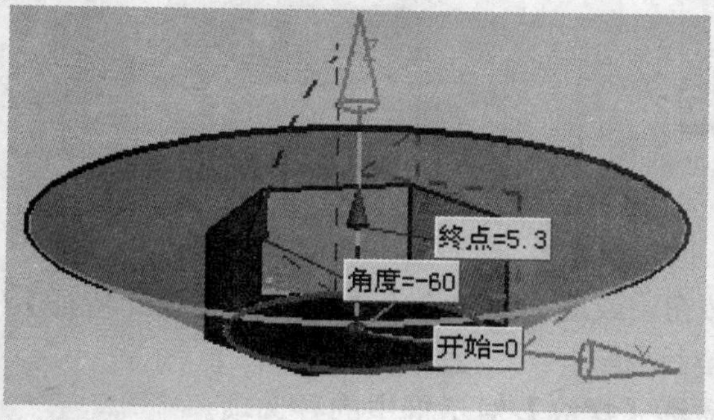

图 9.1.52　拔模预览

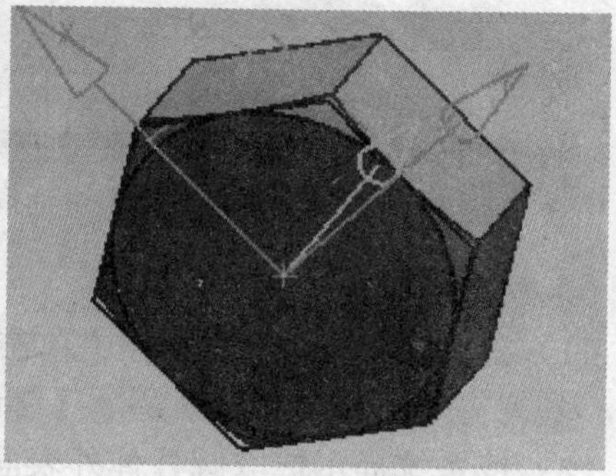

图 9.1.53　拔模模型

5）创建螺杆

（1）在【成型特征】工具栏中单击按钮，或选择菜单命令【插入】/【设计特征】/【凸台】，系统将弹出如图 9.1.54 所示的【凸台】对话框。

（2）按系统提示选取模型的上表面作为圆台的放置面。在“直径”和“高度”文本框中分别输入“8”和“20”，单击【确定】按钮，弹出【定位】对话框，如图 9.1.55 所示。

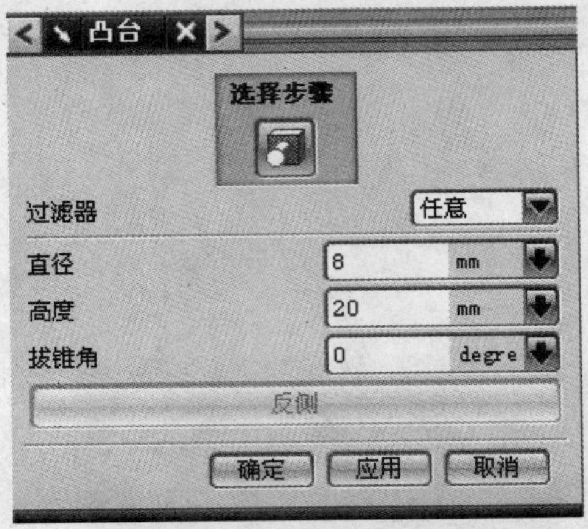

图 9.1.54 【凸台】对话框

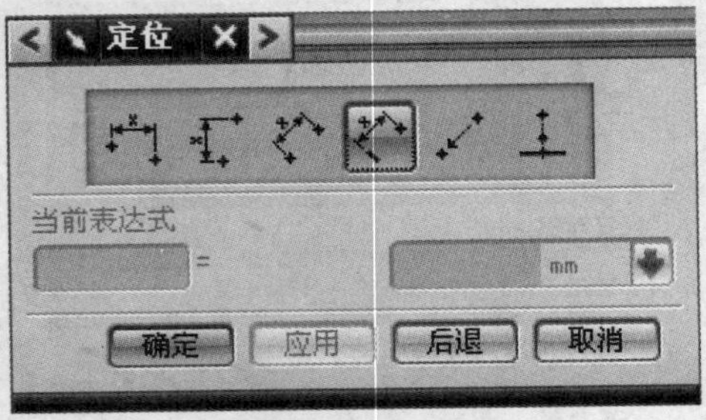

图 9.1.55 【定位】对话框

（3）在【定位】对话框中单击【点到点】按钮，弹出【点到点】对话框，如图 9.1.56 所示。

（4）按系统提示选取模型下表面的圆弧曲线，弹出【设置圆弧的位置】对话框。

（5）在【设置圆弧的位置】对话框中单击【圆弧中心】按钮，完成圆台的创建操作，如图 9.1.57 所示。

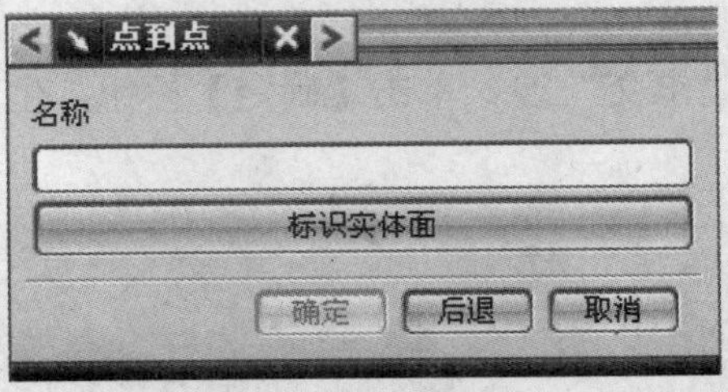

图 9.1.56 【点到点】对话框

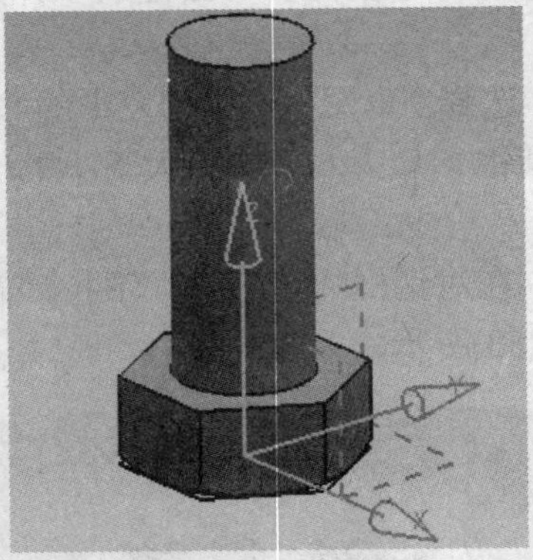

图 9.1.57 圆台

6）创建螺纹

（1）在【特征操作】工具栏中单击按钮，或选择菜单命令【插入】/【设计特征】/【螺纹】，系统将弹出如图 9.1.58 所示【螺纹】对话框。

（2）按系统提示选取圆柱体外表面，激活【螺纹】对话框中的各选项。

（3）在【螺纹】对话框中选择【详细的】单选项，其他选项保持系统默认值，单击【确定】按钮，生成详细螺纹，如图 9.1.59 所示。

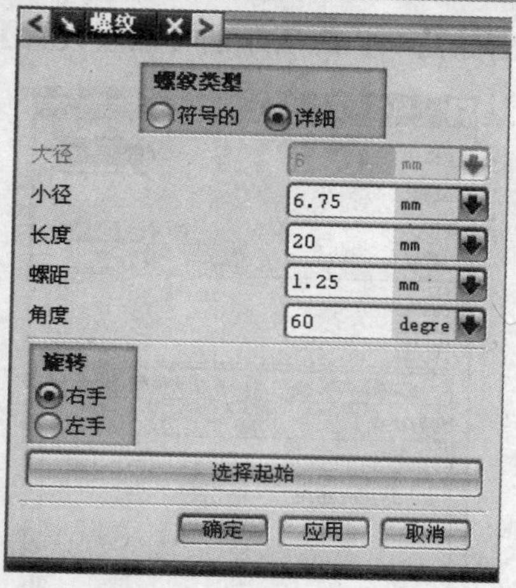

图 9.1.58　【螺纹】对话框

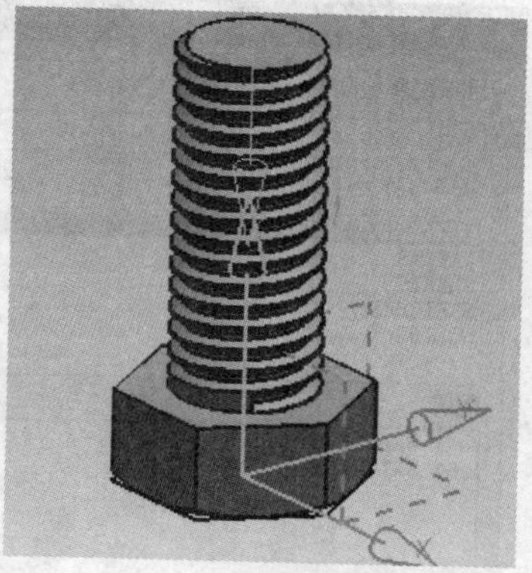

图 9.1.59　螺栓

7）图层操作

（1）选择菜单命令【格式】/【移动至图层】，弹出如图 9.1.60 所示的【类选择】对话框。

（2）在【类选择】对话框中单击【类型过滤器】按钮 ，弹出【根据类型选择】对话框，如图 9.1.61 所示。

（3）在【根据类型选择】对话框中选择“曲线”选项，单击【确定】按钮，返回【类选择】对话框。

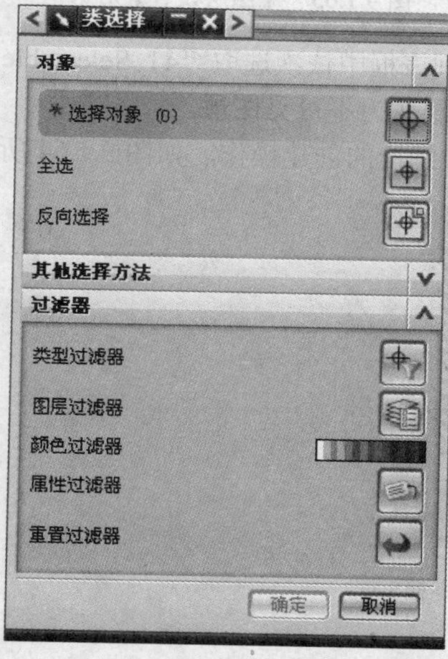

图 9.1.60　【类选择】对话框

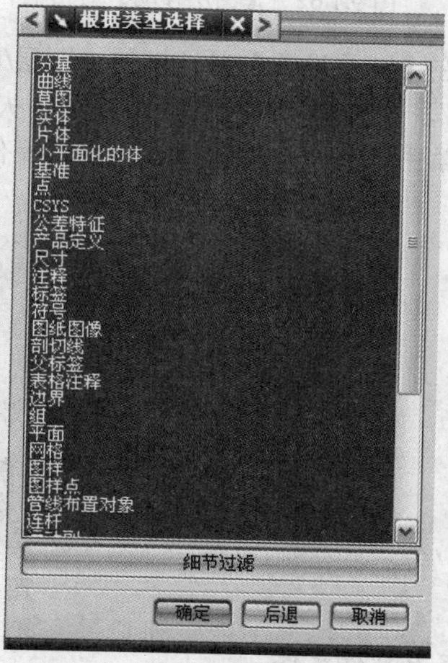

图 9.1.61　【根据类型选择】对话框

（4）在【类选择】对话框中单击【全选】按钮，被选中的曲线对象高亮显示。

（5）单击【确定】按钮，弹出【图层移动】对话框，如图 9.1.62 所示。

（6）在【图层移动】对话框的“目标图层或类别”文本框中直接输入“41”，或在“类别”列表框中选取“CURVES”，单击【确定】按钮，完成图层移动操作。

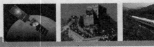

（7）选择菜单命令【格式】/【图层设置】，弹出如图 9.1.63 所示的【图层设置】对话框。

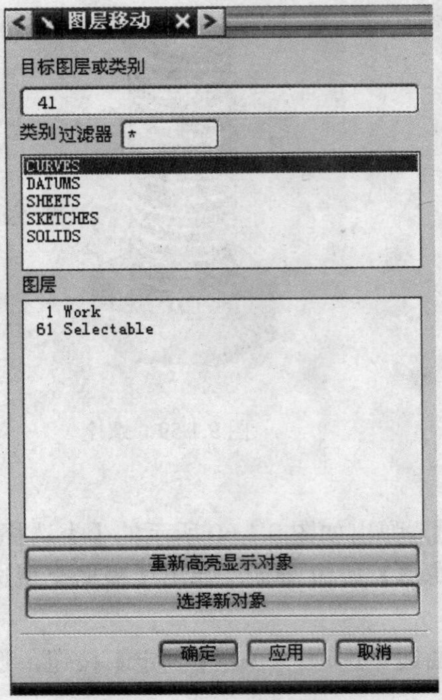

图 9.1.62 【图层移动】对话框

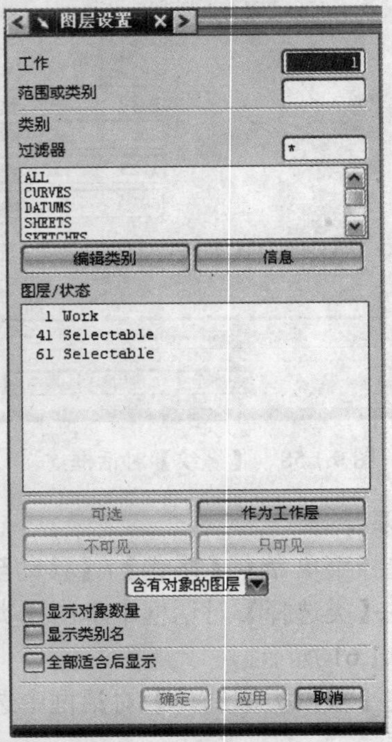

图 9.1.63 【图层设置】对话框

（8）在【图层设置】对话框的“图层/状态”列表框中依次选取“41 Selectable”和“61 Selectable”，则被选取图层的后缀自动消失，该图层变为不可见图层。

（9）单击【确定】按钮，完成图层操作，完成螺栓的创建操作，如图 9.1.64 所示。

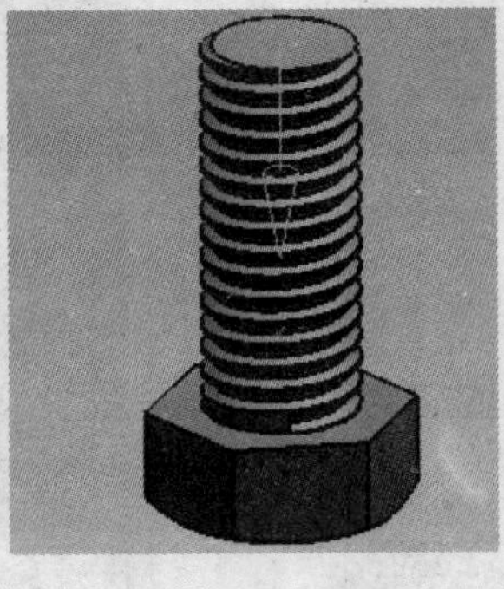

图 9.1.64 螺栓

8）保存部件文件

在【标准】工具栏中单击按钮，或选择菜单命令【文件】/【保存】，完成部件文件的保存。

9.2　零部件设计

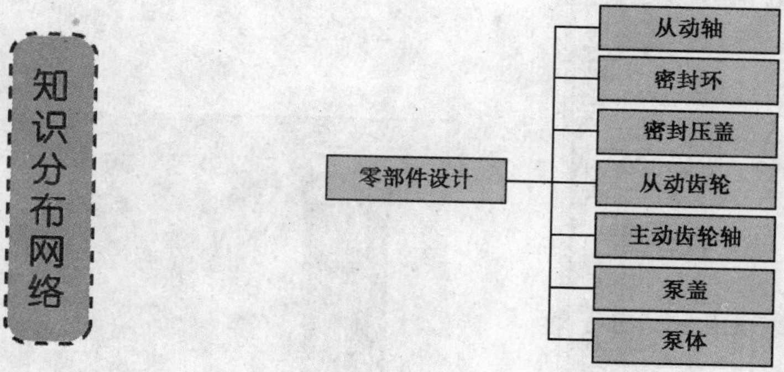

9.2.1　从动轴

从动轴零件如图 9.2.1 所示。

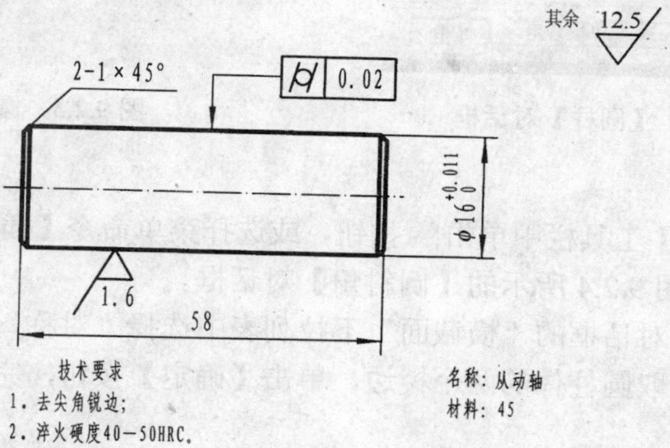

图 9.2.1　从动轴零件

本题涉及的知识面：新建部件文件、圆柱体、倒斜角、保存部件文件。具体的操作步骤如下。

1）进入 UG NX 5.0 主界面

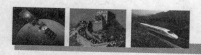

选择【开始】/【程序】/【UGS NX 5.0】/【NX 5.0】命令，或双击桌面上的快捷方式图标，就进入 UG NX 5.0 的主界面。

2）新建部件文件

（1）选择菜单命令【文件】/【新建】，或单击按钮，弹出【文件新建】对话框。

（2）在【文件新建】对话框中选择【建模】选项卡，并在“名称”文本框中输入“congdongzhou”，确定存放文件的路径为“E:\gear-pump\”，然后单击【确定】按钮，新建部件文件后进入建模模块。

3）创建圆柱体

（1）在【成型特征】工具栏中单击按钮，或选择菜单命令【插入】/【设计特征】/【圆柱体】，弹出【圆柱】对话框，如图 9.2.2 所示。

（2）在【圆柱】对话框的“直径”和“高度”文本框中分别输入“16”和“58”，其他选项接受系统默认设置，单击【确定】按钮，完成圆柱体的创建，如图 9.2.3 所示。

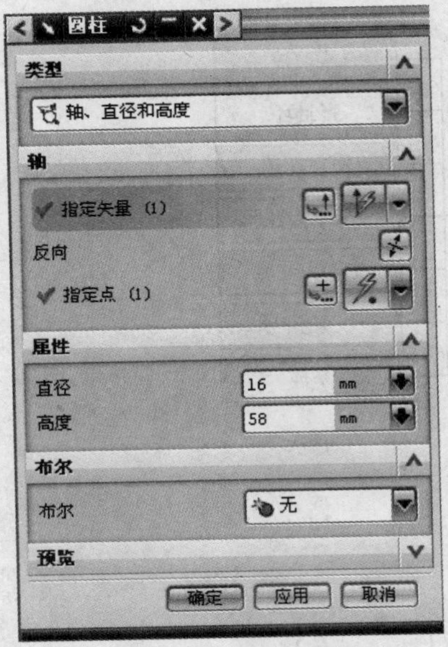

图 9.2.2 【圆柱】对话框

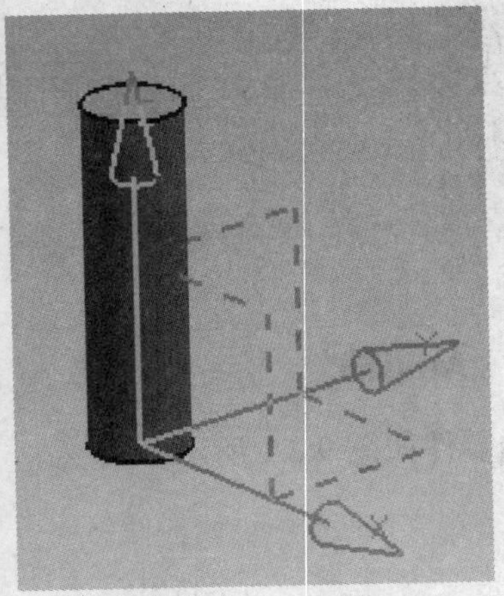

图 9.2.3 圆柱体

4）创建倒斜角

（1）在【特征操作】工具栏中单击按钮，或选择菜单命令【插入】/【细节特征】/【倒斜角】，系统会弹出如图 9.2.4 所示的【倒斜角】对话框。

（2）在【倒斜角】对话框的“横截面”下拉列表中选择“对称”选项，在“距离”文本框中输入“1”，然后选取圆柱体的两个棱边，单击【确定】按钮，完成倒斜角操作，生成的从动轴如图 9.2.5 所示。

图 9.2.4 【倒斜角】对话框

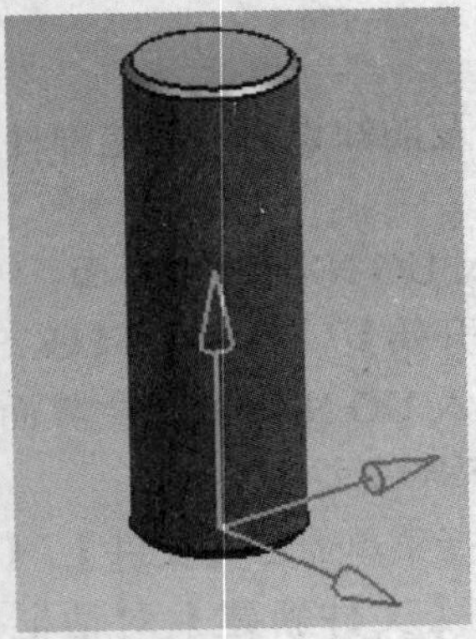

图 9.2.5 从动轴

5）保存部件文件

在【标准】工具栏中单击按钮，或选择菜单命令【文件】/【保存】，完成部件文件的保存。

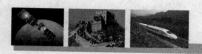

9.2.2　密封环

密封环零件如图 9.2.6 所示。

本题涉及的知识面：新建部件文件、圆柱体、创建内孔、倒斜角、保存部件文件。具体的操作步骤如下。

1）进入 UG NX 5.0 主界面

选择【开始】/【程序】/【UGS NX 5.0】/【NX 5.0】命令，或双击桌面上的快捷方式图标，就进入 UG NX 5.0 的主界面。

2）新建部件文件

（1）选择菜单命令【文件】/【新建】，或单击按钮，弹出【文件新建】对话框。

（2）在【文件新建】对话框中选择【建模】选项卡，并在“名称”文本框中输入“mifenghuan”，确定存放路径为“F:\gear-pump\”，单击【确定】按钮，新建部件文件后进入建模模块。

3）创建圆柱体

（1）在【成型特征】工具栏中单击按钮，或选择菜单命令【插入】/【设计特征】/【圆柱体】，弹出【圆柱】对话框。

（2）在【圆柱】对话框的“类型”下拉列表中选择“轴、直径和高度”，并选取“ZC 轴”作为圆柱体的轴线方向，选取坐标原点为圆柱底面中心的放置点。

（3）在【圆柱】对话框的“直径”和“高度”文本框中分别输入“32”和“10”。

（4）单击【确定】按钮，完成圆柱体的创建，如图 9.2.7 所示。

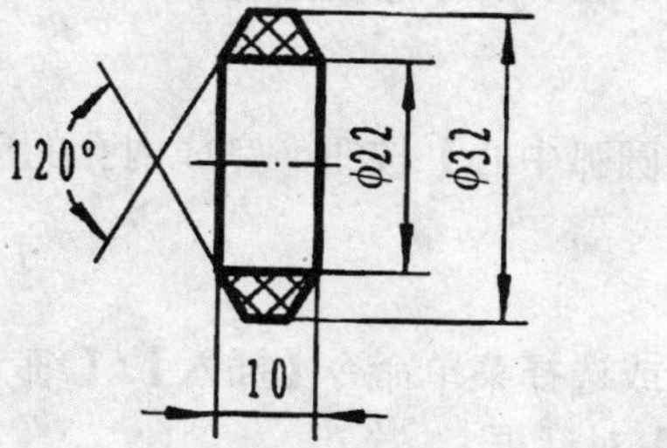

图 9.2.6　密封环零件

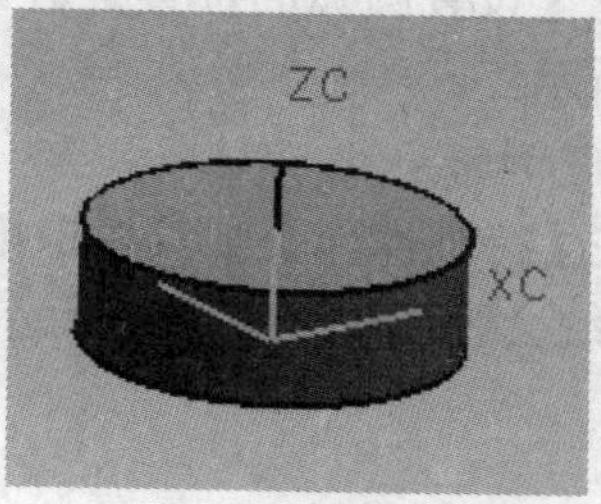

图 9.2.7　圆柱体

4）创建内孔

（1）在【成型特征】工具栏中单击按钮，或选择菜单命令【插入】/【设计特征】/【孔】，系统将弹出如图 9.2.8 所示【孔】对话框。

（2）在【孔】对话框的“类型”栏单击【简单孔】按钮，按系统提示选择圆柱体的上、下表面作为孔的放置面和通过面，此时“深度”和“顶锥角”自动变为灰显。

（3）在【孔】对话框的“直径”文本框中输入“22”，单击【确定】按钮，弹出如图 9.2.9 所示的【定位】对话框。

（4）在【定位】对话框中单击【点到点】按钮，系统弹出【点到点】对话框，如图 9.2.10 所示。

（5）按系统提示选取圆柱体上表面的圆弧，弹出【设置圆弧的位置】对话框，如图 9.2.11

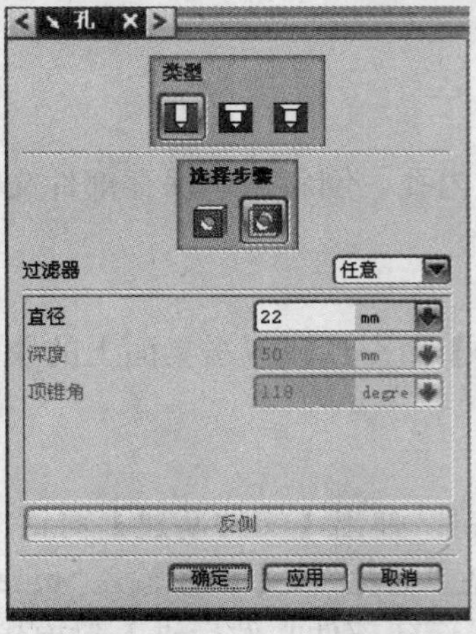

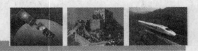

图 9.2.8 【孔】对话框

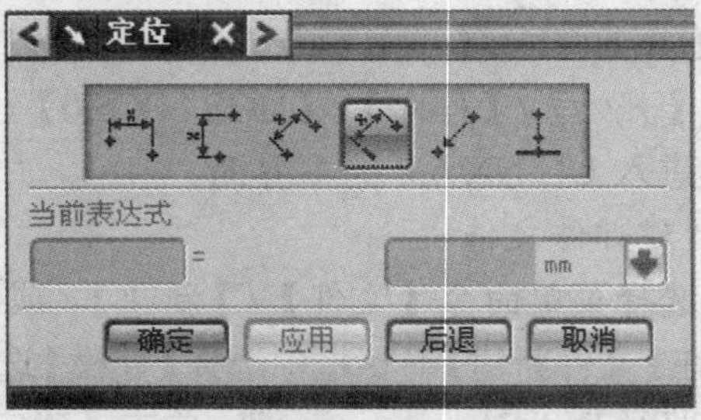

图 9.2.9 【定位】对话框

图 9.2.10 【点到点】对话框

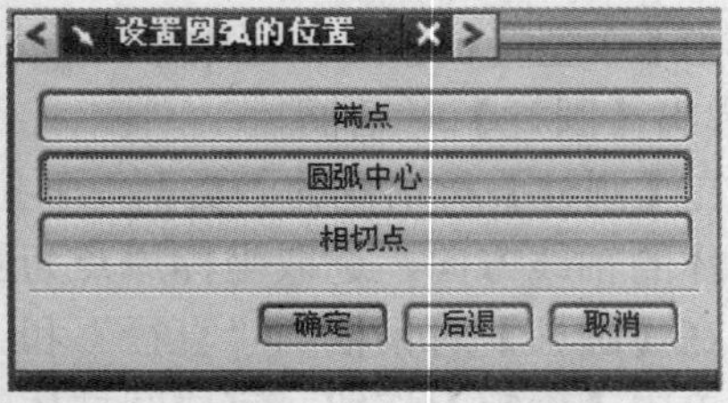

图 9.2.11 【设置圆弧的位置】对话框

所示。

（6）在【设置圆弧的位置】对话框中单击【圆弧中心】按钮，完成内孔的创建操作，如图 9.2.12 所示。

5）创建倒斜角

（1）在【特征操作】工具栏中单击按钮，或选择菜单命令【插入】/【细节特征】/【倒斜角】，系统会弹出如图 9.2.13 所示的【倒斜角】对话框。

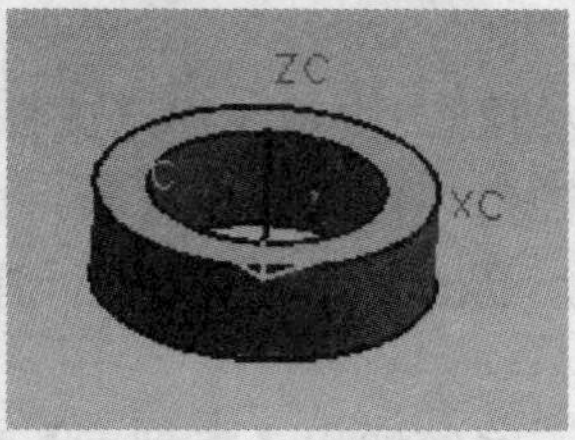

图 9.2.12 内孔

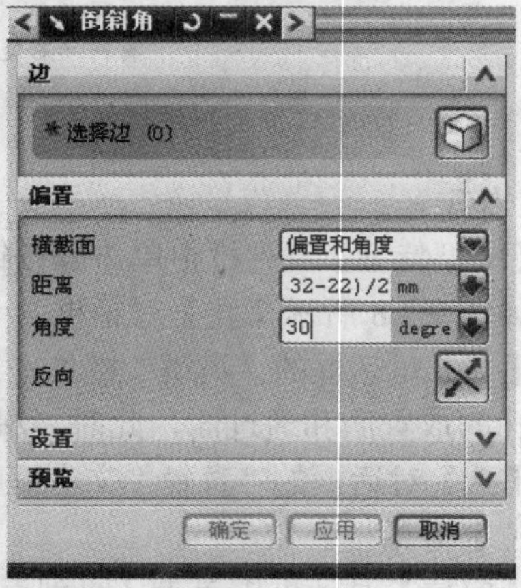

图 9.2.13 【倒斜角】对话框

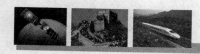

（2）在【倒斜角】对话框“横截面”下拉列表中选择“偏置和角度”选项，在“距离”和“角度”文本框中分别输入“(32-22) /2”和“30”，然后选取圆柱体的两个棱边，单击【反向】按钮，预览效果如图 9.2.14 所示。

（3）对预览效果满意后，单击【确定】按钮，完成倒斜角操作，生成的密封环如图 9.2.15 所示。

6）保存部件文件

在【标准】工具栏中单击按钮，或选择菜单命令【文件】/【保存】，完成部件文件的保存。

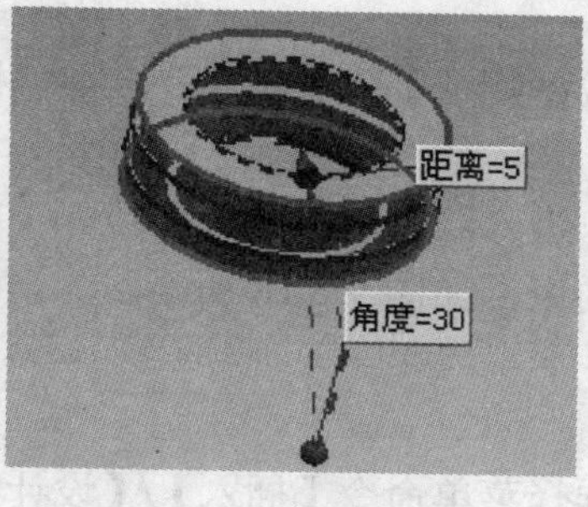

图 9.2.14　预览效果

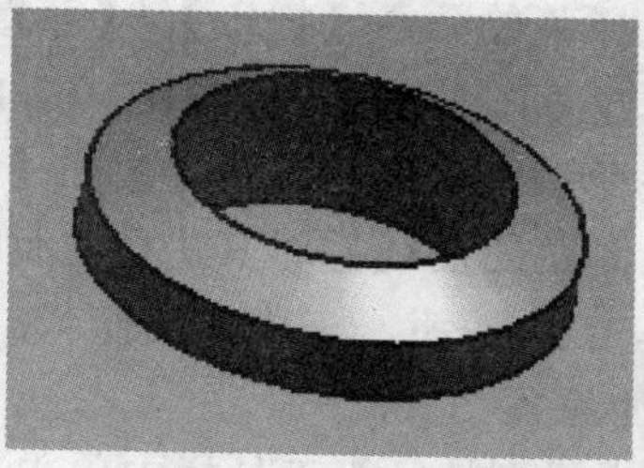

图 9.2.15　密封环

9.2.3　填料压盖

填料压盖零件如图 9.2.16 所示。

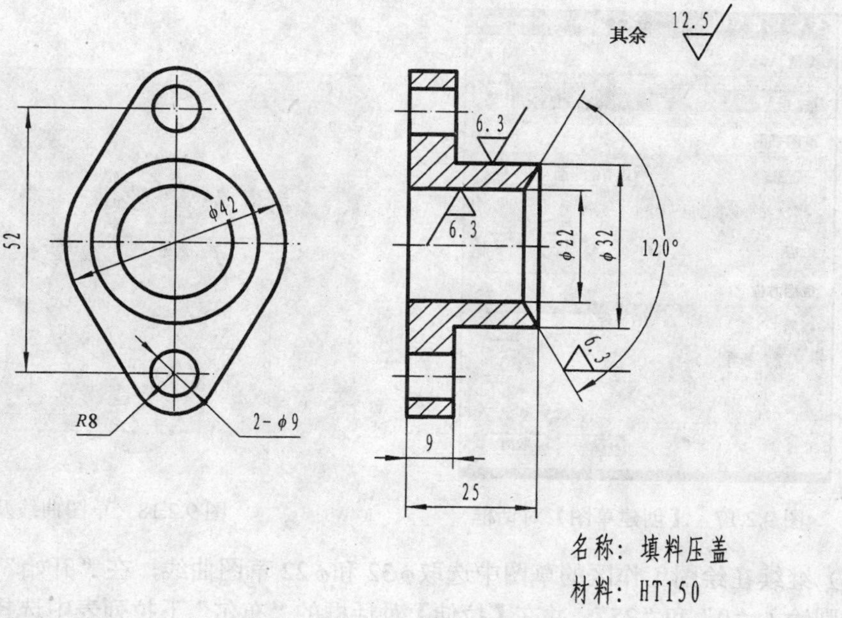

图 9.2.16　填料压盖零件

本题涉及的知识面：新建部件文件、草图、拉伸、布尔操作、创建倒斜角、保存部件文件。具体的操作步骤如下。

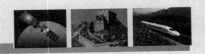

1）进入 UG NX 5.0 主界面

选择【开始】/【程序】/【UGS NX 5.0】/【NX 5.0】命令，或双击桌面上的快捷方式图标，就进入 UG NX 5.0 的主界面。

2）新建部件文件

（1）选择菜单命令【文件】/【新建】，或单击按钮，弹出【文件新建】对话框。

（2）在【文件新建】对话框中选择【建模】选项卡，并在“名称”文本框中输入“tianliaoyagai”，确定存放的路径为“E:\gear-pump\”，单击【确定】按钮，新建部件文件后进入建模模块。

3）绘制草图

（1）选择菜单命令【插入】/【草图】，或在【成型特征】工具栏中单击按钮，系统将弹出【创建草图】对话框，如图 9.2.17 所示。

（2）接受系统默认的设置，单击【确定】按钮，进入绘制草图操作环境。

（3）绘制草图曲线并对其进行几何约束和尺寸约束，如图 9.2.18 所示。

（4）单击按钮，完成草图操作。

4）拉伸操作

（1）在【成型特征】工具栏中单击按钮，或选择菜单命令【插入】/【设计特征】/【拉伸】，系统会弹出【拉伸】对话框。

（2）在【拉伸】对话框的下拉列表中选择“单条曲线”。

（3）在【拉伸】对话框的“开始”和“终点”文本框中分别输入“0”和“9”，并在绘图工作区的草图中选取除ϕ32 以外的所有草图曲线，单击【应用】按钮，生成填料压盖底板。

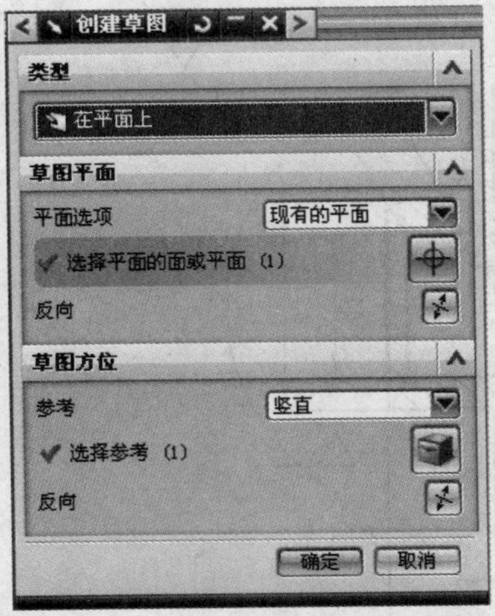

图 9.2.17　【创建草图】对话框

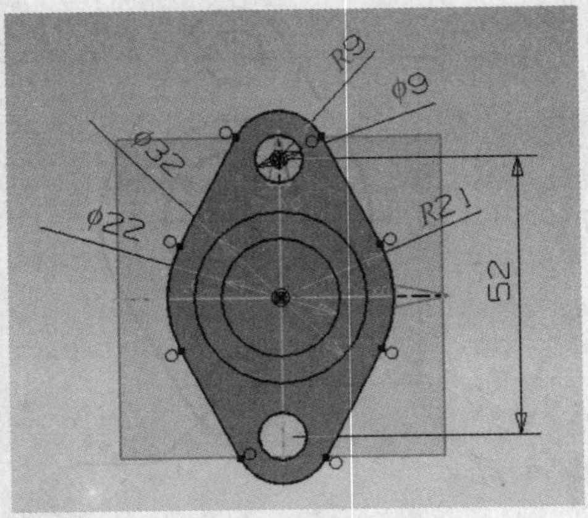

图 9.2.18　草图曲线及约束

（4）继续在绘图工作区的草图中选取ϕ32 和ϕ22 草图曲线，在“开始”和“终点”文本框中分别输入“0”和“25”，并在【拉伸】对话框的“布尔”下拉列表中选择项，单击【确定】按钮，完成拉伸操作，如图 9.2.19 所示。

5）创建倒斜角

（1）在【特征操作】工具栏中单击按钮，或选择菜单命令【插入】/【细节特征】/【倒斜角】，系统会弹出如图 9.2.20 所示的【倒斜角】对话框。

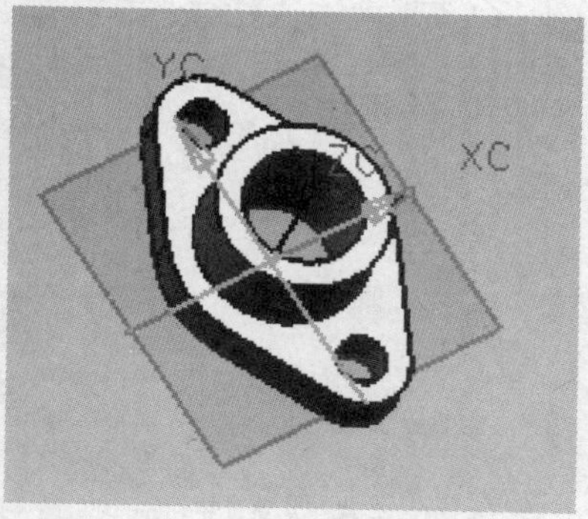

图 9.2.19　拉伸模型

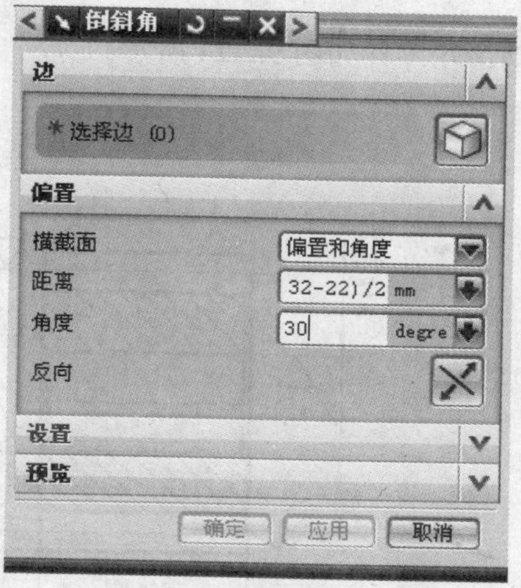

图 9.2.20　【倒斜角】对话框

（2）在【倒斜角】对话框的“横截面”下拉列表中选择“偏置和角度”选项。

（3）在“距离”和“角度”文本框中分别输入“(32-22) /2”和“30”，然后选取模型上表面内孔的棱边，此时在绘图工作区可以预览倒角效果，如图 9.2.21 所示。

（4）如果对预览效果不满意，可单击【反向】按钮，对倒角偏置方向进行切换。

（5）对预览效果满意后，单击【确定】按钮，完成倒斜角操作，生成的填料压盖如图 9.2.22 所示。

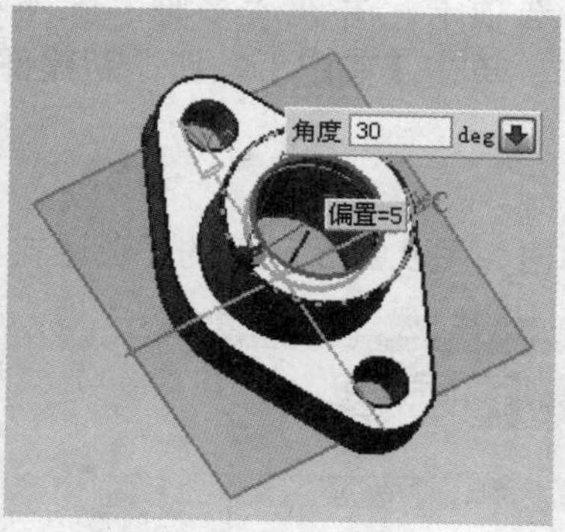

图 9.2.21　倒斜角预览效果

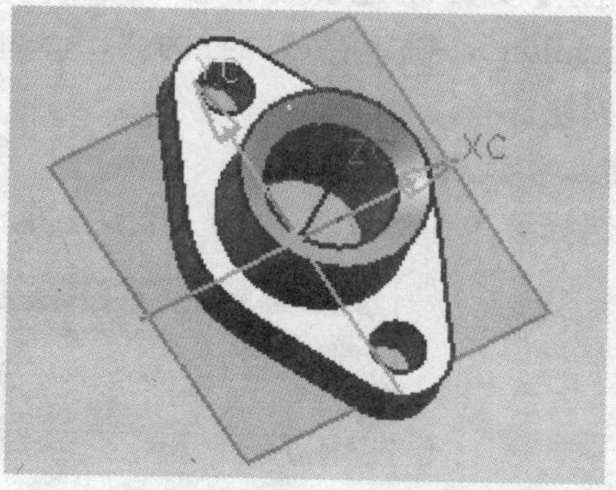

图 9.2.22　倒斜角

6）图层操作

利用【移动至图层】命令，将草图和基准分别移动至 21 和 61 层，并均设置为“不可见”，完成填料压盖的创建操作，如图 9.2.23 所示。

7）保存部件文件

在【标准】工具栏中单击按钮，或选择菜单命令【文件】/【保存】，完成部件文件的保存。

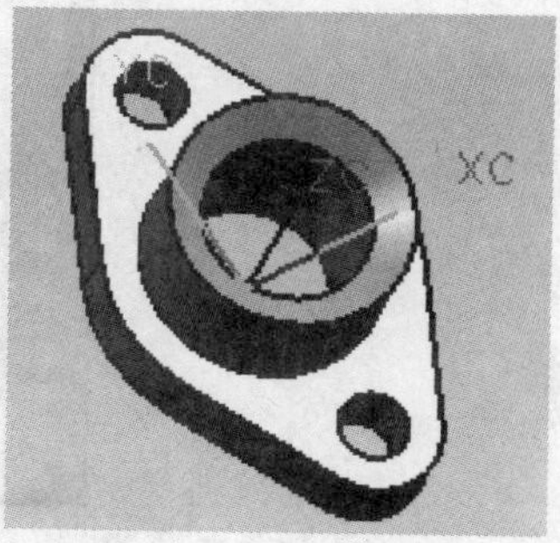

图 9.2.23　填料压盖

9.2.4 从动齿轮

从动齿轮零件如图 9.2.24 所示。

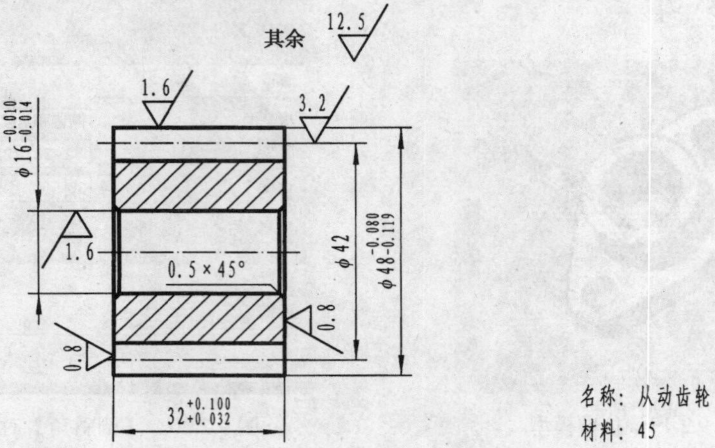

图 9.2.24　从动齿轮零件

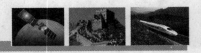

本题涉及的知识面：新建部件文件、表达式、规律曲线、曲线镜像、曲线修剪、拉伸、布尔操作、圆周阵列、边倒圆、钻孔、图层操作、保存部件文件。

1）新建部件文件

（1）选择菜单命令【文件】/【新建】，或单击按钮，弹出【文件新建】对话框。

（2）在【文件新建】对话框中选择【建模】选项卡，并在“名称”文本框中输入“congdongchilun”，确定存放路径为“E:\gear-pump\”，单击【确定】按钮，新建部件文件后进入建模模块。

2）建立参数表达式

（1）选择菜单命令【工具】/【表达式】，系统弹出如图 9.2.25 所示的【表达式】对话框。

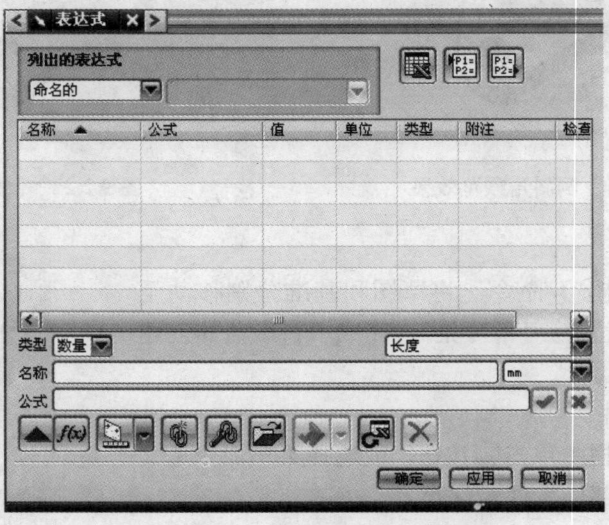

图 9.2.25　【表达式】对话框

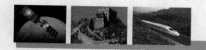

（2）在【表达式】对话框的“名称”和“公式”文本框中分别输入“m”和“3”，并在“单位”下拉列表中选择“长度”，单击【应用】按钮，完成模数表达式的创建。

（3）在【表达式】对话框的“名称”和“公式”文本框中分别输入“z”和“14”，在“单位”下拉列表中选择“常数”，单击【应用】按钮，完成齿数表达式的创建。

建立表达式时，一定要注意单位的选择是否合理。

（4）用如上方法依次在“名称”和“公式”文本框中分别输入：

“d”，“m*z”
“da”，“d+2*m”
“df”，“d-2.5*m”
“db”，“d*cos(20) ”
“t”，“0”
“s”，“pi()*db*t/4”
“xt”，“db*cos(90*t)/2+s*sin(90*t) ”
“yt”，“db*sin(90*t)/2-s*cos(90*t) ”
“zt”，“0”

其中，t 为角度变量，其余均为长度变量。变量 t 的变化范围只能在 0～1 之间。

（5）设置好各参数后，单击【确定】按钮，完成齿轮表达式的创建。

3）绘制渐开线

（1）选择菜单命令【插入】/【曲线】/【规律曲线】，或单击【曲线】工具栏的按钮，弹出如图 9.2.26 所示的【规律函数】对话框。

（2）在【规律函数】对话框中单击【根据方程】按钮，弹出如图 9.2.27 所示的【规律曲线】对话框。

图 9.2.26　【规律函数】对话框

图 9.2.27　【规律曲线】对话框

（3）保持系统默认参数，单击【确定】按钮，弹出如图 9.2.28 所示的【定义 x】对话框。

（4）保持系统默认参数，单击【确定】按钮，返回【规律函数】对话框。

（5）用同样的方法定义 yt 和 zt。然后弹出如图 9.2.29 所示的【规律曲线】对话框。

图 9.2.28　【定义 x】对话框

图 9.2.29　【规律曲线】对话框

（6）在【规律曲线】对话框中单击【点构造器】按钮，利用弹出的【点】对话框，设置坐标原点为渐开线的基点，单击【确定】按钮，返回【规律曲线】对话框。

（7）单击【确定】按钮，生成如图 9.2.30 所示的渐开线。

4）绘制齿根圆、基圆、分度圆和齿顶圆

（1）选择菜单命令【插入】/【曲线】/【直线和圆弧】/【圆心-半径】，激活【点捕捉】工具栏。

（2）在【点捕捉】工具栏中单击按钮，利用点构造器或点捕捉功能将齿根圆、基圆、分度圆和齿顶圆的圆心均定义在坐标原点上，并在浮动工具栏的“半径”文本框中依次输入“df/2”、“db/2”、“d/2”和“da/2”，生成的曲线如图 9.2.31 所示。

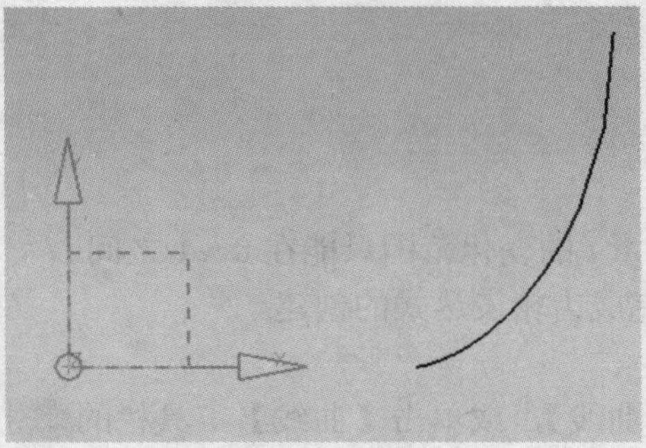

图 9.2.30　渐开线

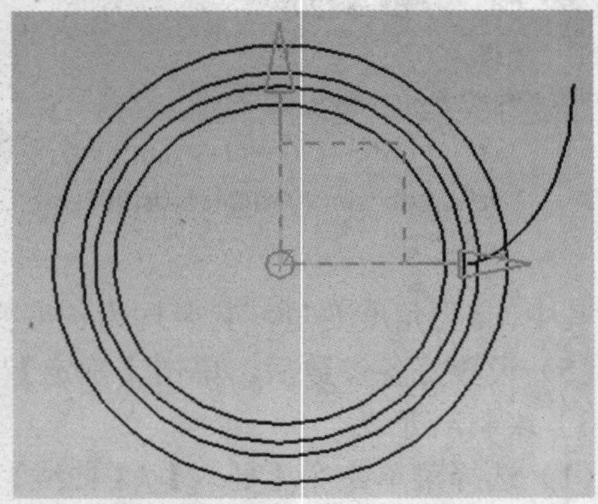

图 9.2.31　齿轮各圆曲线

5）绘制两条直线

（1）选择菜单命令【插入】/【曲线】/【直线】，或单击【曲线】工具栏的按钮，弹出如图 9.2.32 所示的【直线】对话框，并激活【点捕捉】工具栏。

（2）利用点捕捉功能，将两条直线的起点均定义在坐标原点上，第一条直线的终点放置在渐开线的起点；第二条直线的终点放置在分度圆与渐开线的交点上。

6）绘制镜像轴直线

利用点捕捉功能，将直线的起点定义在坐标原点上，然后在“终点选项”下拉列表中选择“成一角度”，并在“角度”文本框中输入“-360/z/4”，在“距离”文本框中输入“da/2”，单击【确定】按钮，生成的三条直线如图 9.2.33 所示。

7）镜像曲线

（1）选择菜单命令【编辑】/【变换】，系统将弹出【类选择】对话框。

（2）按系统提示选取步骤 5）生成的第一条直线和渐开线作为变换操作的对象，确定后系统将弹出如图 9.2.34 所示的【变换】对话框，在该对话框中单击【用直线做镜像】按钮，单击【确定】按钮。

（3）系统将弹出如图 9.2.35 所示的【变换】对话框，在该对话框中单击【现有的直线】按钮。

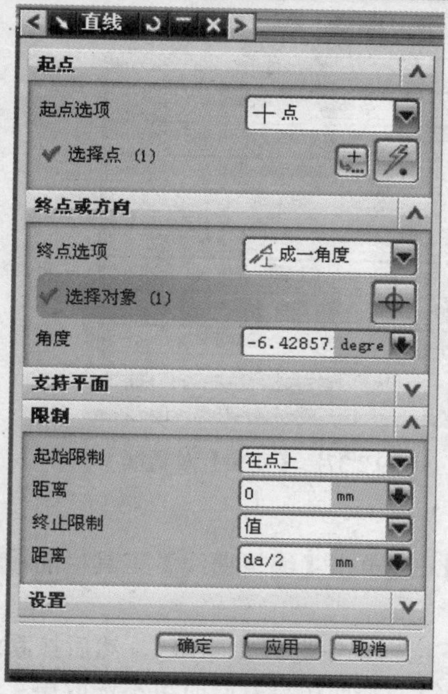

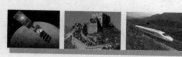

图 9.2.32　【直线】对话框

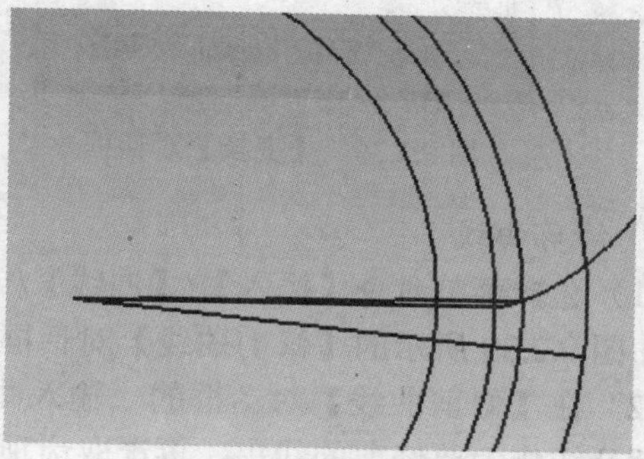

图 9.2.33　绘制直线

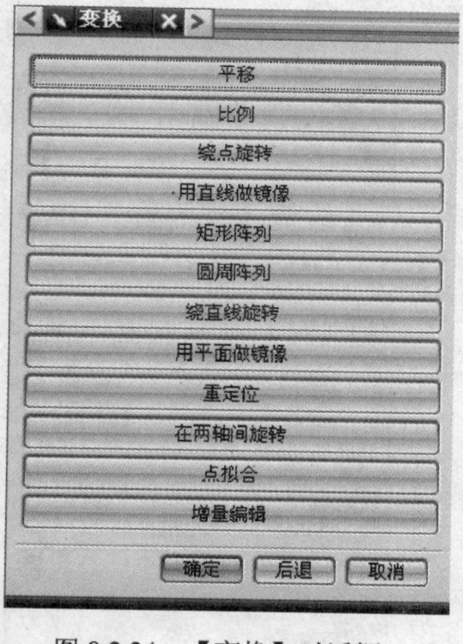

图 9.2.34　【变换】对话框

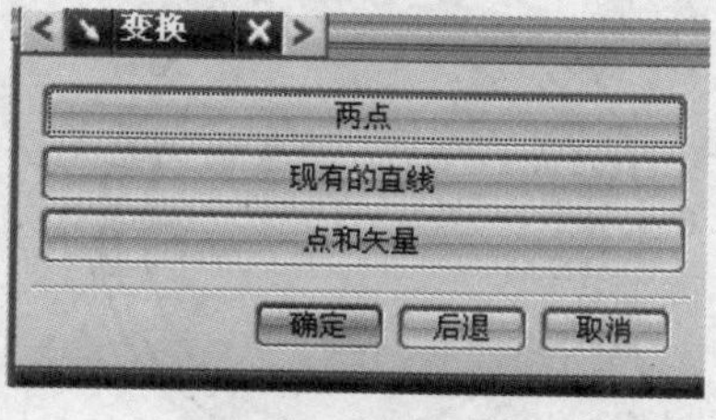

图 9.2.35　【变换】对话框

（4）系统将弹出如图 9.2.36 所示的【变换】对话框，按系统提示在绘图工作区选取步骤 6）所绘制的镜像轴直线作为镜像轴线。

（5）系统将弹出如图 9.2.37 所示的【变换】对话框，在该对话框中单击【复制】按钮，完成曲线镜像操作，如图 9.2.38 所示。

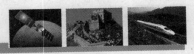

图 9.2.36 【变换】对话框

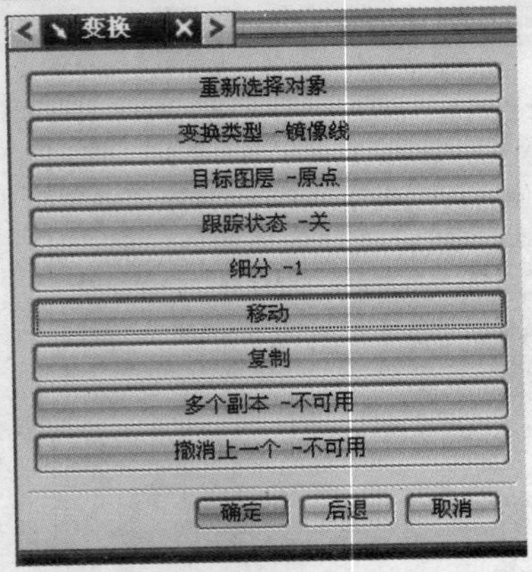

图 9.2.37 【变换】对话框

8）修剪曲线

（1）选择菜单命令【插入】/【曲线】/【修剪】，或单击【编辑曲线】工具栏的按钮，弹出如图 9.2.39 所示的【修剪曲线】对话框。

（2）在【修剪曲线】对话框的“输入曲线”下拉列表中选择“隐藏”，然后按系统提示选取渐开线作为要修剪的线串，再选取齿顶圆作为第一修剪边界，此时可不选取第二修剪边界，直接单击【应用】按钮，则选中的渐开线被修剪至齿顶圆。

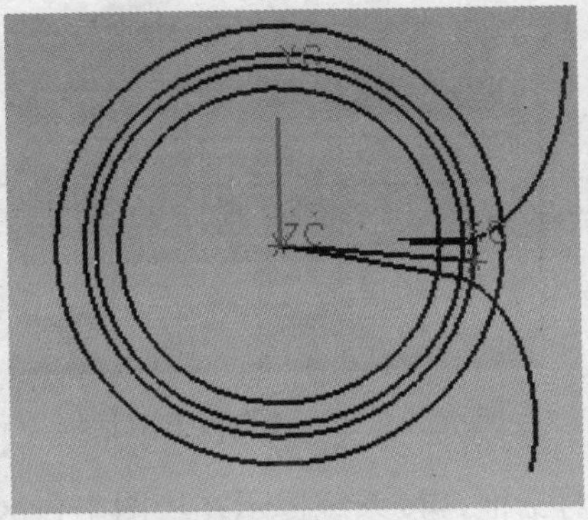

图 9.2.38 曲线镜像

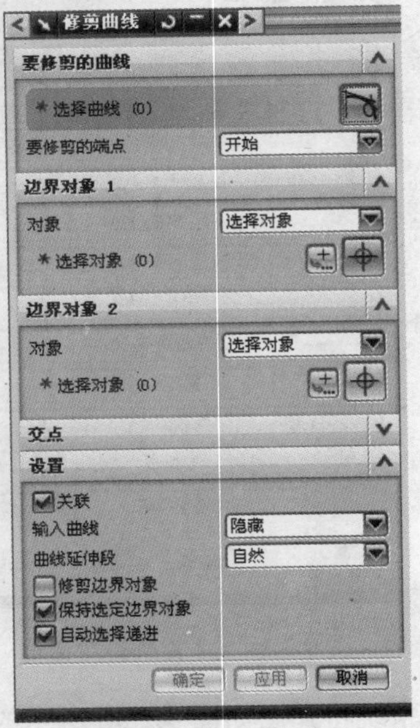

图 9.2.39 【修剪曲线】对话框

（3）接着选取镜像生成的渐开线，则该渐开线也被修剪至齿顶圆。

（4）选择菜单命令【插入】/【曲线】/【修剪】，或单击【编辑曲线】工具栏的按钮。

（5）按系统提示选取步骤 5）生成的第一条直线作为要修剪的线串，然后选取齿根圆作为第一修剪边界，单击【应用】按钮，则选中的该直线被修剪至齿根圆。

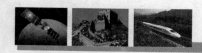

（6）接着选取镜像生成的直线，则该直线被修剪至齿根圆。

（7）重复以上操作，依次选取齿顶圆作为要修剪的线串，两条渐开线作为第 1 修剪边界和第二修剪边界，单击【应用】按钮。然后再依次选取齿根圆作为要修剪的线串，两条修剪后的直线作为第一修剪边界和第二修剪边界，单击【确定】按钮，完成曲线修剪操作，如图 9.2.40 所示。

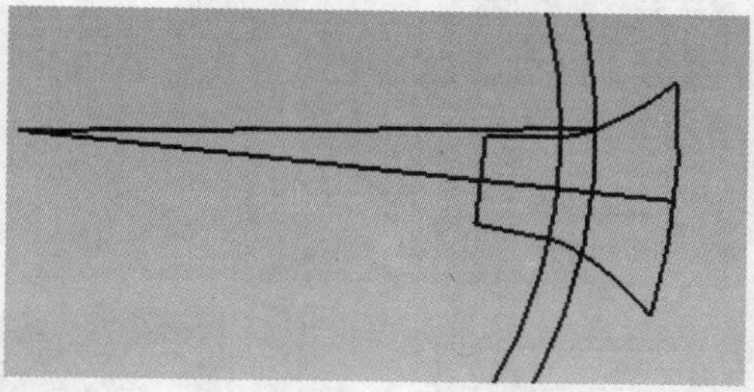

图 9.2.40　齿槽截面曲线

9）创建齿坯

（1）在【成型特征】工具栏中单击按钮，或选择菜单命令【插入】/【设计特征】/【圆柱】，系统将弹出如图 9.2.41 所示【圆柱】对话框。

（2）在【圆柱】对话框的“直径”和“高度”文本框中分别输入“da”和“32”，单击【确定】按钮，完成齿坯的创建操作，如图 9.2.42 所示。

图 9.2.41　【圆柱】对话框

图 9.2.42　齿坯

10）创建齿槽

（1）在【成型特征】工具栏中单击按钮，或选择菜单命令【插入】/【设计特征】/【拉伸】，系统将弹出如图 9.2.43 所示【拉伸】对话框。

（2）在【拉伸】对话框下拉列表中选择“单条曲线”，并在绘图工作区选取齿轮槽曲线。

（3）在【拉伸】对话框的“开始”和“终点”文本框中分别输入“0”和“32”，在“布尔”下拉列表中选择“求差”，单击【确定】按钮，完成齿槽的创建操作，如图 9.2.44 所示。

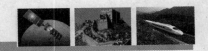

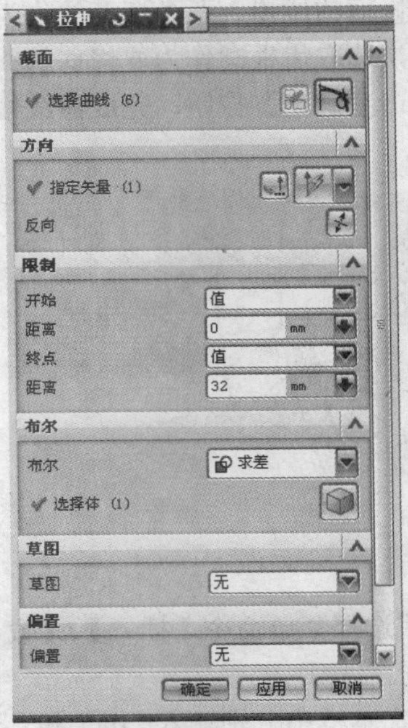

图 9.2.43 【拉伸】对话框

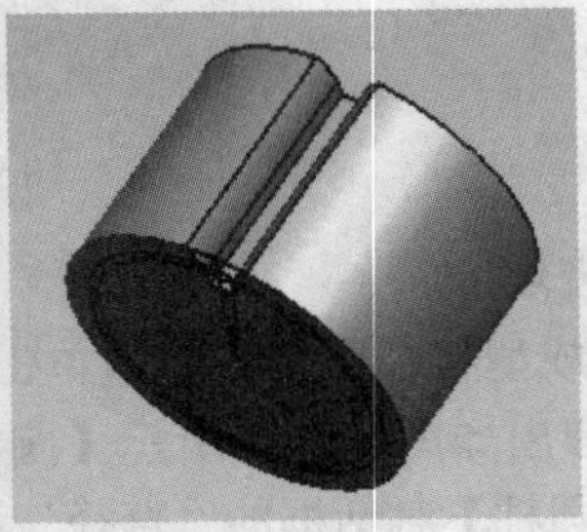

图 9.2.44 齿槽

11）圆周阵列齿槽

（1）在【特征操作】工具栏中单击按钮，或选择菜单命令【插入】/【关联复制】/【实例】，系统会弹出如图 9.2.45 所示的【实例】对话框。

（2）在【实例】对话框中单击【圆周阵列】按钮，系统会弹出如图 9.2.46 所示的【实例】对话框，在该对话框中选取需要进行圆周阵列的齿槽，或从绘图工作区直接选取需要进行圆周阵列的齿槽，单击【确定】按钮。

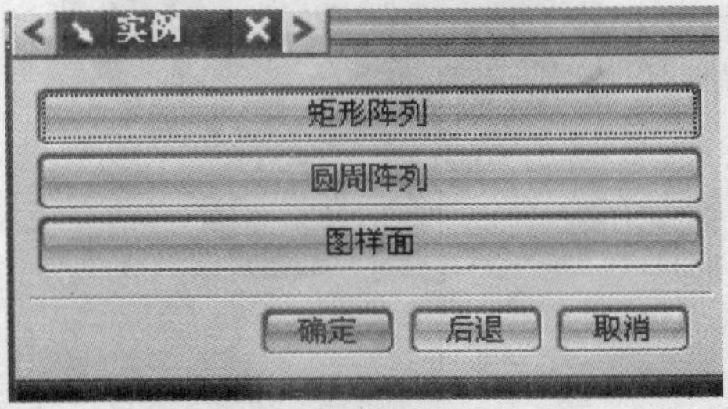

图 9.2.45 【实例】对话框

图 9.2.46 【实例】对话框

（3）弹出如图 9.2.47 所示的【实例】对话框，在该对话框的“数字”和“角度”文本框中分别输入“z”和“360/z”，单击【确定】按钮。

（4）弹出如图 9.2.48 所示的【实例】对话框，在该对话框中单击【点和方向】按钮，弹出【矢量】对话框。

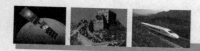

（5）按系统提示选取 ZC 轴作为圆周阵列的轴线方向，弹出【矢量】对话框。

（6）选取坐标原点作为圆周阵列轴线的放置点，确定后将弹出【实例】对话框，单击的该对话框中【是】按钮，完成齿槽的圆周阵列操作，如图 9.2.49 所示。

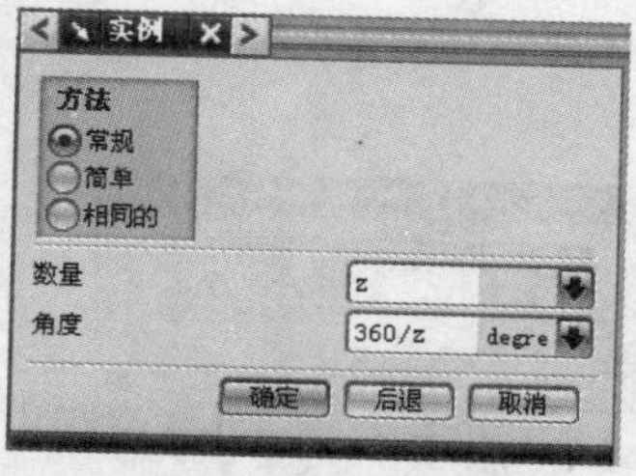

图 9.2.47　【实例】对话框

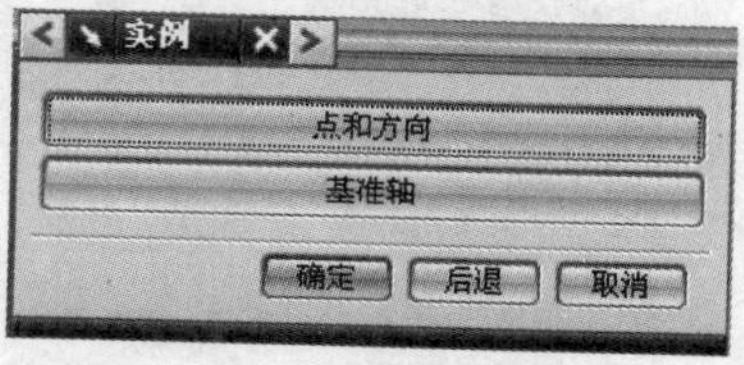

图 9.2.48　【实例】对话框

12）齿槽边倒圆

（1）在【特征操作】工具栏中单击按钮，或选择菜单命令【插入】/【细节特征】/【边倒圆】，系统将弹出【边倒圆】对话框。

（2）在【边倒圆】对话框的“半径 1”文本框中输入“1.5”，依次选取齿槽槽底的棱边，单击【确定】按钮，完成齿根的边倒圆操作，如图 9.2.50 所示。

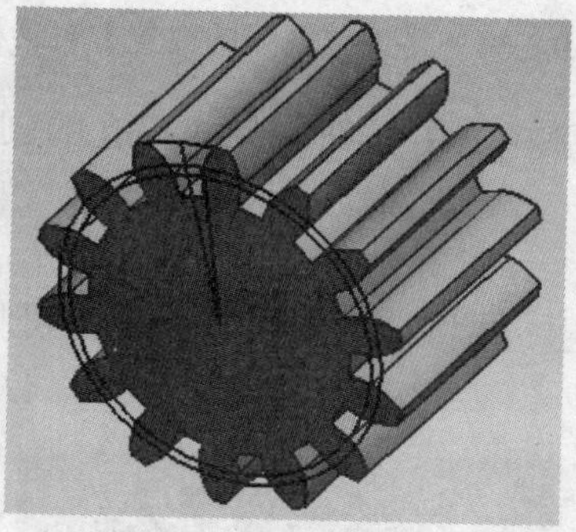
图 9.2.49　齿槽圆周阵列

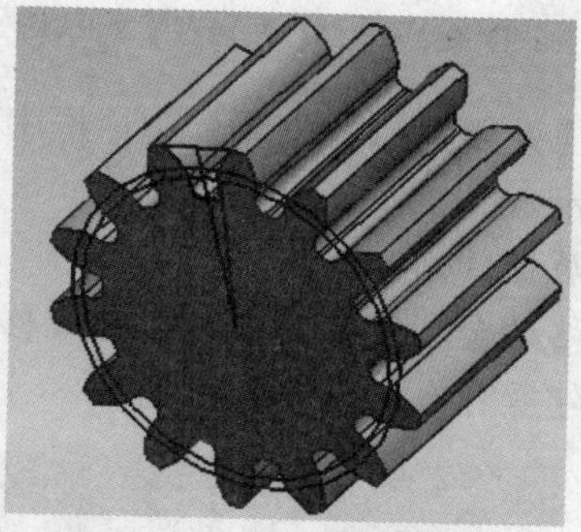
图 9.2.50　齿根边倒圆

13）创建内孔

（1）在【成型特征】工具栏中单击按钮，或选择菜单命令【插入】/【设计特征】/【孔】，系统将弹出如图 9.2.51 所示【孔】对话框。

（2）在【孔】对话框的“直径”文本框中输入“16”，按系统提示依次选取齿轮的两个端面作为孔的放置面和通过面，“深度”和“顶锥角”文本框变为灰显。

（3）单击【确定】按钮，系统将弹出【定位】对话框，如图 9.2.52 所示。

（4）在【定位】对话框中单击按钮，系统将弹出【点到点】对话框，如图 9.2.53 所示。

（5）按系统提示选取齿顶圆弧作为目标对象，系统将弹出【设置圆弧的位置】对话框，如图 9.2.54 所示。

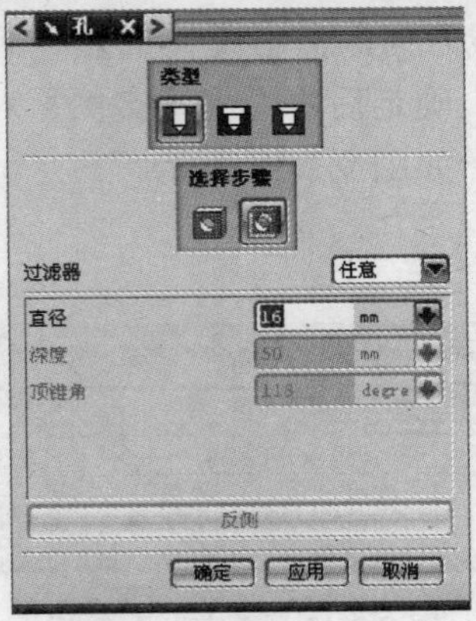

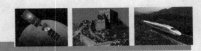

图 9.2.51 【孔】对话框

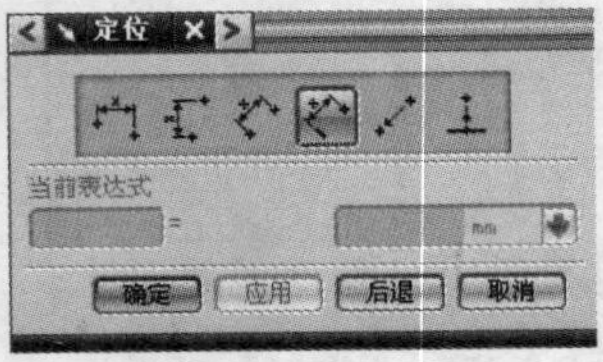

图 9.2.52 【定位】对话框

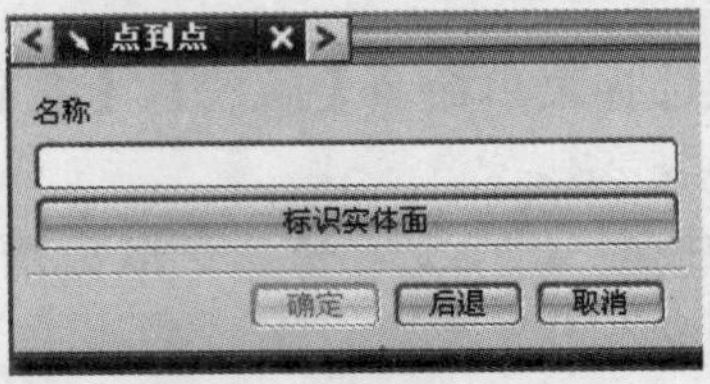

图 9.2.53 【点到点】对话框

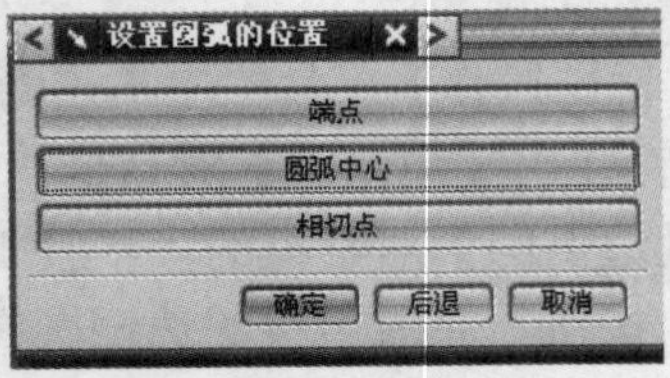

图 9.2.54 【设置圆弧的位置】对话框

（6）在【设置圆弧的位置】对话框中单击【圆弧中心】按钮，完成内孔的创建操作，如图 9.2.55 所示。

14）图层操作

利用【移动至图层】命令，将曲线移动至 41 层，并将该图层设置为“不可见”，完成从动齿轮的创建操作，如图 9.2.56 所示。

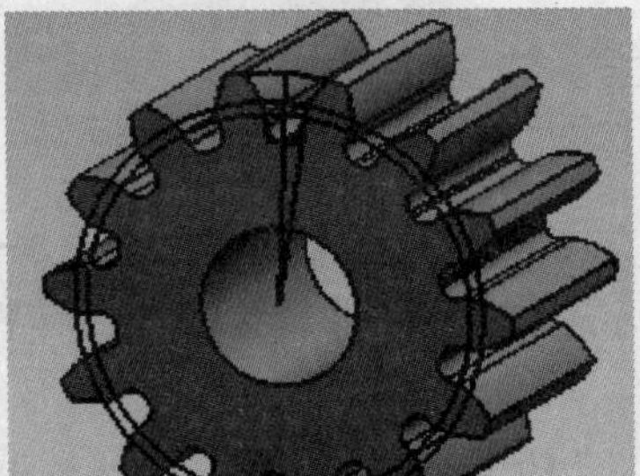

图 9.2.55 内孔

图 9.2.56 从动齿轮

15）保存部件文件

在【标准】工具栏中单击按钮，或选择菜单命令【文件】/【保存】，完成部件文件的保存。

9.2.5 主动齿轮轴

主动齿轮轴零件如图 9.2.57 所示。

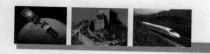

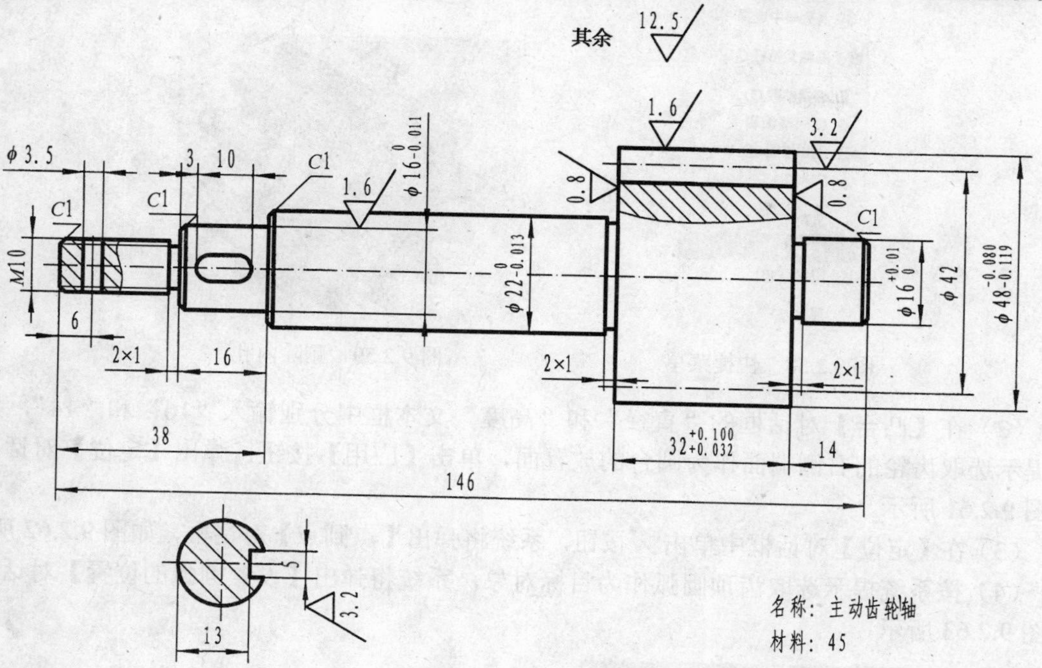

图 9.2.57　主动齿轮轴零件

本题涉及的知识面：打开部件文件、另存部件文件、删除内孔、凸台、退刀槽（沟槽）、基准平面、键槽、圆柱面上钻孔、倒斜角、详细螺纹、图层操作、保存部件文件。具体的操作步骤如下。

1）打开齿轮部件文件

选择菜单命令【文件】/【打开】，或单击【标准】工具栏中的按钮，系统弹出【打开部件文件】对话框，在该对话框的“文件名”文本框中输入“congdongchilun”，单击【确定】按钮，打开从动齿轮模型。

2）另存部件文件

选择菜单命令【文件】/【另存为】，系统弹出【部件文件另存为】对话框。在该对话框的“文件名”文本框中输入“zhudongchilunzhou”，确定存放路径为“E:\gear-pump\”，然后单击【确定】按钮。

3）删除内孔

（1）在绘图工作区直接选取齿轮内孔。

（2）将光标放在选中的齿轮内孔上，单击鼠标右键，弹出如图 9.2.58 所示的快捷菜单，选择【删除】命令项，即可删除选取的齿轮内孔。

也可以在选中删除对象后，直接按键盘上的 Delete 键，完成内孔的删除操作，如图 9.2.59 所示。

4）创建阶梯轴

（1）选择菜单命令【插入】/【设计特征】/【凸台】，或在【成型特征】工具栏中单击按钮，弹出【凸台】对话框，如图 9.2.60 所示。

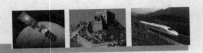

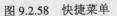

图 9.2.58　快捷菜单

图 9.2.59　删除内孔

（2）在【凸台】对话框的“直径”和“高度”文本框中分别输入“16”和“14”，按系统提示选取齿轮的右侧端面作为圆台的放置面，单击【应用】按钮，弹出【定位】对话框，如图 9.2.61 所示。

（3）在【定位】对话框中单击按钮，系统将弹出【点到点】对话框，如图 9.2.62 所示。

（4）按系统提示选取齿顶圆弧作为目标对象，系统将弹出【设置圆弧的位置】对话框，如图 9.2.63 所示。

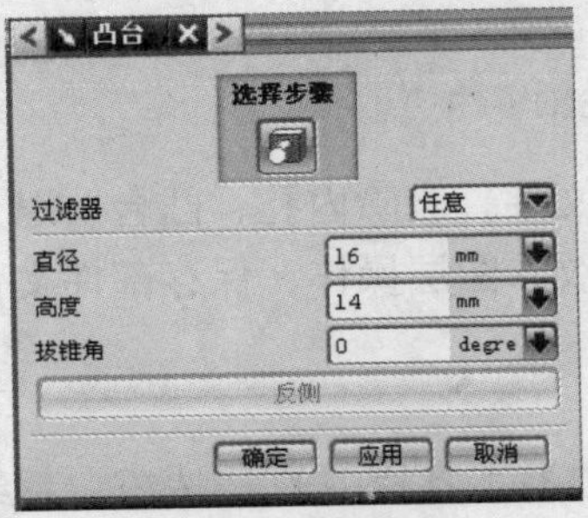

图 9.2.60　【凸台】对话框

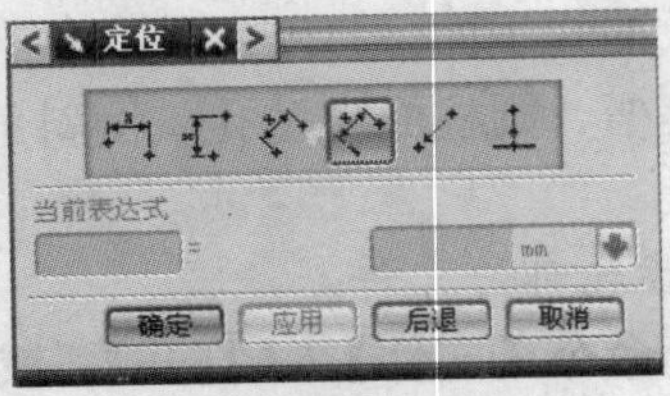

图 9.2.61　【定位】对话框

图 9.2.62　【点到点】对话框

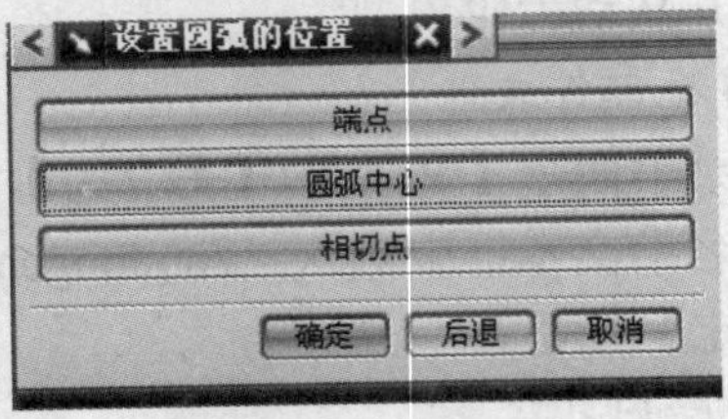

图 9.2.63　【设置圆弧的位置】对话框

（5）在【设置圆弧的位置】对话框中单击【圆弧中心】按钮，完成右侧阶梯轴的创建操作，返回【凸台】对话框，生成的圆台如图 9.2.64 所示。

（6）按同样的方法生成左侧的各段阶梯轴，直径和高度分别为ϕ22，146-16-32-38、ϕ16，16 和ϕ10，38-16。创建的阶梯轴如图 9.2.65 所示。

5）创建退刀槽

（1）选择菜单命令【插入】/【设计特征】/【沟槽】，或在【成型特征】工具栏中单击按钮，弹出【沟槽】对话框，如图 9.2.66 所示。

（2）在【沟槽】对话框中单击【矩形】按钮，弹出如图 9.2.67 所示的【矩形沟槽】对话框。

图 9.2.64　圆台

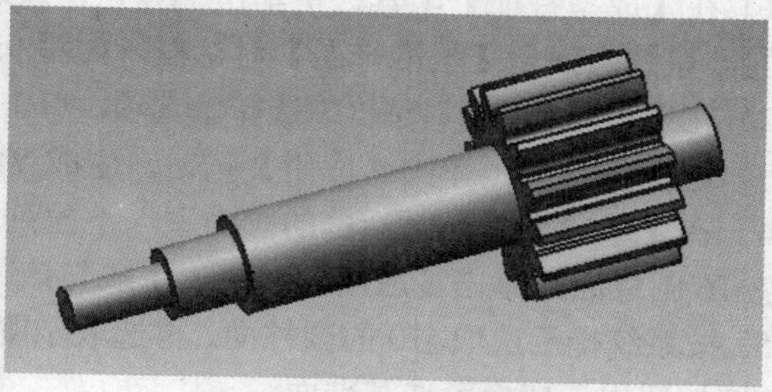

图 9.2.65　阶梯轴

图 9.2.66　【沟槽】对话框

图 9.2.67　【矩形沟槽】对话框

（3）按系统提示选取齿轮右侧的阶梯轴外表面作为沟槽放置面，单击【确定】按钮，弹出如图 9.2.68 所示的【矩形沟槽】参数对话框。

（4）在【矩形沟槽】参数对话框的“沟槽直径”和“宽度”文本框中分别输入“14”和“2”，单击【应用】按钮，弹出【定位沟槽】对话框，如图 9.2.69 所示。

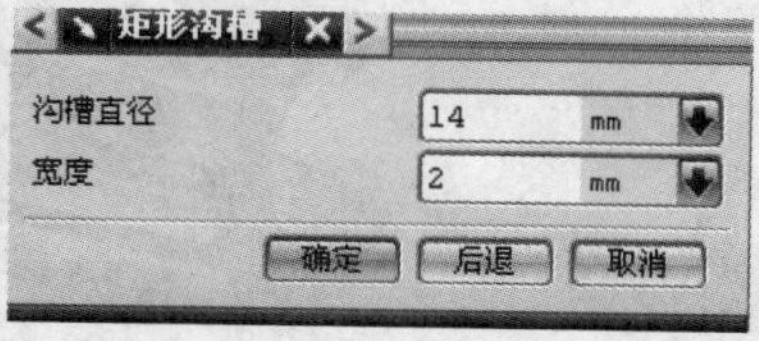

图 9.2.68　【矩形沟槽】参数对话框

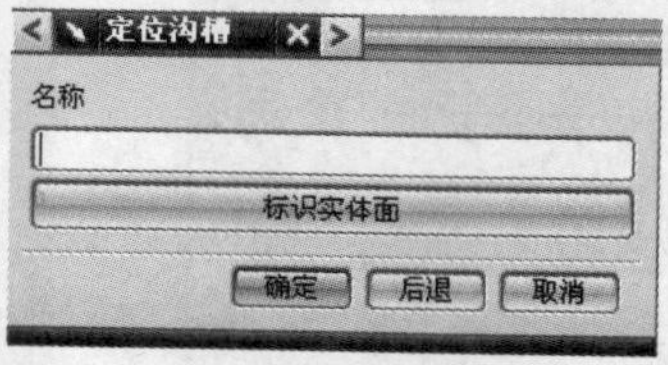

图 19.2.69　【定位沟槽】对话框

（5）按系统提示依次以阶梯轴与齿轮的交线作为目标边，选取切槽工具的左端外圆作为刀具边，单击【确定】按钮，弹出【创建表达式】对话框，如图 9.2.70 所示。

（6）在【创建表达式】对话框的文本框中输入“0”，单击【确定】按钮，完成齿轮右侧退刀槽的创建操作。

（7）按同样的方法生成左侧的两个退刀槽，“沟槽直径”和“宽度”分别为ϕ20、2 和ϕ8、2。创建的退刀槽，如图 9.2.71 所示。

图 9.2.70　【创建表达式】对话框

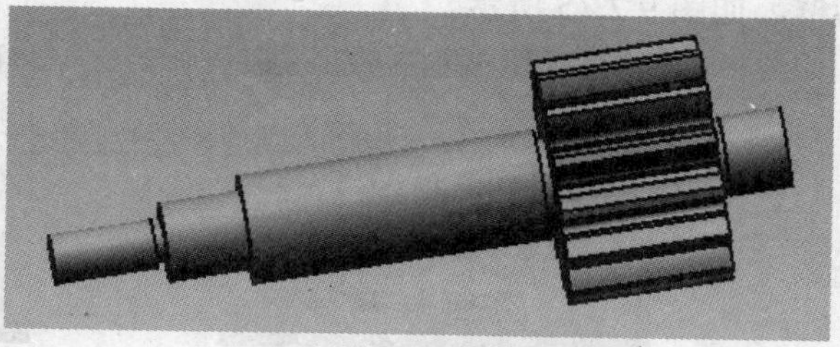

图 9.2.71　退刀槽

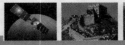

6）创建基准面

（1）在【成型特征】工具栏中单击按钮，或选择菜单命令【插入】/【基准/点】/【基准平面】，系统将弹出【基准平面】对话框，如图 9.2.72 所示。

（2）在【基准平面】对话框中选择选项，单击【应用】按钮，生成 XC-ZC 基准平面。

（3）选择选项，单击【应用】按钮，生成 YC-ZC 基准平面。

（4）在【基准平面】对话框的“类型”下拉列表中选择“自动判断”，并按系统提示选取左侧ϕ16 圆柱面，单击【应用】按钮，生成与该圆柱面相切的键槽放置基准面。

（5）按系统提示选取ϕ10 的圆柱面，再选取刚刚创建的基准面，此时【备选解】按钮被激活，该按钮用于切换可选基准面。

（6）单击按钮，切换基准平面到与ϕ10 圆柱面相切并与所选基准面垂直的位置，单击【应用】按钮，生成开口销孔放置基准面。

（7）按系统提示依次选取ϕ16 圆柱面和ϕ10 圆柱面的左端面，单击【应用】按钮，生成两个竖直基准面，创建的基准面如图 9.2.73 所示。

图 9.2.72 【基准平面】对话框

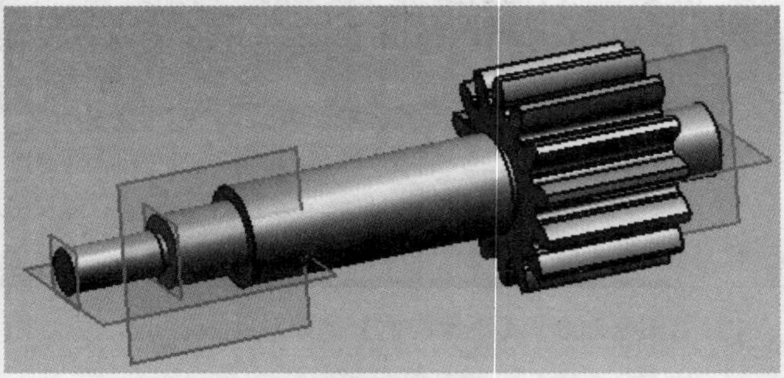

图 9.2.73 基准面

7）创建键槽

（1）选择菜单命令【插入】/【设计特征】/【键槽】，或在【成型特征】工具栏中单击按钮，系统将弹出【键槽】对话框，如图 9.2.74 所示。

（2）在【键槽】对话框中选择“矩形”单选项，单击【确定】按钮，弹出【矩形键槽】对话框，如图 9.2.75 所示。

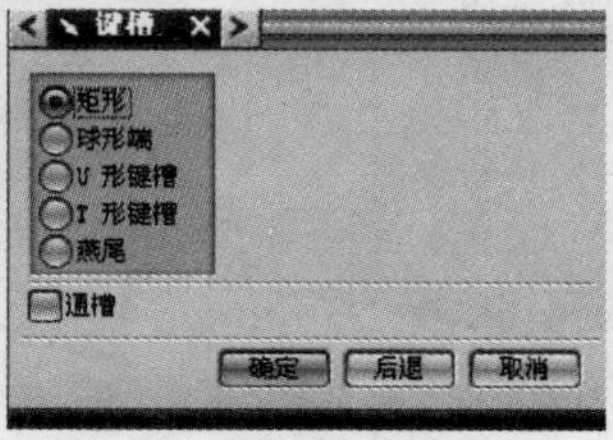

图 9.2.74 【键槽】对话框

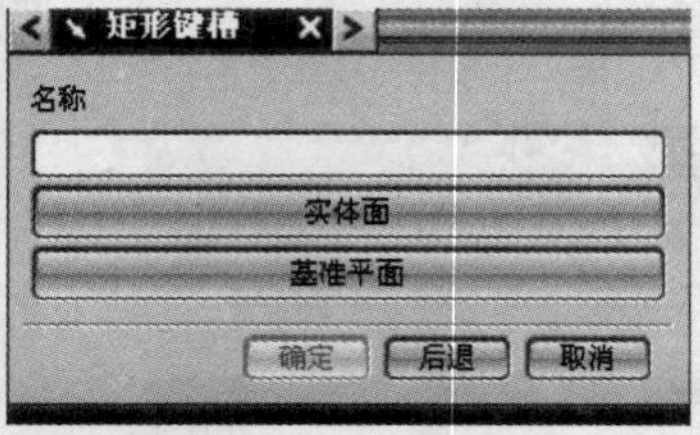

图 9.2.75 【矩形键槽】对话框

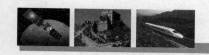

(3) 选取键槽放置面，单击【确定】按钮，然后在弹出的对话框中单击【接受默认边】按钮，弹出【水平参考】对话框，如图 9.2.76 所示。

(4) 选取水平参考方向，弹出【矩形键槽】参数对话框，如图 9.2.77 所示。

(5) 在【矩形键槽】参数对话框的“长度”、“宽度”和“深度”文本框中分别输入“10”、“5”和“3”，单击【确定】按钮，弹出【定位】对话框，如图 9.2.78 所示。

(6) 在【定位】对话框中单击 按钮，并按系统提示选取 YC-ZC 基准平面作为目标边，再选取键长度方向的定位中心线作为工具边，返回【定位】对话框。

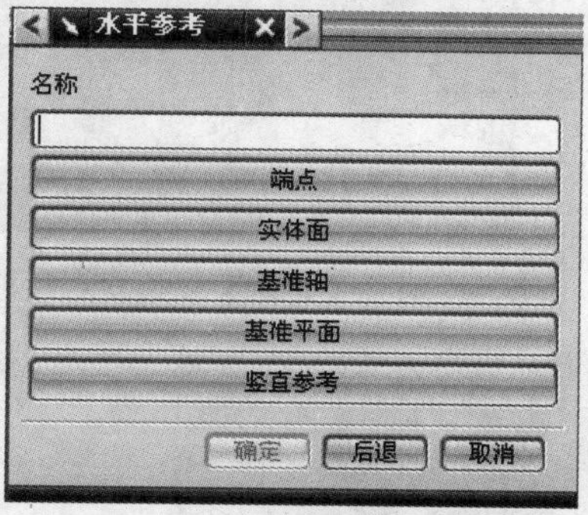

图 9.2.76　【水平参考】对话框

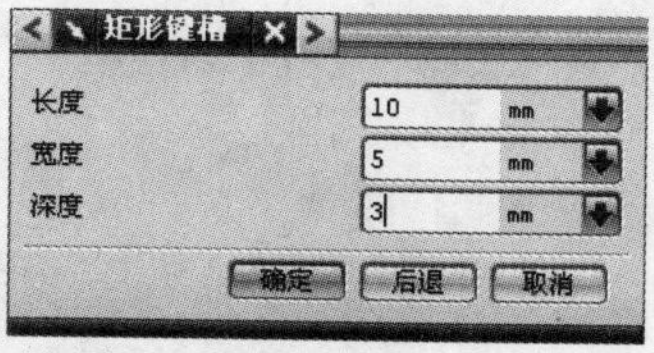

图 9.2.77　【矩形键槽】参数对话框

(7) 在【定位】对话框中单击按钮，并按系统提示选取ϕ16 左端的基准面作为目标边，再选取键槽宽度方向的定位中心线作为工具边，弹出【创建表达式】对话框，如图 9.2.79 所示。

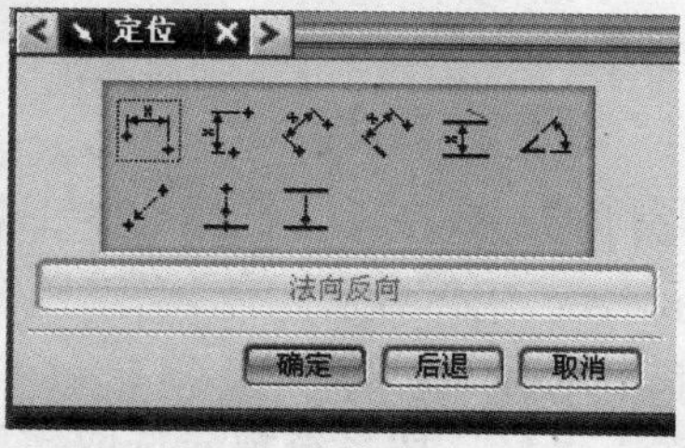

图 9.2.78　【定位】对话框

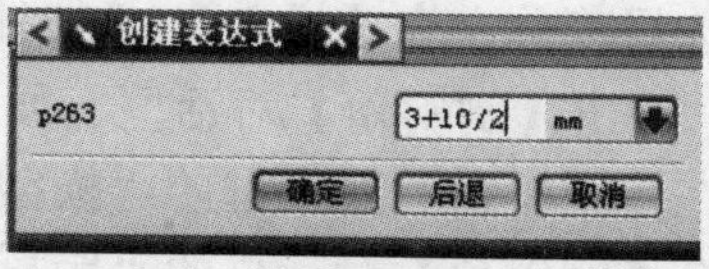

图 9.2.79　【创建表达式】对话框

(8) 在【创建表达式】对话框的参数文本框中输入“3+10/2”，单击【确定】按钮，完成键槽的创建操作。

8）创建开口销孔

(1) 选择菜单命令【插入】/【设计特征】/【孔】，或在【成型特征】工具栏中单击按钮，弹出【孔】对话框，如图 9.2.80 所示。

(2) 在【孔】对话框中选择选项，然后在“直径”文本框中输入“3.5”，单击【确定】按钮，弹出【定位】对话框。

(3) 在【定位】对话框中单击按钮，然后按系统提示选取 XC-ZC 基准平面作为目标边，返回【定位】对话框。

(4) 在【定位】对话框中单击按钮，然后按系统提示选取ϕ10 左端的基准面作为目标边，返回【定位】对话框。同时“当前表达式”文本框被激活，如图 9.2.81 所示。

(5) 在“当前表达式”文本框中输入“6”，单击【确定】按钮，完成开口销孔的创建操作，如图 9.2.82 所示。

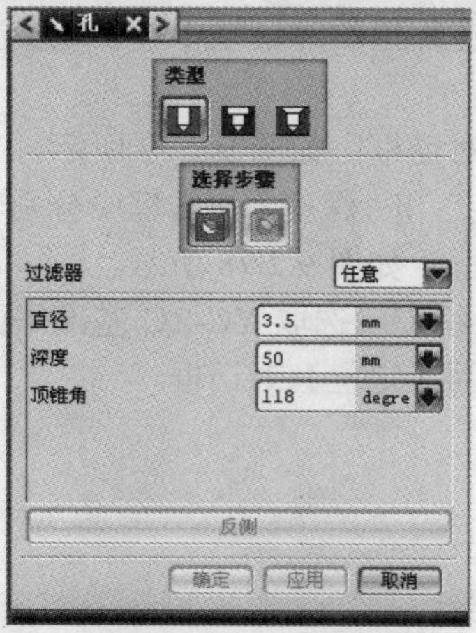

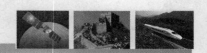

图 9.2.80 【孔】对话框

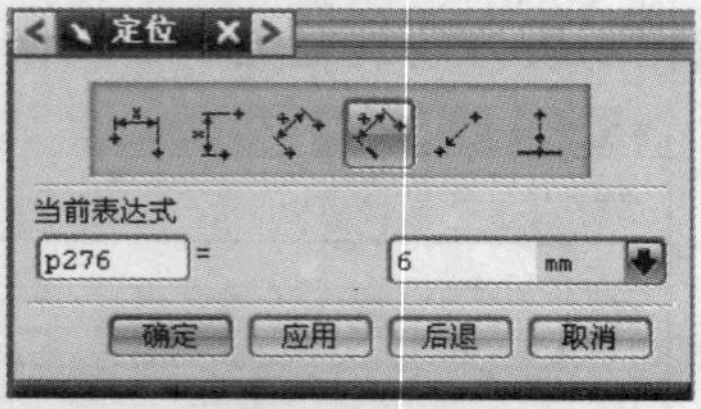

图 9.2.81 【定位】表达式对话框

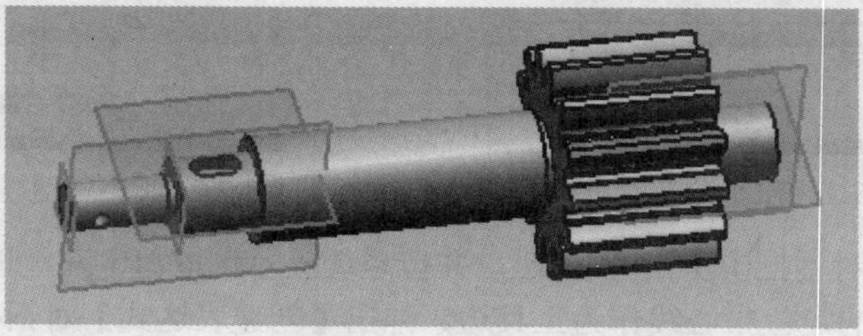

图 9.2.82 键槽和定位销孔

9）倒斜角

（1）选择菜单命令【插入】/【特征操作】/【倒斜角】，或在【特征操作】工具栏中单击按钮，弹出【倒斜角】对话框，如图 9.2.83 所示。

（2）在【倒斜角】对话框的“横截面”下拉列表中选择“对称”。

（3）在【倒斜角】对话框的“距离”文本框中输入“1”，按系统提示选取需要倒斜角的边，单击【确定】按钮，完成倒斜角操作，如图 9.2.84 所示。

图 9.2.83 【倒斜角】对话框

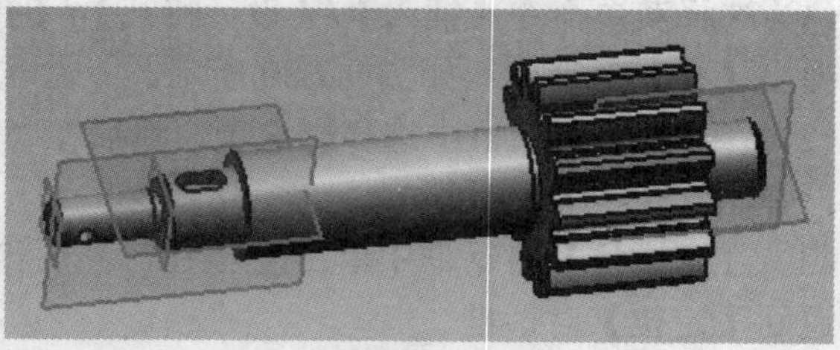

图 9.2.84 倒斜角

10）创建螺纹

（1）选择菜单命令【插入】/【特征操作】/【螺纹】，或在【特征操作】工具栏中单击按钮，弹出【螺纹】对话框，如图 9.2.85 所示。

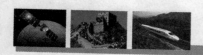

（2）按系统提示选取ϕ10 圆柱面，对话框中的参数被激活，单击【确定】按钮，完成螺纹创建操作，如图 9.2.86 所示。

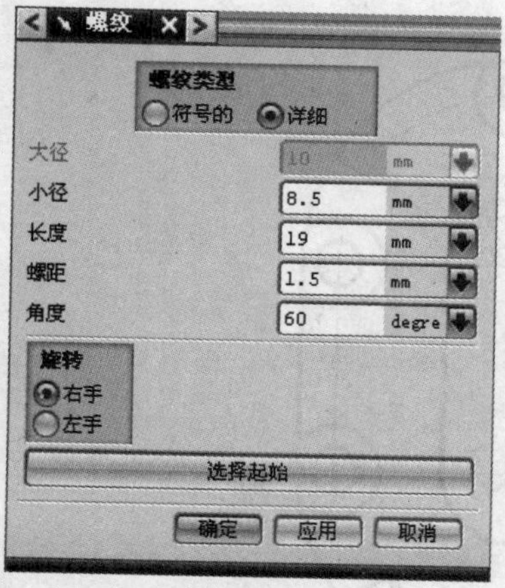

图 9.2.85 【螺纹】对话框

图 9.2.86 螺纹

11）图层操作

利用【移动至图层】功能将模型中的基准平面及基准轴移动到 61 层，并将该图层设置为“不可见”。完成主动齿轮轴的创建操作，如图 9.2.87 所示。

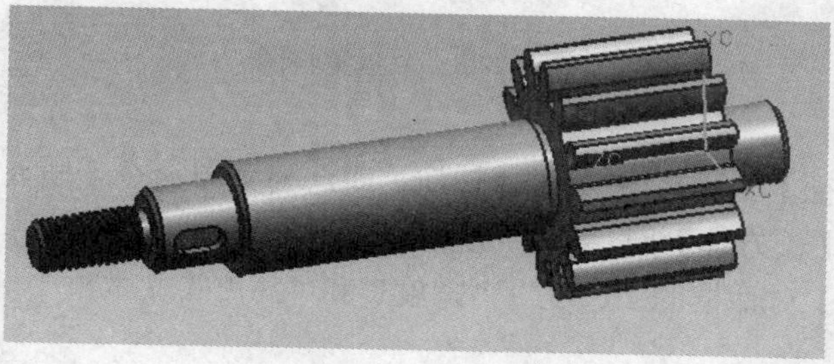

图 9.2.87 主动齿轮轴

12）保存部件文件

在【标准】工具栏中单击按钮，或选择菜单命令【文件】/【保存】，完成部件文件的保存。

9.2.6 泵盖

泵盖零件图如图 9.2.88 所示

本题涉及的知识面：新建部件文件、长方体、基准面、边倒圆、凸垫、变换显示状态、拔模、简单孔、沉头孔、圆周阵列、镜像、图层操作、保存部件文件。具体的操作步骤如下。

1）进入 UG NX 5.0 主界面

选择【开始】/【程序】/【UGS NX 5.0】/【NX 5.0】命令，或双击桌面上的快捷方式图标，就进入 UG NX 5.0 的主界面。

2）新建部件文件

（1）选择菜单命令【文件】/【新建】，或单击按钮，弹出【文件新建】对话框。

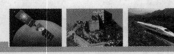

（2）在【文件新建】对话框中选择【建模】选项卡，并在“名称”文本框中输入“benggai”，确定存放路径为“E:\gear-pump\”，然后单击【确定】按钮，新建部件文件后进入建模模块。

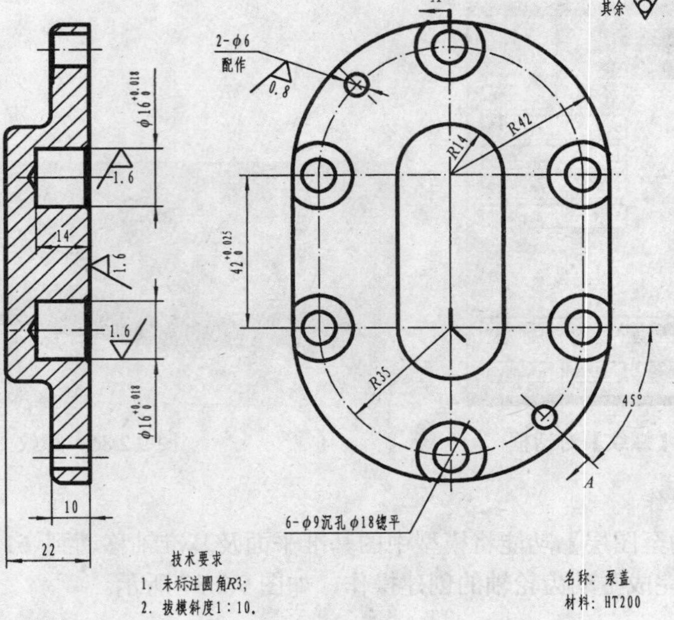

图 9.2.88　泵盖零件图

3）创建长方体

（1）在【成型特征】工具栏中单击按钮，或选择菜单命令【插入】/【设计特征】/【长方体】，系统将弹出【长方体】对话框，如图 9.2.89 所示。

（2）在【长方体】对话框的“长度”、“宽度”和“高度”文本框中分别输入“126”、“84”和“10”。

（3）单击【点捕捉】工具栏中的按钮，弹出【点】对话框。

（4）在【点】对话框的“XC”、“YC”和“ZC”文本框中分别输入“-126/2”、“-84/2”和“0”，单击【确定】按钮，返回【长方体】对话框。

（5）单击【确定】按钮，完成长方体的创建操作，如图 9.2.90 所示。

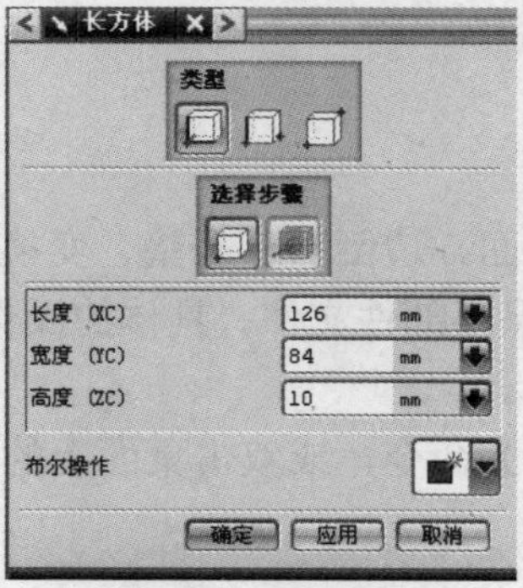

图 9.2.89　【长方体】对话框

图 9.2.90　长方体

4）边倒圆

（1）在【特征操作】工具栏中单击按钮，或选择菜单命令【插入】/【特征操作】/【边倒圆】，弹出【边倒圆】对话框，如图 9.2.91 所示。

（2）在【边倒圆】对话框的"半径 1"文本框中输入"42"，并按系统提示选择四个竖直的棱边。

（3）单击【确定】按钮，完成边倒圆的创建操作，如图 9.2.92 所示。

图 9.2.91　【边倒圆】对话框

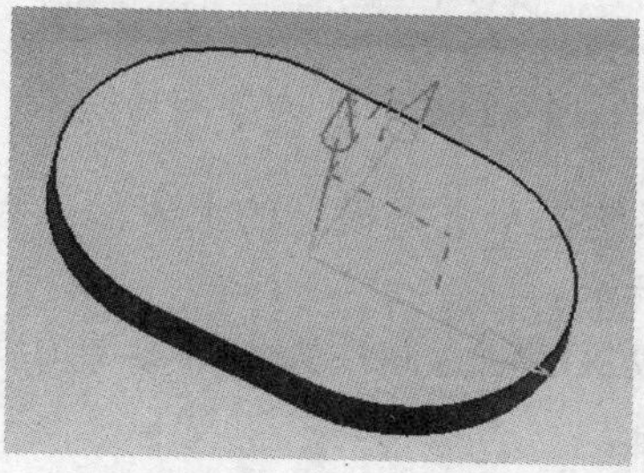

图 9.2.92　边倒圆

5）创建基准面

（1）在【成型特征】工具栏中单击按钮，或选择菜单命令【插入】/【基准/点】/【基准平面】，系统将弹出【基准平面】对话框，如图 9.2.93 所示。

（2）在【基准平面】对话框中选择选项，单击【应用】按钮，生成 XC-ZC 基准平面。

（3）选择选项，单击【应用】按钮，生成 YC-ZC 基准平面，创建的基准面如图 9.2.94 所示。

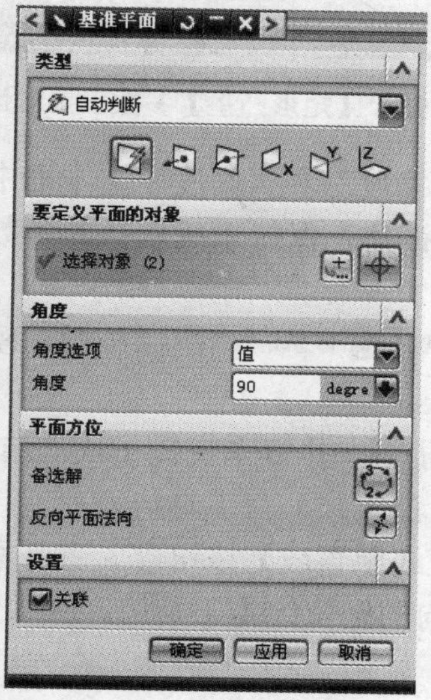

图 9.2.93　【基准平面】对话框

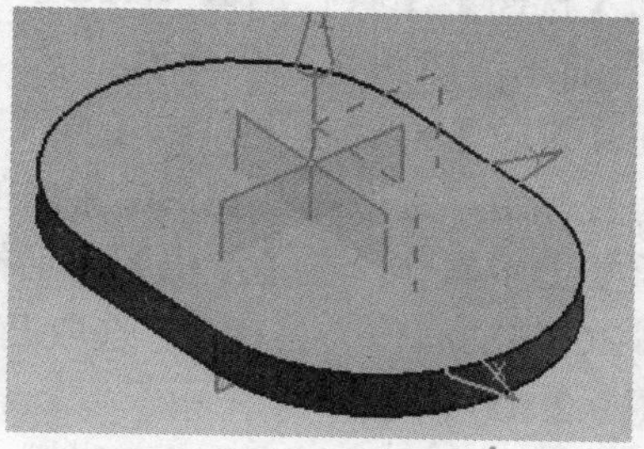

图 9.2.94　基准面

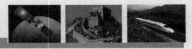

6）创建凸垫

（1）在【设计特征】工具栏中单击按钮，或选择菜单命令【插入】/【设计特征】/【凸垫】，系统将弹出如图 9.2.95 所示的【凸垫】对话框。

（2）在【凸垫】对话框中单击【矩形】按钮，系统将弹出如图 9.2.96 所示的【矩形凸垫】对话框。

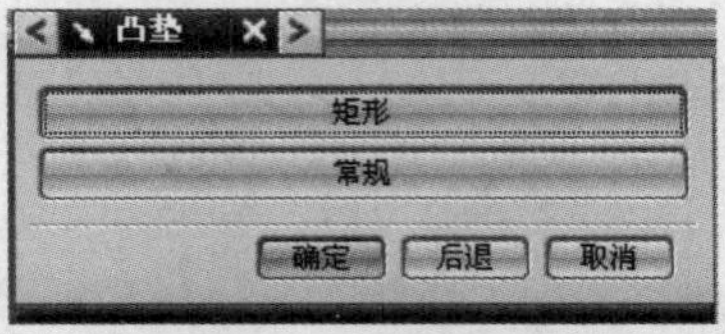

图 9.2.95　【凸垫】对话框

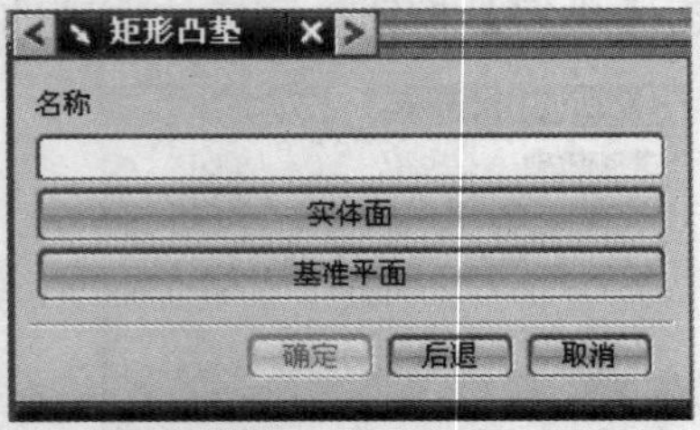

图 9.2.96　【矩形凸垫】对话框

（3）按系统提示选择模型的上表面作为凸垫的放置面，系统将弹出【水平参考】对话框，如图 9.2.97 所示。

（4）选取 XC 轴方向作为水平参考方向，系统将弹出如图 9.2.98 所示的【矩形凸垫】参数设置对话框。

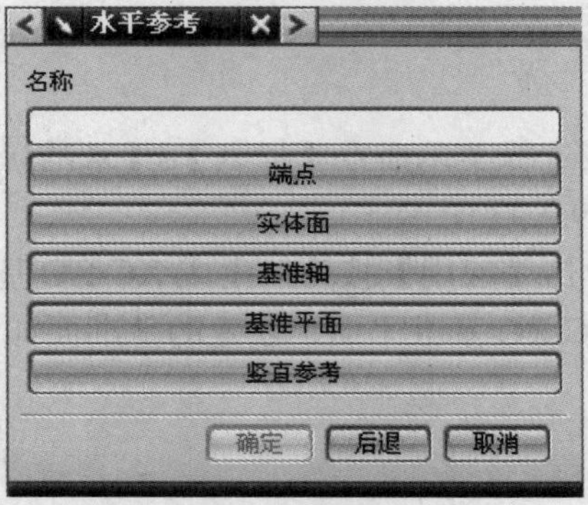

图 9.2.97　【水平参考】对话框

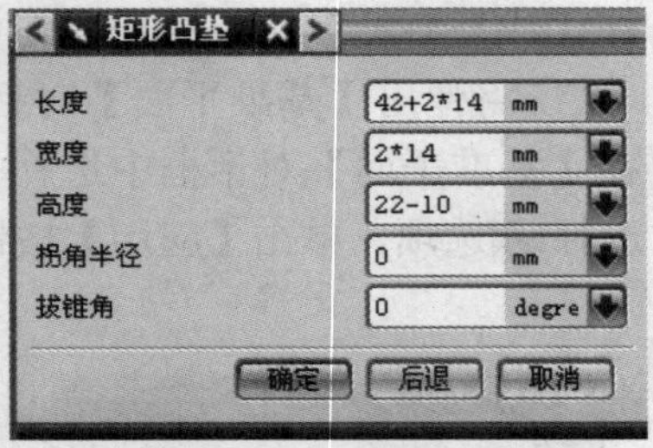

图 9.2.98　【矩形凸垫】参数设置对话框

（5）在【矩形凸垫】参数设置对话框的“长度”、“宽度”和“高度”文本框中分别输入“42+2*14”、“2*14”和“22-10”，“拐角半径”和“拔锥角”保持系统默认的参数值，单击【确定】按钮，系统将弹出【定位】对话框。

（6）在【视图】工具栏的 带边着色(S) 下拉列表中单击 静态线框(S) 图标按钮，模型将变为“静态线框”显示，如图 9.2.99 所示。

（7）在【定位】对话框中单击【直线至直线】按钮，并按系统提示依次选取 XC-ZC 基准面作为目标边，选取凸垫在 XC 方向的定位线（蓝色虚线）为工具边。

（8）重复上步操作，在【定位】对话框中单击【直线至直线】按钮，并按系统提示依次选取 YC-ZC 基准面作为目标边，选取凸垫在 YC 方向的定位线为工具边，完成凸垫的定位操作，如图 9.2.100 所示。

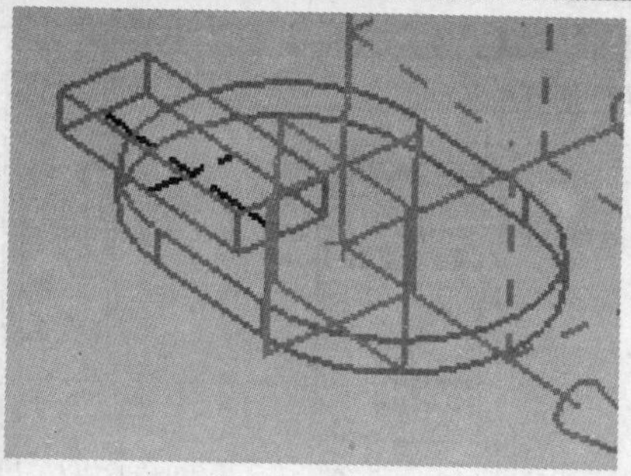

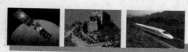

图 9.2.99　【静态线框】显示

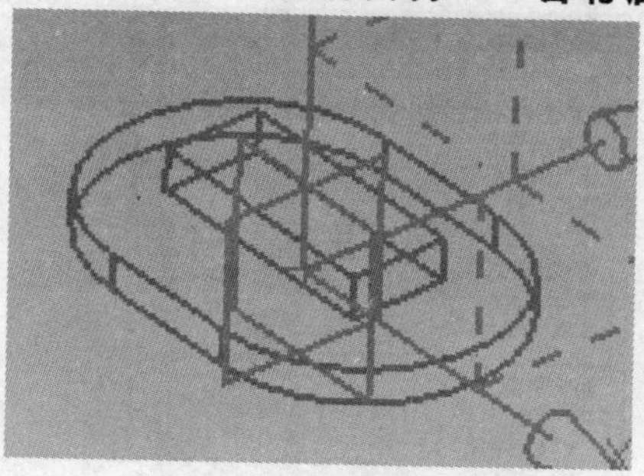

图 9.2.100　凸垫

7）凸垫边倒圆

在【特征操作】工具栏中单击按钮，或选择菜单命令【插入】/【特征操作】/【边倒圆】，在系统弹出【边倒圆】对话框中的“半径 1”文本框中输入“14”，按系统提示选择凸垫的四个竖直的棱边，单击【确定】按钮，完成凸垫的边倒圆的创建操作，如图 9.2.101 所示。

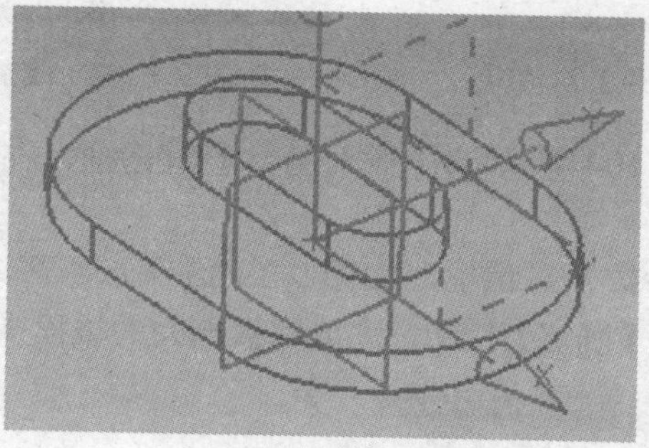

图 9.2.101　边倒圆

8）变换显示状态

在【视图】工具栏的 静态线框(S) 下拉列表中单击 带边着色(S) 图标按钮，模型将变为“带边着色”显示。

9）拔模

(1) 在【特征操作】工具栏中单击按钮，或选择菜单命令【插入】/【特征操作】/【拔模角】，系统将弹出【拔模角】对话框，如图 9.2.102 所示。

(2) 在【拔模角】对话框的“指定矢量”下拉列表中选择 ZC 作为开模方向，也可以直接单击鼠标中键，接受系统默认的开模方向。

(3) 按系统提示选取底面作为拔模的起始面。

(4) 选取需要进行拔模底板的侧面。

(5) 在【拔模角】对话框的“角度”文本框中输入角度参数值。由于本题的拔模角为 1∶10，不能直接在文本框中输入。可在“角度”文本框右侧的下拉列表中选择 函数(U)...，系统弹出如图 9.2.103 所示的【插入函数】对话框，在该对话框的 最近使用的 下拉列表中选择【所有函数】。

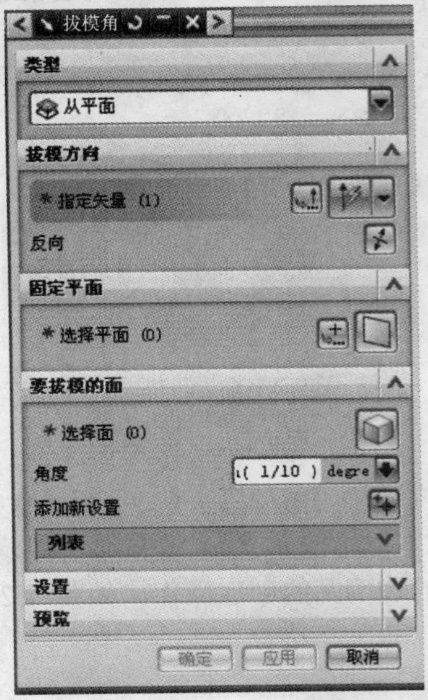

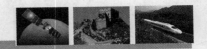

图 9.2.102　【拔模角】对话框

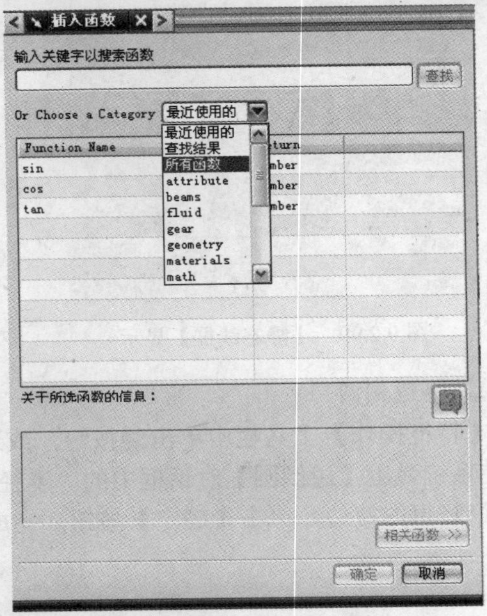

图 9.2.103　【插入函数】对话框

（6）系统弹出如图 9.2.104 所示的【插入函数】对话框，在该对话框的函数列表框中选取相应的选项。

（7）系统弹出【函数参数】对话框，如图 9.2.105 所示，在该对话框的“指定一个数字”文本框中输入“1/10”，单击【确定】按钮，完成底板侧面的拔模操作，返回【拔模角】对话框。

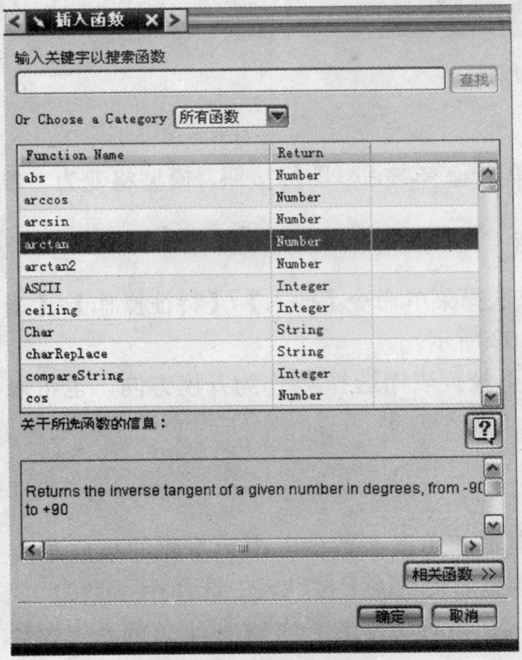

图 9.2.104　【插入函数】对话框

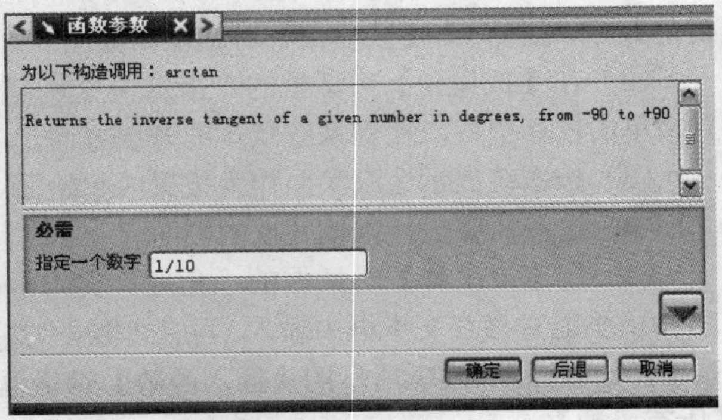

图 9.2.105　【函数参数】对话框

（8）重复以上步骤，对凸垫的侧面进行拔模。直接单击鼠标中键，接受系统默认的开模方向。

（9）选取底板上表面作为拔模的起始面。

（10）选取需要进行拔模凸垫的侧面。

（11）其他设置保持系统默认状态，单击【确定】按钮，完成拔模操作，如图 9.2.106 所示。

10）边倒圆

（1）在【特征操作】工具栏中单击按钮，或选择菜单命令【插入】/【特征操作】/【边倒圆】，系统弹出【边倒圆】对话框。

（2）在【边倒圆】对话框中的“半径 1”文本框中输入“3”，按系统提示选择底板上表面和凸垫上表面的棱边，单击【确定】按钮，完成边倒圆的创建操作，如图 9.2.107 所示。

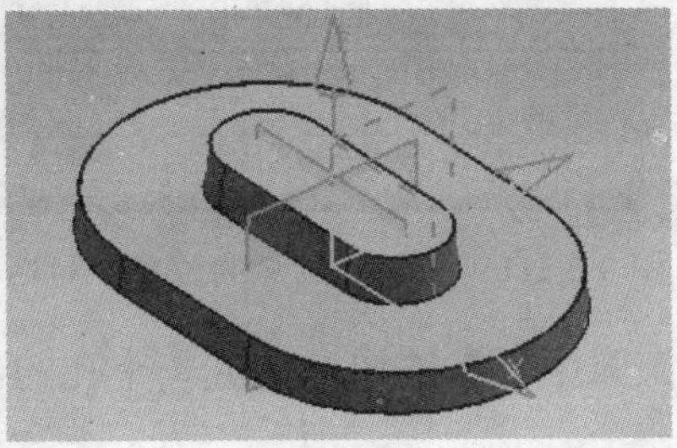

图 9.2.106　拔模

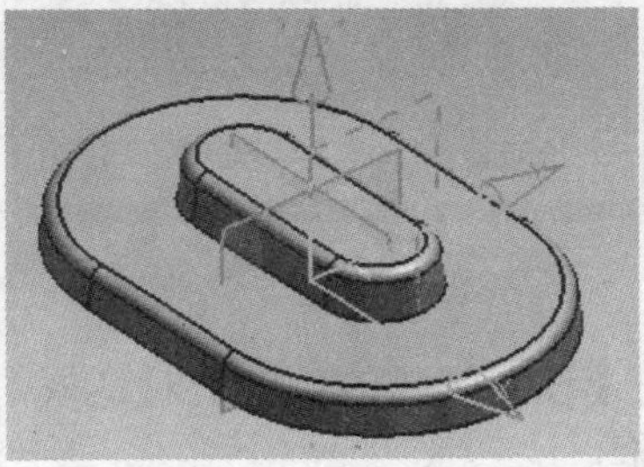

图 9.2.107　边倒圆

11）移动坐标系

选择菜单命令【格式】/【WCS】/【原点】，在系统弹出【点】对话框的“XC”、“YC”和“ZC”文本框中分别输入“21”、“10”和“0”，或利用点捕捉功能直接选取底板上表面的圆弧，以圆弧的中心来定义新坐标系原点的位置，单击【确定】按钮，完成坐标系的移动操作。

12）创建基准轴

（1）在【特征操作】工具栏中单击按钮，或选择菜单命令【插入】/【特征操作】/【基准轴】，系统弹出【基准轴】对话框，如图 9.2.108 所示。

（2）在【基准轴】对话框中选择选项，单击【应用】按钮，用同样的方法创建三个坐标轴的基准轴，如图 9.2.109 所示。

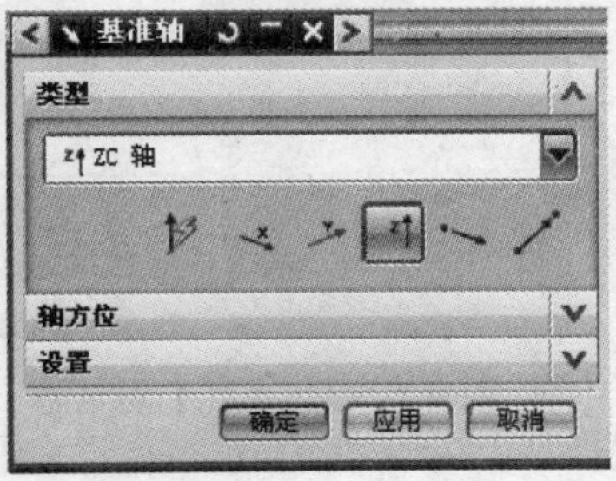

图 9.2.108　【基准轴】对话框

图 9.2.109　基准轴

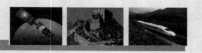

13）创建简单孔

（1）在【成型特征】工具栏中单击按钮，或选择菜单命令【插入】/【成型特征】/【孔】，系统弹出【孔】对话框。

（2）在【孔】对话框中选择选项，然后在“直径”、“深度”和“顶锥角”文本框中分别输入“16”、“14”和“0”，接着选取底面作为孔的放置面，单击【确定】按钮，弹出【定位】对话框，如图 9.2.110 所示。

（3）在【定位】对话框中选择选项，弹出孔【点至点】对话框。

（4）按系统提示选取底面圆弧作为目标对象，弹出【设置圆弧的位置】对话框，如图 9.2.111 所示。

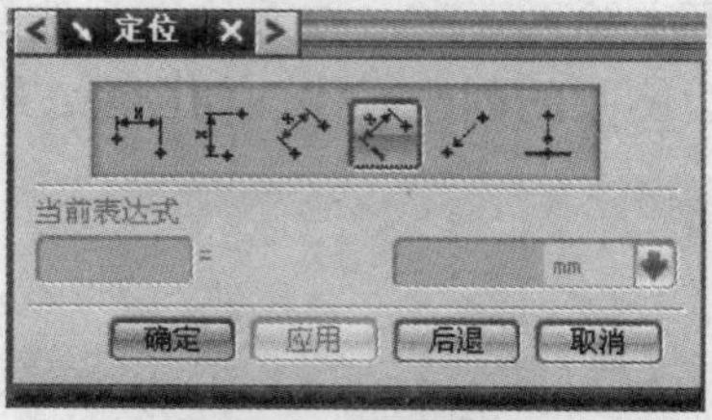

图 9.2.110 【定位】对话框

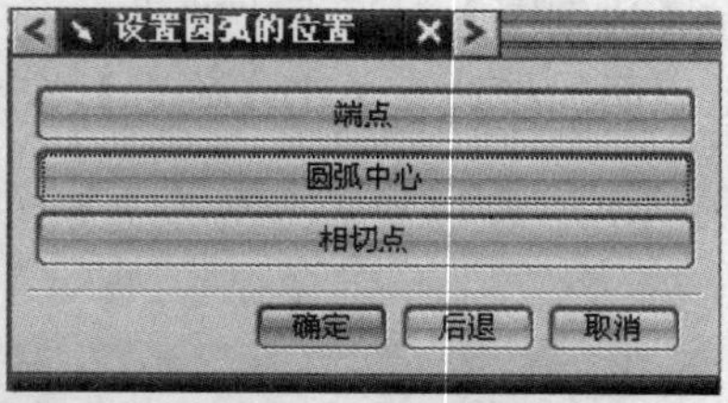

图 9.2.111 【设置圆弧的位置】对话框

（5）在【设置圆弧的位置】对话框中单击【圆弧中心】按钮，完成一个孔的创建，返回【孔】对话框。

（6）重复以上步骤创建底面上的另一个孔，如图 9.2.112 所示。

14）创建沉头孔

（1）在【成型特征】工具栏中单击按钮，或选择菜单命令【插入】/【成型特征】/【孔】，系统弹出【孔】对话框，如图 9.2.113 所示。

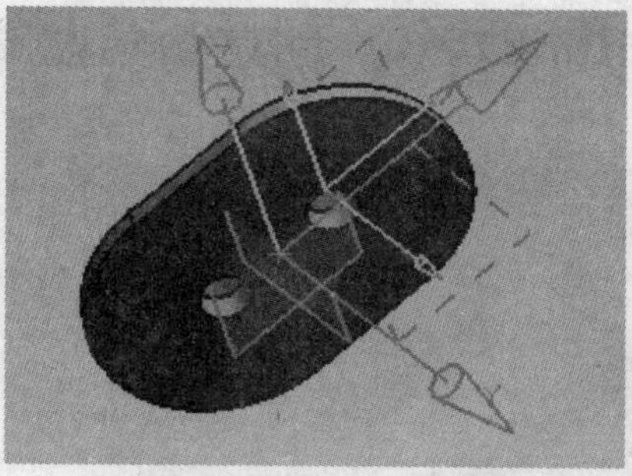

图 9.2.112 底面孔

图 9.2.113 【孔】对话框

（2）在【孔】对话框中选择“沉头孔”选项。

（3）在“沉头孔直径”、“沉头孔深度”和“孔径”文本框中分别输入“18”、“1”和“9”，并选取底板上表面作为孔的放置面，再选取底板下表面作为孔的通过面，此时“孔深度”和“顶锥角”文本框变为灰显。

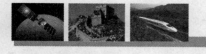

（4）单击【确定】按钮，弹出孔【定位】对话框，如图 9.2.114 所示。

（5）在绘图工作区直接选取 XC 方向的基准轴，【定位】对话框中的“当前表达式”文本框变为可选。

（6）在【定位】对话框的“当前表达式”文本框中输入“35”，单击【确定】按钮。

（7）在【定位】对话框中选择 选项，弹出【点在线上】对话框。

（8）按系统提示在绘图工作区直接选取 YC 基准轴作为目标边，单击【确定】按钮，完成一个沉头孔的创建操作，如图 9.2.115 所示。

图 9.2.114　【定位】对话框

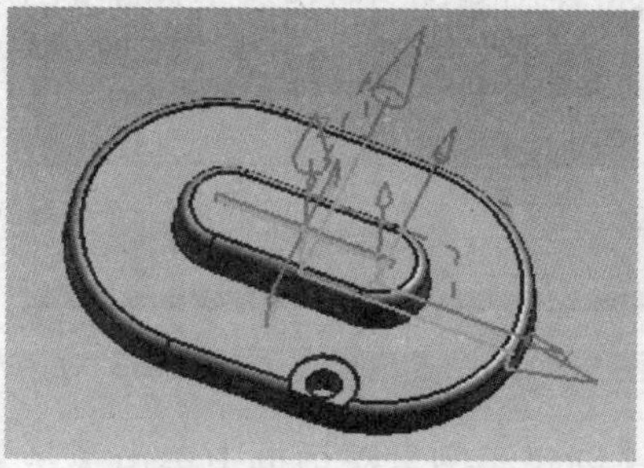

图 9.2.115　沉头孔

15）圆周阵列沉头孔

（1）在【特征操作】工具栏中单击 按钮，或选择菜单命令【插入】/【关联复制】/【实例】，系统将弹出如图 9.2.116 所示的【实例】对话框。在该对话框中单击【圆周阵列】按钮。

（2）系统将弹出如图 9.2.117 所示的【实例】对话框，在该对话框中选取需要圆周阵列的特征，或在绘图工作区直接用光标选取需要圆周阵列的特征，单击【确定】按钮。

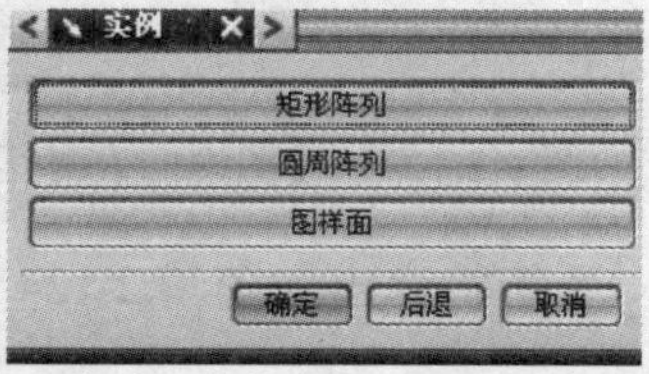

图 9.2.116　【实例】对话框

图 9.2.117　【实例】对话框

（3）系统将弹出如图 9.2.118 所示的【实例】对话框，在该对话框的“数量”和“角度”文本框中分别输入“3”和“90”，单击【确定】按钮。

（4）系统将弹出如图 9.2.119 所示的【实例】对话框，在该对话框中单击【基准轴】按钮。

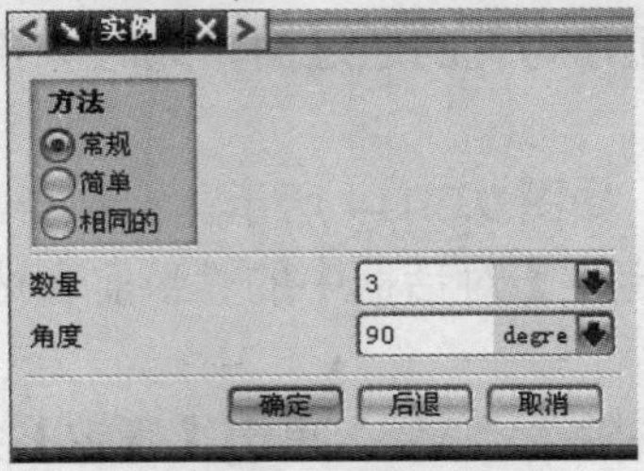

图 9.2.118 【实例】对话框

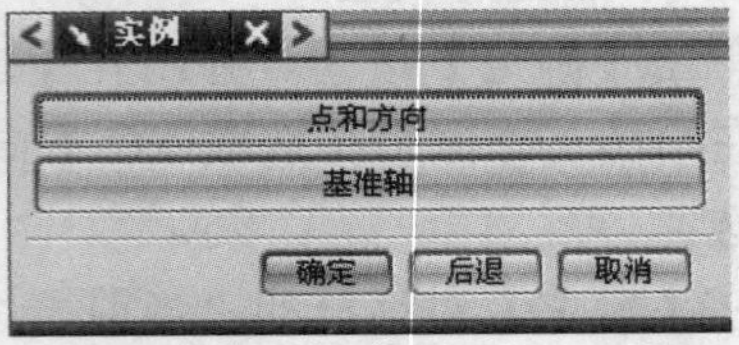

图 9.2.119 【实例】对话框

（5）系统将弹出如图 9.2.120 所示的【选择一个基准轴】对话框，按系统提示选取基准轴 ZC，系统将弹出如图 9.2.121 所示的【创建实例】对话框。

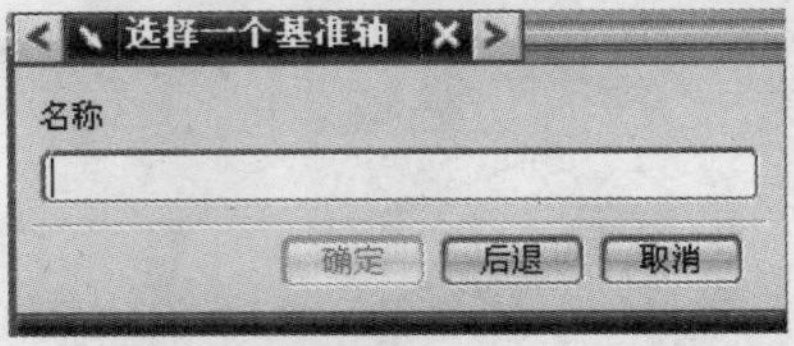

图 9.2.120 【选择一个基准轴】对话框

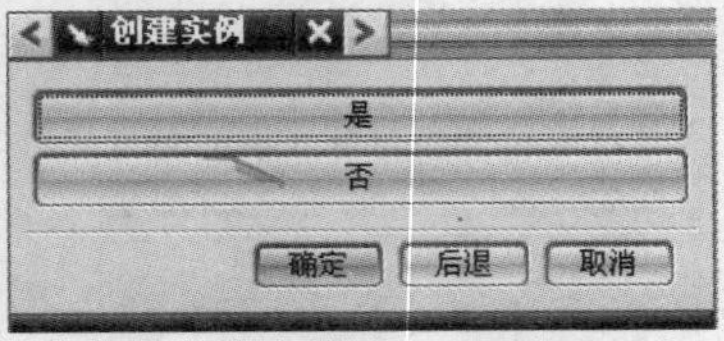

图 9.2.121 【创建实例】对话框

（6）在【创建实例】对话框中单击【是】按钮，完成沉头孔的阵列操作。阵列后的模型如图 9.2.122 所示。

16）镜像沉头孔

（1）在【特征操作】工具栏中单击按钮，或选择菜单命令【插入】/【关联复制】/【实例】，系统将弹出如图 9.2.123 所示的【实例】对话框。

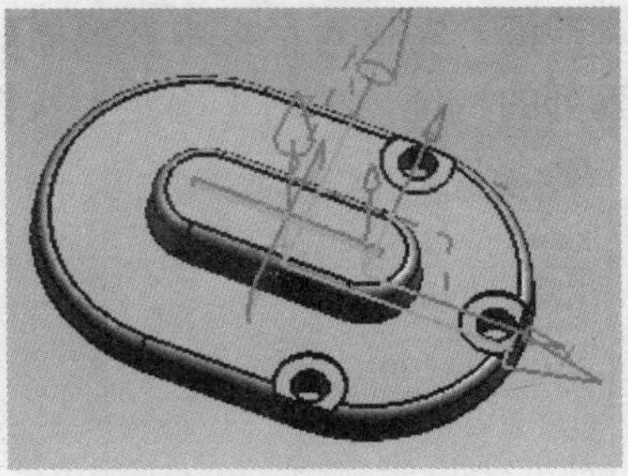

图 9.2.122 圆周阵列

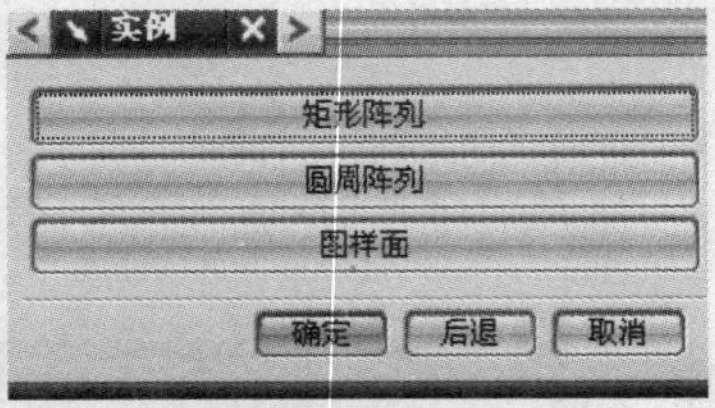

图 9.2.123 【图样面】对话框

（2）在【实例】对话框中单击【图样面】按钮，系统将弹出如图 9.2.124 所示的【图样面】对话框。

（3）在【图样面】对话框中选择“反射”选项，并按系统提示选择需要镜像的沉头孔。

（4）在【图样面】对话框中选择“平面参考”选项，并按系统提示选择镜像平面。

（5）单击【确定】按钮，完成沉头孔的镜像操作，如图 9.2.125 所示。

17）创建定位销孔

（1）在【成型特征】工具栏中单击按钮，或选择菜单命令【插入】/【成型特征】/【孔】，系统弹出【孔】对话框。

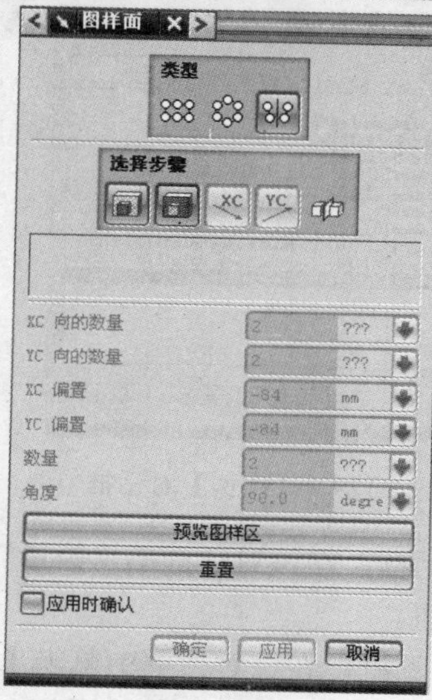

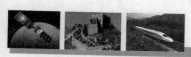

图 9.2.124　【图样面】对话框

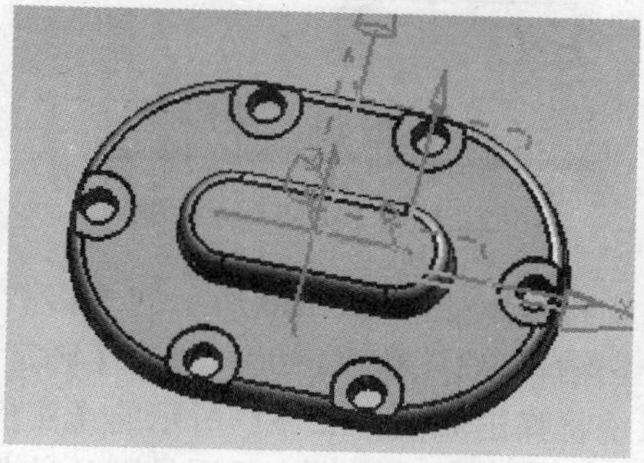

图 9.2.125　镜像沉头孔

（2）在【孔】对话框中选择选项，按系统提示选取底板的上表面作为孔的放置面，再选取底板的下表面作为孔的通过面，此时【孔】对话框中的“深度”和“顶锥角”文本框变为灰显。

（3）在“直径”文本框中输入“6”，单击【确定】按钮，弹出孔【定位】对话框，如图 9.2.126 所示。

（4）按系统提示选取 XC 基准轴，【定位】对话框中的“当前表达式”文本框变为可选，在文本中输入“35*cos（45）”，单击【应用】按钮。

（5）重复上步操作，按系统提示选取 YC 基准轴，在“当前表达式”文本框中输入“35*sin（45）”，单击【确定】按钮，完成一个定位销孔的创建，如图 9.2.127 所示。

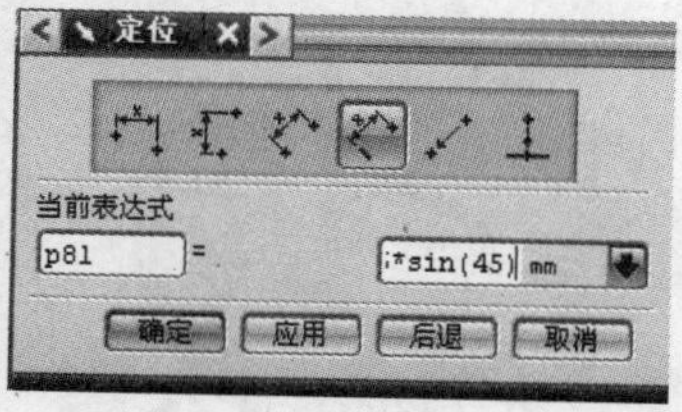

图 9.2.126　【定位】对话框

图 9.2.127　定位销孔

18）阵列定位销孔

1）在【特征操作】工具栏中单击按钮，或选择菜单命令【插入】/【关联复制】/【实例】，系统将弹出如图 9.2.128 所示的【实例】对话框，在该对话框中单击【圆周阵列】按钮。

（2）系统将弹出如图 9.2.129 所示的【实例】对话框，在该对话框中选取定位销孔，或在绘图工作区直接用光标选取定位销孔，单击【确定】按钮。

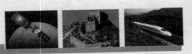

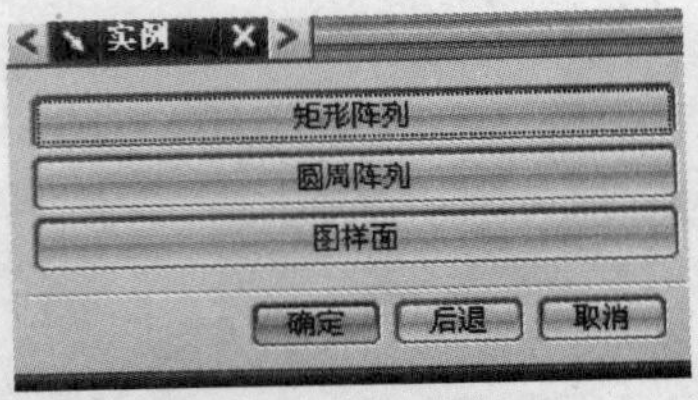

图 9.2.128 【实例】对话框

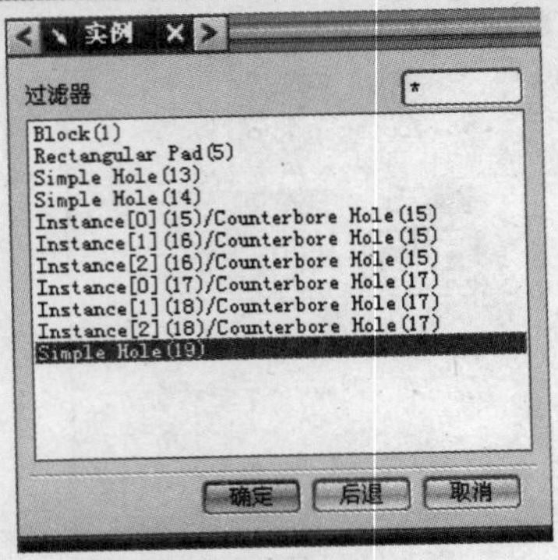

图 9.2.129 【实例】对话框

（3）系统将弹出如图 9.2.130 所示的【实例】对话框，在该对话框的“数量”和“角度”文本框中分别输入“2”和“180”，单击【确定】按钮。

（4）系统将弹出如图 9.2.131 所示的【实例】对话框，在该对话框中单击【点和方向】按钮，弹出【矢量】对话框，接受系统默认的矢量方向，单击【确定】按钮。

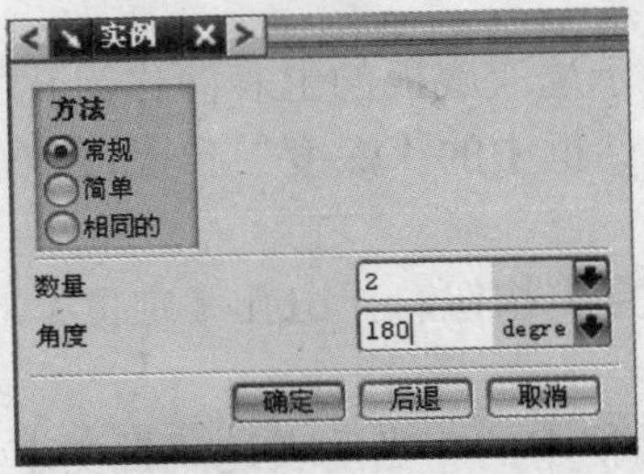

图 9.2.130 【实例】对话框

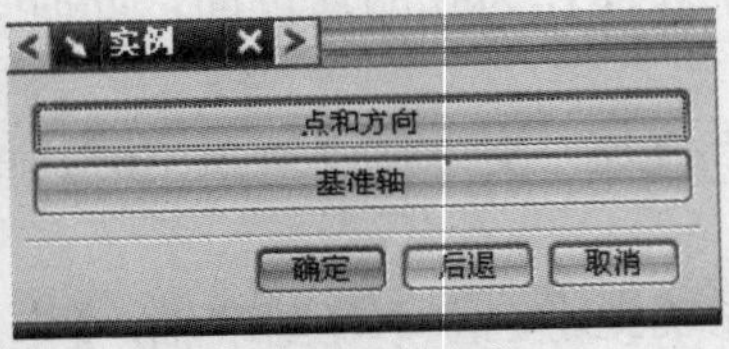

图 9.2.131 【实例】对话框

（5）在【点】对话框中的“XC”、“YC”和“ZC”文本框中分别输入“-21”、“0”和“0”，单击【确定】按钮，系统将弹出如图 9.2.132 所示的【创建实例】对话框。

（6）在【创建实例】对话框中单击【是】按钮，完成定位销孔的圆周阵列操作。圆周阵列后的模型如图 9.2.133 所示。

图 9.2.132 【创建实例】对话框

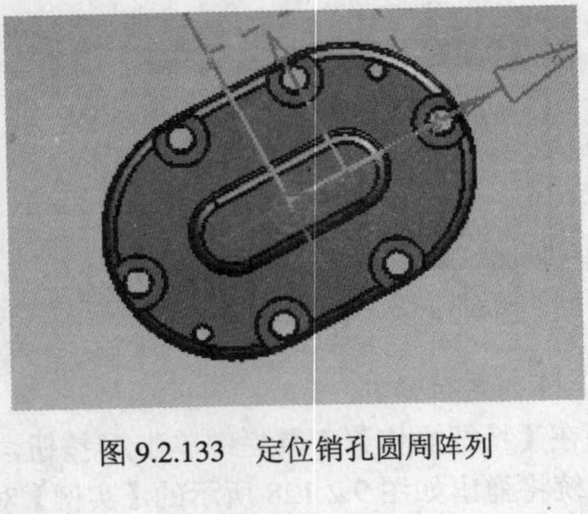

图 9.2.133 定位销孔圆周阵列

19）图层操作

（1）选择菜单命令【格式】/【移动至图层】，系统将弹出【类选择】对话框，如图 9.2.134

所示。

（2）在对话框中单击【类型过滤器】按钮，弹出【根据类型选择】对话框，如图 9.2.135 所示。

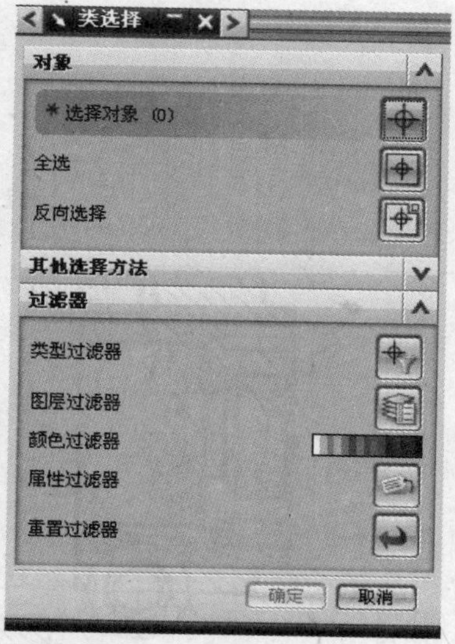

图 9.2.134　【类选择】对话框

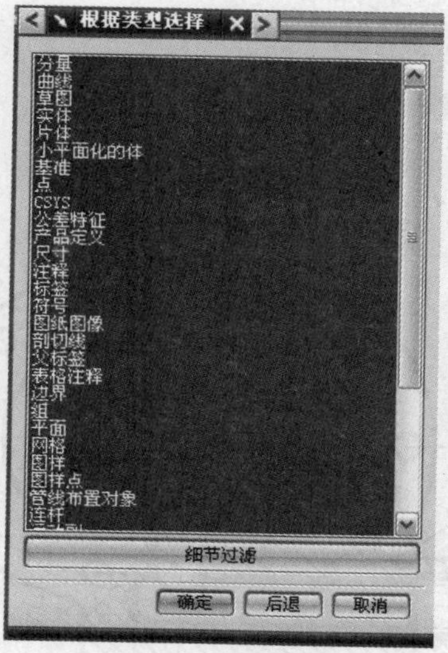

图 9.2.135　【根据类型选择】对话框

（3）在【根据类型选择】对话框中选择“基准”选项，单击【确定】按钮，返回【类选择】对话框。

（4）在【类选择】对话框中单击【全选】按钮，或按系统提示在绘图工作区框选整个模型，单击【确定】按钮，弹出【图层移动】对话框，如图 9.2.136 所示。

（5）【图层移动】对话框中的“类别”列表框中选择“DATUMS”，或直接在“目标图层或类别”文本框中输入“61”，单击【确定】按钮，完成图层移动操作，如图 9.2.137 所示。

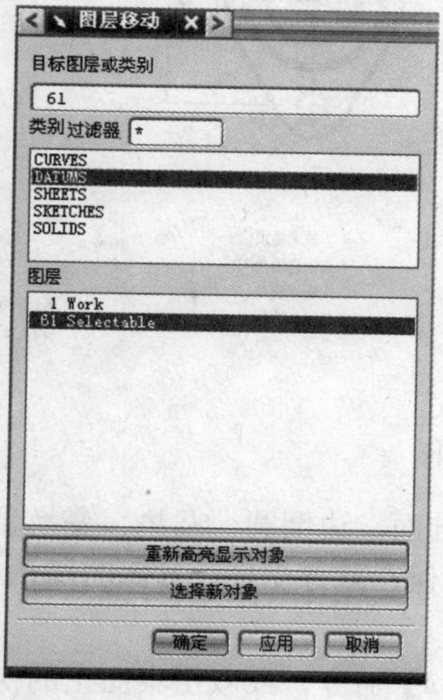

图 9.2.136　【图层移动】对话框

图 9.2.137　泵盖

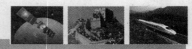

20）保存文件

在【标准】工具栏中单击 按钮，或选择菜单命令【文件】/【保存】，完成文件的保存操作。

9.2.7 泵体

泵体零件图如图 9.2.138 所示。

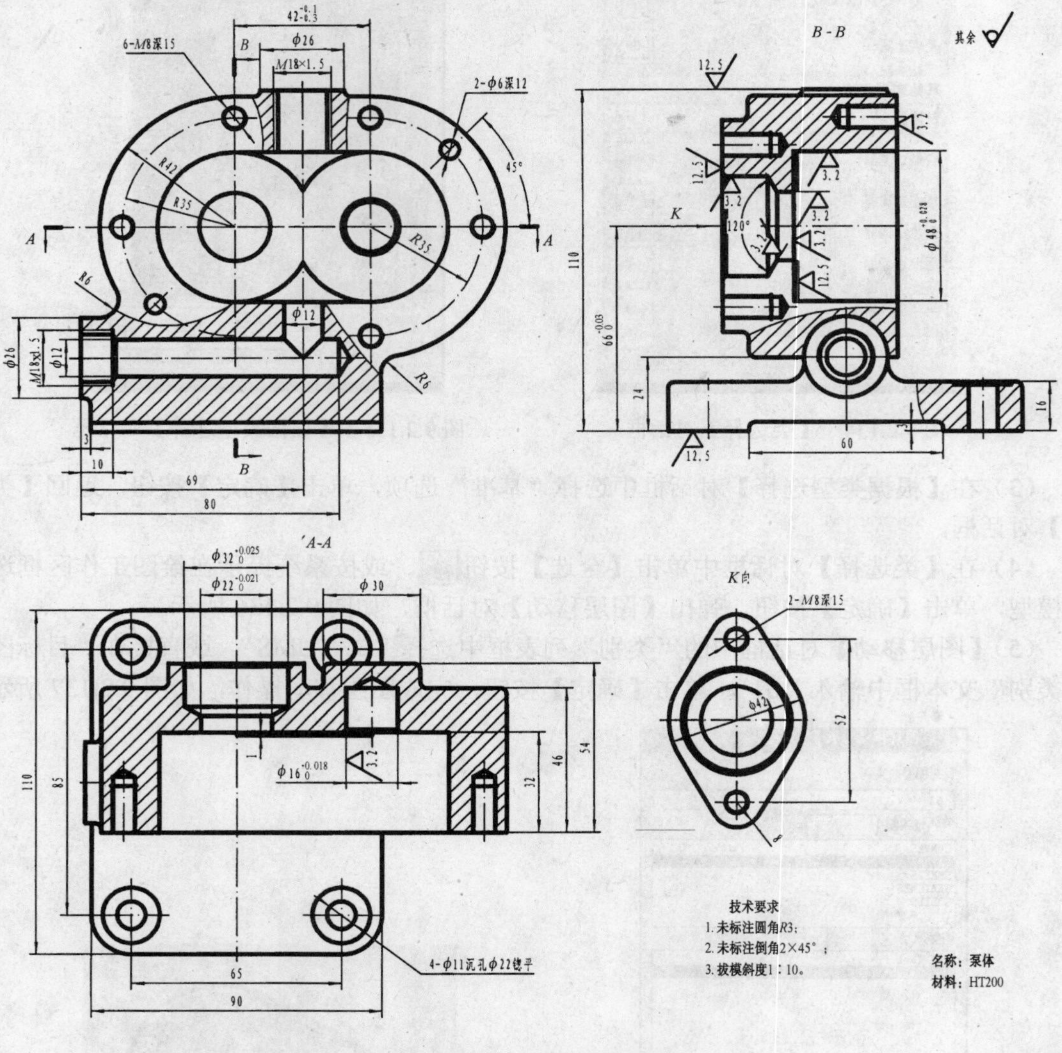

图 9.2.138 泵体零件图

本题涉及的知识面：新建部件文件、长方体、基准面、边倒圆、凸垫、变换显示状态、拔模、简单孔、沉头孔、圆周阵列、镜像、图层操作、保存部件文件。具体的操作步骤如下。

1）进入 UG NX 5.0 主界面

选择【开始】/【程序】/【UGS NX 5.0】/【 NX 5.0】命令，或双击桌面上的快捷方式图标，就进入 UG NX 5.0 的主界面。

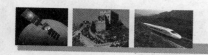

2）新建部件文件

（1）选择菜单命令【文件】/【新建】，或单击按钮，弹出【文件新建】对话框。

（2）在【文件新建】对话框中选择【建模】选项卡，并在“名称”文本框中输入“bengti”，确定存放路径为“F:\gear-pump\”，然后单击【确定】按钮，新建部件文件后进入建模模块。

3）创建底板

（1）在【成型特征】工具栏中单击按钮，或选择菜单命令【插入】/【设计特征】/【长方体】，系统将弹出【长方体】对话框，如图 9.2.139 所示。

（2）在【长方体】对话框的“长度”、“宽度”和“高度”文本框中分别输入“90”、“110”和“16”。

（3）单击【点捕捉】工具栏中的按钮，弹出【点】对话框。

（4）在【点】对话框的“XC”、“YC”和“ZC”文本框中分别输入“-90/2”、“-110/2”和“0”，单击【确定】按钮，返回【长方体】对话框。

（5）单击【确定】按钮，完成长方体的创建操作，如图 9.2.140 所示。

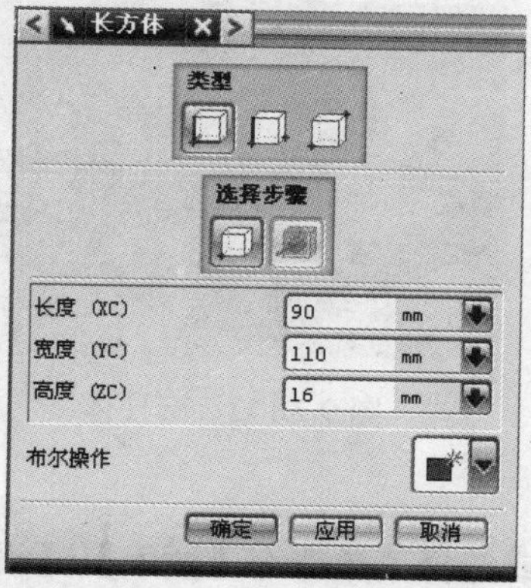

图 9.2.139 【长方体】对话框

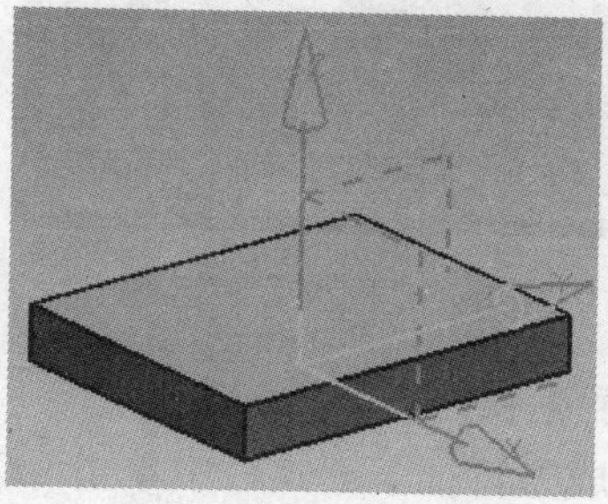

图 9.2.140 底板

4）移动坐标系

选择菜单命令【格式】/【WCS】/【原点】，在系统弹出【点】对话框的“XC”、“YC”和“ZC”文本框中分别输入“-90/2”、“0”和“16”，或利用点捕捉功能直接选取底板上表面的 YC 轴方向棱边的中点，以该点来定义新坐标系原点的位置，单击【确定】按钮，完成坐标系的移动操作。

5）创建圆柱体

（1）在【成型特征】工具栏中单击按钮，或选择菜单命令【插入】/【设计特征】/【圆柱】，系统将弹出【圆柱】对话框，如图 9.2.141 所示。

（2）在【圆柱】对话框的“类型”下拉列表中选择“轴、直径和高度”。

（3）在【圆柱】对话框的“直径”和“高度”文本框中分别输入“26”和“93”。

（4）在【圆柱】对话框“指定矢量”的下拉列表中选取“XC”轴选项，作为圆柱体的轴线方向。

（5）在【圆柱】对话框“指定点”的右侧单击【点构造器】按钮，弹出【点】对话框。

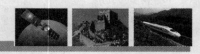

（6）在【点】对话框的“XC”、“YC”和“ZC”文本框中分别输入“-3”、“0”和“24-16”，以该点作为圆柱体底面中心的定位点，单击【确定】按钮，返回【圆柱】对话框。

（7）在【圆柱】对话框的“布尔”下拉列表中选择“求和”方式，求和的目标体高亮显示。

（8）单击【确定】按钮，完成圆柱体的创建操作，如图9.2.142所示。

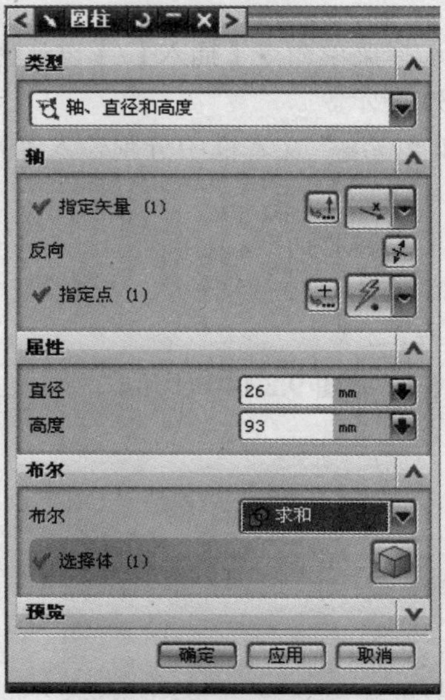

图9.2.141 【圆柱】对话框

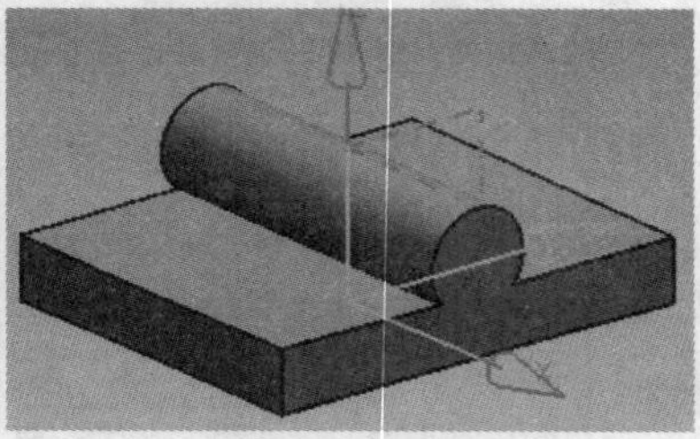

图9.2.142 圆柱体

6）创建泵壳长方体

（1）在【成型特征】工具栏中单击按钮，或选择菜单命令【插入】/【设计特征】/【长方体】，系统将弹出【长方体】对话框。

（2）在【长方体】对话框的“长度”、“宽度”和“高度”文本框中分别输入“126”、“46”和84。

（2）单击【点捕捉】工具栏中的按钮，弹出【点】对话框。

（3）在【点】对话框的“XC”、“YC”和“ZC”文本框中分别输入“0”、“-32/2”和“24-16”，用于确定长方体的放置点，单击【确定】按钮，弹出【布尔运算】对话框。

（4）在“布尔”下拉列表中选择“求和”，单击【确定】按钮，完成泵壳长方体的创建操作，如图9.2.143所示。

7）创建基准面

（1）在【特征操作】工具栏中单击按钮，或选择菜单命令【插入】/【特征操作】/【基准面】，弹出【基准平面】对话框。

（2）在【基准平面】对话框的“类型”下拉列表中选择“自动判断”选项。

（3）按系统提示依次选取泵壳长方体的上、下表面，单击【应用】按钮，再选取泵壳长方体的左右两个侧面，单击【确定】按钮，完成两个泵壳长方体对称基准面的创建操作，如图9.2.144所示。

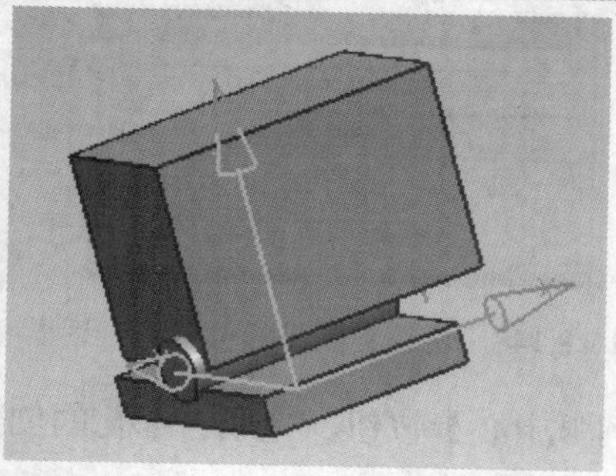

图 9.2.143　泵壳长方体

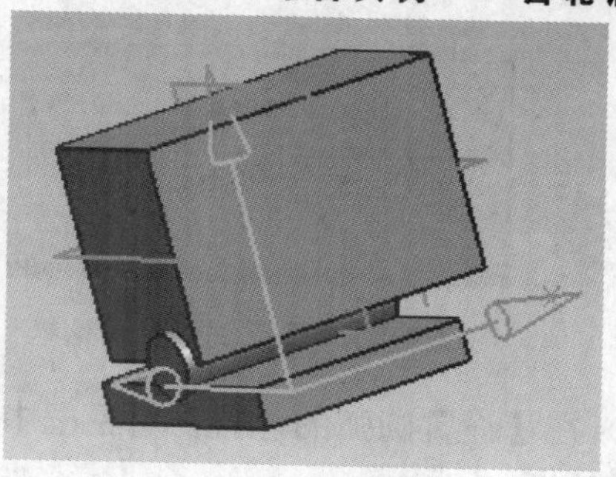

图 9.2.144　基准面

8）边倒圆

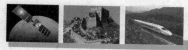

（1）在【特征操作】工具栏中单击 按钮，或选择菜单命令【插入】/【特征操作】/【边倒圆】，弹出【边倒圆】对话框。

（2）在【边倒圆】对话框的【半径 1】文本框中输入“42”，并按系统提示选择需要倒圆的泵壳长方体四个水平棱边，单击【确定】按钮，完成泵壳长方体边倒圆的创建操作，如图 9.2.145 所示。

9）创建简单孔

（1）在【成型特征】工具栏中单击按钮，或选择菜单命令【插入】/【成型特征】/【孔】，系统将弹出【孔】对话框，如图 9.2.146 所示。

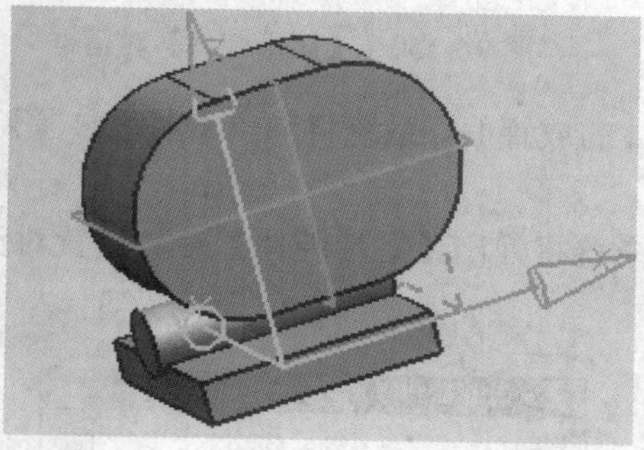

图 9.2.145　边倒圆

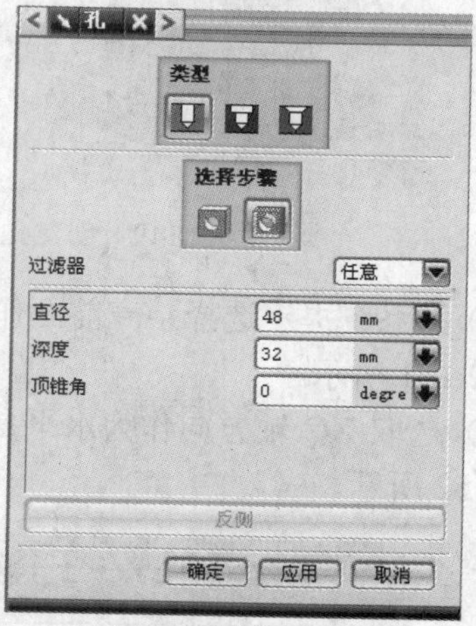

图 9.2.146　【孔】对话框

（2）在【孔】对话框中选择“简单孔” 选项。

（3）在“直径”、“深度”和“顶锥角”文本框中分别输入“48”、“32”和“0”。

（4）按系统提示选取泵壳前面作为孔的放置面。

（5）单击【确定】按钮，弹出孔【定位】对话框。

（6）在【定位】对话框中选择 选项，弹出孔【点到点】对话框，如图 9.2.147 所示。

（7）按系统提示选取泵壳前面圆弧作为目标对象，弹出孔【设置圆弧的位置】对话框，如图 9.2.148 所示。

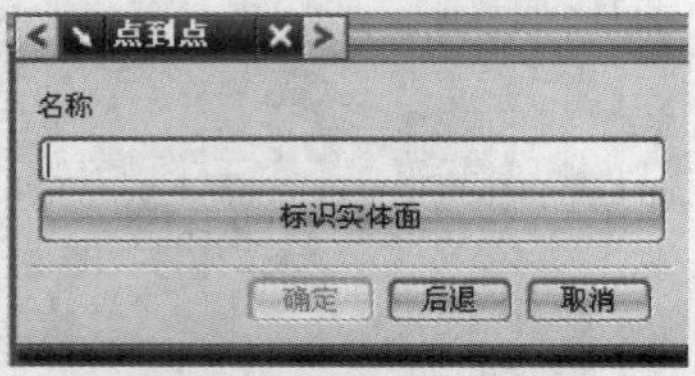

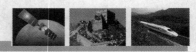

图 9.2.147 【点到点】对话框

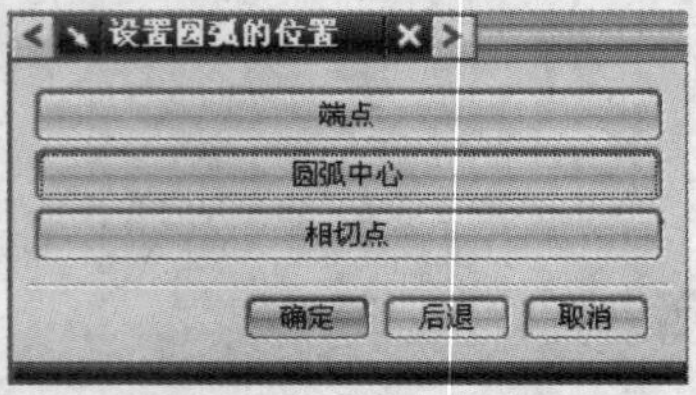

图 9.2.148 【设置圆弧的位置】对话框

（8）在【设置圆弧的位置】对话框中单击【圆弧中心】按钮，完成一个孔的创建，返回【孔】对话框。

（9）重复以上步骤创建泵壳前面上的另一个孔，生成的模型如图 9.2.149 所示。

10）创建矩形腔体

（1）在【设计特征】工具栏中单击按钮，或选择菜单命令【插入】/【设计特征】/【腔体】，系统将弹出【腔体】对话框。

（2）在【腔体】对话框中单击【矩形】按钮，系统将弹出【矩形腔体】对话框，如图 9.2.150 所示。

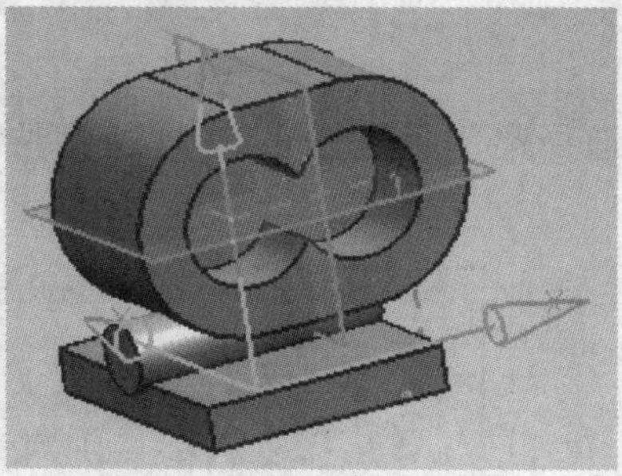

图 9.2.149 创建孔

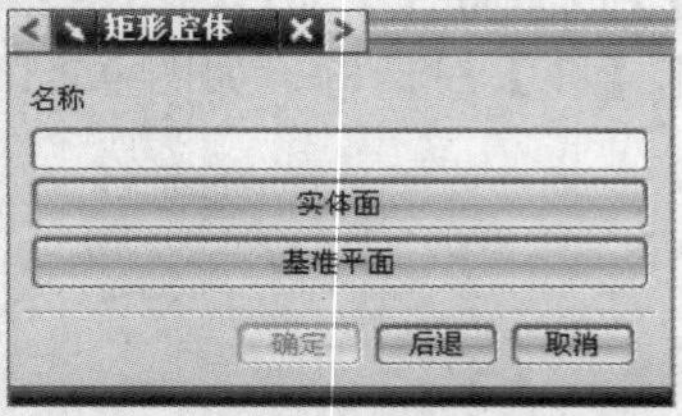

图 9.2.150 【矩形腔体】对话框

（3）按系统提示选择泵壳前面作为矩形腔体的放置面，系统将弹出【水平参考】对话框，如图 9.2.151 所示。

（4）选取 XC 轴方向作为水平参考方向。系统将弹出【矩形腔体】参数设置对话框，如图 9.2.152 所示。

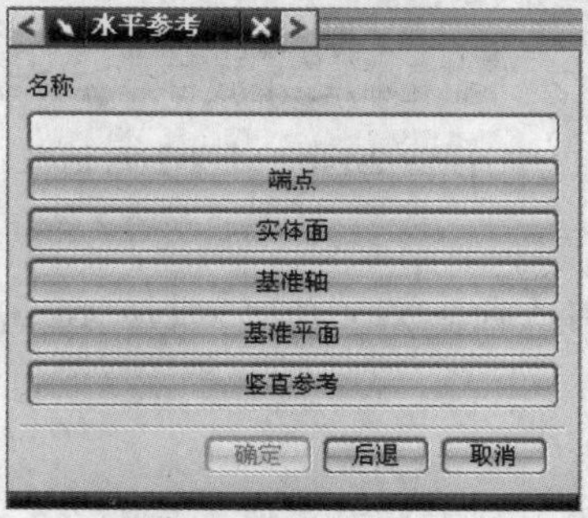

图 9.2.151 【水平参考】对话框

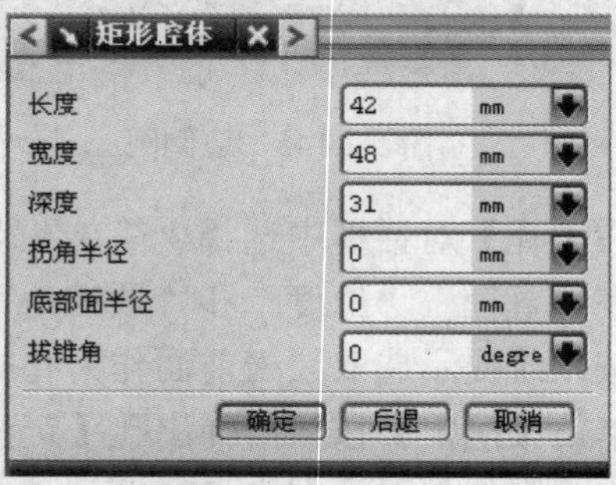

图 9.2.152 【矩形腔体】参数设置对话框

（5）在【矩形腔体】参数设置对话框的“长度”、“宽度”和“深度”文本框中分别输入

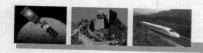

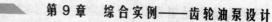

"42"、"48"和"31"，"拐角半径"、"底部面半径"和"拔锥角"保持系统默认的参数值，单击【确定】按钮，系统将弹出【定位】对话框，如图 9.2.153 所示。

（6）在【定位】对话框中选择【直线至直线】按钮，并按系统提示依次选取 XC-YC 基准面作为目标边，选取如图 9.2.154 所示的预览腔体在 XC 方向的定位线（蓝色虚线）为工具边。

（7）重复上步操作，在【定位】对话框中选择【直线至直线】图标按钮，并按系统提示依次选取 YC-ZC 基准面作为目标边，选取腔体在 ZC 方向的定位线为工具边。完成矩形腔体的创建操作，如图 9.2.155 所示。

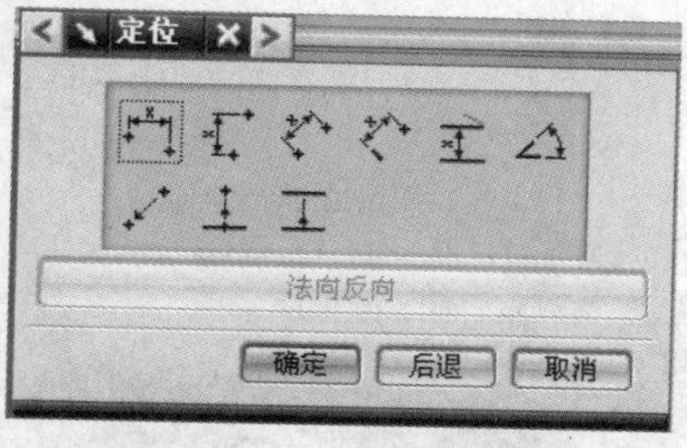

图 9.2.153　【定位】对话框

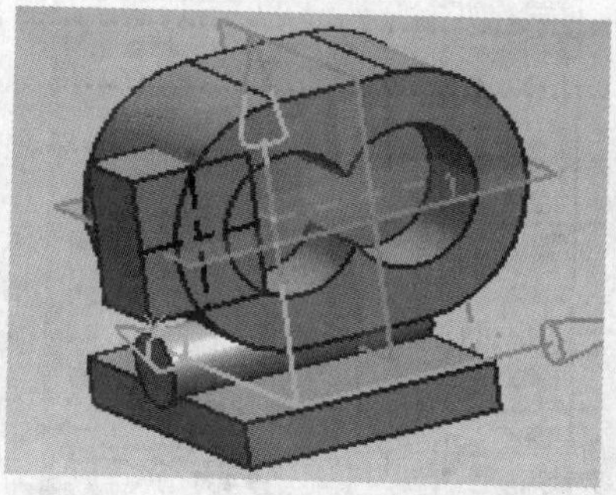
图 9.2.154　腔体预览

11）底板开槽

利用与步骤 7）相同的方法，在底板下表面开通槽，通槽的"长度"、"宽度"和"深度"分别为"90"、"60"和"3"。

12）创建密封座

（1）选择菜单命令【插入】/【草图】，或在【成型特征】工具栏中单击按钮，按系统提示选择泵壳后面作为草图平面，进入草图操作环境。

（2）绘制草图曲线并对其进行几何约束和尺寸约束，如图 9.2.156 所示。

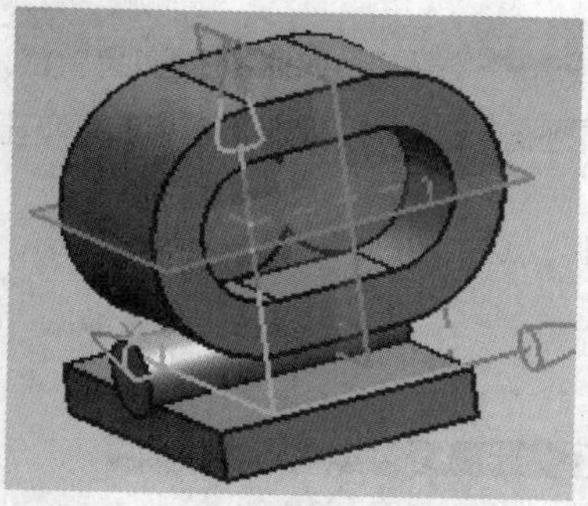
图 9.2.155　矩形腔体

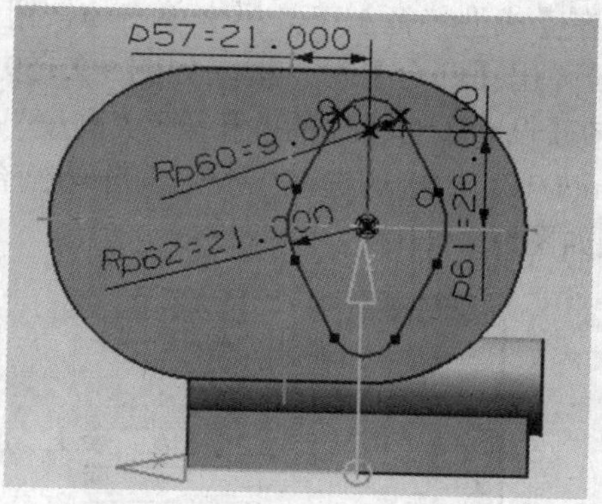

图 9.2.156　密封座草图

（3）单击按钮，完成密封座草图操作。

（4）在【成型特征】工具栏中单击按钮，或选择菜单命令【插入】/【设计特征】/【拉伸】，系统会弹出如图 9.2.157 所示的【拉伸】对话框。

（5）在【拉伸】对话框的“开始”、“终点”文本框中分别输入“0”和“54-46”。

（6）在【拉伸】对话框的“拔模”下拉列表中选择“从起始限制”，“角度”文本框中输入“arctan(1/10)”。

（7）在【拉伸】对话框的“布尔”下拉列表中选择“求和”选项，单击【确定】按钮，完成密封座的创建操作，如图 9.2.158 所示。

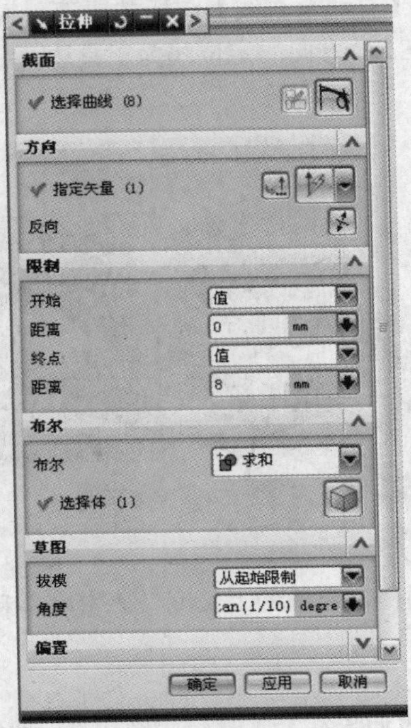

图 9.2.157　【拉伸】对话框

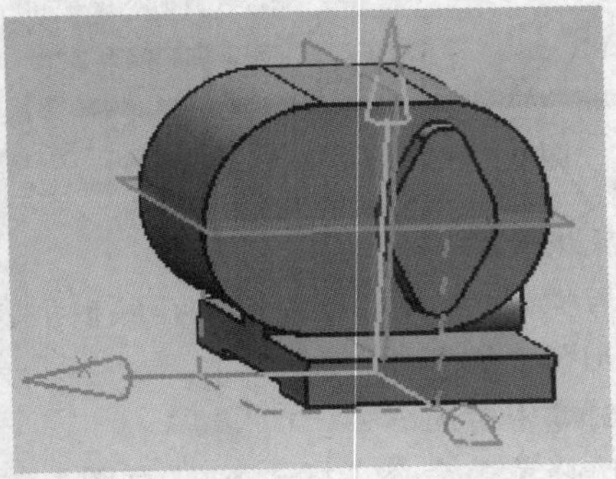

图 9.2.158　密封座

13）创建凸台

（1）在【成型特征】工具栏中单击按钮，或选择菜单命令【插入】/【成型特征】/【凸台】，系统弹出【凸台】对话框，如图 9.2.159 所示。

（2）在【凸台】对话框的“直径”、“高度”和“拔模角”文本框中分别输入“30”、“54-46”和“arctan(1/10)”，接着选取泵壳后面作为圆台的放置面，单击【确定】按钮，弹出【定位】对话框，如图 9.2.160 所示。

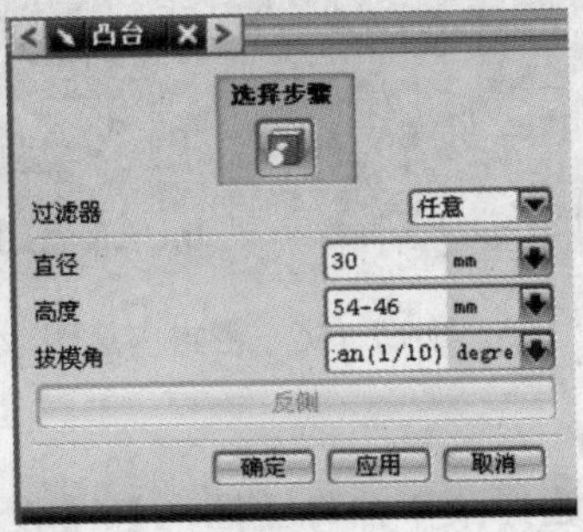

图 9.2.159　【凸台】对话框

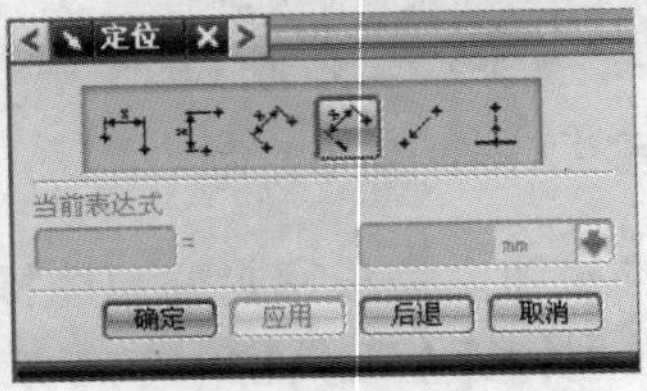

图 9.2.160　【定位】对话框

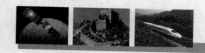

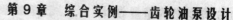

（3）在【定位】对话框中选择选项，弹出【点到点】对话框，如图 9.2.161 所示。

（4）按系统提示选取泵壳后面圆弧作为目标对象，弹出【设置圆弧的位置】对话框，如图 9.2.162 所示。

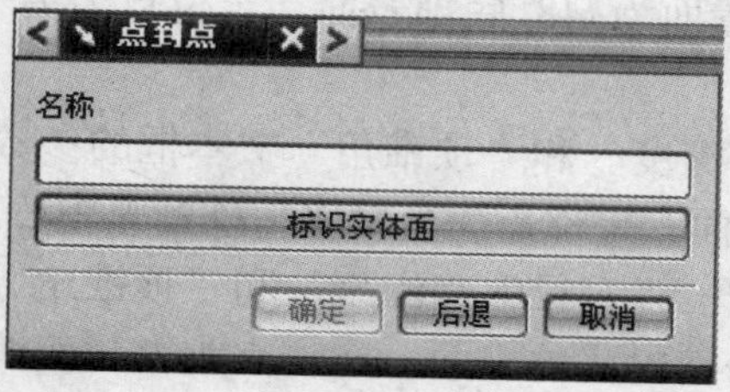

图 9.2.161　【点至点】对话框

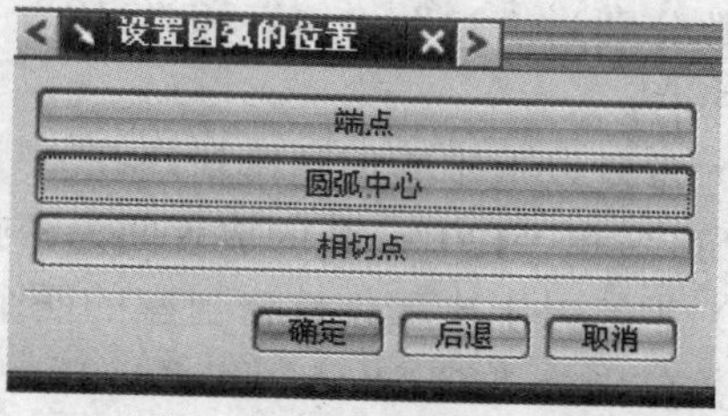

图 9.2.162　【设置圆弧的位置】对话框

（5）在【设置圆弧的位置】对话框中单击【圆弧中心】按钮，完成一个圆台的创建。

（6）利用相同的方法，创建泵壳体上面的圆台，“直径”、“高度”和“拔模角”的参数分别为“26”、“110-66-42”和“arctan(1/10)”，如图 9.2.163 所示。

14）边倒圆

（1）在【特征操作】工具栏中单击按钮，或选择菜单命令【插入】/【特征操作】/【边倒圆】，系统弹出【边倒圆】对话框。

（2）在【边倒圆】对话框的“半径 1”文本框中输入需要倒圆的半径值，其中底板四个角的圆角半径为 $R7.5$，其余未标注圆角半径为 $R3$。

（3）按系统提示选择相应的棱边，单击【确定】按钮，完成边倒圆的创建操作，如图 9.2.164 所示。

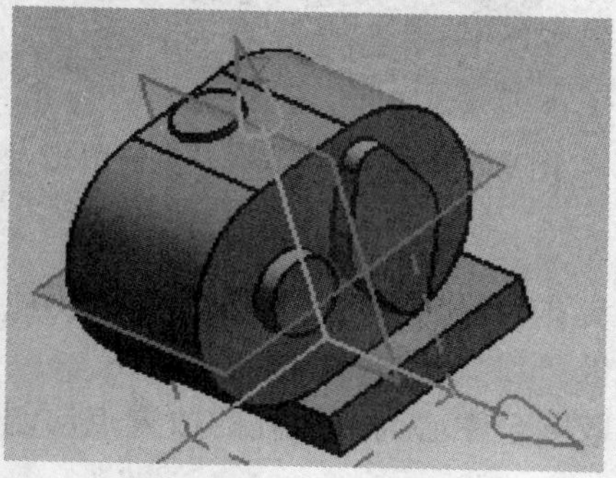

图 9.2.163　圆台

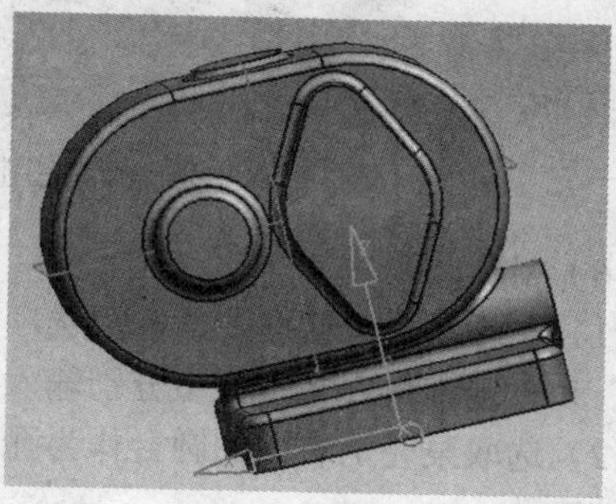

图 9.2.164　边倒圆

15）创建简单孔

（1）在【成型特征】工具栏中单击按钮，或选择菜单命令【插入】/【成型特征】/【孔】，系统弹出【孔】对话框。

（2）在【孔】对话框中选择选项。

（3）在【孔】对话框的“直径”、“深度”和“顶锥角”文本框中分别输入“16”、“14”和“118”，接着选取泵壳内 $\phi48$ 底部表面作为孔的放置面，单击【确定】按钮，系统弹出【定位】对话框。

（4）在【定位】对话框中选择【点到点】选项，并按系统提示选取泵壳内表面的 $\phi48$

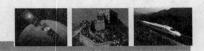

圆弧作为目标对象，然后在系统弹出的【设置圆弧的位置】对话框中单击【圆弧中心】按钮，完成一个孔的创建，返回【孔】对话框。

（5）重复以上步骤创建泵壳内表面的另一个孔。“直径”、“深度”和“顶锥角”文本框中的参数分别为“22”、“14”和“118”，孔的放置面为ϕ48 底部表面，定位点为另一个ϕ48 圆弧的中心。

（6）重复以上步骤创建密封座孔。“直径”、“深度”和“顶锥角”文本框的参数分别为“32”、“14”和“120”，孔的放置面为密封座外表面，定位点为密封座大外圆弧中心。

（7）重复以上步骤创建密封座的两个螺纹底孔。“直径”、“深度”和“顶锥角”文本框中的参数分别为“7”、“15”和“118”，放置面为密封座外表面，定位点为密封座两个小圆的圆弧中心，如图 9.2.165 所示。

（8）重复以上步骤创建泵壳前面的一个螺纹底孔和一个定位销孔。螺纹底孔的“直径”、“深度”和“顶锥角”文本框的参数分别为“7”、“15”和“118”，放置面为泵壳前表面。定位销孔的“直径”、“深度”和“顶锥角”文本框的参数分别为“6”、“14”和“118”，放置面为泵壳前表面，如图 9.2.166 所示。

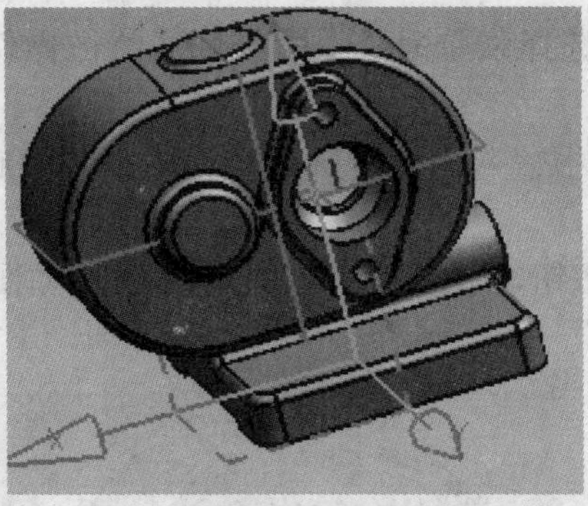

图 9.2.165　密封座孔及螺纹底孔

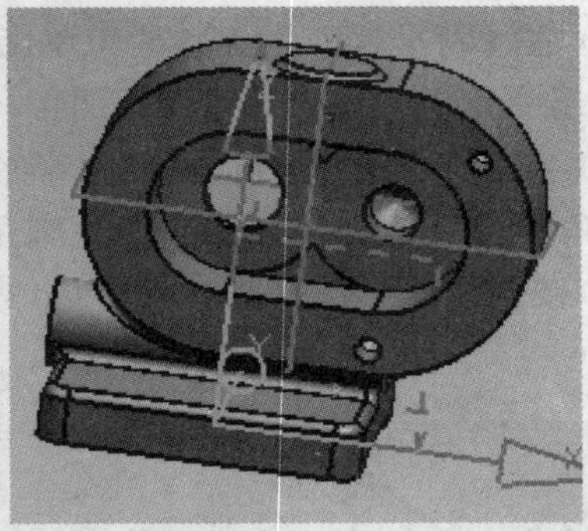

图 9.2.166　螺纹底孔及定位销孔

16）创建沉头孔

（1）在【孔】对话框中选择▣选项，并在“沉头孔直径”、“沉头孔深度”、“孔径”、“孔深度”和“顶锥角”文本框中分别输入“16”、“42”、“12”、“110-24”和“118”。

（2）选取泵壳上表面的圆台作为孔的放置面，取圆台中心为沉头孔的放置点，创建上面的螺纹底孔。

（3）重复以上步骤创建泵壳左面的螺纹底孔。在“沉头孔直径”、“沉头孔深度”、“孔径”、“孔深度”和“顶锥角”文本框的参数分别设置为“16”、“11”、“12”、“80”和“118”，放置面为圆柱体左侧端面，放置点为圆柱体左侧端面中心。

（4）重复以上步骤创建底板安装孔。“沉头孔直径”、“沉头孔深度”和“孔径”文本框的参数分别设置为“22”、“1”和“13”，依次选取底板的上、下表面作为放置面和通过面，放置点为底板圆角中心，如图 9.2.167 所示。

17）创建螺纹

在【特征操作】工具栏中单击▯按钮，或选择菜单命令【插入】/【特征操作】/【螺纹】，系统将弹出【螺纹】对话框。按系统提示选取需要生成螺纹的螺纹底孔，设置好螺纹参数，单击【确定】按钮，完成螺纹的创建操作。

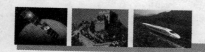

18）移动坐标系

选择菜单命令【格式】/【WCS】/【原点】，利用点捕捉功能直接选取泵壳前表面右侧圆弧中心，以该点来定义新坐标系原点的位置，单击【确定】按钮，完成坐标系的移动操作。

19）圆周阵列

（1）在【特征操作】工具栏中单击按钮，或选择菜单命令【插入】/【关联复制】/【实例】，系统将弹出【实例】对话框，在该对话框中单击【圆周阵列】按钮。

（2）系统将弹出如图 9.2.168 所示的【实例】对话框，在该对话框中选取泵壳前面的螺纹底及螺纹，单击【确定】按钮。

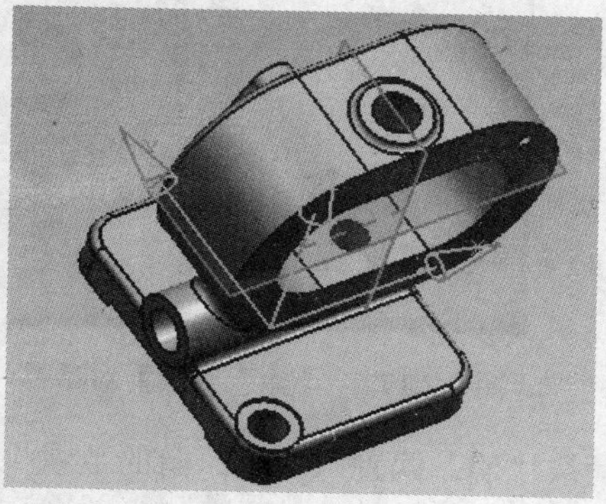

图 9.2.167　螺纹底孔及底板安装孔

图 9.2.168　【实例】对话框

（3）系统将弹出如图 9.2.169 所示的【实例】对话框，在该对话框的“数量”和“角度”文本框中分别输入“3”和“-90”，单击【确定】按钮。

（4）系统将弹出如图 9.2.170 所示的【实例】对话框，在该对话框中单击【点和方向】按钮。

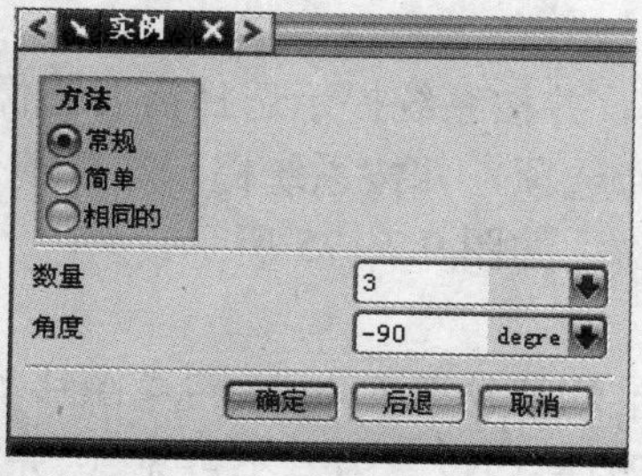

图 9.2.169　【实例】对话框

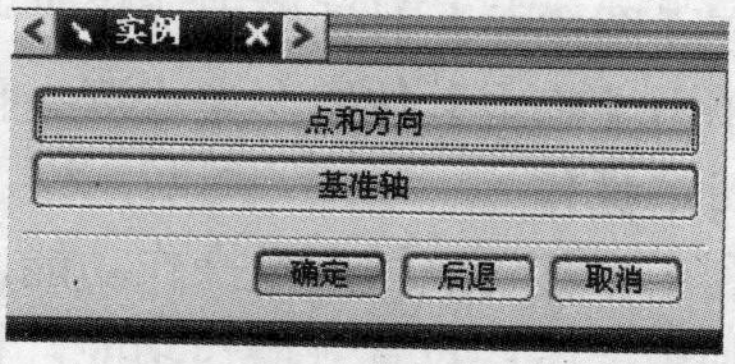

图 9.2.170　【实例】对话框

（5）系统将弹出【矢量】对话框，按系统提示在【矢量】对话框中选取 YC 轴作为阵列回转轴的矢量方向，单击【确定】按钮，弹出【点】对话框。

（6）在【点】对话框的“XC”、“YC”和“ZC”文本框中均输入“0”，单击【确定】按钮，弹出【创建实例】对话框。

（7）在【创建实例】对话框中单击【是】按钮，完成螺纹及其底孔的阵列操作。

（8）利用该方法阵列定位销孔。操作时在如图 9.2.169 所示【实例】对话框的“数字”和“角度”文本框中分别输入“2”和“180”，在【点】对话框的“XC”、“YC”和“ZC”文本框中分别输入“-21”、“0”和“0”。圆周阵列后的模型如图 9.2.171 所示。

20）矩形阵列

（1）在【特征操作】工具栏中单击按钮，或选择菜单命令【插入】/【关联复制】/【实例】，系统将弹出【实例】对话框。

（2）在【实例】对话框中单击【矩形阵列】按钮，按系统提示选取底板上的沉头孔，单击【确定】按钮，弹出矩形阵列的【输入参数】对话框，如图 9.2.172 所示。

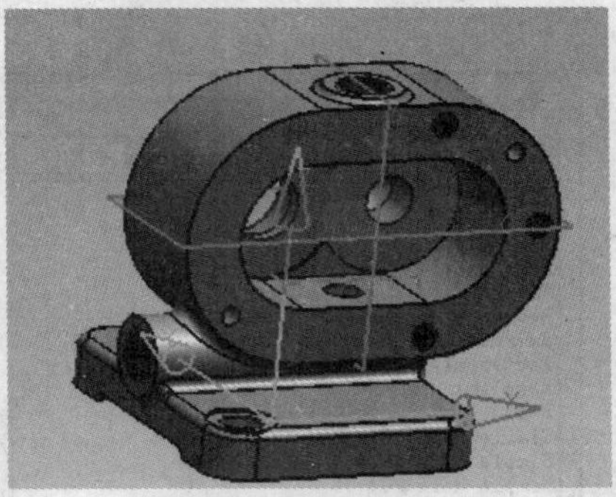

图 9.2.171　圆周阵列

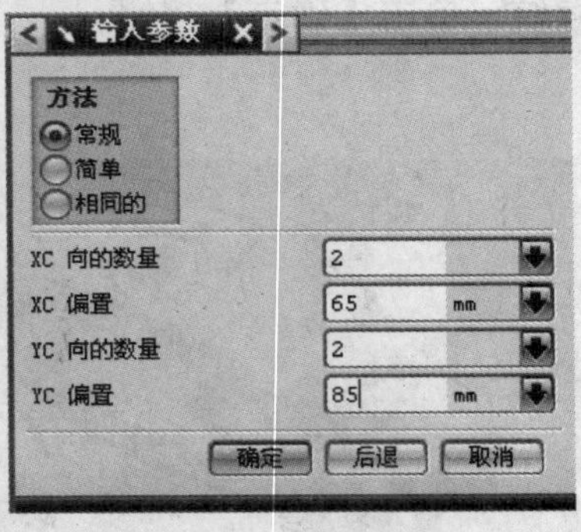

图 9.2.172　【输入参数】对话框

（3）在【输入参数】对话框的“XC 向的数量”、“XC 偏置”、“YC 向的数量”和“YC 偏置”文本框中分别输入“2”、“65”、“2”和“85”。

（4）单击【确定】按钮，完成矩形阵列操作，阵列后的模型如图 9.2.173 所示。

21）镜像螺纹孔

（1）在【特征操作】工具栏中单击按钮，或选择菜单命令【插入】/【关联复制】/【实例】，系统将弹出【实例】对话框。

（2）在【实例】对话框中单击【图样面】按钮，系统将弹出如图 9.2.174 所示的【图样面】对话框。

（3）在【图样面】对话框中选择【反射】选项，并按系统提示选择需要镜像的螺纹孔。

（4）在【图样面】对话框中选择“平面参考”选项，并按系统提示选择镜像平面。

（5）单击【确定】按钮，完成沉头孔的镜像操作，如图 9.2.175 所示。

22）图层操作

（1）利用“移动至图层”操作功能，将所有基准均移动至 61 层，将草图移动至 21 层。

（2）利用“图层设置”操作功能，将 61 层和 21 层均设置为“不可见”，完成图层移动和设置操作，泵体模型如图 9.2.176 所示。

23）保存文件

在【标准】工具栏中单击按钮，或选择菜单命令【文件】/【保存】，完成文件的保存操作。

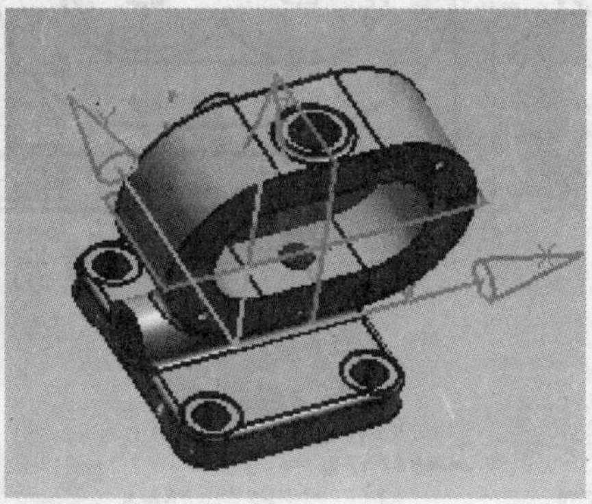

图 9.2.173　矩形阵列

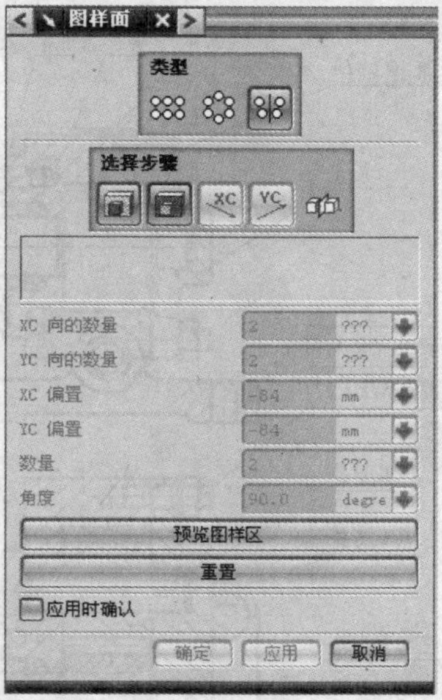

图 9.2.174　【图样面】对话框

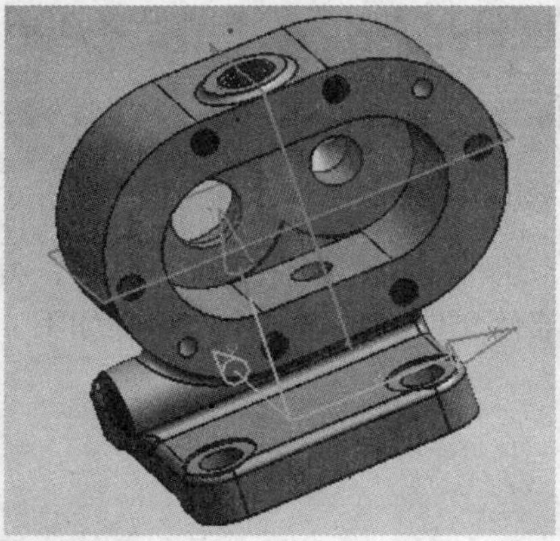

图 9.2.175　镜像螺纹孔

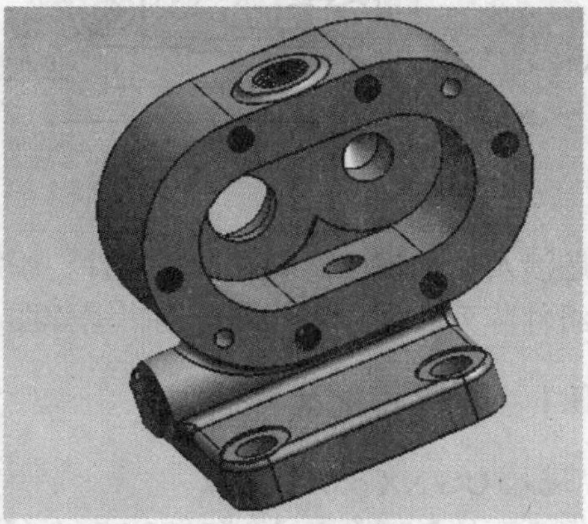

图 9.2.176　泵体

9.3　齿轮油泵装配

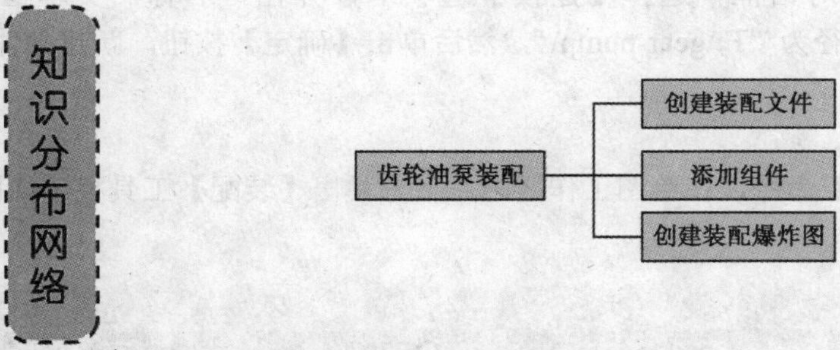

齿轮油泵装配图如图 9.3.1 所示。

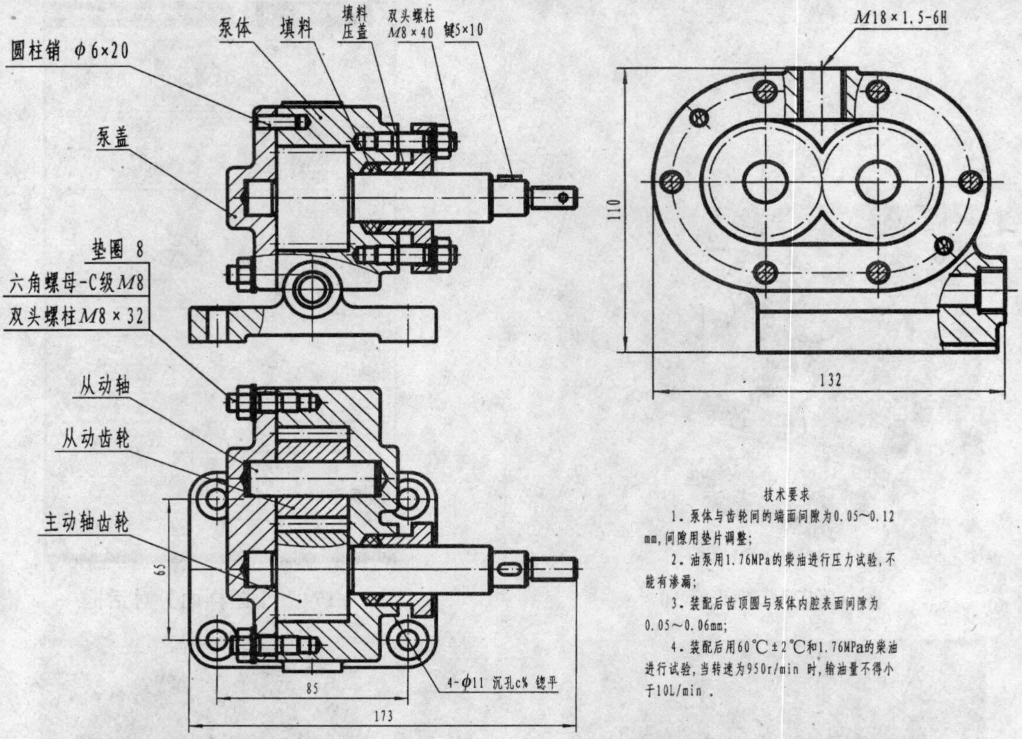

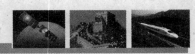

图 9.3.1　齿轮油泵装配图

本题涉及的知识面：新建部件文件、添加组件、组件定位、组件隐藏与显示、编辑组件定位、组件阵列、创建爆炸图、编辑爆炸图、保存部件文件。具体的操作步骤如下。

9.3.1　创建装配文件

1）进入 UG NX 5.0 主界面

选择【开始】/【程序】/【UGS NX 5.0】/【NX 5.0】命令，或双击桌面上的快捷方式图标，就进入 UG NX 5.0 的主界面。

2）新建部件文件

（1）选择菜单命令【文件】/【新建】，或单击按钮，弹出【文件新建】对话框。

（2）在【文件新建】对话框中选择【建模】选项卡，并在“名称”文本框中输入“zhuangpei”，确定存放路径为“F:\gear-pump\”，然后单击【确定】按钮，新建部件文件后进入建模模块。

3）选择装配功能

选择【起始】/【装配】命令，在绘图工作区的左下方弹出【装配】工具栏，如图 9.3.2 所示。

图 9.3.2　【装配】工具栏

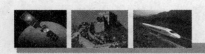

9.3.2 添加组件

按照以下步骤将已创建的组件添加到齿轮油泵中。

1）添加泵体

（1）选择菜单命令【装配】/【组件】/【添加组件】，或在【装配】工具栏中单击按钮，系统将弹出如图 9.3.3 所示的【添加组件】对话框。

（2）在【添加组件】对话框中单击【打开】按钮，弹出【部件名】对话框。

（3）在【部件名】对话框的“查找范围”下拉列表中找到并选择文件“bengti”，单击【OK】按钮，在绘图工作区出现零件模型的预览框。

（4）在“定位”下拉列表中选择“绝对原点”，“引用集”下拉列表中选择“模型”，单击【应用】按钮，泵体被添加到绘图工作区中，并以绝对原点作为定位点。

2）添加从动齿轮、主动齿轮

（1）在【添加组件】对话框中单击【打开】按钮，并在弹出的【部件名】对话框中选择文件“congdongchilun”，单击【OK】按钮。

（2）在“定位”下拉列表中选择“配对”，“引用集”下拉列表中选择“模型”，单击【应用】按钮，弹出【配对条件】对话框，如图 9.3.4 所示。

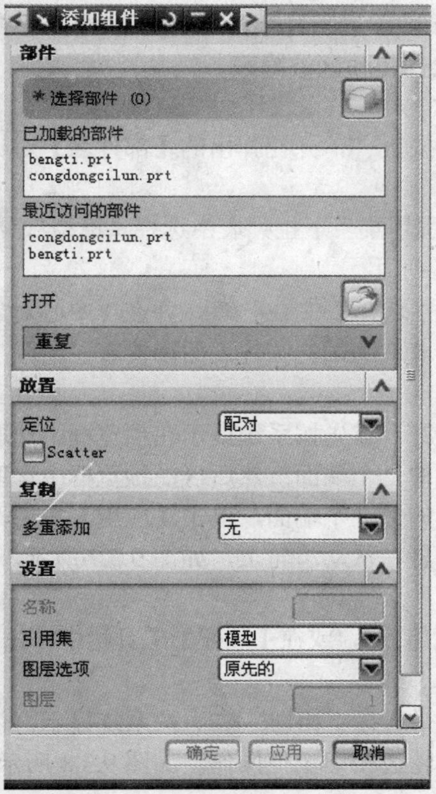

图 9.3.3　【添加组件】对话框

图 9.3.4　【配对条件】对话框

（3）在【配对条件】对话框的“配对类型”栏选择“配对”，并按系统提示首先在预览框中选取从动齿轮的一个端面，然后在绘图工作区中选取泵体腔的底面。

（4）在【配对条件】对话框的“配对类型”栏选择“中心”，并在“中心对象”下拉列表中选择“1 对 1”。按系统提示在预览框中选取从动齿轮的内孔表面，接着在绘图工作区中选取泵体腔内和$\phi16$ 内孔，单击【应用】按钮，完成从动齿轮的添加，如图 9.3.5 所示。

（5）应用相同的方法，完成主动齿轮的添加，如图 9.3.6 所示。

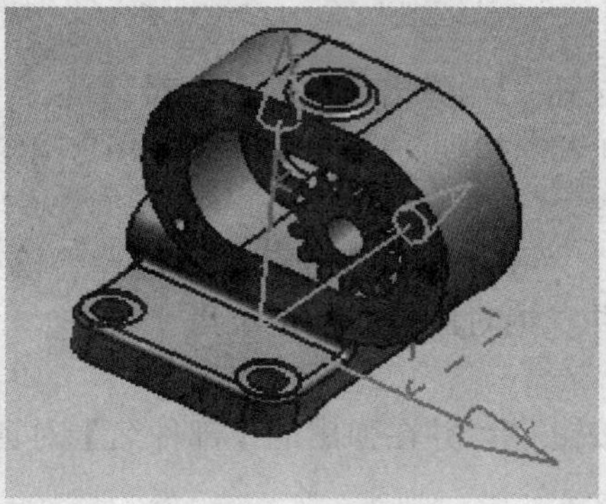

图 9.3.5　添加从动齿轮

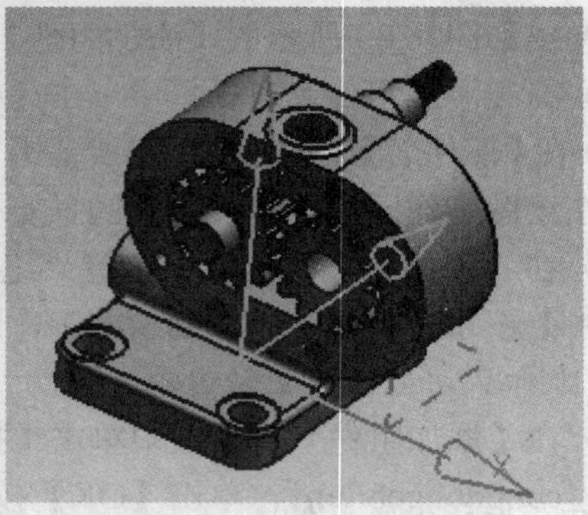

图 9.3.6　添加主动齿轮

3）隐藏泵体

在绘图工作区的左侧单击【装配导航器】按钮，打开【装配导航器】。选择☑ bengti 前的红钩☑钩掉，使之变为灰钩☑，则泵体在绘图工作区被隐藏。

4）添加从动轴

（1）在【添加组件】对话框中单击【打开】按钮，并在弹出的【部件名】对话框中选择文件“congdongzhou”，单击【OK】按钮。

（2）在“定位”下拉列表中选择“配对”，“引用集”下拉列表中选择“模型”，单击【应用】按钮，弹出【配对条件】对话框。

（3）在【配对条件】对话框的“配对类型”栏选择“中心”，并在“中心对象”下拉列表中选择“1 对 1”。按系统提示在预览框中选取从动轴的圆柱表面，接着在绘图工作区中选取从动齿轮的内孔。

（4）在“中心对象”下拉列表中选择“2 对 2”。首先按系统提示在预览框中选取从动轴的一个端面，接着在绘图工作区中选取从动齿轮的一个端面；然后再在预览框中选取从动轴的另一个端面，并在绘图工作区中选取从动齿轮的另一个端面，单击【应用】按钮，完成从动轴的添加。使用该方法可以使从动轴对称地放置在从动齿轮上，如图 9.3.7 所示。

5）调整齿轮啮合状态

（1）选择菜单命令【装配】/【组件】/【配对组件】，或在【装配】工具栏中单击按钮，系统将弹出【配对条件】对话框。

（2）在【配对条件】对话框的“配对类型”栏选择“相切”。按系统提示再依次选取相互啮合齿轮的齿面，单击【应用】按钮，完成轮齿相切定位操作，如图 9.3.8 所示。

6）显示泵体

打开【装配导航器】，选择☑ bengti 前的灰钩☑，使之变为红钩☑，则泵体重新显示在绘图工作区。

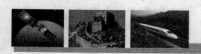

图 9.3.7　从动轴添加

图 9.3.8　相切定位

7）添加定位销

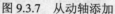

（1）在【添加组件】对话框中单击【打开】按钮 ，并在弹出的【部件名】对话框中选择文件"xiao6-20"，单击【OK】按钮。

（2）单击【应用】按钮，弹出【配对条件】对话框。

（3）在【配对条件】对话框的"配对类型"栏选择"配对" ▶◀，并按系统提示首先在预览框中选取定位销的一个端面，然后在绘图工作区中选取泵体前端面。

（4）在【配对条件】对话框的"配对类型"栏选择"中心" ▶◀，并在预览框中选取定位销圆柱面，在绘图工作区中选取泵体前面的一个定位销孔。

（5）单击【应用】按钮，可将定位销添加到绘图工作区，但此时定位销端面与泵体前面贴合，并没装入泵体。

8）编辑定位销定位

（1）在绘图工作区选取定位销并右击，在弹出的快捷菜单中选择 ▶ 配对(M)，弹出【配对条件】对话框，在该对话框中高亮显示定位销的定位约束。

（2）右击定位约束中的 ☑配对 - 平面的->平面的，并在弹出的快捷菜单中选择【删除】命令，删除错误约束。

（3）在【配对条件】对话框的"配对类型"栏选择"距离" ⊩⊩，并依次选取定位销的前端面和泵体前端面，【配对条件】对话框中的"距离表达式"被激活。

（4）在"距离表达式"文本框中输入"10"，单击【应用】按钮，完成定位销的定位编辑操作。

9）添加螺柱

螺柱的添加方法与定位销相同，添加定位销和螺柱后的装配模型如图 9.3.9 所示。

10）阵列定位销和螺柱

（1）选择菜单命令【装配】/【组件】/【创建阵列】，或在【装配】工具栏中单击 ⊞ 按钮，系统将弹出【类选择】对话框。如果在【装配】工具栏中找不到 ⊞ 按钮，可以点击【装配】工具栏后面的倒三角箭头，并在其下拉菜单中选择命令【添加或移除按钮】/【装配】/【创建组件阵列】。

（2）在绘图工作区直接选取定位销，单击【应用】按钮，弹出【创建组件阵列】对话框，如图 9.3.10 所示。

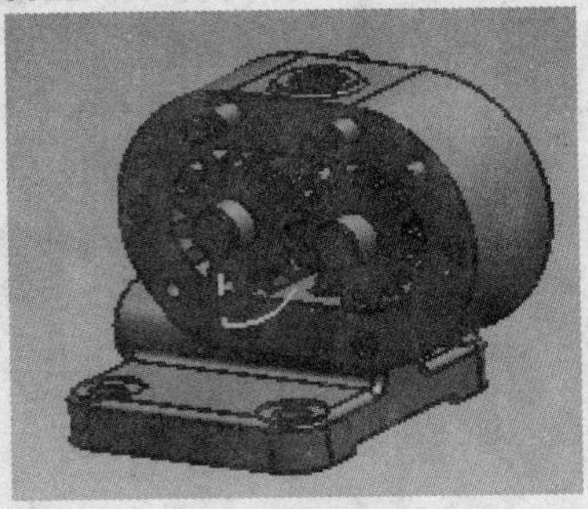

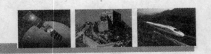

图 9.3.9　添加定位销和螺柱

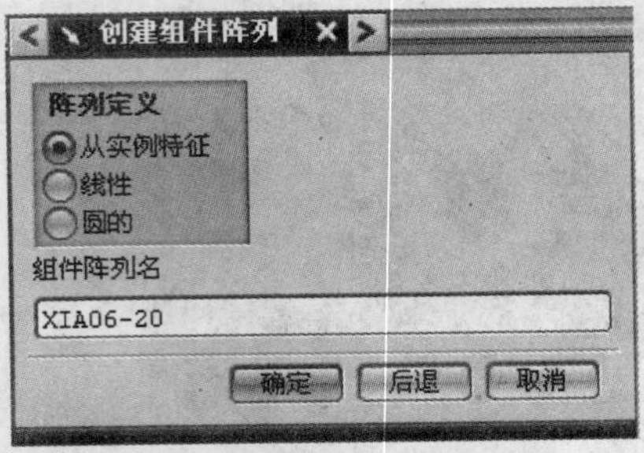

图 9.3.10　【创建组件阵列】对话框

（3）在【创建组件阵列】对话框中选择【从实例特征】单选项，单击【确定】按钮，完成定位销的阵列操作。

（4）应用同样的方法阵列螺柱，阵列后的装配模型如图 9.3.11 所示。

11）添加泵盖

（1）与添加定位销的操作相同，并在【部件名】对话框中选择文件“benggai”，在【配对条件】对话框的“配对类型”栏选择“配对”，并按系统提示首先在预览框中选取泵盖的底面，然后在绘图工作区中选取泵体的前端面。

（2）在【配对条件】对话框的“配对类型”栏选择“中心”，并在“中心对象”下拉列表中选择“1 对 1”。按系统提示在预览框中选取泵盖的一个定位销孔，接着在绘图工作区中选取泵体前面的一个定位销孔，然后再选择“中心”，在预览框中选取泵盖的另一个定位销孔，在绘图工作区中选取泵体前面的另一个定位销孔，单击【应用】按钮，完成泵盖的添加操作，如图 9.3.12 所示。

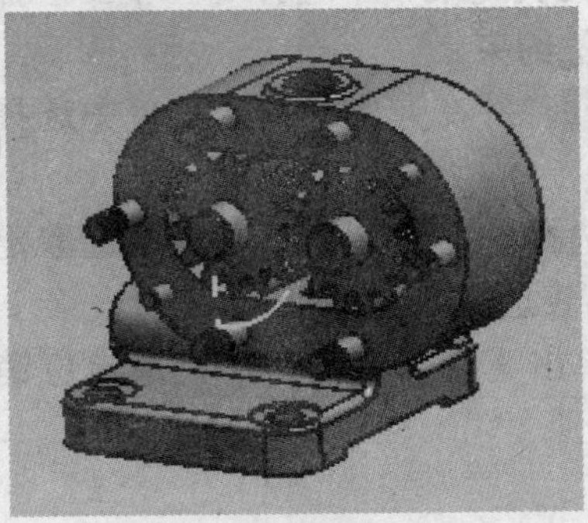

图 9.3.11　阵列定位销和螺柱

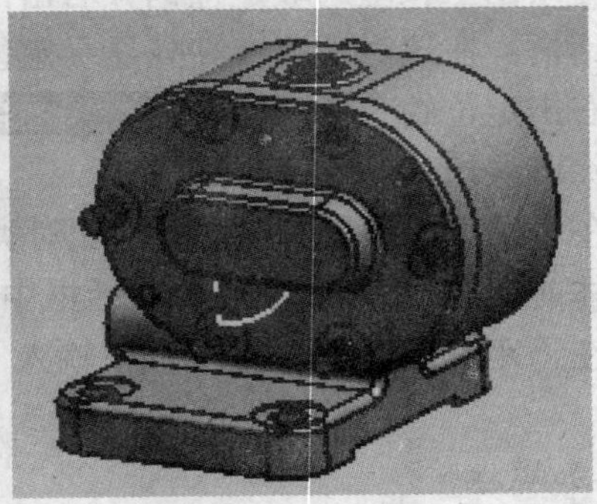

图 9.3.12　添加泵盖

12）添加垫圈

（1）在【添加组件】对话框中单击【打开】按钮，并在弹出的【部件名】对话框中选择文件“dianquan8”，单击【OK】按钮。

（2）单击【应用】按钮，弹出【配对条件】对话框。

（3）在【配对条件】对话框的“配对类型”栏选择“配对”，并按系统提示首先在预览框中选取垫圈的一个端面，然后在绘图工作区中选取泵盖沉头孔底面。

（4）在【配对条件】对话框的“配对类型”栏选择“中心”，并在预览框中选取垫圈内孔，在绘图工作区中选取泵体的螺纹孔，单击【应用】按钮，完成垫圈的添加操作。

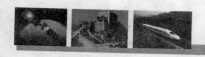

13）添加螺母

螺母的添加方法与垫圈相同，添加后的装配模型如图 9.3.13 所示。

14）阵列垫圈和螺母

（1）选择菜单命令【装配】/【组件】/【创建阵列】，或在【装配】工具栏中单击按钮，系统将弹出【类选择】对话框。

（2）在绘图工作区直接选取垫圈，单击【确定】按钮，弹出【创建组件阵列】对话框。

（3）在【创建组件阵列】对话框中选择“圆的”单选项，单击【确定】按钮，弹出【创建圆周阵列】对话框。

（4）在【创建圆周阵列】对话框的“轴定义”栏选择“圆柱面”，并按系统提示选取泵体的 *R*42 边倒圆外表面，则对话框的“总数”和“角度”文本框被激活。

（5）在对话框的“总数”和“角度”文本框中分别输入“3”和“90”，单击【确定】按钮，完成垫圈圆周阵列操作。

（6）应用同样的方法阵列螺母，如图 9.3.14 所示。

图 9.3.13 添加垫圈

图 9.3.14 圆周阵列垫圈和螺母

15）添加填料压盖外的螺柱

与添加螺柱的方法相同。

16）添加填料

（1）在【添加组件】对话框中单击【打开】按钮，并在弹出的【部件名】对话框中选择文件“tianliao”，单击【OK】按钮。

（2）在“定位”下拉列表中选择“配对”，“引用集”下拉列表中选择“模型”，单击【应用】按钮，弹出【配对条件】对话框。

（3）在【配对条件】对话框的“配对类型”栏选择“配对”，并按系统提示首先在预览框中选取填料的倒角面，然后在绘图工作区中选取泵体后面填料座内的倒角面，单击【应用】按钮，完成填料的添加操作，如图 9.3.15 所示。

17）添加填料压盖

（1）与添加填料的操作相同，在【部件名】对话框中选择文件“tianliaoyagai”，在【配对条件】对话框的“配对类型”栏选择“配对”，并按系统提示首先在预览框中选取填料压盖的倒角面，然后在绘图工作区中选取填料的倒角面。

（2）在【配对条件】对话框的“配对类型”栏选择“中心”，并在“中心对象”下拉列表中选择“1 对 1”。按系统提示在预览框中选取填料压盖的任何一个 $\phi 9$ 孔的内表面，然后在绘图工作区中选取泵体填料密封座处的任何一个螺纹孔，单击【应用】按钮，完成填料压盖的添加操作。

18）添加填料压盖外的垫圈和螺母

添加垫圈和螺母的方法同前，添加后的装配模型如图 9.3.16 所示。

图 9.3.15　添加螺柱和填料

图 9.3.16　添加填料压盖、垫圈和螺母

19）添加键

（1）在【添加组件】对话框中单击【打开】按钮，并在弹出的【部件名】对话框中选择文件“jian10-5”，单击【OK】按钮。

（2）在“定位”下拉列表中选择“配对”，“引用集”下拉列表中选择“模型”，单击【应用】按钮，弹出【配对条件】对话框。

（3）在【配对条件】对话框的“配对类型”栏选择“配对”，并按系统提示首先在预览框中选取键的一个底面，然后在绘图工作区中选取主动齿轮轴键槽底面；再在“配对类型”栏选择“配对”，并在预览框中选取键的一个侧面，然后在绘图工作区中选取键槽的一个侧面；接着在“配对类型”栏选择“中心”，并在“中心对象”下拉列表中选择“1 对 1”，并在预览框中选取键的一个倒圆表面，在绘图工作区中选取键槽相对应的圆弧表面，单击【应用】按钮，完成键的添加操作。

齿轮油泵的装配模型如图 9.3.17 所示。

图 9.3.17　齿轮油泵装配模型

9.3.3　创建装配爆炸图

按照以下步骤可以创建齿轮油泵装配爆炸图。

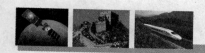

1）创建爆炸视图

（1）选择菜单命令【装配】/【爆炸视图】/【创建爆炸视图】，或在【爆炸视图】工具栏中单击按钮，系统将弹出如图 9.3.18 所示的【创建爆炸视图】对话框。

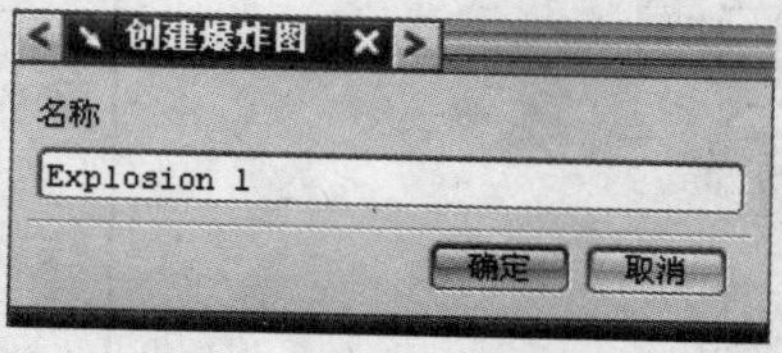

图 9.3.18　【创建爆炸视图】对话框

（2）接受系统默认名称，单击【确定】按钮，即可创建一个新的爆炸图，并激活爆炸图的相关功能。

2）自动爆炸组件

（1）选择菜单命令【装配】/【爆炸视图】/【自动爆炸组件】，或在【爆炸视图】工具栏中单击按钮，弹出如图 9.3.19 所示的【类选择】对话框。

（2）在【类选择】对话框中单击【全选】按钮，被选中的整个装配体高亮显示。

（3）单击【确定】按钮，弹出如图 9.3.20 所示的【爆炸距离】对话框。

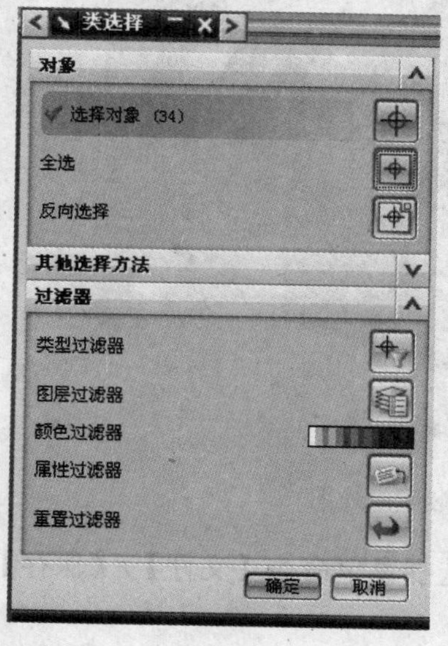

图 9.3.19　【类选择】对话框

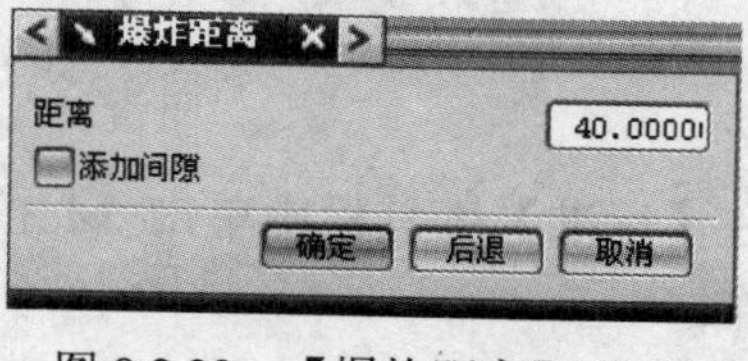

图 9.3.20　【爆炸距离】对话框

（4）在【爆炸距离】对话框的“距离”文本框中输入“40”，单击【确定】按钮，生成如图 11.3.21 所示的自动爆炸图。

3）编辑爆炸图

（1）选择菜单命令【装配】/【爆炸视图】/【编辑爆炸视图】，或在【爆炸视图】工具栏中单击按钮，系统会弹出如图 9.3.22 所示的【编辑爆炸图】对话框。

（2）在【编辑爆炸图】对话框中选取“选择对象”单选项，并按系统提示在绘图工作区的爆炸图中选取需要编辑的组件对象，被选中的组件对象高亮显示。

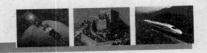

图 9.3.21　自动爆炸

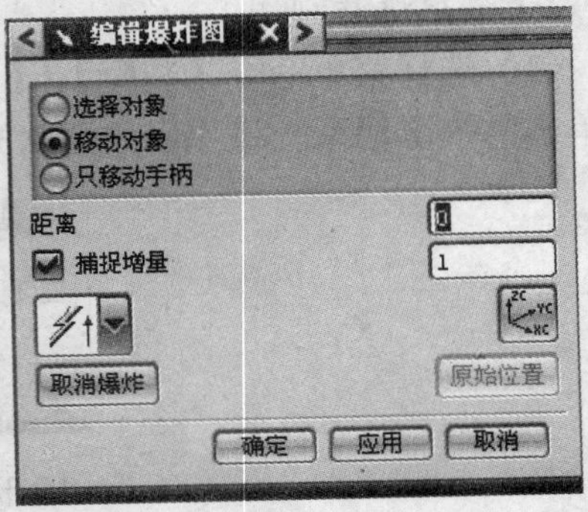

图 9.3.22　【编辑爆炸图】对话框

（3）在【编辑爆炸图】对话框中选取“移动对象”单选项，则在绘图工作区将弹出动态坐标系图标。

（4）用鼠标在绘图工作区中拖动动态坐标系的相应操作手柄，即可将选取的对象移动到理想的位置。编辑后的齿轮油泵爆炸图如图 9.3.23 所示。

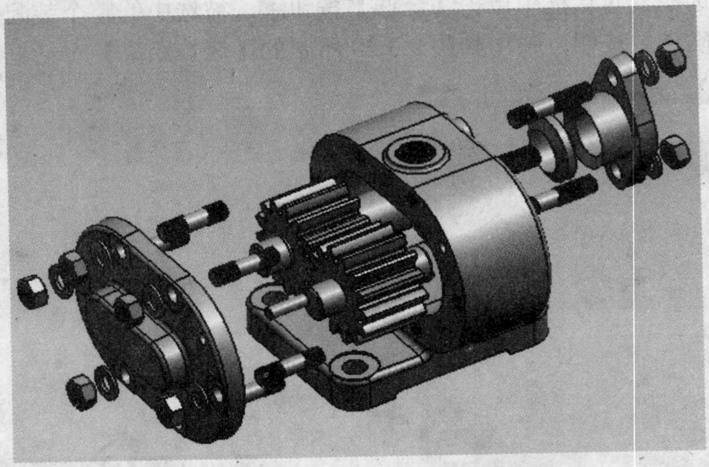

图 9.3.23　齿轮油泵装配爆炸图

（5）在【标准】工具栏中单击 按钮，或选择菜单命令【文件】/【保存】，完成文件的保存操作。

知识梳理与总结

本章通过一个工程中常用的齿轮油泵的综合实例，从简单零件到复杂零件，详细介绍了 UG NX 5.0 三维实体建模、装配、装配爆炸图、零件工程图、装配工程图的全部内容，涵盖了 UG 机械设计的全部知识面。

本章实例由简到难、由浅入深，步骤详细。每个实例前都配有二维平面图，可使读者在建模前策划设计方案，独立完成设计操作。

读者意见反馈表

书名：UG 典型案例造型设计　　主编：姜永武　　责任编辑：陈健德

谢谢您关注本书！烦请填写该表。您的意见对我们出版优秀教材、服务教学，十分重要。如果您认为本书有助于您的教学工作，请您认真地填写表格并寄回。我们将定期给您发送我社相关教材的出版资讯或目录，或者寄送相关样书。

个人资料

姓名________年龄____联系电话________（办）________（宅）________（手机）

学校____________专业________职称/职务________

通信地址____________邮编________E-mail________

您校开设课程的情况为：

本校是否开设相关专业的课程　□是，课程名称为____________　□否

您所讲授的课程是____________课时________

所用教材____________出版单位________印刷册数________

本书可否作为您校的教材？

□是，会用于____________课程教学　□否

影响您选定教材的因素（可复选）：

□内容　□作者　□封面设计　□教材页码　□价格　□出版社

□是否获奖　□上级要求　□广告　□其他____________

您对本书质量满意的方面有（可复选）：

□内容　□封面设计　□价格　□版式设计　□其他________

您希望本书在哪些方面加以改进？

□内容　□篇幅结构　□封面设计　□增加配套教材　□价格

可详细填写：________________________

____

您还希望得到哪些专业方向教材的出版信息？

____

谢谢您的配合，请将该反馈表寄至以下地址。如果需要了解更详细的信息或有著作计划，请与我们直接联系。

通信地址：北京市万寿路 173 信箱　高等职业教育分社　　邮编：100036

http://www.hxedu.com.cn　　E-mail:baiyu@phei.com.cn　　电话：010-88254563

反侵权盗版声明

举报电话：（010）88254396；（010）88258888
传　　真：（010）88254397
E-mail:　　dbqq@phei.com.cn
通信地址：北京市万寿路173信箱
　　　　　电子工业出版社总编办公室
邮　　编：100036